普通高等教育"十三五"规划教材暨智能制造领域人才培养规划教材

# 智能制造技术基础

## （第二版）

# Foundation of Intelligent Manufacturing Technology

主 编　邓朝晖　万林林　邓　辉
　　　　张晓红　刘　伟　李时春

U0278907

华中科技大学出版社

中国·武汉

# 内 容 简 介

　　本书主要内容包括：智能制造技术的内涵和体系，人工智能与专家系统，智能设计，智能工艺规划和智能加工数据库，智能监测、诊断、预测与控制，智能制造系统，智能制造装备。本书可作为普通高等学校机械工程、电气工程及自动化、自动化、计算机科学与技术等专业高年级本科生和研究生专业课程的教材，也可供从事智能制造技术研究工作的科技人员参考。

**图书在版编目(CIP)数据**

智能制造技术基础/邓朝晖等主编. —2版. —武汉：华中科技大学出版社，2021.1(2025.1重印)
ISBN 978-7-5680-6789-8

Ⅰ.①智…　Ⅱ.①邓…　Ⅲ.①智能制造系统-高等学校-教材　Ⅳ.①TH166

中国版本图书馆 CIP 数据核字(2020)第 254563 号

**智能制造技术基础(第二版)**
Zhineng Zhizao Jishu Jichu (Di-er Ban)

邓朝晖　万林林　邓　辉
张晓红　刘　伟　李时春　主编

策划编辑：王　勇
责任编辑：吴　晗
封面设计：刘　婷
责任监印：周治超
出版发行：华中科技大学出版社(中国·武汉)　　电话：(027)81321913
　　　　　武汉市东湖新技术开发区华工科技园　　邮编：430223
录　　排：武汉楚海文化传播有限公司
印　　刷：武汉市籍缘印刷厂
开　　本：787mm×1092mm　1/16
印　　张：22.25
字　　数：570千字
印　　次：2025 年 1 月第 2 版第 9 次印刷
定　　价：59.80 元

# 前　　言

纵观制造业的发展历程,制造业和制造技术发展的主要原因是科学技术的推动与市场需求的牵引。市场需求的不断变化驱动着制造业生产规模沿着"小批量→少品种大批量→多品种变批量→大规模定制"的方向发展。科技的高速发展推动制造业的资源配置沿着"劳动密集→设备密集→信息密集→知识密集"的方向发展。与之相适应,制造技术的生产方式沿着"手工→机械化→单机自动化→刚性自动化→柔性自动化→集成敏捷虚拟自动化→数字化网络化智能化"的方向发展。近年来,在工业领域与信息技术领域都发生了深刻的技术变革。工业领域主要包括工业机器人、智能机床、3D打印等技术,而信息技术领域主要包括大数据、云计算、数字孪生、增强现实、5G、工业互联网等技术。这些变革带来了制造业的新一轮革命,特别是作为信息化与工业化高度融合产物的智能制造得到长足发展。党的二十大报告提出,推动制造业高端化、智能化、绿色化发展,指明了制造业高质量发展的前进方向。

随着数字化、自动化、信息化、网络化和人工智能技术的发展,特别是2013年德国工业4.0概念的提出、2015年《中国制造2025》的颁布,智能制造已成为现代先进制造业的重要发展方向,其概念与内涵也在不断地发展和丰富。目前,学术界普遍认为智能制造是现代制造技术、人工智能技术和计算机科学技术三者结合的产物。智能制造是在制造过程中由具有一定感知、推理、决策能力的机器部分取代或延伸人类智能,从而形成一种由人机共同构成制造决策和执行主体、高度自主化的制造模式与方法。智能制造技术是指面向产品全生命周期的智能设计、智能加工与装配、智能服务、智能管理等专门技术及其集成。智能制造系统是指应用智能制造技术、达成全面或部分智能化的制造过程或组织,按其规模与功能可分为智能机床、智能加工单元、智能生产线、智能车间、智能工厂、智能制造联盟等层级。

制造活动中包含着大量的数据、信息、经验和知识,智能制造技术追求的目标之一就是要更加有效、充分地利用这些数据、信息、经验和知识,不断提高制造活动的智能水平。人工智能技术在制造系统及其各个环节的广泛应用,使制造信息及知识的获取、表示、传递、存储和推理成为可能;计算机软硬件和计算机网络技术的发展,为智能制造系统提供了基本的技术支撑;传感与控制技术的发展与普及,为大量获取制造数据和信息提供了方便快捷的技术手段,极大地提高了对制造数据与信息的获取、处理及应用能力;工业互联网技术、5G、物联网技术的发展及其与智能制造技术的融合,促进了智能制造技术的发展,扩展了智能制造的研究领域;数学学科知识直接推动了制造活动从经验到技术、从技术向科学的发展,不仅为智能制造技术奠定了坚实的理论基础,而且还是智能制造技术不断向前发展的理论源泉。

智能制造技术是市场的必然选择,是先进生产力的重要体现。智能制造技术能提升产品的设计水平,提高企业的生产质量、效率、安全性以及市场快速响应能力。智能制造技术不仅推动了机械制造、航空航天、电子信息、轨道交通、化工冶金等行业的智能化进程,而且还将孕育和促进以制造资源软件中间件、制造资源模型库、材料及工艺数据库、制造知识库、智能物流管理与配送等为主要产品,为其他制造企业提供咨询、分析、设计、维护和生产服务的现代制造服务业的发展。智能制造技术在中国的应用和普及,必将催生一批具有世界先进水平、引领世

I

界制造业发展的龙头企业,从而推动我国制造业实现自主创新、跨越式发展。

本书主要内容包括:智能制造技术的内涵和技术体系,人工智能与专家系统,智能设计,智能工艺规划和智能加工数据库,智能监测、诊断、预测与控制,智能制造系统,智能制造装备。本书可作为普通高等学校机械工程、电气工程及自动化、自动化、计算机科学与技术等专业高年级本科生和研究生的专业课程教材,也可供从事智能制造技术研究工作的科技人员参考。

本书由邓朝晖、万林林、邓辉、张晓红、刘伟、李时春主编。在本书的编写过程中,编者参阅和引用了不少国内外学术文献,已在书后的参考文献中列出。在本书的编写过程中,李重阳、佘帅龙、钟君焰、戴鹏、尹晖、商圆圆、胡扬轩、黄文良等做了大量的文字和图表的处理工作,特此表示感谢。

智能制造技术作为制造业重点发展和主攻的新兴技术,涉及面广,书中难免存在不足之处,恳请读者给予批评指正,不胜感激。

编　者

# 目　　录

第1章　概论 ································································· (1)

1.1　智能制造技术发展背景和意义 ································ (1)

1.2　智能制造技术内涵、特征、目标及发展趋势 ·············· (15)

1.3　智能制造技术体系 ············································ (19)

第2章　人工智能 ······················································ (37)

2.1　概述 ····························································· (37)

2.2　知识表示方法 ·················································· (40)

2.3　确定性推理 ····················································· (54)

2.4　状态空间搜索 ·················································· (62)

2.5　专家系统 ························································ (71)

2.6　机器学习 ························································ (84)

2.7　人工神经网络 ·················································· (93)

第3章　智能设计 ······················································ (103)

3.1　概述 ····························································· (103)

3.2　智能设计系统 ·················································· (106)

3.3　智能设计的产品模型 ·········································· (108)

3.4　智能设计方法 ·················································· (112)

3.5　智能CAD系统的开发与实例 ·································· (115)

3.6　基于虚拟现实的智能设计 ····································· (124)

3.7　基于数字孪生的智能设计 ····································· (126)

第4章　智能工艺规划与智能数据库 ······························· (138)

4.1　概述 ····························································· (138)

4.2　计算机辅助工艺规划及其智能化 ··························· (143)

4.3　切削智能数据库 ··············································· (163)

4.4　磨削智能数据库 ··············································· (177)

4.5　数控加工自动编程 ············································ (188)

第 5 章　制造过程的智能监测、诊断、预测与控制 ························ (202)

　5.1　概述 ··························································· (202)

　5.2　智能监测 ······················································ (203)

　5.3　智能诊断 ······················································ (214)

　5.4　智能预测 ······················································ (224)

　5.5　智能控制 ······················································ (230)

　5.6　典型示范案例 ·················································· (243)

第 6 章　智能制造系统 ·················································· (249)

　6.1　智能制造系统体系架构 ·········································· (249)

　6.2　智能制造系统调度控制 ·········································· (254)

　6.3　智能制造系统供应链管理 ········································ (269)

　6.4　智能运维系统 ·················································· (287)

　6.5　智能制造服务系统 ·············································· (295)

第 7 章　智能制造装备 ·················································· (306)

　7.1　概述 ··························································· (306)

　7.2　高档数控机床 ·················································· (308)

　7.3　工业机器人 ···················································· (313)

　7.4　3D 打印装备 ··················································· (320)

　7.5　智能生产线 ···················································· (328)

　7.6　智能工厂 ······················································ (332)

　7.7　智能装配 ······················································ (338)

　7.8　智能物流 ······················································ (341)

参考文献 ······························································· (344)

# 第1章 概　　论

## 1.1　智能制造技术发展背景和意义

制造业是国民经济的主体,是立国之本、兴国之器、强国之基。

制造是把原材料变成有用物品的过程,它包括产品设计、材料选择、加工生产、质量保证、管理和营销等一系列有内在联系的运作和活动。制造系统是一个相对的概念,小的如柔性制造单元(FMC,flexible manufacturing cell)、柔性制造系统(FMS,flexible manufacturing system),大至一个车间、企业乃至以某一企业为中心包括其供应链而形成的系统,都可称为制造系统,从包括的要素而言,制造系统是人、设备、物料流/信息流/资金流、制造模式的一个组合体。在制造活动中包含着大量的数据、信息、经验和知识。这些数据、信息、经验和知识可能是定性和定量的、精确和模糊的、确定和随机的、连续和离散的、显性和隐性的、具体和抽象的。它们的表达模型可能是同构和异构的、结构化或非结构化的,存储形式可能是集中和分布的。制造技术追求的永恒目标之一就是更加有效、充分地利用这些数据、信息、经验和知识,不断提高制造活动的智能水平。智能制造(IM,intelligent manufacturing)通常泛指智能制造技术和智能制造系统,它是现代制造技术、人工智能技术和计算机科学技术三者相结合的产物。人工智能(AI,artificial intelligence)是智能机器所执行的与人类智能有关的功能,如判断、推理、证明、识别、感知、理解、设计、思考、规划、学习和问题求解等思维活动。人工智能具有一些基本特点,包括对外部世界的感知能力、记忆和思维能力、学习和自适应能力、行为决策能力、执行控制能力等。一般来说,人工智能分为计算智能、感知智能和认知智能三个阶段。第一阶段为计算智能,即快速计算和记忆存储能力。第二阶段为感知智能,即视觉、听觉、触觉等感知能力。第三阶段为认知智能,即能理解、会思考。认知智能是目前机器与人差距最大的领域,让机器学会推理和决策异常艰难。将人工智能技术和现代制造技术相结合,实现智能制造,通常有如下好处:

(1)智能机器的计算智能高于人类,在一些有固定数学优化模型、需要大量计算、但无需进行知识推理的地方,比如,设计结果的工程分析、高级计划排产、模式识别等,与人根据经验来判断相比,机器能更快地给出更优的方案。因此,智能优化技术有助于提高设计与生产效率、降低成本,并提高能源利用率。

(2)智能机器对制造工况的主动感知和自动控制能力高于人类,以数控加工过程为例,"机床/工件/刀具"系统的振动、温度变化对产品质量有重要影响,需要自适应调整工艺参数,但人类显然难以及时感知和分析这些变化。因此,应用智能传感与控制技术,实现"感知—分析—决策—执行"的闭环控制,能显著提高制造质量。同样,一个企业的制造过程中,存在很多动态的、变化的环境,制造系统中的某些要素(设备、检测机构、物料输送和存储系统等)必须能动态地、自动地响应系统变化,这也依赖于制造系统的自主智能决策。

(3)随着工业互联网等技术的普及应用,制造系统正在由资源驱动型向信息驱动型转变。制造企业能拥有的产品全生命周期数据可能是非常丰富的,通过基于大数据的智能分析方法,将有助于创新或优化企业的研发、生产、运营、营销和管理过程,为企业带来更快的响应速度、更高的效率和更深远的洞察力。工业大数据的典型应用包括产品创新、产品故障诊断与预测、企业供应链优化和产品精准营销等诸多方面。

近年来,在工业领域与信息技术领域都发生了深刻的技术变革。工业领域主要包括工业机器人、智能机床、3D打印等技术,而信息技术领域主要包括大数据、云计算、数字孪生、增强现实、工业互联网、物联网、务联网、5G等技术。这些技术变革带来了制造业的新一轮革命,特别是作为信息化与工业化高度融合产物的智能制造得到长足发展。无论是在微观层面,还是宏观层面,智能制造技术都能给制造企业带来切实的好处。新一轮科技革命的核心技术是新一代人工智能技术,新一代人工智能技术与先进制造技术的深度融合,形成了新一代智能制造技术,成为新一轮工业革命的核心驱动力。新一代智能制造的突破和广泛应用将重塑制造业的技术体系、生产模式、产业形态,实现第四次工业革命。新一轮科技革命和产业变革与我国加快转变经济发展方式形成历史性交汇,智能制造是一个关键的交汇点。中国制造业要抓住这个历史机遇,创新引领高质量发展,实现向世界产业链中高端的跨越发展。我国从制造大国迈向制造强国过程中制造业面临5个转变:产品从跟踪向自主创新转变;从传统模式向数字化、网络化、智能化的转变;从粗放型向质量效益型转变;从高污染、高能耗向绿色制造转变;从生产型向"生产+服务"型转变。在这些转变过程中,智能制造成为重要手段。在"中国制造2025"中,智能制造是制造业创新驱动、转型升级的制高点、突破口和主攻方向。

## 1.1.1 制造技术发展的市场需求和技术推动的背景

制造技术的发展是由社会、政治、经济等多方面因素决定的,但纵观其发展历程,影响制造技术发展的主要因素是技术推动与市场牵引。科学技术的每次革命,必然引起制造技术的不断发展,也推动了制造业的发展;随着人类社会的不断进步,人类的需求不断发生变化,因而从另一方面推动了制造业的不断发展,促进了制造技术的不断进步。同时制造过程和制造技术作为科学技术的物化基础,又反过来极大地促进了科技进步和社会发展。下面根据两百多年来制造技术与产业发展的历史轨迹,简要回顾科技进步和市场需求是如何促进制造技术与制造产业不断创新发展的。

18世纪,以蒸汽机和工具机的发明为标志的英国工业革命,揭开了工业经济时代的序幕,开创了以机器占主导地位的制造业新纪元,造就了制造企业的雏形——工场式生产。19世纪末20世纪初,交通与运载工具对轻小、高效发动机的需求是诱发内燃机发明的社会动因。而内燃机的发明及其宏大的市场需求继而引发了制造产业的革命。人类社会对以汽车、武器弹药为代表产品的大批量需求促进了标准化、自动化的发展,福特、斯隆开创的大批量流水线生产模式和泰勒创立的科学管理理论导致了制造技术的分工和制造系统的功能分解,从而使制造成本大幅度降低。第二次世界大战后,市场需求多样化、个性化、高品质趋势推动了微电子技术、计算机技术、自动化技术的飞速发展,导致了制造技术向程序控制的方向发展,柔性制造单元、柔性生产线、计算机集成制造及精益生产等相继问世,制造技术由此进入了面向市场多样需求的柔性生产的新阶段,引发了生产模式和管理技术的革命。1959年提出的微型机械的设想最终依靠信息技术、生物医学工程、航空航天、国防及诸多民用产品的市场需求推动才得以成为现实,并将继续拥有灿烂的发展前景。以集成电路为代表的微电子技术的广泛应用有力推动了微电子制造工艺水平的提高和微电子制造装备业的快速发展。20 世纪末,信息技术的发展促成传统制造技术与以计算机为核心的信息技术和现代管理技术三者的有机结合,形成了当代先进制造技术和现代制造业,从而为当今世界丰富多彩的物质文明奠定了可靠基础;激光的发明导致巨大的光通信产业及激光测量、激光加工和激光表面处理工艺的发展;无线通信、手提电话的发明诱发了人类对移动通信的新需求。由此可见,创新的动力既来自市场需求,也源于科学发现与技术进步。技术创新不仅仅是被动地满足市场的需求,而且它还能主动地创造新的市场、新的战略性需求。

制造技术经历了蒸汽时代、电气时代、自动化时代、智能时代的四次工业革命(对应工业 1.0、2.0、3.0、4.0)。与之对应的,机床经历了机械一代(手动机床)→电气一代(普通机床)→数控一代(数控机床)→智能一代(数字化网络化智能化机床)的发展过程。

在市场需求不断变化的驱动下,制造业的生产规模沿着"小批量→少品种大批量→多品种变批量→大规模定制"的方向发展。在科技高速发展的推动下,制造业的资源配置沿着"劳动密集→设备密集→信息密集→知识密集"的方向发展。与之相适应,制造技术的生产方式沿着"手工→机械化→单机自动化→刚性流水自动化→柔性自动化→集成敏捷虚拟自动化→数字化网络化智能化"的方向发展。

## 1.1.2　智能制造技术的发展及其意义

### 1.1.2.1　智能制造技术的发展

20 世纪 50 年代诞生的数控技术,以及随后诞生的机器人技术、柔性制造技术、计算机集成制造技术、CAD/CAPP/CAM 技术和现代生产管理技术等,是制造企业为了适应社会对产品需求从大批量产品转向多品种、小批量甚至单件产品的市场变化而产生的新型制造技术。此时,信息和数据成为制造技术发展的重要驱动力之一,推动了数字制造技术的发展。20 世纪 80 年代,将人工智能技术引入制造领域,导致一种新型的制造模式——智能制造(IM)的诞生。从 20 世纪中叶到 90 年代中期,以计算、感知、通信和控制为主要特征的信息化催生了数字化制造;从 90 年代中期开始,以互联网为主要特征的信息化催生了"互联网+制造";当前,以新一代人工智能为主要特征的信息化开创了新一代智能制造的新阶段,新一代人工智能技术与先进制造技术的深度融合,形成了新一代智能制造技术。这就形成了智能制造的三种基本范式,即:数字化制造;数字化网络化制造——"互联网+制造"或第二代智能制造,本质上是"互联网+数字化制造";数字化网络化智能化制造(intelligent manufacturing)——新一代智能制造,本质上是"智能+互联网+数字化制造"。

智能制造技术是现代制造技术、人工智能技术与计算机科学技术发展的必然结果,也是三者结合的产物。人工智能技术和计算机科学技术是推动智能制造技术形成与发展的重要因素。

人工智能(AI)技术自 1956 年问世以来,在研究者的努力下,在理论和实践都取得了重大进展。1965 年,斯坦福大学计算机系的 Feigenbaum 提出为了使人工智能走向实用化,必须把模仿人类思维规律的解题策略与大量专门知识相结合,基于这种思想,他与遗传学家 J. Lederberg、物理化学家 C. Djerassi 等人合作研制出了根据化合物分子式及其质谱数据来帮助化学家推断的计算机程序系统 DENDRAL。此系统获得极大成功,解决问题的能力已达到专家水平,某些方面甚至超过同领域的专家。DENDRAL 系统的出现,标志 AI 的一个新的研究领域——专家系统的诞生。随着专家系统的成熟和发展,其应用领域迅速扩大,20 世纪 70 年代中期以前的专家系统多属于数据信号解释型和故障诊断型,20 世纪 70 年代以后专家系统的应用开始扩展到其他领域,如设计、规划、预测、监视、控制等各个领域。

神经网络是人工智能的另一个重要发展领域,特别是 1987 年 IEEE 召开了第一次国际神经网络会议后,神经网络的理论与应用的研究进入一个蓬勃发展的新阶段。迄今,神经网络的研究已取得诸多方面的新进展和新成果:提出了大量的网络模型,发展了许多学习算法,对神经网络的系统理论和实现方法进行了成功的探讨和实验。在此基础上,人工神经网络还在模式分类、机器视觉、机器听觉、智能计算、机器人控制、故障诊断、信号处理、组合优化问题求解、联想记忆、编码理论和经营决策等许多领域获得了卓有成效的应用。

人工智能技术中的数据分析、知识表示、机器学习、自动推理、智能计算等与制造技术相结合,不仅为生产数据和信息的分析和处理提供了新的有效方法,而且直接推动了对生产知识与智慧的研究与应用,促进了智能控制理论与技术的发展及其在制造工程中的应用,为制造技术增添了智慧的翅膀。

随着专家系统、知识推理、神经网络、遗传算法等人工智能技术在制造系统及其各个环节的广泛应用,制造信息及知识的获取、表示、传递、存储和推理成为可能,出现了智能制造的新型生产模式。制造中的智能主要表现在智能设计、智能工艺规划、智能加工、智能装配、智能测量、机器人、智能控制、智能调度、智能仓储、智能物流、智能服务与智能管理等方面。

计算机科学技术从问世以后,迅速在制造业中得到广泛的应用,在软件方面,有计算机辅助设计(CAD)、计算机辅助工艺设计(CAPP)、计算机辅助制造(CAM)、管理信息系统(MIS)、制造资源计划(MRP Ⅱ)、数据库等大量计算机辅助软件产品。在硬件方面有计算机数控机床、工业机器人、三坐标测量仪和大量的由计算机或可编程控制器进行控制的高度自动化设备。上述软、硬件和计算机网络技术的发展,为柔性制造系统、计算机集成制造系统乃至智能制造系统等先进制造系统提供了基本的技术支撑。

传感与控制技术的发展与普及,为大量获取制造数据和信息提供了方便快捷的技术手段。新型光机电传感技术、MEMS 技术、可编程门阵列和嵌入式控制系统技术、智能仪表/变送器/调节器/调节阀技术、集散控制技术、RDID 技术、大数据融合技术等,极大提高了对制造数据与信息的获取、处理及应用能力,加强了信息在离散/连续制造技术中的核心作用。

工业互联网技术、物联网技术、务联网技术、5G 技术的发展及其与智能制造技术的融合,产生了制造业大数据,促进了分布智能制造技术的发展,扩展了智能制造的研究领域。分布智能控制/集散智能控制理论推动了离散与连续制造技术的进步。网络技术彻底打破了地域界限,制造企业从此拥有了广阔的全球市场、丰富多样的客户群、数量庞大的合作资源,以及来自产品和过程的制造业大数据。快速组织个性化产品设计、生产、销售和服务,实现合作企业之间的共享、共创、共赢等制造业发展的新需求,既为分布智能制造技术提出了更高要求,也为其提供了广阔的发展空间。

数学作为科学技术的共性基础,直接推动了制造活动从经验到技术,从技术向科学的发展。近几十年来,数理逻辑与数学机械化理论、随机过程与统计分析、运筹学与决策分析、计算几何、微分几何、非线性系统动力学等数学分支正成为推动智能制造技术发展的动力,并为数字化分析与设计、过程监测与控制、产品加工与装配、故障诊断与质量管理、制造中的几何表示与推理、机器视觉、制造业大数据挖掘和分析等问题的研究提供了基础理论和有效方法。数学不仅为智能制造技术奠定了坚实的理论基础,而且还是智能制造技术不断向前发展的理论源泉。

随着数据经济和知识经济的到来,世界经济在原有资源、设备、资本竞争的基础上又增加了对生产数据和知识的竞争,数据和知识正逐步成为生产力中最活跃、最重要的因素。数据和知识是一种可持续发展战略资源。对数据和知识的不断获取、传递、积累、融合、更新、发现及应用,既能为企业创造巨大财富,又能增强企业在竞争中的优势地位,支撑企业不断发展壮大。以数据和知识为核心的智能制造正成为制造技术的重要发展方向。

当今,大数据的形成、理论算法的革新、计算能力的提升及网络设施的演进等因素驱动人工智能发展进入新阶段,新一代信息技术同先进制造技术深度融合,智能化已成为技术和产业发展的重要方向。此外,复杂、恶劣、危险、不确定的生产环境、熟练工人的短缺和劳动力成本的上升等因素都呼唤着智能制造技术的发展和应用。

### 1.1.2.2 智能制造是制造业发展的重要方向

20世纪末以来,发达国家先后实施智能制造发展计划:美国实施"信息高速公路""先进制造业伙伴计划""先进制造业美国领导力战略",德国实施"工业4.0""工业战略2030",英国实施"英国工业2050战略",法国实施"新工业法国计划",日本实施"超智能社会5.0战略",韩国实施"制造业创新3.0计划"。目前,世界各国竞相大力发展智能制造,其原因如下。

**1. 实体经济的战略意义再次凸显是直接原因**

国际金融危机以来,世界经济竞争格局发生了深刻变化。一方面,实体经济的战略意义再次凸显,美国、德国、英国、日本等世界主要发达国家纷纷实施以重振制造业为核心的"再工业化"战略。另一方面,发达国家以信息网络技术、数字化制造技术应用为重点,力图依靠科技创新,抢占国际产业竞争的制高点,谋求未来发展的主动权。

**2. 企业提高核心竞争能力的要求是内在动力**

激烈的全球化竞争和多样化的市场需求,迫切需要企业迅速、高效制造新产品、动态响应市场需求以及实时优化供应链网络。通过信息技术与智能技术的发展从根本上改变了制造企业的生产运营模式,实现从产品设计、生产规划、生产工程、生产执行到服务的全生命周期的高效运行,以最小的资源消耗获取最高的生产效率。

**3. 新一代信息技术的高速发展是技术基础**

传感技术、人工智能技术、机器人技术、数字制造技术、信息物理系统(cyber-physical systems,CPS)技术、数字孪生技术、增强现实技术的发展,特别是新一代信息和网络技术的快速发展,同时加上新能源、新材料、生物技术等方面的突破,为智能制造提供了良好的技术基础和发展环境。

**4. 制造智能化是历史发展的必然趋势**

工业发达国家已走过了机械化、电气化、数字化、网络化等发展历史阶段,具备了向智能制造阶段转型的条件。未来必然是以高度的集成化和智能化为特征的智能化制造系统,并以部分取代制造中人的脑力劳动为目标,即在整个制造过程中通过计算机将人的智能活动与智能机器有机融合,以便有效地推广专家的经验知识,从而实现制造过程的最优化、自动化、智能化。发展智能制造不仅是为了提高产品质量和生产效率及降低成本,而且也是为了提高快速响应市场变化的能力,以期在未来国际竞争中求得生存和发展。

### 1.1.2.3 中国发展智能制造的基础和必要性

新中国成立以来,特别是改革开放 40 多年以来,中国制造业取得了伟大的历史性成就,走出了一条中国特色工业化发展道路,已经具备了建设制造强国的基础和条件:

(1)我国制造业拥有巨大市场,市场需求是最强大的发展动力;

(2)我国拥有 41 个工业大类、207 个工业中类、666 个工业小类,形成了独立完整的现代工业体系,是全世界唯一拥有联合国产业分类当中全部工业门类的国家;

(3)我国一直坚持信息化与工业化融合发展,在制造业数字化、网络化、智能化方面掌握了核心关键技术,具有强大的技术基础;

(4)我国在制造业人才队伍建设方面已经形成了独特的人力资源优势;

(5)我国制造业在自主创新方面成就辉煌,上天、入地、下海、高铁、输电、发电、国防装备等都显示出我国制造业巨大的创新力量。

但是,我国制造业大而不强,存在着突出的问题和巨大的困难:

(1)自主创新能力不强,核心技术受制于人,关键技术对外依存度高;

(2)产品质量问题突出;

(3)资源利用效率低;

(4)产业结构调整刻不容缓,战略性新兴产业较弱,传统产业亟待升级换代,服务型制造业刚刚起步,产业集聚和集群发展水平低。

国际金融危机爆发后,世界制造业分工格局出现重构态势。我国制造业面临重大挑战。从内部因素看,我国经济发展已由较长时期的高速增长进入中高速增长阶段,转变经济发展方式已刻不容缓,对制造业创新驱动、转型升级提出了紧迫的要求。从外部因素看,我国制造业正面临"高端回流"和"中低端分流"的双重压力。一方面,以价值链为主导的全球化并没有消除国家间的发展失衡,逆全球化思潮开始涌现。国际贸易保护主义强化与全球贸易规则重构相交织,我国面临国际贸易环境变化的新挑战。逆全球化思潮使发达国家不断收缩全球范围内的经济布局,发达国家纷纷实施以重塑制造业优势为重点的再工业化战略,力图从中高端发力抢占制造业领域国际竞争的制高点,部分中高端产业已开始出现转移回流。另一方面,新兴经济体为在新一轮国际分工中获取更大利益,利用资源、劳动力等要素成本优势,以中低端制造业为主要方向积极承接产业转移,如越南、印度等一些东南亚国家依靠资源、劳动力等比较优势,开始在中低端制造业上发力,以更低的成本承接劳动密集型制造业的转移,给我国传统制造业发展带来严峻挑战。

与此同时,我国制造业面临世界范围内新一轮工业革命的历史性机遇。紧紧抓住新一轮科技革命和产业变革与我国加快转变经济发展方式历史性交汇的重大机遇,将大大加快我国工业化和建设制造强国的进程。在此背景下,2015 年国务院印发《中国制造 2025》,部署全面推进实施制造强国战略,根据规划,通过"三步走"实现制造强国的战略目标,其中第一步,即到

2025 年迈入制造强国行列。我国从制造大国迈向制造强国过程中,制造业面临 5 个转变:产品从跟踪向自主创新转变;从传统模式向数字化、网络化、智能化转变;从粗放型向质量效益型转变;从高污染、高能耗向绿色制造转变;从生产型向"生产＋服务"型转变。在这些转变过程中,智能制造是重要手段。"中国制造 2025"要以创新驱动发展为主要动力,以信息化与工业化深度融合为主线,以推进智能制造为主攻方向。智能制造——制造业数字化、网络化、智能化是新一轮工业革命的核心技术,应该作为"中国制造 2025"的制高点、突破口和主攻方向。

我国智能制造发展已具备了较好的基础。

**1. 我国制造业信息化数字化水平不断提高**

20 世纪 80 年代,我国制造业企业开始逐步应用计算机辅助设计制造(computer aided design/manufacturing,CAD/CAM)及集成技术。90 年代初,科技部启动的"甩图板"工程,推动了我国制造业 CAD 的普及和应用。车间级的以精益制造、柔性制造、敏捷制造、制造执行系统(MES)为代表的数字化生产模式,在制造企业开始得到应用。大中型工业企业财务及办公自动化系统的应用普及率较高,并逐步实现了对采购、生产制造、销售等各环节的覆盖。我国航空、航天、钢铁、石化、机床、汽车、集成电路领域的大中型企业,在数字化设计、数字化及智能化装备(生产线)、生产制造的数字控制、企业信息管理方面都具有较好的基础和水平,而大部分中小型企业在设计环节 CAD 技术应用具有一定基础。当前,我国企业数字化研发设计工具普及率达到了 69.3%;关键工序的数控化率,比例达到了 49.5%。同时,开展网络化协同、服务型制造、大规模个性化定制的企业比例,分别达到了 35.3%、25.3% 和 8.1%。国内具有一定影响力的工业互联网平台已经超过了 50 家,重点平台平均连接的设备数量达到了 59 万台。2018 年,数字经济的规模达到了 31.3 万亿元,居全球第二位。

**2. 智能制造装备所需关键部件产业已具雏形**

传感器与测量仪表、控制系统、机器人、伺服传动装置、高性能变频器、液压、液力和气动执行装置是智能制造的核心,也是我国发展智能制造的基础。经过多年的研发和产业化推进,已取得重要进展,自主化水平得到一定提升,产业已具雏形。

**3. 智能制造装备研发取得重大进展**

进入 21 世纪,随着信息技术向其他领域加速渗透并向深度应用发展,我国政府通过实施重大科技专项"高档数控机床与基础制造装备"和战略性新兴产业"智能制造装备发展专项",加快推进智能制造装备的研发和应用示范。

1)高档数控机床与基础制造装备研发及产业化成果显著

2008 年 12 月,国务院常务会议审议并原则通过《高档数控机床与基础制造装备科技重大专项实施方案》,将"高档数控机床与基础制造装备"的研制列为我国 16 项重大科技专项之一。2017 年 6 月 26 日召开的国家科技重大专项"高档数控机床与基础制造装备"专项成果发布会介绍,在科技部、发改委、财政部的大力支持下,专项实施八年多来累计申请发明专利 3956 项,立项国家及行业标准 407 项,研发新产品、新技术 2951 项,新增产值超过 700 多亿元,在行业研究机构、重点企业建设了 18 项创新能力平台、部署了 70 个示范工程,培养创新型人才 5500 多人。通过该专项的实施,有利于逐步增强我国高档数控机床和基础制造装备的创新发展能力,提升对工业的基础支撑能力,满足国民经济对制造装备的迫切需求。在具体成效方面,一是中高档机床的水平得到持续提升,行业创新研发能力不断增强。专项实施之初确定的 57 种重点主机产品,目前已经有 38 种达到或接近国际先进水平,其中,龙门式加工中心、五轴联动加工中心等制造技术趋于成熟,车削中心等量大面广的数控机床形成了批量保障能力,精密卧式加工中心等高精度加工装备取得重要进展,初步解决了机床用关键零件的加工需要。机床主机平均无故障运行时间从 500 小时左右提升到 1200 小时左右,部分产品达到国际先进水平(2000 小时)。专项提出的"五轴联动机床用 S 形试件"标准通过国际标准委员会审定,实现了我国在高档数控机床国际标准领域"零"的突破。机床行业整体水平的提升,促进了我国制造能力和工业水平的持续增强。二是高档数控系统实现关键突破,功能部件配套体系逐步完善。高档数控系统实现了从模拟式、脉冲式到全数字总线的跨越,市场占有率由专项实施前的不足 1% 提高到目前的 5% 左右。高档数控系统、功能部件与主机产品配套研发,初步实现与高档数控机床的批量配套,高速、精密、重载滚珠丝杠和直线导轨产品性能有了明显的提升,市场占有率也由专项实施前的 5% 提高到了目前的 20%。滚动功能部件检测装备从无到有,静刚度等关键技术指标和测试设备水平已跻身国际先进行列。三是高端制造装备取得重要突破,服务于国家战略的能力进一步增强。大型高速五轴加工中心保障了航空典型结构件的批量生产,万吨级铝板张力拉伸机、大型贮箱成套焊接装备等成功应用于大飞机和长征 5 号新一代运载火箭研制。汽车大型覆盖件自动冲压线国内市场占有率超过 70%,全球市场占有率超过 30%,并成功出口美国 9 条生产线。世界最大的 25 米数控立柱移动立式铣车床、3.6 万吨黑色金属垂直挤压机、超重型落地铣镗床等一系列重型机床的成功研制,显著提升了船舶、发电设备等领域的制造技术水平。专项还为大型核电、载人航天等国家重点工程提供了关键制造装备,有效支撑了国家重大战略任务顺利实施。虽然数控机床重大专项取得了一定的成就,但是随着国际机床市场和技术飞速发展,我们的高档数控机床产品在可靠性和精度保持性等方面还与国际先进水平有一定差距,同时我们与国外机床行业在网络化和智能化、成组连线和系统解决方案等方面有进一步拉大差距的风险。数控机床作为工业的"工作母机",是国家基础制造能力的综合体现。数控机床要整体突破应继续发挥中国特色创新优势,集中各种创新资源,持续推进,久久为功。

2)智能制造装备研发及应用快速推进

2010 年《国务院关于加快培育和发展战略性新兴产业的决定》,将智能制造装备作为重点发展方向之一及率先启动的五个发展专项之一。2011—2014 年连续四年国家发展改革委、财政部、工业和信息化部组织了《智能制造装备发展专项》的实施。该专项旨在推进制造业领域智能制造成套装备的创新发展和应用;加强智能测控装置的研发、应用与产业化;促进智能技术和智能制造系统在国民经济重点领域的应用。该专项四年来已安排项目 123 项,合同总金额近 200 亿元,中央预算资金补助近 40 亿元。其中,专项支持的项目涵盖智能成套装备、关键部件和装置、自动化生产线、数字化车间、智能装备的示范应用等内容,涉及机械制造、印刷、棉纺印染、食品包装、大化肥成套装备、大型煤化工成套装备、废弃物智能处理系统、煤炭综采成套智能装备等 35 个领域,智能制造成套设备 31 项、关键测控系统应用 10 项、关键部件和装置11 项、数字化车间 57 项、非制造业成套设备 14 项。

近年来,我国数字化智能化制造发展迅速,取得了较为显著的成效。然而,与工业发达国家及制造业快速发展的需求相比,矛盾和问题依然存在。(1)智能装备核心部件如传感器、控制系统、工业机器人、高压液压部件及系统等,主要还依赖进口,其价格、交期、服务、软件的适用性等严重制约和限制了智能制造的发展与推广。(2)企业管理观念转变滞后,信息化人才缺乏,很难针对本企业的实施情况和特点制订整体的规划。(3)大部分生产现场设备没有数字化的接口,无法采集数据及进行信息传递,难以用数字化智能化的手段管理起来,即使一些设备具备一定的通信能力,但是不同生产厂商通信接口与信息接口不统一,很难进行系统的集成。(4)软件大部分是国外开发,对于国内现状了解不够,软件商执行、咨询、开发能力不强,软件开发成本过高,软件系统不贴合实际需求,影响了企业进行数字化智能化的积极性。(5)系统匹配性差,业务流程重组实施难度大,软件本身内置的管理思想不能很好地结合企业实际情况,信息共享存在困难。

我国有发展智能制造的巨大需求,并具有一定的基础和条件,大力发展智能制造,对于我国制造业应对环境压力、实施创新驱动战略、加快工业化进程、提高企业竞争力具有重要而深远的意义。

### 1.1.2.4　智能制造发展意义

总之,新一代信息技术同先进制造技术的深度融合,智能化已成为世界技术和产业发展的重要方向。智能制造技术是先进制造技术发展的必然趋势和制造业发展的必然需求。智能制造技术是我国面临来自西方发达国家和发展中国家"前后夹击"的双重挑战,紧紧抓住新一轮科技革命和产业变革与我国加快转变经济发展方式的必然选择,是抢占产业发展的制高点,实现我国从制造大国向制造强国转变的重要保障。智能制造是基于新一代信息技术、新一代人工智能技术与先进制造技术深度融合,贯穿于设计、生产、管理、服务等制造活动的各个环节,具有自感知、自学习、自决策、自执行、自适应等功能的新型生产方式,能实现高效、优质、低耗、绿色、安全的制造和服务目标。智能制造技术能提高能源和原材料的利用效率,降低污染排放水平;能提升产品的设计水平,增强产品的文化、知识和技术含量;提高企业的生产质量、生产效率、生产安全性和快速市场响应能力。智能制造技术不仅推动了机械制造、航空航天、电子信息、轨道交通、化工冶金等行业的智能化进程,而且还将孕育和促进以制造资源软件中间件、制造资源模型库、材料及工艺数据库、制造知识库、智能物流管理与配送等为主要产品,为其他制造企业提供咨询、分析、设计、维护和生产服务的现代制造服务业的发展。智能制造技术在我国的应用和普及,必将催生一批具有世界先进水平、引领世界制造业发展的龙头企业,引领我国制造业实现自主创新、跨越发展。

## 1.1.3　各国智能制造的发展概况

### 1. 美国

美国是智能制造思想的发源地之一,"智能制造"的概念是由普渡大学智能制造国家工程中心于1987年提出来的。美国国家科学基金(NSF)在1991—1993年间着重资助了有关智能制造的诸项研究。美国建立了许多重要实验基地,美国国家标准和技术研究所的自动化制造与实验基地就把"为下一代以知识库为基础的自动化制造系统提供研究与实验设施"作为其三大任务之一。卡内基梅隆大学的制造系统构造实验室一直从事制造智能化的研究,包括制造组织描述语言、制造知识表示、制造通信协议、谈判策略和分布式知识库,先后开发了车间调度系统、项目管理系统等项目。在美国空军科学制造计划的支持下,于 1989 年由 D. A. Boume 组织完成了首台智能加工工作站的样机。该样机能直接根据零件的定义数据完成零件的全自动加工,具有产品三维实体建模、创成式工艺规划设计、NC 程序自动生成、加工过程智能监控等一系列智能功能,它的完成被认为是智能制造机器发展史上的一个重要里程碑。与此同时,美国工业界也以极高的热情投入智能制造的研究开发,1993 年 4 月在美国底特律由美国工程师协会召开的第 22 届可编程控制国际会议中,有 200 多家厂商参展,以极大的篇幅介绍了智能制造,提出了"智能制造,新技术、新市场、新动力"的口号,展出了大量先进的、具有一定智能的硬件设备。这次大会讨论的议题有开放式 PLC 体系及标准、模糊逻辑、人工神经网络、自动化加工的用户接口、通往智能制造之路、精良生产等。

2005 年,美国国家标准与技术研究所(NIST)提出了"聪明加工系统(Smart Machining System,SMS)"研究计划。聪明加工系统的实质是智能化,该系统的主要目标和研究内容包括:①系统动态优化。即将相关工艺过程和设备知识加以集成后进行建模,进行系统的动态性能优化;②设备特征化。即开发特征化的测量方法、模型和标准,并在运行状态下对机床性能进行测量和通信;③下一代数控系统。即与 STEP-NC 兼容的接口和数据格式,使基于模型的机器控制能够无缝运行;④状态监控和可靠性。即开发测量、传感和分析方法;⑤在加工过程中直接测量刀具磨损和工件精度的方法。

2009 年 12 月美国提出的《重振美国制造业政策框架》、2011 年 6 月 24 日提出《先进制造伙伴计划》,智能制造领导联盟(Smart Manufacturing Leadership Coalition,SMLC)发表了《实施 21 世纪智能制造》报告。该报告是基于 2010 年 9 月 14 日至 15 日在美国华盛顿举行的由美国工业界、政界、学术界,以及国家实验室等众多行业中的 75 位专家参加的旨在实施 21 世纪智能制造的研讨会。该报告认为智能制造是先进智能系统强化应用、新产品制造快速、产品需求动态响应,以及工业生产和供应链网络实时优化的制造技术。智能制造的核心技术是网络化传感器、数据互操作性、多尺度动态建模与仿真、智能自动化,以及可扩展的多层次的网络安全。该报告制定了智能制造推广至三种制造业(批量、连续与离散)中的 4 大类 10 项优先行动项目,即工业界智慧工厂的建模与仿真平台、经济实惠的工业数据收集与管理系统、制造平台与供应商集成的企业范围内物流系统、智能制造的教育与培训。2012 年 2 月美国又出台《先进制造业国家战略计划》,提出要通过技术创新和智能制造实现高生产率,保持在先进制造业领域中的国际领先和主导地位。2013 年美国政府宣布成立"数字化制造与设计创新研究院";2014 年又宣布要成立"智能制造创新研究院"。2012 年 11 月 26 日美国通用电气公司(GE)发布了《工业互联网——打破智慧与机器的边界》,提出了工业互联网理念,将人、数据和机器进行连接,提升机器的运转效率,减少停机时间和计划外故障,帮助客户提高效率并节省成本。2014 年 10 月 24 日 GE 公司(上海)发布了《未来智造》,至 2014 年底,GE 公司推出 24 种工业互联网产品,涵盖石油天然气平台监测管理、铁路机车效率分析、医院管理系统、提升风电机组电力输出、电力公司配电系统优化、医疗云影像技术等九大平台。《华尔街日报》的评论指出,在美国,GE 公司的"工业互联网"革命已成为美国"制造业回归"的一项重要内容。

美国先是推出工业互联网和先进制造业振兴计划,后来更将其提升为国家加快发展 AI 战略,2019 年 2 月 11 日,特朗普签署了《维持美国人工智能行政领导力的行政令》,启动"美国人工智能倡议",次日美国国防部网站推出《2018 国防部人工智能战略摘要:利用人工智能促进国家安全与繁荣》。美国全国制造业协会在《美国制造业复兴》报告中提出,要通过"再工业战略",使美国制造业成为世界领先的创新者,并且强调美国的"再工业化"绝不仅是简单的"实业回归",而是在二次工业化基础上的三次工业化。其实质是以高新技术为依托,发展高附加值的制造业,如先进制造技术、新能源、环保、信息等新兴产业,从而拥有具有强大竞争力的新工业体系。依托全球领先的智能技术创新能力、不断加深的智能制造产业化与日趋完善的智能制造体系,美国在全球智能制造领域占据着重要领导地位,无形中给其他国家的制造业,尤其是正在试图转型升级的中国制造业,提出了更高的挑战。

**2. 欧盟**

欧盟国家早在 1982 年制定的信息技术发展战略计划中就强调了智能制造核心技术的开发。由德国、法国和英国发起的主题为"未来的工厂"的尤里卡项目,将解决敏捷智能制造方面的研究与开发作为重点。德国西门子、瑞士 ABB、法国施耐德电气等公司将部分人工智能技术应用到工业控制设备与系统中。由欧盟资助的智能制造系统 IMS2020 计划中囊括了意大利、德国、瑞士、美国、日本、韩国等多个先进国家与 SAP、IBM、Siemens、BMW、MIT、Cambridge 等多家企业与高校。针对可持续制造领域、节能制造领域、关键技术领域、标准化领域、创新培训领域五个关键领域,规划并逐步完成 1～3 年的短期目标、7～10 年的中期目标以及 10～15 年后的智能制造蓝图。

德国政府率先在 2011 年推出"工业 4.0"计划,2018 年推出"德国工业战略 2030"计划,加强国家干预,加快培育龙头企业,全面推进智能制造。德国实施的"工业 4.0"(Industrie 4.0)的宏伟计划,是德国《高技术战略 2020》确定的十大未来项目之一,由德国联邦教研部与联邦经济技术部联手资助,联邦政府投入达 2 亿欧元,旨在支持工业领域新一代革命性技术的研发与创新。期望充分发挥德国在制造业的现有优势,以确保德国制造业的未来。"工业 4.0"确定了 8 个优先行动领域:标准化和参考架构、复杂系统的管理、一套综合的工业基础宽带设施、安全和安保、工作的组织和设计、培训和持续性的职业发展、法规制度、资源效率。德国三大工业协会——德国信息技术、通信、新媒体协会(BITKOM)、德国机械设备制造业联合会(VDMA)以及德国电气和电子工业联合会(ZVEI),牵头建立了"工业 4.0 平台",并由协会的企业成员组成指导委员会,各大联合会以及组织组主题工作小组,共同推动"工业 4.0"战略的发展。

援引德国学术界和产业界观点,"工业 4.0"是以智能制造为主导的第四次工业革命,或革命性的生产方式,旨在通过充分利用信息通信技术和网络空间虚拟系统——信息物理系统(cyber-physical systems,CPS)相结合的手段,将制造业向智能化转型。

"工业 4.0"项目主要分为两大主题:一是"智能工厂",重点研究智能化生产系统及过程,以及网络化分布式生产设施的实现;二是"智能生产",主要涉及整个企业的生产物流管理、人机互动以及 3D 技术在工业生产过程中的应用等。德国依托其在再工业过程中广泛应用的信息和通信技术、强大的机械和装备制造业、在嵌入式系统和自动化工程方面的高技术水平和全球市场的领导地位,通过"工业 4.0"计划的实施正在进一步巩固其作为全球领先生产制造基地、生产设备供应商和 IT 业务解决方案供应商的地位。德国将实现双重战略目标:一是成为智能制造技术的主要供应商,维持其在全球市场的领导地位;二是建立和培育 CPS 技术和产品的主导市场。通过实施"工业 4.0"这一战略,将实现小批量定制化生产、提高生产率、降低

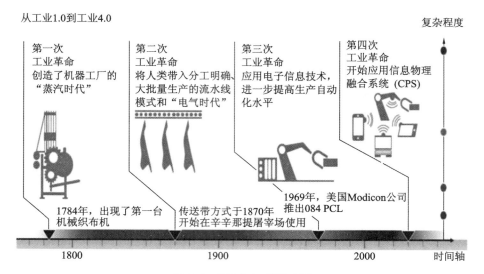

从工业1.0到工业4.0

复杂程度

第一次
工业革命
创造了机器工厂的
"蒸汽时代"

第二次
工业革命
将人类带入分工明确、
大批量生产的流水线
模式和"电气时代"

第三次
工业革命
应用电子信息技术，
进一步提高生产自动
化水平

第四次
工业革命
开始应用信息物理
融合系统（CPS）

1969年，美国Modicon公司
推出084 PCL

1784年，出现了第一台
机械织布机

传送带方式于1870年
开始在辛辛那提屠宰场使用

1800    1900    2000    时间轴

**图 1.1 "工业 4.0"概念图**

资源量、提高设计和决策能力、弥补劳动力高成本劣势。

在"工业 4.0"的愿景下，制造业将通过充分利用 CPS 等手段，将制造业向"数字制造"转型，通过计算、自主控制和联网，人、机器和信息能够互相连接，融为一体。例如，西门子在德国之外的首家数字化企业—— 西门子工业自动化产品成都生产和研发基地（SEWC）已经在成都建成。这家工厂以突出的数字化、自动化、绿色化、虚拟化等特征定义了现代工业生产的可持续发展，是"数字化企业"中的典范。西门子面向未来制造着力发展全生命周期数字化企业平台、工业信息技术与软件、全集成自动化系统和全集成驱动系统、集成能源管理系统等。

**3. 日本与韩国**

在 20 世纪 80 年代，日本东京大学 Furkawa 教授等人正式提出智能制造系统（IMS）国际合作计划，并于 1990 年被日本通产省立案为国际共同研究开发项目。欧洲共同体委员会、日本通产省、美国商务部于 1990 年 5 月经协商成立 IMS 国际委员会，以 10 年为期限，投资 150 亿日元，实验研究智能制造系统，该系统包括流程工业洁净制造、全球化制造同步工程、21 世纪全球化制造、全方位制造系统、快速产品开发、知识系统化等智能系统，重点研究了开发全球化制造、下一代制造系统、全能制造系统等技术。2004 年，日本启动了"新产业创造战略"，为制造业寻找未来战略产业，并将信息家电、机器人、环境能源等各领域作为重点发展对象，努力提高日本制造业在国际上的产业竞争力。

日本积极应对用工短缺，大力推动智能制造，全自动生产线和机器人得到了广泛使用。日本采用无人加工，降低生产成本，遏制了制造业向日本本土转移。日本著名机床制造商山崎马扎克公司 2002 年开发的无人机械加工系统，与 20 世纪 90 年代开发的无人加工系统相比，生产成本降低了 43%，即使其他国家的人工费只有日本的 1/20，机器人的作业成本依然比人工费用要低。生产成本的下降，有效地遏制了日本本土制造业外流。

韩国于 1991 年底提出了"高级先进技术国家计划"，即 G-7 计划，包括七项先进技术及七项基础技术，目标是到 2000 年把韩国的技术实力提高到世界第一流发达国家的水平，该目标已基本达到。为占领智能化生产技术的制高点，韩国目前又将智能制造技术列入"高级先进技术国家计划"之中,重点研究智能化生产技术。

**4. 中国**

我国在智能制造的研究方面起步较晚,但在这个领域的研究发展还是比较快的,从发表的文献资料来看,目前绝大多数的研究集中于人工智能在制造业的各个领域的应用方面,如:智能 CAD、CAPP 专家系统、机电设备的智能控制、加工过程的智能检测、智能化生产调度系统、生产决策系统,许多研究成果已经在实际生产中发挥了很大的作用。

1989 年在华中科技大学(原华中理工大学)召开的"机械制造走向 2000 年——回顾、展望与对策"大会,云集了一大批机械学科的著名专家学者,有不少专家学者就 AI 在制造领域中的应用进行了探讨,并首次把智能制造系统(IMS)提到议事日程上来。1990 年,华中理工大学首次组建了 IM 学科组,积极跟踪国际 IMS 的最新研究动态和从事 IMS 关键技术的预研工作。1991 年,杨叔子教授等人首次就智能制造技术和智能制造系统进行了客观的评价,指出它是面向 21 世纪的制造技术。我国国家自然科学基金会从 1993 年起每年都有一定的资金用于资助智能制造方面的研究项目,我国的"九五"规划中已把先进制造技术(包括智能制造技术)作为重点发展的项目之一。

我国自 2009 年 5 月《装备制造业调整和振兴规划》出台以来,国家对智能制造装备产业的政策支持力度不断加大,2012 年国家有关部委更集中出台了一系列规划和专项政策,使得我国智能制造装备产业的发展轮廓得到进一步明晰。工业与信息化部发布了《高端装备制造业"十二五"发展规划》,同时发布了《智能制造装备产业"十二五"发展规划》子规划,明确提出到2020 年将我国智能制造装备产业培育成为具有国际竞争力的先导产业。科学技术部发布了《智能制造科技发展"十二五"专项规划》;国家发展改革委员会、财政部、工业与信息化部三部委组织实施了智能制造装备发展专项;工业与信息化部制定和发布了《智能制造装备产业"十二五"发展路线图》,该路线图明确把智能制造装备作为高端装备制造业的发展重点领域,以实现制造过程智能化为目标,以突破九大关键智能基础共性技术(新型传感技术、模块化、嵌入式控制系统设计技术、先进控制与优化技术、系统协同技术、故障诊断与健康维护技术、高可靠实时通信网络技术、功能安全技术、特种工艺与精密制造技术、识别技术)为支撑,其思路是:以推进八项智能测控装置与部件(新型传感器及其系统、智能控制系统、智能仪表、精密仪器、工业机器人与专用机器人、精密传动装置、伺服控制机构、液气密元件及系统)的研发和产业化为核心,以提升八类重大智能制造装备(石油石化智能成套设备、冶金智能成套设备、智能化成形和加工成套设备、自动化物流成套设备、建材制造成套设备、智能化食品制造生产线、智能化纺织成套装备、智能化印刷装备等)集成创新能力为重点;促进在国民经济六大重点领域(电力领域、节能环保领域、农业装备领域、资源开采领域、国防军工领域、基础设施建设领域)的示范应用推广。

2014 年 12 月,工信部印发了《工业和信息化部办公厅关于成立智能制造综合标准化工作组的函》,制订了《国家智能制造标准体系建设指南(2015 版)》,确定了按照"三步法"思路构建智能制造标准体系。第一步,构建智能制造系统架构,界定智能标准化的对象、内涵和外延,识别智能制造现有和缺失的标准,认知现有标准间的交叉重叠关系;第二步,将智能制造系统架构映射为五类关键技术标准,与基础共性标准和重点行业标准共同构成智能制造标准体系结构;第三步,建立智能制造标准体系框架,指导智能制造标准制修订工作。

2015 年国务院印发《中国制造 2025》，部署全面推进实施制造强国战略。在《中国制造 2025》"战略任务和重点"一节中，明确提出"加快推动新一代信息技术与制造技术融合发展，把智能制造作为两化深度融合的主攻方向；着力发展智能装备和智能产品，推进生产过程智能化；培育新型生产方式，全面提升企业研发、生产、管理和服务的智能化水平"。

2016 年 3 月 31 日，工业和信息化部印发了《关于开展智能制造试点示范 2016 专项行动的通知》，并下发了《智能制造试点示范 2016 专项行动实施方案》。"十三五"期间智能制造工程同步实施数字化制造普及、智能化制造示范，重点聚焦"五三五十"重点任务，即：攻克高档数控机床与工业机器人、增材制造装备、智能传感与控制装备、智能检测与装配装备、智能仓储与物流装备等五类关键技术装备。构建基本完善的智能制造标准体系，开发智能制造核心支撑软件，建立可靠的工业互联网基础和信息安全系统，形成智能制造发展坚实的基础支撑，夯实智能制造三大基础。培育推广离散型智能制造、流程型智能制造、网络协同制造、大规模个性化定制、远程运维服务等五种智能制造新模式，推进十大重点领域智能制造成套装备集成应用。通过试点示范，进一步提升关键技术装备，以及工业互联网创新能力，形成关键领域一批智能制造标准，不断形成并推广智能制造新模式。智能车间/工厂试点示范项目通过 2～3 年持续提升，实现运营成本降低 20％，产品研制周期缩短 20％，生产效率提高 20％，产品不良品率降低 10％，能源利用率提高 10％。

2017 年 10 月 28 日，习近平总书记在党的十九大报告中号召：加快建设制造强国，加快发展先进制造业。他指出："要以智能制造为主攻方向，推动产业技术变革和优化升级，推动制造业产业模式和企业形态根本性转变，以'鼎新'带动'革故'，以增量带动存量，促进我国产业迈向全球价值链中高端。

2017 年 11 月 19 日，国务院发布关于深化"互联网＋先进制造业"发展工业互联网的指导意见，指出：加快建设和发展工业互联网，推动互联网、大数据、人工智能和实体经济深度融合，发展先进制造业，支持传统产业优化升级。工业互联网是以数字化、网络化、智能化为主要特征的新工业革命的关键基础设施，加快其发展有利于加速智能制造发展，更大范围、更高效率、更加精准地优化生产和服务资源配置，促进传统产业转型升级，催生新技术、新业态、新模式，为制造强国建设提供新动能。

2017 年 12 月 13 日，工业与信息化部为落实《新一代人工智能发展规划》，深入实施"中国制造 2025"，抓住历史机遇，突破重点领域，促进人工智能产业发展，提升制造业智能化水平，推动人工智能和实体经济深度融合，发布了《促进新一代人工智能产业发展三年行动计划(2018—2020)》。该计划旨在以信息技术与制造技术深度融合为主线，推动新一代人工智能技术的产业化与集成应用具体内容包括：发展智能网联汽车、智能服务机器人、智能无人机、视频图像识别、智能语音、智能翻译、医疗影像辅助诊断系等智能产品和系统，夯实智能传感器技术、集成电路设计/代工/封测技术、神经网络芯片等人工智能整体核心基础；深入实施智能制造，鼓励新一代人工智能技术在工业领域各环节的探索应用，系统提升制造装备、制造过程、行业应用的智能化水平；推广智能化生产、大规模个性化定制、预测性维护等新模式的应用。

2020 年 8 月，中国国家标准化管理委员会、中共中央网络安全和信息化委员会办公室、国家发展改革委员会、科技部、工业和信息化部五部门，为加强人工智能领域标准化顶层设计，推动人工智能产业技术研发和标准制定，促进产业健康可持续发展，特别印发《国家新一代人工智能标准体系建设指南》。到 2023 年,初步建立人工智能标准体系,重点研制数据、算法、系统、服务等重点急需标准,并率先在制造、交通、金融、安防、家居、养老、环保、教育、医疗健康、司法等重点行业和领域进行推进。建设人工智能标准试验验证平台,提供公共服务能力。在智能制造领域,规范工业制造中信息感知、自主控制、系统协同、个性化定制、检测维护、过程优化等方面技术要求。重点开展大规模个性化定制、预测性维护(包括 VR/AR 技术的应用)、工艺过程优化、制造过程物流优化、运营管理优化等标准。

## 1.2 智能制造技术内涵、特征、目标及发展趋势

### 1.2.1 智能制造技术内涵与定义

纵观智能制造概念与技术的发展,经历了兴起和缓慢推进阶段,直到 2013 年以来的爆发式发展。特别是 2013 年德国工业 4.0 概念的正式推出,究其原因主要有两点,其一,近几年来,世界各国都将"智能制造"作为重振和发展制造业战略的重要抓手;其二,随着以互联网、物联网和大数据为代表的信息技术的快速发展,智能制造的范畴有了较大扩展,以 CPS、数字孪生、大数据分析为主要特征的"智能制造"已经成为制造企业转型升级的巨大推动力。近年来,随着数字化、自动化、信息化、网络化和智能技术的发展,智能制造已成为现代先进制造业新的发展方向,其概念及内涵也在不断发展和丰富。学术界普遍认为智能制造是现代制造技术、人工智能技术和计算机技术三者结合的产物。目前,有关智能制造及智能制造技术的概念,有不少,以下列举其中的一些定义。

(1)1991 年,日、美、欧共同发起实施的"智能制造国际合作研究计划"中定义"智能制造系统是一种在整个制造过程中贯穿智能活动,并将这种智能活动与智能机器有机融合,将整个制造过程从订货、产品设计、生产到市场销售等各个环节以柔性方式集成起来的能发挥最大生产力的先进生产系统"。

(2)在中国《智能制造科技发展"十二五"专项规划》中,定义智能制造是"面向产品全生命周期,实现泛在感知条件下的信息化制造,是在现代传感技术、网络技术、自动化技术、拟人化智能技术等先进技术的基础上,通过智能化的感知、人机交互、决策和执行技术,实现设计过程智能化、制造过程智能化和制造装备智能化等。智能制造系统最终要从以人为主要决策核心的人机和谐系统向以机器为主体的自主运行转变"。

(3)在中国《2015 年智能制造试点示范专项行动实施方案》中,定义智能制造是:基于新一代信息技术,贯穿设计、生产、管理、服务等制造活动各个环节,具有信息深度自感知、智慧优化自决策、精准控制自执行等功能的先进制造过程、系统与模式的总称。

(4)中国机械工程学会分别于 2016 年出版的《中国机械工程技术路线图》第二版中指出,智能制造是研究制造活动中的信息感知与分析、知识表达与学习、自主决策与优化、自律执行与控制的一门综合交叉技术,是实现知识属性和功能的必然手段。智能制造技术涉及产品全生命周期中的设计、生产、管理和服务等环节的制造活动,以关键制造环节智能化为核心,以端到端数据流为基础、以网通互联为平台、以人机协同为支撑,旨在有效缩短产品研制周期、提高生产效率、提升产品质量、降低资源能源消耗,对提升制造水平具有重要意义。

(5)2016年6月,由国家制造强国建设战略咨询委员会和中国工程院战略咨询中心编著出版的"中国制造2015丛书"之《智能制造》中,李培根院士和邵新宇教授从智能制造的本质特征出发,认为智能制造较为普适的定义为:面向产品的全生命周期,以新一代信息技术为基础,以制造系统为载体,在其关键环节或过程,具有一定自主性的感知、学习、分析、决策、通信与协调控制能力,能动态地适应制造环境的变化,从而实现某些优化目标。关于该定义的解释:智能制造面向产品全生命周期而非狭义的加工生产环节,产品是智能制造的目标对象;智能制造以新一代信息技术为基础,是泛在感知条件下的信息化制造;智能制造的载体是制造系统,制造系统从微观到宏观有不同的层次,比如制造装备、制造单元、制造车间、制造企业和企业生态系统等。制造系统的构成包括产品、制造资源(机器、生产线、人等)、各种过程活动(设计、制造、管理、服务等)以及运行与管理模式。

(6)原中国工程院院长周济等2019年在《Engineering》发表论文《面向新一代智能制造的人-信息-物理系统(HCPS)》中提出,智能制造已历经数字化制造、数字化网络化制造,并正在向数字化网络化智能化制造——新一代智能制造演进。新一代智能制造的本质特征是新一代人工智能技术(赋能技术)与先进制造技术(本体技术)的深度融合。智能制造的实质是设计、构建和应用各种不同用途、不同层次的人—信息—物理系统(human-cyber-physical systems,HCPS)。新一代智能制造系统通过集成人、信息系统和物理系统的各自优势,极大提高加工系统的感知认知、建模学习、分析决策、精确控制与执行等能力。新一代"人—信息—物理系统"揭示了新一代智能制造的技术机理,能够有效指导新一代智能制造的理论研究和工程实践。

综合上述众多定义,本书对智能制造定义为:面向产品的全生命周期,以物联网、大数据、云计算、数字孪生等新一代信息技术为基础,以制造装备、制造单元、制造车间、制造企业和企业生态系统等不同层次的制造系统为载体,在其设计、生产、管理、服务等制造活动的关键环节,具有一定自主性的感知、学习、分析、决策、通信与协调控制、执行能力,能动态地适应制造环境的变化,从而实现有效缩短产品研制周期、降低运营成本、提高生产效率、提升产品质量、降低资源能源消耗等目标的先进制造过程、系统与模式的总称。

智能制造技术是在现代制造技术、新一代信息技术支撑下,面向产品全生命周期的智能设计、智能加工与装配、智能监测与控制、智能服务、智能管理等专门技术及其集成。

智能制造系统是指应用智能制造技术、达成全面或部分智能化的制造过程或组织,按其规模与功能可分为智能机床、智能加工单元、智能生产线、智能车间、智能工厂、智能制造联盟等层级。

## 1.2.2 智能制造特征

智能制造的特点在于实时智能感知、智能优化决策、智能动态执行等三个方面:一是数据的实时感知,智能制造需要大量的数据支持,通过利用高效、标准的方法实时进行信息采集、自动识别,并将信息传输到分析决策系统;二是优化决策,通过面向产品全生命周期的海量异构信息的挖掘提炼、计算分析、推理预测,形成优化制造过程的决策指令;三是动态执行,根据决策指令,通过执行系统控制制造过程的状态,实现稳定、安全的运行和动态调整。智能性是智能制造的最基本特征,是信息驱动下的"感知→分析→决策→执行与反馈"的大闭环。

在制造全球化、产品个性化、"互联网＋制造"的大背景下,智能制造体现出如下特征:

**1. 大系统**

智能制造系统(特别是车间级以上的系统)完全符合大系统的基本特征,即大型性、复杂性、动态性、不确定性、人为因素性、等级层次性等。智能制造系统是由智能产品、智能生产及智能服务等功能系统,以及智能制造云和工业互联网等支撑系统集合而成的大系统。

**2. 大集成**

大集成特征表现为企业内部研发、生产、销售、服务、管理过程等实现动态智能集成,即纵向集成;企业与企业之间基于工业互联网和智能云平台,实现集成、共享、协作和优化,即横向集成;制造业与金融业、上下游产业的深度融合形成服务型制造业和生产服务业共同发展的新业态;智能制造与智能城市、智能交通、智能医疗等交融集成,共同形成智能生态大系统-智能社会。

**3. 系统进化和自学习**

智能制造系统中的信息系统增加了基于新一代人工智能技术的学习认知部分,不仅具有更强大的感知、计算分析决策与控制能力,更具有了学习认知、产生知识的能力,从"授之以鱼"发展到"授之以渔";智能制造系统通过深度融合数理建模(因果关系)和大数据智能建模(关联关系)所形成的混合建模方法,可以提高制造系统建模能力,提高处理制造系统不确定性、复杂性问题的能力,极大改善制造系统的建模和决策效果。对于智能机床加工系统,能在感知与机床、加工、工况、环境有关的信息基础上,通过学习认知建立整个加工系统的模型,并应用于决策与控制,实现加工过程的优质、高效和低耗运行。

**4. 信息物理系统**

信息物理系统(CPS)是一个包含计算、网络和物理实体的复杂系统,依靠 3C(computing、communication、control)技术的有机融合与深度协作,通过人机交互接口实现其和物理进程的交互,使赛博空间以远程、可靠、实时、安全、协作和智能化的方式操控一个物理实体。CPS 应用于智能制造中,以一种新的赛博物理融合生产系统(CPPS)形式,将智能机器、存储系统和生产设施融合,体现了动态感知、实时分析、自主决策、精准执行的闭环过程,使人、机、物等能够相互独立地自动交换信息、触发动作和自主控制,实现智能、高效、个性化、自组织的生产方式,构建出智能工厂,实现智能生产。

**5. 人与机器的融合**

智能制造系统通过人机混合增强系统智能,提高人机共融与群体协作技术,从本质上提高制造系统处理复杂性、不确定性问题的能力,极大优化制造系统的性能。随着人机协同机器人、可穿戴设备的发展,生命和机器的融合在制造系统中会有越来越多的应用体现。机器是人的体力、感官和脑力的延伸,但人依然是智能制造系统中的关键因素。

**6. 虚拟与物理的融合**

智能制造系统蕴含了两个世界,一个是由机器实体和人构成的物理世界,另一个是由数字模型、状态信息和控制信息构成的虚拟世界。数字孪生是物理实体与虚拟融合的有效手段。产品数字孪生体是指产品物理实体的工作状态和工作进展在信息空间的全要素重建及数字化映射,是一个集成的多物理、多尺度、超写实、动态概率仿真模型,可用来模拟、监控、诊断、预测、控制产品物理实体在现实环境中的形成过程、状态和行为。利用数字孪生建模技术对物理实体对象的特征、行为、形成过程和性能等进行描述和建模,通过数字孪生技术,一方面,产品的设计与工艺在实际执行之前,可以在虚拟世界中进行100%的验证,另一方面,生产与使用过程中,实际世界的状态,可以在虚拟环境中进行实时、动态、逼真的呈现。

### 1.2.3 智能制造目标

"智能制造"概念刚提出时,其预期目标是比较狭义的,即"使智能机器在没有人工干预的情况下进行小批量生产",随着智能制造内涵的扩大,智能制造的目标已变得非常宏大。比如,"工业4.0"指出了8个方面的建设目标,即满足用户个性化需求,提高生产的灵活性,实现决策优化,提高资源生产率和利用效率,通过新的服务创造价值机会,应对工作场所人口的变化,实现工作和生活的平衡,确保高工资仍然具有竞争力。

"中国制造2025"中指出实施智能制造可给制造业带来"两提升、三降低","两提升"是指生产效率的大幅度提升,资源综合利用率的大幅度提升。"三降低"是指研制周期的大幅度缩短,运营成本的大幅度下降,产品不良品率的大幅度下降。

智能制造的总体目标可以归结为如下五个方面:

①优质——制造的产品具有符合设计要求的优良质量,或提供优良的制造服务,或使制造产品和制造服务的质量优化;

②高效——在保证质量的前提下,在尽可能短的时间内,以高效的工作节拍完成生产,从而制造出产品和提供制造服务,快速响应市场需求;

③低耗——以最低的经济成本和资源消耗,制造产品或提供制造服务,其目标是综合制造成本最低,或制造能效比最优;

④绿色——在制造活动中综合考虑环境影响和资源效益,其目标是使产品在全生命周期中,对环境的影响最小,资源利用率最高,并使企业经济效益和社会效益协调优化;

⑤安全——考虑制造系统和制造过程中涉及的网络安全和信息安全问题,即通过综合性的安全防护措施和技术,保障设备、网络、控制、数据和应用的安全。

### 1.2.4 智能制造发展趋势

21世纪将是智能化在制造业获得大发展和广泛应用的时代,可能引发制造业的变革。正如《经济学人》杂志刊发的《第三次工业革命》一文所言,"制造业的数字化变革将引发第三次工业革命"。当今世界制造业智能化发展呈现五大趋势。

**1. 制造全系统、全过程应用数字孪生技术**

数字孪生是充分利用物理模型、传感器更新、运行历史等数据,集成多学科、多物理量、多尺度、多概率的仿真过程,利用数字技术对物理实体对象的特征、行为、形成过程和性能等进行描述和建模,在虚拟空间中完成映射,从而反映相对应实体装备的全生命周期过程。作为一种充分利用模型、数据、智能并集成多学科的技术,数字孪生技术通过虚实交互反馈、数据融合分析、决策迭代优化等手段,为物理实体增加或扩展新的能力。数字孪生技术面向产品全生命周期过程,发挥连接物理世界和信息世界的桥梁和纽带作用,提供更加实时、高效、智能的服务。

**2. 重视使用机器人和柔性生产线**

柔性与自动生产线和机器人的使用可以积极应对劳动力短缺和用工成本上涨。同时,利用机器人高精度操作,提高产品品质和作业安全,是市场竞争的取胜之道。以工业机器人为代表的自动化制造装备在生产过程中应用日趋广泛,在汽车、电子设备、奶制品和饮料等行业已大量使用基于工业机器人的自动化生产线。

**3. 物联网和务联网在制造业中作用日益突出**

基于物联网和务联网构成的制造服务互联网(云),实现了制造全过程中制造工厂内外人、机、物的共享、集成、协同与优化。通过信息物理系统,整合智能机器、储存系统和生产设施。通过物联网、服务计算、云计算等信息技术与制造技术融合,构成制造务联网(Internet of services),实现软硬制造资源和能力的全系统、全生命周期、全方位的透彻的感知、互联、决策、控制、执行和服务化,使得从入厂物流配送到生产、销售、出厂物流和服务,实现泛在的人、机、物、信息的集成、共享、协同与优化的云制造。同时支持了制造企业从制造产品向制造产品加制造服务综合模式的发展。

**4. 普遍关注供应链动态管理、整合与优化**

供应链管理是一个复杂、动态、多变的过程,供应链管理更多地应用物联网、互联网、人工智能、大数据等新一代信息技术,更倾向于使用可视化的手段来显现数据,采用移动化的手段来访问数据;供应链管理更加重视人机系统的协调性,实现人性化的技术和管理系统。企业通过供应链的全过程管理、信息集中化管理、系统动态化管理实现整个供应链的可持续发展,进而缩短了满足客户订单的时间,提高了价值链协同效率,提升了生产效率,使得全球范围的供应链管理更具效率。

**5. 增材制造技术与作用发展迅速**

增材制造技术(3D打印技术)是综合材料、制造、信息技术的多学科技术。它以数字模型文件为基础,运用粉末状可沉积、黏合材料,采用分层加工或叠加成形的方式逐层增加材料来生成各类三维实体。其最突出的优点是无须机械加工或模具,就能直接从计算机图形数据中生成任何形状的物体,从而极大地缩短产品的研制周期,提高生产率和降低生产成本。三维打印与云制造技术的融合将是实现个性化、社会化制造的有效制造模式与 手段。

美国、欧洲、日本都将智能制造视为 21 世纪最重要的先进制造技术,认为智能制造是国际制造业科技竞争的制高点。

# 1.3 智能制造技术体系

近些年,国内学者提出了各自的智能制造技术体系,本书在《中国制造 2015 丛书》之《智能制造》李培根院士和邵新宇院士提出的智能制造技术体系的基础上,融合《中国机械工程技术路线图》(第二版)中智能制造技术体系中关于制造智能、智能制造装备、智能制造系统、智能制造服务、智能工厂技术的内容,以及周济院士、谭建荣院士、刘强教授等学者关于智能制造技术体系的观点,对智能制造技术体系做一个综合介绍。

智能制造技术体系的总体框架如图 1.2 所示,智能制造基础关键技术为智能制造系统的建设提供支撑,智能制造系统是智能制造技术的载体,它包括智能产品、智能制造过程、智能工厂和智能制造模式、智能制造发展路径等内容。

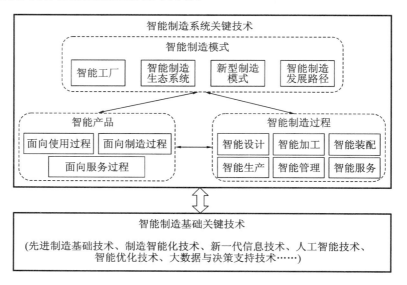

图 1.2 智能制造技术体系的总体框架

## 1.3.1 智能制造系统关键技术

### 1.3.1.1 智能产品

所谓智能产品,是指深度嵌入信息技术(高端芯片、新型传感器、智能控制系统、互联网接口等),在其制造、物流、使用和服务过程中,能够体现出自感知、自诊断、自适应、自决策等智能特征的产品。智能产品通常具有如下特点:能够实现对自身状态、环境的自感知,具有故障诊断功能;具有网络通信功能,提供标准和开放的数据接口,能够实现与制造商、服务商、用户之间的状态和位置等数据的传送;具有自适应能力,能够根据感知的信息调整自身的运行模式,使其处于最优状态;能够提供运行数据或用户使用习惯数据,支撑制造商、服务商、用户进行数据分析与挖掘,实现创新性应用等。下面从面向使用过程、制造过程和服务过程介绍产品智能化技术。

**1. 面向使用过程的产品智能化技术**

无人机、无人驾驶汽车、智能手机等是典型的创新型智能产品,它们"人-机"或"机-机"互动能力强。其智能性主要通过自主决策(如环境感知、路径规划、智能识别等)、自适应工况(控制算法及策略等)、人机交互(多功能感知、语音识别、信息融合等)、信息通信等技术来实现。借助工业互联网和大数据分析技术,这类产品的使用信息也可以反馈回设计部门,为产品的改进与创新设计提供支持。还有一类特殊的产品就是智能制造装备,比如智能数控机床,它将专家的知识和经验融入感知、决策、执行等制造活动中,并赋予产品制造在线学习和知识进化能力,从而实现高品质零件的自学自律制造。

**2. 面向制造过程的产品智能化技术**

产品(含在制品、原材料、零配件、刀具等)本身智能化的智能特征体现在可自动识别、可精确定位、可全程追溯、可自主决定路径和工艺、可主动报告自身状态、可感知并影响环境等诸多方面。"工业4.0"中描述了这样一个场景,产品进入车间后,自己找设备加工,并告诉设备如何加工。其实现的关键技术包括无线射频识别(RFID,radio frequency identification)等自动识别技术、CPS技术、移动定位技术等。

**3. 面向服务过程的产品智能化技术**

对于工程机械、航空发动机、电力装备等产品,远程智能服务是产品价值链中非常重要的组成部分。以通用电气公司(GE)为例,通用电气公司为了实现远程智能服务,产品内部嵌入了传感器、智能分析与控制装置和通信装置,从而实现产品运行状态数据的自动采集、分析和远程传递。其位于美国亚特兰大的能源监测和诊断中心,收集全球50多个国家上千台GE燃气轮机的数据,每天的数据量多达10 GB,通过大数据分析可对燃气轮机的故障诊断和预警提供支撑。

## 1.3.1.2 智能制造过程

智能制造过程包括产品设计、加工、装配、生产管理和服务智能化的过程。

**1. 智能设计**

产品设计是带有创新特性的个体或群体活动,智能技术在设计链的各个环节上使设计创新得到质的提升。通过智能数据分析手段获取设计需求,进而通过智能创成方法进行概念生成,通过智能仿真和优化策略实现产品的性能提升,辅之以智能并行协同策略来实现设计制造信息的有效反馈,从而大幅缩短产品研发周期,提高产品设计品质。

1)面向多源海量数据的设计需求获取技术

信息技术的飞速发展已使产品设计需求超越了客户调查的传统范畴,呈现为广泛存在于产品生命周期中的多样化数据信源,它可来自互联网的客户评价、来自服务商的协商调研、来自设计伙伴的信息交互;甚至来自正在服役产品关键性能数据的实时在线反馈,各种智能方法被用于发现这些信息中所隐含的设计需求,包括智能聚类方法、神经网络技术、机器学习策略、软计算方法、数据挖掘技术等;而对于当前广泛存在于广域有线和工业无线网络中的各种异构海量数据,大数据分析方法和云计算技术正成为处理这些信息进而获取个性化定制需求的有力工具,巨量数据的有效分析使得传统方法不易获得的设计需求被智能化地呈现出来,使设计概念的创新提升到一个新的层次。

2)设计概念的智能创成技术

如何从设计需求转变为概念产品是设计智能的实际体现和具化过程,各种人工智能和系统工程方法的运用使这一阶段更具智能化和科学化。发明问题的解决理论(TRIZ)提出了一系列的理论、方法和工具来使设计创新过程系统化和规则化,有效拓展了创新思维能力。而各种基于知识的理论则着眼于经验知识的形式化表达和智能获取,包括基于规则的方法、基于案例的方法、基于模型的方法、知识流分析方法、基于语义网络的方法等,它们将知识工程的最新成果与设计概念形成原理相结合来形成有效的知识载体实现设计概念的智能创成。而随着互联网络的发展与普及,知识资源和设计服务的共享将成为设计知识再利用的有效途径,相应分布式资源管理理论和平台技术的不断完善将使得设计效率得到显著提升;而在创新理念层出不穷的今天,支持多个创客群体实时交互、基于群体智能机制的实时协同创新平台也将成为设计概念产生的一种有效支持手段,促进新概念产品的创造性生成。

3)基于模拟仿真的智能设计技术

基于计算机数字模型的模拟仿真已成为产品设计必不可少的手段,仿真的层次也从宏观逐步递进到用来真实反映介观、微观等多个层次的物理现象。鉴于尺度之间的强关联特性,模拟仿真已突破了单尺度的限制,进入宏细观结合的跨尺度分析的范畴,如集成计算材料工程(ICME,integrated computational materials engineering)利用计算工具所得的材料信息与工业产品性能分析和制造工艺模拟集成,通过界面分析及材料—产品—工艺的一体化设计来实现产品的性能提升。随着产品性能要求的不断提升,基于高精度模拟仿真数据、融高效实验设计和智能寻优为一体的优化技术已成为产品设计性能提升的不可或缺的手段。面对空间飞行器、航天运载工具、高性能舰船等具有极高维度、极复杂设计空间的设计系统,多学科优化技术已成为处理复杂设计系统综合性能优化的有效方法,它通过探索和利用系统中相互作用的协同机制,利用学科子系统间的目标耦合策略和协调计算方法来构建系统的智能迭代优化策略,从而在较短的时间内获取系统整体最优性能。而用于提高优化性能的一系列关键技术伴随着优化体系的形成而逐渐展开,如用于提升模拟仿真效率的智能实验设计技术,用于减少高成本仿真次数的智能近似技术,用于在多峰、多约束、复杂地貌的设计空间中快速找到最优区域的智能寻优技术,用于对模拟仿真中认知或模型不确定性进行定量化度量的智能不确定分析技术等,这些均为设计优化过程的自动化、智能化和精准化提供了有力的驱动力。

4)面向性能优先的智能设计技术

随着以 3D 打印技术为代表的新型工艺方法的发展,产品设计中考虑"实现性优先"的局限性已成为一个可以逾越的屏障,设计者可以把更多的精力放在产品结构如何能够更好地满足性能要求之上,从而形成性能优先的设计。工程师可以根据性能要求量身定制特定的结构形式,而如何智能生成这些结构形式则是一个新的问题。拓扑优化技术为产品的性能优先设计提供了有力的智能解决手段,拓扑优化是指一种根据给定的负载情况、约束条件和性能指标,在给定的区域内对材料分布进行优化的数学方法,其内在的机理在于如何智能地生成符合性能要求的结构布局,其灵活的布局方式使得设计者可跨越工艺限制,去追求极致的设计性能,达到传统设计所无法企及的性能水平。

**2. 智能加工**

智能加工是借助智能制造装备、智能检测与控制装备及数字仿真等手段,实现对加工过程的建模、仿真、预测和对加工系统的监测与控制,同时集成加工知识,使加工系统能够根据实时工况自动优选加工参数,调整自身状态,获得最佳的加工性能与最佳的加工质效。

智能加工中最关键的技术是智能制造装备与工艺技术。智能制造装备(如智能加工机床,见图 1.3)能够利用自主感知与连接获取机床、加工、工况、环境有关信息,通过自主学习与建模生成知识,并应用这些知识进行自主优化与决策,完成自主控制与执行。智能制造装备通过对自身运行状态和内外部环境的实时感知,将信息通过物联网、CPS 系统等新一代信息网络技术接入智能制造云平台,基于大数据深度分析与评估技术,实现制造工艺的全局优化、制造装备的智能维护、制造过程的能源节省及制造装备间的协同工作。

以高品质复杂零件(比如航空发动机叶片)的智能加工过程为例,智能加工机床通过"感知

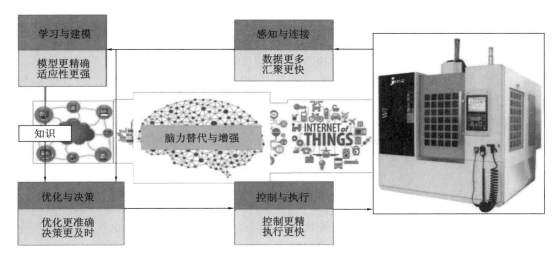

图 1.3　智能加工机床定义

→分析→决策→执行与反馈"大闭环过程,不断提升装备性能及其适应能力,使得加工从控形向控性发展,实现高效、高品质及安全可靠的加工。其实现过程主要包括:工况自检测、工艺知识自学习、制造过程自主决策和装备自律执行等。

①工况自检测:零件加工过程中,制造界面上的热—力—位移多场耦合效应与材料/结构/工艺/过程具有强相关性,通过对加工过程中的切削力、夹持力,切削区的局部高温,刀具热变形、磨损、主轴振动等一系列物理量,以及刀具—工件—夹具之间热力行为产生的应力应变进行高精度在线检测,为工艺知识学习与制造过程自主决策提供支撑。

②工艺知识自学习:在检测加工过程的时变工况后,分析工况、界面耦合行为与工件品质之间的映射关系,建立描述工况、耦合行为和工件品质映射关系的联想记忆知识模板,通过工艺知识的自主学习理论,实现基于模板的知识积累和工艺模型的自适应进化。同时将获得的工艺知识存储于工艺知识库中,供工艺优化使用,为制造过程自主决策提供支撑。

③制造过程自主决策和装备自律执行:智能装备的控制系统具有面向实际工况的智能决策与加工过程自适应调控能力。通过将工艺知识融入装备控制系统决策单元,根据在线检测识别加工状态,由工艺知识对参数进行在线优化并驱动生成加工过程控制决策指令,对主轴转速及进给速度等工艺参数进行实时调控,使装备工作在最佳状态。在进行调控时,具有完善的调控策略,避免工艺参数突变对加工质量的影响。还能实时调控智能夹具的预紧力以及导轨等运动界面的阻尼特性,以抑制加工过程中的振动,提高产品质量。

智能加工的关键技术主要有:

1)智能感知技术

采用各种传感器或传感器网络,对制造过程、制造装备和制造对象的有关变量、参数和状态进行采集、转换、传输和处理,获取反映智能制造装备(系统)运行工作状态、产品或服务质量等的数据,形成制造大数据或工业大数据。关键技术包括:智能感知方案的设计、新型传感技术和 RFID 识别技术、机器视觉技术、装备运行状态信息与工况特征大数据实时采集技术、高速数据存储技术、高速数据网络传输技术、工况特征大数据挖掘处理技术、视觉导航与定位技术,基于机器视觉的加工质量智能检测技术等。

2) 自主认知技术

通过机器自主认知和人机协同认知有效获得实现系统目标所需的知识。机器自主认知关键技术涉及模型结构的自学习、模型参数的自学习、模型的评估与自学习优化、智能制造装备运行性能演化规律与预测方法、智能制造装备运行监控与智能诊断方法等。采用工业软件或分析工具平台,对智能制造装备(系统)状态感知数据(特别是制造大数据或工业大数据)进行在线实时统计分析、数据挖掘、特征提取、建模仿真、预测预报等处理,为趋势分析、风险预测、监测预警、优化决策等提供数据支持,为自主决策奠定基础。

3) 智能决策技术

智能决策技术是指通过机器智能决策和人机协同决策,以评估系统状态并确定最优行动方案。机器智能决策关键技术包括:系统状态的精确评估、决策模型的优化求解、决策风险的预测分析;智能装备的工艺规划与智能编程技术,加工和作业过程的仿真、分析、预测及控制的虚拟现实技术;基于现场实时采集的智能装备数据、车间管理数据、MES 大数据和长期监测的历史数据与经验数据,建立面向典型行业的工艺数据库和专家知识库,实现工艺参数和作业任务的多目标优化;工艺规划与编程的智能推理和决策的新方法,实现基于几何、物理与工况环境多约束的轨迹规划和数控编程。

4) 智能控制技术

通过机器智能控制和人机协同控制,依据决策结果对系统进行操作调整以实现系统目标,需要发展自适应控制、制造过程智能监控与误差补偿等智能控制技术,以解决应对系统自身及其环境的不确定性的问题。其中智能数控系统技术与智能伺服驱动技术是关键技术,主要包括:智能数控系统的高可靠性现场总线通信功能、防侵入分散型数控系统架构、纳米插补、超前预读、高速精密插补技术;双轴同步控制、低转矩波动和高过载能力的伺服电动机优化技术,自适应加工技术,虚拟现实加工仿真及自监控、维护、优化与重组等技术;多轴插补参数自动优化控制技术;分布式开放型数控系统技术;各轴伺服参数的匹配和耦合控制技术;基于视觉、图像、质量信号闭环控制的机器人伺服控制技术;高速高精伺服运动控制技术;运动轴负载特性的自动识别技术;基于伺服智能控制的振动主动控制技术;基于伺服驱动信号的实时防碰撞技术,非结构环境中的视觉引导技术等。

5) 智能装备相关标准的建立

智能装备相关标准包括智能装备嵌入式系统标准、智能装备控制系统标准、智能装备人机交互系统标准、智能增材制造装备标准、智能工业机器人标准、其他智能装备标准等六项标准,其中:①智能装备嵌入式系统标准包括通用技术标准、集成技术标准和通信协议标准。②智能装备控制系统标准包括编程语言标准、接口标准和其他标准。③智能装备人机交互系统标准包括图形图标标准、触摸体感标准、语音语义标准、生物特征标准。④智能增材制造装备标准包括模型设计标准、制造装备与接口标准。⑤智能工业机器人标准包括通信标准、接口标准和协同标准。

**3. 智能装配**

数字化智能装配系统具有装配单元自动化、装配过程数字化、信息传递网络化、过程控制智能化、质量监控精确化等特点,这些特点可使智能装配系统达到产品装配质量的高可靠性和全生命周期可追溯性。

智能装配的关键技术主要包括以下几方面:

1) 人机结合的虚拟装配技术

基于信息物理融合系统的模块化产品模型建立装配过程的工艺模型和生产模型,在虚拟现实环境中对装配全过程进行仿真,虚拟展示现实生活中的各种过程、物件等,从感官和视觉上尽量贴近真实,在人机功效分析基础上对装配全过程进行优化,保证装配全过程顺利实施。其特点是可以按照人们的意愿任意变化,这种人机结合的新一代智能界面,是智能装配的一个显著特征。

2) 专用智能装配工艺装备的设计制造技术

对高精度、结构复杂的产品,装配过程的自动化、智能化必须借助定制的专用智能化工艺装备来实现。首先要全面实现装配过程的机械化和自动化,大量采用智能机器人或设备替代人的重复性操作,在此基础上,通过嵌入式系统实现系统与设备、设备与设备、设备与人之间的互联互通,为实现智能化装配奠定基础。

3) 装配过程在线检测与监控技术

建立可覆盖装配全过程的数字化测量与监控网络,通过传感器、RFID、MES、泛在物联工业网络等实时感知、监控、分析、判断装配状态,实现装配过程的描述、监控、跟踪和反馈。

4) 智能装配制造执行技术

智能装配中的制造执行系统是集智能设计、智能预测、智能调度、智能诊断和智能决策于一体的智能化应用管理体系。为此,需要应用 MES 对装配知识的管理技术,人工智能算法与MES 的融合技术,MES 对生产行为的实时化、精细化管理技术,生产管控指标体系的实时重构技术等。

**4. 智能生产**

智能生产指针对制造工厂或车间,引入智能技术与管理手段,实现生产资源最优化配置、生产任务和物流实时优化调度、生产过程精细化管理和智慧科学管理决策。生产过程的主要智能手段及其价值回报如图 1.4 所示。

在智能生产中,生产资源(生产设备、机器人、传送装置、仓储系统和生产设施等)将通过集成形成一个闭环网络,具有自主、自适应、自重构等特性,从而可以快速响应、动态调整和配置制造资源网络和生产步骤。制造车间的智能特征具体体现为三方面:一是制造车间具有自适应性和柔性,具有可重构和自组织能力,从而能高效地支持多品种、多批量、混流生产;二是产品、设备、软件之间实现相互通信,具有基于实时反馈信息的智能动态调度能力;三是建立有预测制造机制,可实现对未来的设备状态、产品质量变化、生产系统性能等的预测,从而提前主动采取应对策略。

实现智能生产的关键技术如下。

1) 制造系统的适应性技术

智能工厂必须具备通过快速的结构调整和资源重组,以及柔性工艺、混流生产规划与控制、动态计划与调度等途径来主动适应制造企业所面临的市场变化和其他需求的能力,适应性

(adaptability)是制造工厂智能特征的重要体现。制造系统的适应性表现为三个层次。

(1)柔性制造系统(flexible manufacturing system,FMS)。FMS主要通过设备的柔性来支持工厂的适应性。常见的柔性制造设备包括数控机床、机器人、3D打印设备、柔性工装、自动换刀装置、自动检测设备(比如机器视觉)、立体仓库、自动导引小车(automated guided vehicle,AGV)等。由柔性制造设备构成的柔性制造单元或柔性生产线,能一定程度地适应不同型号产品的混流生产。

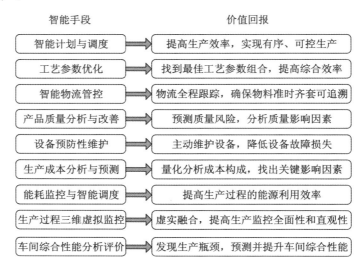

**图1.4　生产过程的主要智能手段及其价值回报**

(2)可重构制造系统(reconfigurable manufacturing system,RMS)。RMS强调通过制造系统建模与自组织、系统结构及其组成单元的快速重组或更新,及时调整制造系统的功能和生产能力,从而迅速响应市场变化及其他需求。其核心技术是系统的可重构性,即利用对制造设备及其模块或组件的重排、更替、剪裁、嵌套和革新等手段对系统进行重新组态、更新过程、变换功能或改变系统的输出(产品与产量)。RMS除了包含生产单元的可重构性(FMS、物理或逻辑布局调整)以外,还包括组织结构与业务流程等制造资源的即插即用和可重构;产品的可重构(标准化、模块化等);面向功能模型的制造系统自组织与自协调;面向可重构模型的系统实时动态运控方法等。

(3)适应性制造系统(adaptive manufacturing system,AMS)。AMS是对RMS的进一步扩展,除了要求系统可重构外,还关注制造系统组织过程及运行控制策略的动态调整,即通过对系统功能结构与运行控制全面综合的统筹优化与逻辑重构,实现制造系统在产品全生命期乃至整个工厂生命期内对于内外部动态环境变化的适应性。在跨企业层面,企业动态联盟与虚拟制造组织是系统适应性的表现形式。在企业内部,客户化大规模定制与平台化产品变型设计在产品自身及其生产制造系统的适应性方面则表现更为突出。相应地,在制造车间内部,为实现多品种混流制造,须采取基于混流路径的车间生产动态规划与制造执行过程智能化管控。

2)基于实时反馈信息的智能动态调度技术

基于实时反馈信息的智能动态调度技术包括以下几点。

（1）智能数据采集技术：利用智能传感器,建立车间层的传感网,并实现多种现场总线、无线、异构系统集成和接入,自动获取车间制造现场的各种数据和信息,包括设备工况信息（温度、转速、能耗等）以及业务过程数据（物料数据、质量数据、人力数据、成本数据、计划数据等）。

（2）智能数据挖掘技术：对获取的海量数据进行实时处理、分析和挖掘,并以可视化的方式展示其结果,可以为不同用户提供个性化的数据分析结果。

（3）智能生产动态调度技术：根据现场数据和分析结果,针对优化目标,对各种任务、刀具、装备、物流和人员进行调度,尽可能在已有约束条件下满足生产需求。并能根据环境变化,快速反应,提出最佳的应对方案。

（4）人机一体化技术：突出人在制造系统中的核心地位,同时在智能机器的配合下,更好地发挥人类专家的智能,做到机器智能和人的智能真正地集成在一起,互相配合,相得益彰,完成分析、判断、决策等任务。

3）预测性制造技术

制造工厂是一个结构复杂且动态多变的环境,各种异常事件总会随机发生并对生产过程造成影响。这些异常通常包括两类：一类是可见的异常,比如设备停机、质量超差等；另一类是不可见的异常,比如设备性能衰退、制过程失控等。对不可见异常的感知、分析、预测与处理是智能工厂的重要特征,李杰教授称之为自省性（self-aware）,并称满足这种特性的制造系统为预测性制造系统（predictive manufacturing system）。要实现预测性制造,首先要通过工厂物联网或工业互联网实时获取生产过程中的各种状态数据,然后通过分析和训练建立相应的预测模型,并实现对未来状态的预测。常见的分析模型包括：

（1）多变量统计过程控制（multivariate statistical process control,MSPC）：对于串并联多工位制造系统,任一工位"设备/工装/刀具"状态的异常波动将导致整个制造过程发生不同程度的偏移甚至失控,过程一旦失控将大大增加产品的质量风险。为了提前发现过程异常,可以用到多变量统计质量控制方法,监控的变量包括产品的尺寸、缺陷数等关键质量特性以及设备、夹具、刀具的状态参数等关键控制特性,通过优化设计的多变量控制图,监控上述过程变量的变化,并基于统计规律,对过程偏移发出预警,进一步通过模式识别等手段,还可以辨识失控模式并进行失控根本原因分析。

（2）设备预防性维护（preventive maintenance,PM）：包括对制造装备和刀具的维护或更换。设备/刀具的失效是连续劣化和随机冲击共同作用的结果,其失效模型可以通过对设备大量的运行与维护历史数据进行分析而近似建立,基于该可靠性模型,可以科学评估设备的实时状态,计算继续服役的风险,预测其剩余使用寿命,并通过面向经济性或可靠性的维修决策模型,实现对设备的维护时机、维护方式和维护程度的科学决策。

（3）生产系统性能预测：如果将制造工厂视为一个黑箱系统,其输入为计划与订单,其输出是各种绩效数据,包括产出量、准时交付率、物流效率、设备综合效能等。显然,系统的输出受到系统输入、系统结构、系统当前状态等各种可见因素以及各种不可见因素（随机因素）的影响。较为准确地预测系统响应,对于生产计划制定、生产订单评价、生产动态调整等都具有重要意义。目前已有大量的数学模型可用于预测分析,比如回归分析、神经网络、时间序列等。

4）基于数字孪生的生产过程设计、仿真、优化与决策执行技术

通过数字孪生将虚拟空间中的生产建模仿真与现实世界的实际生产过程进行融合,从而

为现实世界里的物件（包括物料、产品、设备、生产过程、工厂等）建立一个高度真实仿真的"数字孪生"，生产过程的每一个步骤都可在虚拟环境（即赛博系统）中进行设计、仿真和优化；以现场动态数据驱动，在虚拟空间里对定制信息、生产过程或生产流程进行仿真优化，给实际生产系统和设备发出优化的生产工序指令，指挥和控制设备、生产线或生产流程进行自主式自组织的生产执行，满足用户的个性化定制需求。

**5. 智能管理**

智能制造的智能管理关键技术主要有：

1）产品全生命周期管理（PLM）技术

实现智能制造系统智能管理和决策的最重要环节是产品全生命周期基础数据的准确和制造系统各支撑系统和功能系统信息的无缝集成。PLM 是一个采用了 CORBA 和 WEB 等技术的应用集成平台和一套支持复杂产品异地协同制造的，具有安全、开放、实用、可靠、柔性等功能，集成化、数字化、虚拟化、网络化、智能化的支撑工具集，它拓展了 PDM（product date management）的应用范围，支持产品全生命周期的产品并行设计、协同设计与制造、网络化制造乃至智能制造等先进的设计制造技术。

2）制造执行系统 IMES（intelligent manufacturing execution system）技术

MES 是一套面向制造企业车间执行层的生产信息化管理系统，在工厂综合自动化系统中起着中间层的作用，MES 系统根据底层控制系统采集的与生产有关的实时数据，对短期生产作业的计划调度、监控、资源配置和生产过程进行优化。现代企业的目标是追求精益生产，为了达到精益生产，MES 为企业提供包括制造数据管理、计划排程管理、生产调度管理、库存管理、质量管理、生产过程控制、底层数据集成分析、上层数据集成分析等管理模块，为企业打造一个扎实、可靠、全面、可行的制造协同管理平台。IMES 的关键技术有：实现 ERP 与生产现场各种控制装置的无缝连接工业互联网技术与智能化技术；提高数据实时获取能力的传感技术和物联网技术；提高海量数据智能分析能力的云计算、分布式数据库技术与大数据分析技术；车间智能调度的各种仿生智能算法和并行算法；车间状态的实时检测、智能分析和知识挖掘技术；车间计划层与控制层的智能互联与系统重构技术。

3）智能能源管理技术

智能能源管理就是通过对所有环节的跟踪管理和持续改进，不断优化重点环节的节能水平，构建智能化的资源能源管理体系，实现生产和消费的全过程能源监测、预测和节能优化。主要关键技术包括：

（1）能源综合监测技术：实现对主要能源消耗、重点耗能设备的实时可视化管理。

（2）生产与能耗预测技术：通过智能调度和系统优化，实现全流程生产与能耗的协同。

（3）能源供给、调配、转换、使用等重点环节的节能优化技术。

4）智能企业管控技术

智能企业管控技术包括产品研发和设计管理、生产管理、排产与生产调度、在线质量控制、车间物料规划与控制、生产过程追溯、可视化过程监控和生产状态分析、库存/采购/销售管理、品质管理、物流管理、服务管理、财务/人力资源管理、知识管理、产品全生命周期管理等技术。智能企业管控技术的作用是实现企业流程数字化、企业透明化、信息集成化、管控集成化、知识有序化、决策智能化、人机一体化,并提高企业信息集成能力和大数据的智能分析能力。

**6. 智能服务**

制造服务包含产品服务和生产性服务。智能制造服务通过物联网和务联网,将智能产品、智能车间和智能制造过程与智能电网、智能移动、智能物流、智能建筑等互相连接和集成,实现对供应链、制造资源、生产设施、生产系统及过程、营销及售后等的管控。通过提高服务状态/环境感知,以及服务规划、决策和控制水平,提升服务质量,扩展服务内容,促进现代制造服务业这一新的产业业态不断发展壮大。智能制造服务的服务平台包括:重大装备远程可视化智能服务平台、生产性服务智能运控平台、智能云制造服务平台、面向中小企业的公有云制造服务平台、社群化制造服务平台。这些智能服务平台都具有较大的市场需求。

智能服务的重要目标是通过泛在感知、系统集成、互联互通、信息融合等信息技术手段,将工业大数据分析技术应用于生产管理服务和产品售后服务环节,实现科学的管理决策,提升供应链运作效率和能源利用效率,并拓展价值链,为企业创造新价值。其具体关键技术如下。

1)智能物流与供应链管理技术

成本控制、可视性、风险管理、客户亲密度和全球化是现今物流及供应链管理面临的主要问题。通过互联网、物联网和物流网等,整合物流资源,充分发挥现有物流资源供应方的效率,使需求方能够快速获得服务匹配和物流支持。通过如下智能化技术,可以为高效供应链体系的建设与运作提供支持。

(1)自动化、可视化物流技术:建立物流信息化系统,配置自动化、柔性化和网络化的物流设施和设备,比如立体仓库、AGV、可实时定位的运输车辆等,采用电子单证、RFID 等物联网技术,实现物品流动的定位、跟踪与控制。基于制造运营管理(manufacturing operating management,MOM)系统的生产网络,供应商通过生产网络可以获得和交换生产信息,供应商提供的全部零部件可以通过智能物流系统,在正确的时间以正确的顺序到达生产线。

(2)全球供应链集成与协同技术:通过工业互联网实现供应链全面互联互通,不仅是普通的客户、供应商和 IT 系统,还包括各个部件、产品和其他用于监控供应链的智能工具。建立基于供应链管理过程的标准化的数据共享与信息集成平台,协同企业间研发和设计、生产、服务、知识管理,提高企业间供应链大数据获取、集成、管理与分析能力;通过持续改进,建立智能化的物流管理体系和畅通的物流信息链,有效地对资源进行监督和配置,实现物流使用的资源、物流工作的效果与物流目标的优化协调和配合。这样紧密相连,能使全球供应链网络实现协同规划和决策。

(3)供应链管理智能决策技术:通过先进的分析和建模技术,帮助决策者更好地分析极其复杂多变的风险和制约因素,以评估各种备选方案,甚至自动制定决策,从而提高响应速度,减少了人工干预。

2)产品智能服务技术

产品智能服务技术针对某些制造行业的特点,通过持续改进,建立高效、安全的智能服务系统,实现服务和产品的实时、有效、智能化互动,为企业创造新价值。其主要技术包括:

(1)云服务平台技术:该平台具有工业产品服务系统多通道并行智能配置与接入,以及多工业产品服务系统间智能集成与组合的能力,基于工业产品服务系统相关标准和机械产品全寿命周期性能监控的 RFID 技术与传感器技术,对装备(产品)运行数据与用户使用习惯数据进行采集,并建模分析。

(2)基于云服务平台的增值服务技术:以服务应用软件为创新载体,应用大数据分析、移动互联网等技术,自动生成产品运行与应用状态报告,并推送至用户端,从而为用户提供在线监测、智能运控、故障预测与自诊断、远程智能维护升级、健康状态评价等增值服务。

3)生产性服务过程的智能运行与控制技术

生产性服务过程的智能运行与控制技术包括:高端生产性服务过程的智能化运控技术;生产性服务的智能匹配与交付模型;设计/制造服务资源的高效聚集软件平台;车间制造过程信息采集与传感技术,加工装备性能在线监测传感器与故障预诊断技术,产品制造能耗测量、评估与优化技术;生产性服务的跟踪与再现技术;基于大数据特征的装备及其产线工况实时监控技术,装备及其产线健康状态监测与智能维护技术,产线生产质量评估、生产工艺评估、装备及其产线设计优化技术。

4)云制造服务综合管控技术

云制造服务综合管控技术包括:云制造服务的综合管理技术,云端服务综合管理与调度技术,云提供端资源和服务的接入管理技术,高效、动态的制造云服务组建、聚合、存储方法,高效能、智能化云制造服务搜索与动态匹配技术,制造云服务的自动推送与合作的智能创成技术,制造任务动态构建与部署、资源服务协同调度优化配置方法,开发云制造服务综合管理平台。

### 1.3.1.3 智能制造模式

**1. 智能工厂**

智能制造工厂是智能设备与信息技术在工厂层级的融合,涵盖企业的生产、质量管理、物流等环节,是智能制造的典型代表,主要解决工厂、车间和生产线以及产品从设计到制造实现的转化过程。数字化智能工厂能够减少试生产和工艺规划时间,缩短生产准备期,提高规划质量,提高产品数统一性与变型生产效率,优化生产线的配置,降低设备人员投入,实现制造过程智能化与绿色化。智能工厂发展模式有:复杂产品研发制造一体化智能工厂、精密产品生产管控智能化工厂、包装生产机器人化智能工厂、家电产品个性化定制智能工厂等。

智能工厂关键技术如下:

(1)基于工业互联网的制造资源互联技术:设备通信网络、传感器网络与制造控制网络技术;在高可靠性通信设备基础上,制造资源的安全高效互联技术;智能集成通信协议标准;基于传感器网络与设备通信网络的工厂制造资源的互通互联与智能感知技术;面向半导体/发动机等具体行业的资源互联模型。

(2)智能工厂制造大数据集成管理技术:设备硬件接口及信息系统软件接口相关标准;制造过程数据的规范化表述体;工业大数据存储平台;基于 Hadoop 框架的数据仓库管理系统;数据主题分析与组织技术。

(3)面向业务应用的制造大数据分析技术:制造大数据分析规范;制造大数据分析算法;四维导图、弦图、热力图等多种形式的图形图表等大数据呈现技术;网页、App 推送、短信、邮件等多种方式的通知;电脑、移动终端等多种类型的展示平台;管理方式、组织架构与大数据技术工具相适配技术。

（4）大数据驱动的制造过程动态优化技术：基于数据关联、性能预测与性能调控的制造过程动态优化流程；制造大数据分析中发现的制造知识的模型化表述；数字化工厂制造过程的实时数据采集；产品质量、系统效率、设备损耗等工厂性能的在线预测模型；基于预测模型的反馈调控机制；基于制造大数据的数字化工厂性能实时智能管控技术。通过这些技术，针对智能工厂的不同层级（如设备层、控制层、制造执行层、企业资源计划层）的子系统，按照设定的规则，根据状态感知和实时分析的结果，自主作出判断和选择，并具有自学习和提升进化的能力。

（5）制造云服务敏捷配置技术：面向工厂的产品从研发阶段到售后阶段各项制造服务的虚拟化封装标准框架；实现制造服务虚拟化的云服务平台；工厂私有云服务平台与行业公有云服务平台的安全通信机制；制造云服务平台中的模块化分类方法；面向客户个性化需求的制造服务快速敏捷配置技术。

**2. 新型生产模式和智能制造生态系统**

智能制造技术发展的同时，催生或催热了许多新型制造模式，比如：家用电器、汽车等行业的客户个性化定制模式；电力、航空装备行业的异地协同开发和云制造模式；食品、药材、建材、钢铁、服装等行业的电子商务模式；以及众包设计、协同制造、城市生产模式等。工业和信息化部在《关于开展智能制造试点示范 2016 专项行动的通知》中提出，培育推广离散型智能制造、流程型智能制造、网络协同制造、大规模个性化定制、远程运维服务等五种智能制造模式。智能制造模式以工业互联网、大数据分析、3D 打印等新技术为实现前提，极大地拓展了企业的价值空间。

在新智能制造模式下，制造过程由集中生产向网络化异地协同生产转变，制造生态系统（manufacturing ecosystem）显得更加清晰和重要，企业必须融入智能制造生态系统，才能得以生存和发展。针对上述变化，工信部电子信息司副司长安筱鹏提出"要掌握智能制造产业生态系统的主导权"，主要包括：①围绕泛在化的智能产品，构建覆盖客户、终端、平台、第三方应用的产品生态系统。②围绕生产装备、设计工具、供应链、第三方应用、客户等智能制造系统的各种要素资源进行精准配置调用，提升及构建跨平台操作系统、芯片解决方案、网络解决方案的能力，提升智能工厂系统解决方案、智能装备创新能力和基础产业（材料、工艺、器件）创新能力，在此基础上构建制造环节的生态系统。③围绕市场需求的个性化及快速变化的趋势，培育企业需求链、产业链、供应链、创新链的快速响应与传导能力，构建覆盖客户、制造、供应商 的全产业链生态系统，培育新技术、新产业、新业态以及新的商业模式创新能力。④整合产品生态系统、制造生态系统、全产业链生产系统等，通过标准体系、技术体系、人才体系、市场新规则，构建面向特定行业智能制造产业生态系统，并建立与之相适应的政策法律环境和体系。

**3. 智能制造发展路径**

本书基于周济院士和刘强教授的观点，对智能制造发展路径进行综合介绍。

1）智能制造的"三不要"原则

（1）不要在落后的工艺基础上搞自动化。对应于在工业 2.0 阶段，必须先解决在优化工艺基础上实现自动化的问题；实施工业强基工程，强化核心基础零部件与元器件、先进基础工艺、关键基础材料和产业技术基础提升，普遍深入应用电子信息技术，普遍实现自动化生产。

（2）不要在落后的管理基础上搞信息化。对应于在工业 3.0 阶段，必须先解决在现代管理理念和基础上实现信息化的问题。

(3)不要在不具备数字化、网络化基础时搞智能化。要实现工业 4.0,必须先解决好制造技术和制造过程的数字化、网络化问题,对数字化、网络化进行补课、普及、充实和提高;先进企业以数字化车间、数字化工厂为广大制造企业示范引路,掌握智能制造核心技术,取得实现智能制造的经验。

2)智能制造的"三要"原则

(1)标准规范要先行。先进标准是指导智能制造顶层设计、引领智能制造发展方向的重要手段,必须前瞻部署、着力先行,以先进标准引领、倒逼"中国制造"智能转型和向中高端升级。

(2)支撑基础要强化。如前所述,智能制造涉及一系列基础性支撑技术,涉及的基础性支撑技术有技术基础、支撑技术、使能技术等。当前我国仍面临关键技术能力不足、核心软件缺失、支撑基础薄弱、安全保障缺乏等问题,必须加强智能制造支撑基础建设,掌握和突破智能制造核心关键技术,"软硬并重",为智能制造发展提供坚实的支撑基础。

(3)CPS 理解要全面。CPS 是工业 4.0 和智能制造的核心,CPS 中"3C"缺一不可,即虚拟空间的"计算(computing)"与物理空间中的"控制(control)"通过网络化"通信(communication)"实现连接和融合。在发展智能制造、实现制造强国战略过程中,我们不能期望跃进式发展,一蹴而就,而是需要保持清醒,冷静分析,分步部署,务实推进。一方面,要补好工业 2.0 阶段自动化的课,做好工业 3.0 的信息化普及,推进工业 4.0 的智能制造示范;另一方面,要以智能制造标准规范为指导,加强智能支撑基础和关键技术,全面理解智能制造本质和内涵,发展先进制造,推进转型升级,走向智能制造。

3)实施智能制造的技术路线建议

对于不同的行业、不同的领域,或是不同的企业,具体实施智能制造会有各自不同的技术路线和解决方案,在推进智能制造实施技术路线方面,建议如下。

(1)需求分析。需求分析是指在系统设计前和设计开发过程中对用户实际需求所作的调查与分析,是系统设计、系统完善和系统维护的依据。需求分析主要涉及如下内容:发展趋势、已有基础、问题与差距、目标定位等。

(2)网络基础设施建设。网络互联是网络化的基础,主要实现企业各种设备和系统之间的互联互通,包括工厂内网络、工厂外网络、工业设备/产品联网、网络设备、网络资源管理等,涉及现场级、车间级、企业级设备和系统之间的互联,即企业内部纵向集成的网络化制造,还涉及企业信息系统、产品、用户与云平台之间的不同互联场景,即企业外部(不同企业间)的横向集成。因此,网络互联为实现企业内部纵向集成和企业外部横向集成提供网络互联基础设施实现和技术保障。在网络互联基础建设中,还必须考虑网络安全和信息安全问题,即要通过综合性的安全防护措施和技术,保障设备、网络、控制、数据和应用的安全。

(3)互联可视的数字化。以产品全生命周期数字化管理(PLM)为基础,把产品全价值链的数字化、制造过程数据获取、产品及生产过程数据可视化作为智能化第一步,实现对数字化和数据可视化呈现,此为初级的智能化,主要内容包括:产品全生命周期价值链的数字化、数据的互联共享、数据可视化及展示。

(4)现场数据驱动的动态优化。现场数据驱动的动态优化本质上就是以工厂内部"物理层设备—车间制造执行系统—企业资源管理信息系统"纵向集成为基础,通过对物理设备/控制器/传感器的现场数据采集,获得对生产过程、生产环境的状态感知,进行数据建模分析和仿真,对生产运行过程进行动态优化,作出最佳决策,并通过相应的工业软件和控制系统精准执行,完成对生产过程的闭环控制。主要内容包括:现场数据感知与获取、建模分析和仿真、动态优化与执行等。

(5)虚实融合的智能生产。虚实融合的智能生产是智能制造的高级阶段,这一阶段将在实现产品全生命周期价值链端到端数字化集成、企业内部纵向管控集成和网络化制造、企业外部网络化协同这三大集成的基础上,进一步建立与产品、制造装备及工艺过程、生产线/车间/工厂和企业等不同层级的物理对象映射融合的数字孪生,并构建以CPS为核心的智能工厂,全面实现动态感知、实时分析、自主决策和精准执行等功能,进行赛博物理融合的智能生产,实现高效、优质、低耗、绿色、安全的制造和服务。主要内容包括:数字孪生建模及仿真、智能工厂、智能生产。

总之,我国发展智能制造,不必走西方发达国家顺序发展的老路,应发挥后发优势,可以采取"数字化制造—数字化网络化制造—新一代智能制造"三个基本范式"并行推进、融合发展"的技术路线。一方面,我们必须实事求是,"因企制宜"、循序渐进地推进企业的技术改造、智能升级,我国制造企业特别是广大中小企业还远远没有实现"数字化制造",必须扎扎实实完成数字化"补课",打好数字化基础;另一方面,我们必须坚持"创新引领",可直接利用互联网、大数据、人工智能等先进技术,"以高打低",走出一条并行推进智能制造的新路。企业是推进智能制造的主体,每个企业要根据自身实际,总体规划、分步实施、重点突破、全面推进,产学研协调创新,实现企业的技术改造、智能升级。未来20年,我国智能制造的发展,总体将分成两个阶段。第一阶段:到2025年,"互联网＋制造"——数字化网络化制造在全国得到大规模推广应用;同时,新一代智能制造试点示范取得显著成果。第二阶段:到2035年,新一代智能制造在全国制造业实现大规模推广应用,实现中国制造业的智能升级。

## 1.3.2　智能制造基础关键技术

智能制造基础关键技术指与制造业务活动相关,并为智能制造基本要素(感知、分析、决策、通信、控制、执行)的实现提供基础支撑的共性技术。又可以分为:先进制造基础技术和制造智能化技术。

### 1.3.2.1　先进制造基础技术

#### 1.先进制造工艺技术

智能制造的根本在于制造,涉及离散型制造和流程型制造,从工艺原理上来讲包括:切削加工技术、铸造技术、焊接技术、塑性成型技术、热处理技术、增材制造技术等制造工艺技术。在推进和实施智能制造的过程中,先进制造工艺是基础,制造工艺过程是智能制造实施应用的最重要的对象,工艺优化是智能制造的重要内容之一,实现工艺流程的再造、工艺过程的数字化、制造工艺的优化和工艺装备的智能化,才能为智能制造的发展提供有力的支撑。先进制造工艺技术的发展已呈现出高速化、精密化、复合化、微细化、数字化、绿色化等趋势。先进制造工艺技术有:高速加工技术、干切削、微量润滑加工技术、多轴联动数控加工技术、CAD/CAPP/CAM、精密成形与近净成形技术、先进无模成形技术、精密超精密加工技术、微纳制造技术、特种加工技术、增材制造技术、智能数控系统和智能制造装备等。

**2. 数字建模与仿真技术**

以三维数字量形式对产品、工艺、资源等进行建模,并通过基于模型(model based definition,MBD)的定义,实现将数字模型贯穿于产品设计、工程分析、工艺设计、制造、质量管理和服务等产品生命周期全过程,用于计算、分析、仿真和可视化。由 MBD 技术进而演进成基于模型的系统工程(model based systems engineering,MBSE)和基于模型的企业(model based enterprise,MBE)。随着 CPS 等技术的发展,数字模型和物理模型将呈现融合趋势,必然产生数字孪生技术。

**3. 现代工业工程技术**

综合运用数学、物理和社会科学的专门知识和技术,结合工程分析和设计的原理与方法,对人、物料、设备、能源和信息等所组成的集成制造系统,进行设计、改善、实施、确认、预测和评价。

**4. 先进制造理念、方法与系统**

先进制造理念、方法与系统如并行工程、协同设计、云制造、可持续制造、精益生产、敏捷制造、虚拟制造、计算机集成制造、产品全生命周期管理(PLM)、制造执行系统(MES)、企业资源规划(ERP)等。

## 1.3.2.2 制造智能技术

制造智能主要指制造活动中的知识、知识发现与推理能力、制造装备的自适应与自维护能力、制造系统的智能协同和智能管控能力、智能制造系统结构与结构演化能力。制造智能技术主要包括新一代信息技术、智能感知与测控网络技术、知识工程技术、计算智能技术、大数据处理与分析技术、智能控制技术、智能协同技术、人机交互技术等技术。

制造智能的关键技术如下。

**1. 新一代信息技术**

新一代信息技术通过信息获取、处理、传输、融合等各方面的先进技术手段,为人、机、物的互联互通提供基础,这些技术通常包括以下三类。①感知、物联网与工业互联网技术:CAN、Profibus、FF、LonWorks 和 WorldFIP 等开放式工业现场总线标准及符合这些标准的各种工业传感器、智能控制器;基于 MEMS 技术、新材料技术和信息技术的微型多功能集成智能传感与传输技术、RFID 和物联网智能终端技术;支持传感、监控、决策和执行的开放式智能终端操作系统技术;基于工业现场总线的即插即用技术和实时网络操作系统技术;面向工业互联网、物联网、无线传感网络、互联网的实时网络操作系统技术;基于 M2M 和制造物联网的产品设计、生产、管理和服务技术;先进图像识别技术;泛在感知、网络通信、物联网应用等;CPS、服务网架构、语义互操作、移动通信、移动定位、信息安全等;②云计算技术:分布式存储、虚拟化、云平台等;③虚拟现实(virtual reality,VR)和增强现实(augmented reality,AR)技术:构建三维模拟空间或虚实融合空间,通过数据手套、数据头盔、触觉反馈装置、三维显示技术、刚/柔体空间状态感知与运动识别技术、脑机接口、生机接口与生理信号模式识别技术、全浸入式的"人在场景中"智能人机交互技术等增强现实技术,在视觉、听觉、触觉等感官上让人们沉浸式体验虚拟世界,VR/AR 技术可广泛应用于产品体验、设计与工艺验证、工厂规划、生产监控、维修服务等环节。

**2. 人工智能技术**

人工智能技术研究的目的是在制造过程的各个环节,让机器或软件系统具有如同人类一般的智能,比如智能产品设计、智能工艺设计、加工过程智能控制、智能排产、智能故障诊断等,同时它也是一些智能优化算法的基础。人工智能的实现离不开感知、学习、推理、决策等基本环节,其中知识的获取、表达和利用是关键。分布式人工智能(distributed artificial intelligence,DAI)是人工智能的重要研究领域,多智能体系统(multi agent system,MAS)是 DAI 的一种实现手段,在数年前就已被广泛研究。"工业 4.0"强调以信息物理融合系统(CPS)为核心,在未来分散制造的大趋势下,CPS 是分布式制造智能的一种体现。

**3. 智能优化技术**

制造系统中许多优化决策问题比较复杂、解决起来十分困难,其中大部分已被证明是 NP-hard 问题。近十几年来,通过模拟自然界中生物、物理过程和人类行为,提出了许多具有约束处理机制、自组织自学习机制、动态机制、并行机制、免疫机制、协同机制等特点的智能优化算法,如遗传算法、禁忌搜索算法、模拟退火算法、粒子群优化算法、蚁群优化算法、蜂群算法、候鸟算法等,为解决优化问题提供了新的思路和手段。这些基于生命行为特征的智能算法广泛应用于智能制造系统的方方面面,包括智能工艺过程编制、生产过程的智能调度、智能监测诊断及补偿、设备智能维护、加工过程的智能控制、智能质量控制、生产与经营的智能决策等。

**4. 大数据分析与决策支持技术**

数据挖掘、知识发现、决策支持等技术早已在制造过程中得到应用。近些年来,来源于设备实时监控、RFID 数据采集、产品质量在线检测、产品远程维护等环节的大数据,和设计、工艺、生产、物流、运营等常规数据一起,共同构成了工业大数据。在制造领域,基于 PDM、ERP、CRM 等数据库管理系统、数据挖掘系统、机器学习系统、面向异构制造大数据的存储处理与分析系统、网络环境下异构系统平台数据库/知识库表示、交互访问技术等制造大数据知识发现技术,采用面向制造大数据的分析与综合推理技术、分布/混合智能推理技术、面向力/振动、位移/速度、功率等多传感器信息融合的智能控制技术与实时综合推理等技术,通过大数据分析,可以提前发现生产过程中的异常趋势,分析质量问题产生的根源,发现制约生产效率的瓶颈,从而为切削控制、工艺规划、生产调度工艺优化、质量改善、故障诊断、设备预防性维护甚至产品的改进设计等提供科学的决策支持。

**5. 信息物理系统和数字孪生技术**

信息物理系统(CPS)强调数字世界与物理世界的深度融合。数字孪生是数字世界与物理世界深度融合的具体表现。实现 CPS 需要诸多数字-智能技术,如智能感知、物联网、大数据、工业互联网、仿真、VR/AR、AI 等,其中每一项技术都不可能成为反映 CPS 理念的核心技术,数字孪生是集这些支撑技术之大成。

数字孪生技术应用所需基础要素有:①仿真。如各种图形化建模、规划、编程与仿真技术。程序框架的图形化开发环境语言,控制和信号处理图形化建模技术,多体系统的运动学、动力学图形化建模、仿真和分析方法软件,制造资源软件中间件,制造资源模型库,面向制造资源库的图形化建模、规划、编程与仿真集成开发平台。②新的数据源。实时资产监控技术,激光探测及测距系统(light detection and ranging, LIDAR)与菲利尔(FLIR)前视红外热像仪产生的数据,整合到数字孪生体内。通过嵌入机器内部的或部署在整个供应链的物联网传感器,可以将运营数据直接输入仿真系统中,实现不间断的实时监控。③互操作性。得益于物联网传感器、操作技术之间工业通信标准的加强,以及供应商为集成多种平台集成,显著提高了数字技术与现实世界相结合的能力。④可视化。先进的数据可视化可以通过实时过滤和提取信息来实现,最新的数据可视化工具除了拥有基础看板和标准可视化功能之外,还包括交互式 3D、基于 VR 和 AR 的可视化、支持 AI 的可视化以及实时媒体流。⑤仪器。无论是嵌入式的还是外置的物联网传感器都变得越来越小,并且精确度更高、成本更低、性能更强大。随着网络技术和网络安全性的提高,可以利用传统控制系统获得关于真实世界更细粒度、更及时、更准确的信息,以便与虚拟模型集成。⑥平台。功能强大且价格低廉的计算能力、网络和存储的可用性和可访问性是数字孪生技术的关键促成要素。

### 1.3.3 本教材的章节体系

(1)智能制造技术基础概论:智能制造技术发展背景和意义,智能制造技术内涵、特征、目标、发展趋势,智能制造技术体系。

(2)人工智能:概述、知识表示方法、确定性推理、状态空间搜索、专家系统、机器学习、人工神经网络。

(3)智能设计:概述、智能设计系统、智能设计的产品模型、智能设计方法、智能 CAD 系统的开发与实例、基于虚拟现实的智能设计、基于数字孪生的智能设计。

(4)智能工艺规划和智能数据库:概述、计算机辅助工艺规划及其智能化、切削智能数据库、磨削智能数据库、数控加工编程。

(5)制造过程的智能监测、诊断、预测与控制:概述、智能监测、智能诊断、智能预测、智能控制、典型示范案例。

(6)智能制造系统:概述、智能制造系统体系架构、智能制造系统调度控制、智能制造系统供应链管理、智能运维系统、智能制造服务系统。

(7)智能制造装备:概述、高档数控机床、工业机器人、3D 打印装备、智能化生产线、智能工厂、智能装配、智能物流。

# 习 题

1. 简要阐述制造技术的发展历程。

2. 简要分析智能制造技术发展的必要性和意义。

3. 简要阐述智能制造的内涵、特征和发展趋势。

4. 简要阐述智能制造技术体系的构成。

5. 智能制造模式主要有哪些种类?

6. 简要分析信息物理系统和数字孪生技术的概念。

7. 简要分析我国智能制造的发展路径。

# 第 2 章   人 工 智 能

## 2.1   概述

人工智能(artificial intelligence,AI)是在计算机科学、控制论、信息论、神经心理学、哲学、语言学等多学科研究的基础上发展起来的一门综合性很强的交叉学科,是一门新思想、新观念、新理论、新技术不断出现的新兴学科,也是一门正在迅速发展的前沿学科。自 1956 年正式提出人工智能这个术语并把它作为一门新兴学科的名称以来,人工智能获得了迅速的发展,并取得了惊人的成就,引起了人们的高度重视,得到了很高的评价,它与空间技术、原子能技术一起被誉为 20 世纪三大科学技术成就。有人称它为继三次工业革命后的又一次革命,认为前三次工业革命主要是延长了人手的功能,把人类从繁重的体力劳动中解放出来,而人工智能则是延伸了人脑的功能,实现了脑力劳动的自动化。

本节将首先介绍人工智能的基本概念,然后简要介绍当前人工智能的主要应用领域,以开阔读者的视野,使读者对人工智能广阔的应用领域有总体的了解。

### 2.1.1   基本概念

#### 1. 智能的概念

人工智能的目标是用机器实现人类的部分智能。因此,下面首先讨论人类的智能行为。

智能及智能的本质是古今中外许多哲学家、脑科学家一直在努力探索和研究的课题,但至今仍然没有完全了解,智能的发生与物质的本质、宇宙的起源、生命的本质一起被列为自然界的四大奥秘。

近年来,随着脑科学、神经心理学等研究的进展,人们对人脑的结构和功能有了初步认识,但对整个神经系统的内部结构和作用机制,特别是脑的功能原理还没有认识清楚,有待进一步探索。因此,很难对智能给出确切的定义。

目前,根据对人脑已有的认识,结合智能的外在表现,从不同的角度、不同的侧面、用不同的方法对智能进行研究,提出了几种不同的观点,其中影响较大的观点有思维理论、知识阈值理论及进化理论等。

1)思维理论

思维理论认为智能的核心是思维,人的一切智能都来自大脑的思维活动,人类的一切知识都是人类思维的产物,因而通过对思维的规律与方法的研究有望揭示智能的本质。

2)知识阈值理论

知识阈值理论认为智能行为取决于知识的数量及其一般化的程度,一个系统之所以有智能是因为它具有可运用的知识。因此,知识阈值理论把智能定义为:智能就是在巨大的搜索空间中迅速找到一个满意解的能力。这一理论在人工智能的发展史中有着重要的影响,知识工程、专家系统等都是在这一理论的影响下发展起来的。

3)进化理论

进化理论认为人的本质能力是在动态环境中的行走能力、对外界事物的感知能力、维持生命和繁衍生息的能力。正是这些能力对智能的发展提供了基础,因此智能是某种复杂系统所浮现的性质,是由许多部件交互作用产生的,智能仅仅由系统总的行为以及行为与环境的联系所决定,它可以在没有明显的可操作的内部表达的情况下产生,也可以在没有明显的推理系统出现的情况下产生。该理论的核心是用控制取代表示,从而取消概念、模型及显式表示的知识,否定抽象对于智能及智能模拟的必要性,强调分层结构对于智能进化的可能性与必要性。这是由美国麻省理工学院的布鲁克教授提出来的。1991年他提出了"没有表达的智能",1992年又提出了"没有推理的智能",这是他根据对人造机器动物的研究和实践提出的与众不同的观点。目前这一观点尚未形成完整的理论体系,有待进一步研究,但由于它与人们的传统看法完全不同,因而引起了人工智能界的注意。

综合上述各种观点,可以认为:智能是知识与智力的总和。其中,知识是一切智能行为的基础,而智力是获取知识并应用知识求解问题的能力。

**2. 人工智能的概念**

所谓人工智能就是用人工的方法在机器(计算机)上实现的智能,或者说是人们使机器具有类似于人的智能。由于人工智能是在机器上实现的,因此,又称为机器智能。

关于"人工智能"的含义,早在它被正式提出之前,就由英国数学家图灵提出了。1950年他发表了题为"计算机与智能"的论文,文章以"机器能思维吗?"开始,论述并提出了著名的"图灵测试",形象地指出了什么是人工智能以及机器应该达到的智能标准,现在许多人仍把它作为衡量人工智能的准则。图灵在这篇论文中指出不要问机器是否能思维,而是要看它能否通过如下测试:让人与机器分别在两个房间里,他们可以通话,但彼此都看不到对方,如果通过对话,作为人的一方不能分辨对方是人还是机器,那么就可以认为对方的那台机器达到了人类智能的水平。为了进行这个测试,图灵还设计了一个很有趣且智能性很强的对话内容,称为"图灵的梦想"。

但也有许多人认为图灵测试仅仅反映了结果,没有涉及思维过程。即使机器通过了图灵测试,也不能认为机器就有智能。针对图灵测试,哲学家约翰·塞尔勒在1980年设计了"中文屋思想实验"以说明这一观点,在中文屋思想实验中,一个完全不懂中文的人在一间密闭的屋子里,有一本中文处理规则的书。他不必理解中文就可以使用这些规则。屋外的测试者不断通过门缝给他写一些有中文语句的纸条。他在书中查找处理这些中文语句的规则,根据规则将一些中文字符抄在纸条上作为对相应语句的回答,并将纸条递出房间。这样,从屋外的测试者看来,仿佛屋里的人是一个以中文为母语的人,但他实际上并不理解他所处理的中文,也不会在此过程中提高自己对中文的理解。用计算机模拟这个系统,可以通过图灵测试。这说明一个按照规则执行的计算机程序不能真正理解其输入、输出的意义。许多人对塞尔勒的中文屋思想实验进行了反驳,但还没有人能够彻底将其驳倒。

实际上,要使机器达到人类智能的水平是非常困难的,但是,人工智能的研究正朝着这个方向前进,图灵的梦想总有一天会变成现实。特别是在专业领域内,人工智能能够充分利用计算机的特点,具有显著的优越性。2014 年图灵测试举办方英国雷丁大学宣称居住在美国的俄罗斯人弗拉基米尔·维西罗夫创立的 AI 软件尤金·古斯特曼通过了图灵测试。尤金让 33% 的测试者相信它是人类。

人工智能是一门研究如何构造智能机器(智能计算机)或智能系统,使它能模拟、延伸、扩展人类智能的学科。通俗地说,人工智能就是要研究如何使机器具有能听、会说、能看、会写、能思维、会学习、能适应环境变化、能解决各种面临的实际问题的一门学科。

实际上,人工智能不是要搞出一个比人类还聪明的怪物来奴役人类,而是运用人工智能技术去解决问题,造福人类,就像 100 多年前的"电气化"一样,人类现在的绝大部分职业将会被智能设备取代。

## 2.1.2　应用领域

目前,人工智能的研究大多是与具体领域结合进行的,下面将简单介绍这些具体的应用领域。

### 1. 问题求解

能够求解难题的下棋(如围棋)程序是人工智能的第一个大成就。通过对下棋程序的研究,人们发展了搜索和问题归约这样的人工智能基本技术。此外,能够把各种数学公式符号汇集在一起的问题求解程序,使人工智能的性能有了一定的提高。

### 2. 机器学习

机器获取的知识有两种,一种是人类采用归纳整理,并用计算机可接受处理的方式输入计算机中,另一种是计算机使用一些学习算法进行自学习(如实例学习、机械学习、归纳学习)。

### 3. 专家系统

专家系统是一种基于知识的计算机知识系统,它从人类领域专家那里获得知识,并用来解决只有领域专家才能解决的困难问题。

### 4. 模式识别

模式识别是指使机器具有感知能力,主要研究视觉模式和听觉模式的识别,例如识别物体、地形、图像、字体等。

### 5. 自然语言理解

自然语言理解就是研究如何让计算机理解人类的自然语言,是基于让计算机能"听懂"、"看懂"人类语言这一思想的,主要研究如何回答自然语言输入的问题、摘要生成和文本释义的问题以及机器翻译的问题。

### 6. 人工神经网络

人工神经网络研究如何用大量的处理单元(包括人工神经元、处理元件、电子元件等)模仿人脑神经系统工程结构和工作机理,它是从研究人脑的奥秘中得到启发而发展起来的。

### 7. 自动定理证明

利用计算机进行自动定理证明(ATP)是人工智能研究中的一个重要方向,使很多非数学领域的任务,如信息检索、机器人规划和医疗诊断等,都可以转化为一个定理证明问题。

**8. 自动程序设计**

自动程序设计包括程序综合(自动编程)和程序正确性验证两个方面的内容。程序综合用于实现自动编程;而程序正确性验证就是要研究出一套理论方法,通过运用它们就可自动证明程序的正确性。

**9. 机器人学**

机器人学是人工智能研究中日益受到重视的一个领域。这个领域的研究问题覆盖了从机器人手臂的最佳移动到实现机器人目标的动作序列的规划方法等各个方面。目前,它的研究涉及电子学、控制论、系统工程、机械、仿生、心理等多个学科。

**10. 智能检索**

智能检索是结合了人工智能技术的新一代搜索引擎。它除了能提供传统的快速检索、相关度排序等功能外,还能提供用户角色登记、用户兴趣自动识别、内容的语义理解、智能信息化过滤和推送等功能。智能检索系统的功能包括:①能理解自然语言;②具有推理能力;③系统拥有一定的常识性知识。

# 2.2　知识表示方法

人类的智能活动主要是获得并运用知识。知识是智能的基础。为了使计算机具有智能,使它能模拟人类的智能行为,就必须使它具有知识。但知识需要用适当的模式表示出来才能存储到计算机中去,因此,知识的表示成为人工智能中一个十分重要的研究课题。

本节首先介绍知识与知识表示的概念,然后介绍一阶谓词逻辑、产生式、框架等当前人工智能中应用比较广泛的知识表示方法,为后面介绍推理方法、专家系统等奠定基础。

## 2.2.1　基本概念

**1. 知识的概念**

知识是人们在长期的生活及社会实践中、在科学研究及实验中积累起来的对客观世界的认识与经验。人们把实践中获得的信息关联在一起,就形成了知识。信息之间有多种关联形式,其中用得最多的一种是用"如果……,则……"表示的关联形式。它反映了信息间的某种条件关系。例如,我国北方的人们经过多年的观察发现,每当冬天要来临的时候,就会看到有一批批的大雁向南方飞去,于是把"大雁南飞"与"冬天就要来临了"这两个信息关联在一起,就得到了如下一条知识:如果大雁向南飞,则冬天就要来临了。

知识反映了客观世界中事物之间的关系,不同事物或者相同事物间的不同关系形成了不同的知识。例如,"机器的基本组成要素是机械零件"是一条知识,它反映了"机器"与"机械零件"之间的一种关系。又如"切削过程中如果工件材料的强度和硬度越高,则刀屑接触长度越小"是一条知识,它反映了"工件材料的强度和硬度"与"刀屑接触长度"之间的一种条件关系。在人工智能中,把前一种知识称为"事实",而把后一种知识,即用"如果……,则……"关联起来所形成的知识称为"规则"。下面对它们作进一步讨论。

**2. 知识的特性**

知识主要具有如下一些特性。

1）相对正确性

知识是人类对客观世界认识的结晶，并且受到长期实践的检验。因此，在一定的条件及环境下，知识一般是正确的。这里，"一定的条件及环境"是必不可少的，它是知识正确性的前提。因为任何知识都是在一定的条件及环境下产生的，因而也就只有在这种条件及环境下才是正确的。例如，牛顿力学在一定的条件下才是正确的。再如，1＋1＝2，这是一条人人皆知的正确知识，但它也只是在十进制的前提下才是正确的，如果是二进制，它就不正确了。

在人工智能中，知识的相对正确性更加突出。除了人类知识本身的相对正确性外，在构建专家系统时，为了减少知识库的规模，通常将知识限制在所求解问题的范围内，也就是说，只要这些知识对所求解的问题是正确的就行。例如，在动物识别系统中，如果仅仅识别虎、金钱豹、斑马、长颈鹿、企鹅、鸵鸟、信天翁七种动物，那么，知识"如果该动物是鸟且善飞，则该动物是信天翁"就是正确的。

2）不确定性

由于现实世界的复杂性，信息可能是精确的，也可能是不精确的、模糊的；关联可能是确定的，也可能是不确定的。这就使得知识并不总是只有"真"与"假"这两种状态，而是在"真"与"假"之间还存在许多中间状态，即存在为"真"的程度问题。知识的这一特性称为不确定性。

3）可表示性与可利用性

知识的可表示性是指知识可以用适当形式表示出来，如用语言、文字、图形、神经网络等，这样才能被存储、传播。知识的可利用性是指知识可以被利用，这是不言而喻的，我们每个人天天都在利用自己掌握的知识解决所面临的各种问题。

**3. 知识的分类**

1）按知识的作用范围划分为常识性知识和领域性知识

常识性知识是通用性知识，是人们普遍知道的知识，适用于所有领域。

领域性知识是面向某个具体领域的知识，是专业性的知识，只有相应专业的人员才能掌握并用来求解领域内的有关问题。例如，"1 个字节由 8 个位构成"，"1 个扇区有 512 个字节的数据"等都是计算机领域的知识。

2）按知识的作用及表示划分为事实性知识、过程性知识和控制性知识

事实性知识用于描述领域内的有关概念、事实、事物的属性及状态等。例如：

糖是甜的。

西安是一个古老的城市。

磨削加工是利用磨料去除材料的加工方法。

这些都是事实性知识。事实性知识一般采用直接表达的形式，如用谓词公式表示等。

过程性知识主要是指有关系统状态变化、问题求解过程的操作、演算和行动的知识。过程性知识一般是通过对领域内的各种问题的比较与分析得出的规律性的知识，由领域内的规则、定律、定理及经验构成。

控制性知识又称为深层知识或者元知识，它是关于如何运用已有的知识进行问题求解的知识，因此又称为"关于知识的知识"。例如问题求解中的推理策略（如正向推理及逆向推理）、信息传播策略（如不确定性的传递算法）、搜索策略（如广度优先、深度优先、启发式搜索等）、求

解策略(求第一个解、全部解、严格解、最优解等)及限制策略(规定推理的限度)等。

例如,从北京到上海是乘飞机还是坐火车的问题可以表示如下:

事实性知识:北京、上海、飞机、火车、时间、费用。

过程性知识:乘飞机、坐火车。

控制性知识:乘飞机较快、较贵,坐火车较慢、较便宜。

3) 按知识的结构及表现形式划分为逻辑性知识和形象性知识

逻辑性知识是反映人类逻辑思维过程的知识,例如人类的经验性知识等。这种知识一般都具有因果关系及难以精确描述的特点,它们通常是基于专家的经验,以及对一些事物的直观感觉。在下面将要讨论的知识表示方法中,一阶谓词逻辑表示法、产生式表示法等都是用来表示这种知识的。

人类的思维过程除了逻辑思维外,还有一种称为"形象思维"的思维方式。例如,若问"什么是树",如果用文字来回答这个问题,那将是十分困难的,但若指着一棵树说"这就是树",就容易在人们的头脑中建立起"树"的概念。像这样通过事物的形象建立起来的知识称为形象性知识。目前人们正在研究用神经网络来表示这种知识。

4) 按知识的确定性划分为确定性知识和不确定性知识

确定性知识是指可指出其真值为"真"或"假"的知识,它是精确性的知识。

不确定性知识是指具有不精确、不完全及模糊性等特性的知识。

**4. 知识的表示**

知识表示就是将人类知识形式化或者模型化。实际上就是对知识的一种描述,或者说是一组约定,一种计算机可以接受的用于描述知识的数据结构。

已有知识表示方法大都是在进行某项具体研究时提出来的,有一定的针对性和局限性,应用时需根据实际情况做适当的改变,有时还需要把几种表示模式结合起来。在建立一个具体的智能系统时,究竟采用哪种表示模式,目前还没有统一的标准,也不存在一个万能的知识表示模式。但一般来说,在选择知识表示方法时,应从以下几个方面进行考虑。

1) 充分表示领域知识

知识表示模式的选择和确定往往要受到领域知识自然结构的制约,要视具体情况而定。确定一个知识表示模式时,首先应该考虑的是它能否充分地表示领域知识。为此,需要深入了解领域知识的特点以及每一种表示模式的特征,以便做到"对症下药"。例如,在医疗诊断领域中,其知识一般具有经验性、因果性的特点,适合于用产生式表示法来表示;而在设计类(如机械产品设计)领域中,由于一个部件一般由多个子部件组成,部件与子部件既有相同的属性又有不同的属性,即它们既有共性又有特性,因而在进行知识表示时,应该把这个特点反映出来,此时单用产生式模式来表示就不能反映出知识间的这种结构关系,这就需要把框架表示法与产生式表示法结合起来。

2) 有利于对知识的利用

知识的表示与利用是密切相关的两个方面。"表示"的作用是把领域内的相关知识形式化并用适当的内部形式存储到计算机中去,而"利用"是使用这些知识进行推理,求解现实问题。显然,"表示"的目的是为了"利用",而"利用"的基础是"表示"。为了使一个智能系统能有效地求解领域内的各种问题,除了必须具备足够的知识外,还必须使其表示形式便于对知识的利用。合适的表示方法应该便于对知识的利用,方便、充分、有效地组织推理,确保推理的正确性,提高推理的效率。如果一种表示模式过于复杂或者难于理解,使推理不便于进行匹配、冲突消解及不确定性的计算等处理,那就势必影响到推理效率,从而降低系统求解问题的能力。

3)便于对知识的组织、维护与管理

对知识的组织与表示方法是密切相关的,不同的表示方法对应于不同的组织方式,这就要求在设计或选择知识表示方法时,应充分考虑将要对知识进行的组织方式。另外,在一个智能系统初步建成后,经过对一定数量实例的运行,可能会发现其知识在质量、数量或性能方面存在某些问题,此时或者需要增补一些新知识,或者需要修改甚至删除某些已有的知识。在进行这些工作时,又需要进行多方面的检测,以保证知识的一致性、完整性等,这称为对知识的维护与管理。在确定知识的表示模式时,应充分考虑维护与管理的方便性。

4)便于理解与实现

一种知识的表示模式应是容易被人们理解的,这就要求它符合人们的思维习惯。至于实现上的方便性,更是显然的。如果一种表示模式不便于在计算机上实现,那它就没有任何实用价值。

## 2.2.2　一阶谓词逻辑表示法

人工智能中用到的逻辑可划分为两大类。一类是经典命题逻辑和一阶谓词逻辑,其特点是任何一个命题的真值或者为"真",或者为"假",二者必居其一。因为它只有两个真值,因此又称为二值逻辑。另一类是泛指经典逻辑外的那些逻辑,包括三值逻辑、多值逻辑、模糊逻辑等,统称为非经典逻辑。

命题逻辑与谓词逻辑是最先应用于人工智能的两种逻辑,对于知识的形式化表示,特别是定理的自动证明发挥了重要作用,在人工智能的发展史中占有重要地位。

**1. 命题**

谓词逻辑表示法是在命题逻辑表示法的基础上发展起来的。命题逻辑可看做是谓词逻辑的一种特殊形式。

命题是一个非真即假的陈述句。判断一个句子是否为命题,首先要判断它是否为陈述句,再判断它是否有唯一的真值。没有真假意义的语句(如感叹句、疑问句等)不是命题。

若命题意义为真,则其真值为真,记为 T;若命题意义为假,则其真值为假,记为 F。例如,"砂轮是磨削加工过程的常用工具","3<5"都是真值为 T 的命题;"太阳从西边升起","煤球是白色的"都是真值为 F 的命题。

一个命题不能同时既为真又为假;但可在一定条件下为真,在另一条件下为假。例如,"1+1=10"在二进制情况下是真值为 T 的命题,但在十进制情况下是真值为 F 的命题。同样,对于命题"今天是晴天",也要看当天的实际情况才能决定其真值。

**2. 谓词**

一个谓词可分为个体、谓词名两部分。个体表示独立存在的事物或者某个抽象的概念;谓词名用于刻画个体的性质、状态或个体间的关系。

谓词的一般形式是

$$P(x_1, x_2, \cdots, x_n)$$

其中：$P$ 是谓词名，$x_1$，$x_2$，$\cdots$，$x_n$ 是个体。

谓词中包含的个体数目称为谓词的元数。$P(x)$ 是一元谓词，$P(x, y)$ 是二元谓词，$P(x_1, x_2, \cdots, x_n)$ 是 $n$ 元谓词。

谓词名是由使用者根据需要人为定义的，一般用具有相应意义的首字母大写的英文单词表示，或者用大写的英文字母表示，也可以用其他符号，甚至中文表示。例如，对于谓词 $S(x)$，既可以定义它表示"$x$ 是一个砂轮"，也可以定义它表示"$x$ 是一颗磨粒"。

在谓词中，个体可以是常量，也可以是变元，还可以是一个函数。个体常量、个体变元、函数统称为"项"。项中常量一般用首字母大写的英文单词，项中变元、函数一般用小写英文单词或字母表示。

个体是常量，表示一个或者一组指定的个体。例如，"老张是一个教师"这个命题，可表示为一元谓词 Teacher（Zhang），其中，Teacher 是谓词名，Zhang 是个体。"Teacher"刻画了"Zhang"的职业是教师这一特征。一个命题的谓词表示也不是唯一的。例如，对于"老张是一个教师"这个命题，也可表示为二元谓词 Is-a（Zhang，Teacher）。

个体是变元，表示没有指定的一个或一组个体。例如，"$x < 5$"这个命题，可表示为 Less $(x, 5)$，其中，$x$ 是变元。当变量用一个具体的个体名字代替时，则变量被常量化。当谓词中的变元都用特定的个体取代时，谓词就具有一个确定的真值：T 或 F。个体变元的取值范围称为个体域。

个体是函数，表示一个个体到另一个个体的映射。例如，"小李的父亲是教师"，可表示为一元谓词 Teacher(father（Li）)。

谓词与函数表面上很相似，容易混淆，其实这是两个完全不同的概念。谓词的真值是"真"或"假"，而函数的值是个体域中的某个个体，函数无真值可言，它只是在个体域中从一个个体到另一个个体的映射。

在谓词 $P(x_1, \cdots, x_n)$ 中，若个体 $x_i(i = 1, \cdots, n)$ 都是常量、变元或函数，则称它为一阶谓词。若某个体 $x_i$ 本身也是一阶谓词，则称 $P$ 为二阶谓词，余者类推。本书讨论的都是一阶谓词。

**3. 谓词公式**

1）连接词

无论是命题逻辑还是谓词逻辑，均可用下列连接词把一些简单命题连接起来构成一个复合命题，以表示一个比较复杂的含义。

①￢称为"否定"或者"非"。它表示否定位于它后面的命题。当命题 $P$ 为真时，￢$P$ 为假；当 $P$ 为假时，￢$P$ 为真。

②∨称为"析取"。它表示被它连接的两个命题具有"或"关系。例如，"我打篮球或踢足球"，可表示为 Play(I，Basketball)∨Play(I，Football)。

③∧称为"合取"。它表示被它连接的两个命题具有"与"关系。例如，"我喜爱音乐和绘画"，可表示为 Like(I，Music)∧Like(I，Painting)。

④→称为"蕴含"或者"条件"。$P \rightarrow Q$ 表示"$P$ 蕴含 $Q$"，即"如果 $P$，那么 $Q$"，其中，$P$ 称为

条件的前件,$Q$ 称为条件的后件。例如"如果李华跑得最快,那么他将赢得冠军",可表示为 Run(Lihua,Faster)→Win(Lihua,Champion)。

表 2.1 谓词逻辑真值表

| $P$ | $Q$ | $\neg P$ | $P \vee Q$ | $P \wedge Q$ | $P \rightarrow Q$ |
|---|---|---|---|---|---|
| T | T | F | T | T | T |
| T | F | F | T | F | F |
| F | T | T | T | F | T |
| F | F | T | F | F | T |

"蕴含"与汉语中的"如果……,那么……"是有区别的,汉语中前后要有联系,而命题中可以毫无联系。例如,如果"太阳从西边出来",那么"雪是白色的",是一个真值为 T 的复合命题。

2)量词

为刻画谓词与个体间的关系,在谓词逻辑中引入了两个量词:全称量词和存在量词。

①全称量词(∀$x$)表示"对个体域中的所有(或任一个)个体 $x$"。例如,"所有的车工都可操作车床",可表示为(∀$x$)[Turner($x$)→Operates($x$,Lathe)]。

②存在量词(∃$x$)表示"在个体域中存在(或至少有一个)个体 $x$"。例如,"某个车工可操作车床",可表示为(∃$x$)[Turner($x$)→Operates($x$,Lathe)]。

全称量词和存在量词可以出现在同一个命题中。例如,谓词公式 $F(x,y)$ 表示 $x$ 与 $y$ 是朋友,则:

(∀$x$)(∃$y$)$F(x,y)$ 真值为 T:表示对于个体域中的任何个体 $x$,都存在个体 $y$,$x$ 与 $y$ 是朋友。

(∃$x$)(∀$y$)$F(x,y)$ 真值为 T:表示在个体域中存在个体 $x$,与个体域中的任何个体 $y$ 都是朋友。

(∃$x$)(∃$y$)$F(x,y)$ 真值为 T:表示在个体域中存在个体 $x$ 与 $y$,$x$ 与 $y$ 是朋友。

(∀$x$)(∀$y$)$F(x,y)$ 真值为 T:表示对于个体域中的任何两个个体 $x$ 和 $y$,$x$ 与 $y$ 是朋友。

3)谓词公式

可按下述规则得到谓词公式。

①单个谓词是谓词公式,称为原子谓词公式。

②若 $A$ 是谓词公式,则 ¬$A$ 也是谓词公式。

③若 $A$、$B$ 是谓词公式,则 $A \vee B$,$A \wedge B$、$A \rightarrow B$ 也是谓词公式。

④若 $A$ 是谓词公式,则(∀$x$)$A$,(∃$x$)$A$ 也是谓词公式。

⑤有限步应用①～④生成的公式也是谓词公式。

在谓词公式中,连接词的优先级别从高到低排列是:¬,∧,∨,→。

**4.谓词公式的性质**

1)谓词公式的解释

在命题逻辑中,对命题公式中每个命题的一次真值指派,称为命题公式的一个解释。一旦命题确定后,根据各个连接词的定义就可以求出命题公式的真值。

在谓词逻辑中,由于公式中可能有个体变元与函数,因此不能像命题公式那样直接通过真值指派给出解释,必须先考虑个体变元和函数在个体域中的取值,然后才能针对变元与函数的具体取值为每个谓词分别指派真值。由于存在多种组合情况,所以一个谓词公式的解释可能有多个。对于每一个解释,谓词公式都可求出一个真值。

**定义** 设 $D$ 为谓词公式 $P$ 的个体域,若对 $P$ 中的个体常量、函数、谓词按如下规定赋值:

①为每个个体常量指派 $D$ 中的一个元素。

②为每个 $n$ 元函数指派一个从 $D^n$ 到 $D$ 的映射,其中 $D^n = \{(x_1, x_2, \cdots, x_n) \mid x_1, x_2, \cdots, x_n \in D\}$

③为每个 $n$ 元谓词指派一个从 $D^n$ 到 $\{F, T\}$ 的映射。

则称这些指派为谓词公式 $P$ 在 $D$ 上的一个解释。

2)谓词公式的永真性、可满足性、不可满足性

**定义** 如果谓词公式 $P$ 对个体域 $D$ 上的任何一个解释都取得真值 T,则称公式 $P$ 在 $D$ 上是永真的。如果 $P$ 在每个非空个体域上均永真,则称 $P$ 是永真的。

**定义** 如果谓词公式 $P$ 对于个体域 $D$ 上的任何一个解释都取得真值 F,则称公式 $P$ 在 $D$ 上是永假的。如果 $P$ 在每个非空个体域上均永假,则称 $P$ 是永假的。永假性又称为不可满足性。

**定义** 对于谓词公式 $P$,如果至少存在一个解释,使公式 $P$ 在此解释下的真值为 T,则称公式 $P$ 是可满足的。

3)谓词公式的等价性

**定义** 设 $P$ 与 $Q$ 是两个谓词公式,$D$ 是它们共同的个体域,若对 $D$ 上的任何一个解释,$P$ 与 $Q$ 都有相同的真值,则称公式 $P$ 和 $Q$ 在 $D$ 上是等价的。如果 $D$ 是任意的个体域,则称 $P$ 和 $Q$ 是等价的,记为 $P \Leftrightarrow Q$。

4)谓词公式的永真蕴含

**定义** 对于谓词公式 $P$ 和 $Q$,如果 $P \rightarrow Q$ 永真,则称公式 $P$ 永真蕴含 $Q$,记为 $P \Rightarrow Q$,且称 $Q$ 为 $P$ 的逻辑结论,称 $P$ 为 $Q$ 的前提。

下面列出今后要用到的一些主要永真蕴含式。

①假言推理:$P, P \rightarrow Q \Rightarrow Q$

②拒取式推理:$\neg Q, P \rightarrow Q \Rightarrow \neg P$

③假言三段论:$P \rightarrow Q, Q \rightarrow R \Rightarrow P \rightarrow R$

④全称固化:$(\forall x)P(x) \Rightarrow P(y)$,其中 $y$ 是个体域中的任意个体。

⑤存在固化:$(\exists x)P(x) \Rightarrow P(y)$,其中 $y$ 是个体域中某一可使 $P(y)$ 为真的个体。

**5. 一阶谓词逻辑知识表示方法**

用谓词公式表示知识的一般步骤如下:

①定义谓词及个体,确定每个谓词及个体的确切含义;

②根据所要表达的事物或概念,为每个谓词中的变元赋以特定的值;

③根据所要表达知识的语义,用适当的连接符将各谓词连接起来,形成谓词公式。

**6. 一阶谓词逻辑表示法的特点**

1) 优点

①自然性。谓词逻辑是一种接近自然语言的形式语言,用它表示的知识比较容易理解。

②精确性。谓词逻辑是二值逻辑,其谓词公式的真值只有"T"与"F",因此可用它表示精确的知识,并可保证演绎推理所得结论的精确性。

③严密性。谓词逻辑具有严格的形式定义及推理规则,利用这些推理规则及有关定理证明技术可从已知事实推出新的事实,或证明所做的假设。

④容易实现。用谓词逻辑表示的知识可以比较容易地转换为计算机的内部形式,易于模块化,便于对知识进行增加、删除及修改。

2) 缺点

①不能表示不确定的知识。谓词逻辑只能表示精确性的知识,不能表示不精确、模糊性的知识,但人类的知识不同程度地具有不确定性,这就使得它表示知识的范围受到了限制。

②组合爆炸。在其推理过程中,随着事实数目的增大及盲目地使用推理规则,有可能形成组合爆炸。目前人们在这一方面做了大量的研究工作,出现了一些比较有效的方法,如定义一个过程或启发式控制策略来选取合适的规则等。

③效率低。用谓词逻辑表示知识时,其推理是根据形式逻辑进行的,把推理与知识的语义割裂了开来,这就使得推理过程冗长,降低了系统的效率。

尽管谓词逻辑表示法有以上一些局限性,但它仍是一种重要的表示方法,许多专家系统的知识表达都采用谓词逻辑表示。例如,格林等人研制的用于求解化学等方面问题的 QA3 系统,菲克斯等人研制的 STRIPS 机器人行动规划系统,菲尔曼等人研制的 FOL 机器证明系统。

## 2.2.3　产生式表示法

产生式表示法又称为产生式规则表示法。"产生式"这一术语是由美国数学家波斯特在 1943 年首先提出来的。他根据串替代规则提出了一种称为波斯特机的计算模型,模型中的每一条规则称为一个产生式。在此之后,几经修改与充实,如今已被用到多种领域中。例如用它来描述形式语言的语法,表示人类心理活动的认知过程等。1972 年纽厄尔和西蒙在研究人类的认知模型中开发了基于规则的产生式系统。目前它已成为人工智能中应用最多的一种知识表示模型,许多成功的专家系统都用它来表示知识。例如,费根鲍姆等人研制的化学分子结构专家系统 DENDRAL,肖特里菲等人研制的诊断感染性疾病的专家系统 MYCIN 等。

**1. 产生式的用法**

产生式通常用于表示事实、规则以及它们的不确定性度量,适合表示事实性知识和规则性知识。

1) 确定性规则性知识的表示

确定性规则性知识基本形式是

$$\text{if } P \text{ then } Q$$

或者是

$$P \rightarrow Q$$

其中:$P$ 是产生式的前提,为该产生式可用的条件;$Q$ 是一组结论或操作,用于指出当前提 $P$ 所指示的条件满足时,应该得出的结论或应该执行的操作。整个产生式的含义是:如果前提 $P$ 被满足,则可得到结论 $Q$ 或执行 $Q$ 所规定的操作。

例如:

$$r_4 : if \quad 某磨削过程砂轮速度大于 45 \ m/s$$
$$then \quad 该磨削过程为高速磨削$$

就是一个产生式。其中,$r_4$ 是产生式的编号,"某磨削过程砂轮速度大于 45 m/s"是前提 $P$,"该磨削过程为高速磨削"是结论 $Q$。

2)不确定性规则性知识的表示

不确定性规则性知识基本形式是

$$if \ P \ then \ Q(置信度)$$

或者是

$$P \rightarrow Q(置信度)$$

例如,在某专家系统中有这样一条产生式:

if    某动物是哺乳动物

      且是食肉动物

      且有黄褐色皮毛

then   该动物可能是老虎(0.5)

它表示当前提中列出的各个条件都得到满足,结论"该动物可能是老虎"可以相信的程度是 0.5。

3)确定性事实性知识的表示

确定性事实性知识一般用三元组形式表示

$$(对象,属性,值)$$

或者

$$(关系,对象 1,对象 2)$$

例如,"凸轮轴型号是 KB-89JQ"可表示为(Camshaft,Mode,KB-89JQ);"钢和铸铁是凸轮轴的材料"可表示为(Camshaft material,Steel,Cast iron)。

4)不确定性事实性知识的表示

不确定性事实性知识一般用四元组形式表示

$$(对象,属性,值,置信度)$$

或者

$$(关系,对象 1,对象 2,置信度)$$

例如,"凸轮轴型号是 KB-89JQ"可表示为(Camshaft,Model,KB-89JQ,0.8);"钢和铸铁都是凸轮轴的材料"可表示为(Camshaft material,Steel,Cast iron,1)。

产生式和谓词逻辑中的蕴含式的基本形式相同,但蕴含式只是产生式的一种特例。两者区别如下:

①蕴含式只能表示确定性知识,其真值或为真,或为假;产生式不仅可以表示确定性知识,而且还可以表示不确定性知识。

②在用产生式表示知识的系统中,匹配可以是确定性的,也可以是不确定性的。对谓词逻辑的蕴含式来说,要求匹配是确定性的。

**2. 产生式系统**

把一组产生式放在一起,让它们互相配合,协同作用,一个产生式生成的结论可以供另一个产生式作为已知事实使用,以求得问题的解,这样的系统称为产生式系统。一般来说,一个产生式系统由规则库、综合数据库、控制系统三个部分组成,它们之间的关系如图 2.1 所示。

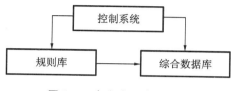

**图 2.1　产生式系统的组成**

1) 规则库

规则库又称为知识库。它是一个用于描述相应领域内知识的产生式集合。规则库是产生式系统进行问题求解的基础,其知识是否完整、一致,表达是否准确、灵活,对知识的组织是否合理等,将直接影响到系统的性能。因此,需要对规则库中的知识进行合理的组织和管理,检测并排除冗余及矛盾的知识,保持知识的一致性。采用合理的结构形式,可使推理避免访问那些与求解当前问题无关的知识,从而提高求解问题的效率。

2) 综合数据库

综合数据库又称为事实库、上下文、黑板等。它是一个用于存放问题求解过程中各种当前信息的数据结构,例如问题的初始状态、原始证据、推理中得到的中间结论及最终结论。当规则库中某条产生式的前提可与综合数据库中的某些已知事实匹配成功时,该产生式就被激活,并把它推出的结论放入综合数据库中,作为后面推理的已知事实。显然,综合数据库中的内容是在不断变化的。

3) 控制系统

控制系统又称为推理机。它由一组程序组成,负责整个产生式系统的运行,实现对问题的求解。粗略地讲,推理机主要完成以下几项工作:

①规则匹配。按一定的策略,从规则库选择规则与综合数据库中的已知事实进行匹配。所谓匹配是指把规则的前提条件与综合数据库中的已知事实进行比较,如果两者一致,或者近似一致且满足预先设定的条件,则称匹配成功,相应的规则可被使用;否则称为匹配不成功。

②冲突消解。匹配成功的规则可能不止一条,这称为发生了冲突。此时,推理机构必须调用相应的解决冲突策略进行消解,以便从匹配成功的规则中选出一条执行。

③执行规则。在执行某一条规则时,如果该规则右部是一个或多个结论,则把这些结论加入到综合数据库中;如果规则的右部是一个或多个操作,则执行这些操作。对于不确定性知识,在执行每一条规则时还要按一定的算法计算结论的不确定性。(也就是说,当知识不确定

时,每执行一条,要计算一下,这个结论的可信度有多高。)

④检查推理终止条件。检查综合数据库中是否包含了最终结论,决定是否停止系统的运行。

### 3. 产生式系统求解问题步骤

利用产生式系统进行求解问题的一般步骤如下:

①初始化综合数据库,把问题的初始已知事实送入综合数据中。

②若规则库中存在尚未使用过的规则,而且它的前提可与综合数据库中的已知事实匹配,则转第③步;若不存在这样的事实,则转第⑤步。

③执行当前选中的规则,并对该规则做上标记,把该规则执行后得到的结论送入综合数据库中。如果该规则的结论部分指出的是某些操作,则执行这些操作。

④检查综合数据库中是否已包含了问题的解,若已包含,则终止问题的求解过程;否则转第②步。

⑤要求用户提供进一步的关于问题的已知事实,若能提供,则转第②步;否则终止问题的求解过程。

⑥若规则库中不再有未使用过的规则,则终止问题的求解过程。

### 4. 产生式系统的特点

1)优点

①自然性。产生式表示法用"如果……那么……"的形式表示知识,这是人们常用的一种表示因果关系的知识表示形式,既直观、自然,又便于推理。正是由于这一原因,才使得产生式表示法成为人工智能中最重要且应用最多的一种知识表示方法。

②模块性。产生式是规则库中最基本的知识单元,它们同推理机构相对独立,而且每条规则都具有相同的形式,这就便于对其进行模块化处理,为知识的增、删、改带来了方便,为规则库的建立和扩展提供了可管理性。

③有效性。产生式表示法既可以表示确定性知识,又可以表示不确定性知识;既有利于表示启发性知识,又有利于表示过程性知识。目前已建造成功的专家系统大部分都是用产生式来表达其过程性知识的。

④清晰性。产生式有固定的格式,每一条产生式规则都是由前提和结论(操作)这两部分组成,而且每一部分所含的知识量都比较少。这就既便于对规则进行设计,又易于对规则库中知识的一致性与完整性进行检测。

2)缺点

①效率不高。在产生式系统求解问题的过程中,首先要用产生式的前提部分与综合数据库中的已知事实进行匹配,从规则库中选出可用的规则,此时选出的规则可能不止一个,这就需要按一定的策略进行"冲突消解",然后把选中的规则启动执行。因此,产生式系统求解问题的过程是一个反复进行"匹配—冲突消解—执行"的过程,鉴于规则库一般都比较庞大,而匹配又是一件十分费时的工作,因此其工作效率不高,而且大量的产生式规则容易引起组合爆炸。

②不能表达具有结构性的知识。产生式适合表达具有因果关系的过程性知识,是一种非

结构化的知识表示方法,因此该方法对具有结构关系的知识无能为力,它不能把具有结构关系的事物间的区别与联系表示出来。后面介绍的框架表示法可以解决这方面的问题。因此,产生式表示法除了可以独立作为一种知识表示模式外,还经常与其他表示法结合起来表示特定领域的知识。

3)适于表示的领域知识

由上述关于产生式表示法的优缺点,可以看出产生式表示法适合表示具有下列特点的领域知识:

①由许多相对独立的知识元组成的领域知识,彼此间关系不密切,不存在结构关系。例如化学反应方面的知识。

②具有经验性及不确定性的知识,而且相关领域中对这些知识没有严格、统一的理论。例如医疗诊断、故障诊断等方面的知识。

③领域问题的求解过程可被表示为一系列相对独立的操作,而且每个操作可被表示为一条或多条产生式规则。

## 2.2.4　框架表示法

1975 年,美国著名的人工智能学者明斯基提出了框架理论。该理论认为人们对现实世界中各种事物的认识都是以一种类似于框架的结构存储在记忆中。当面临一新事物时,就从记忆中找出一个合适的框架,并根据实际情况对其细节加以修改、补充,从而形成对当前事物的认识。

例如,一个人走进某个教室前,他就能根据以往对"教室"的认识,想象到这个教室一定有四面墙,有门、窗,有天花板、地板,有课桌、凳子、讲台、黑板等。尽管他对这个教室的大小、门窗的个数、桌凳的数量和颜色等细节还不清楚,但对教室的基本结构是可预见的。他之所以能做到这一点,是因为他通过以往看到的教室,在记忆中建立了关于教室的框架。该框架不仅指出了相应事物的名称(教室),而且还指出了事物各有关方面的属性(例如,有四面墙,有门、窗,有黑板……),通过对该框架的查找,就很容易得到教室的各个特征。当他进入教室后,经观察得到了教室的大小、门窗的个数、桌凳的数量和颜色等细节,并把它们填入到教室框架中,就得到了教室框架的一个具体事例,称为事例框架。

框架表示法是一种结构化的知识表示方法,现已在多种系统中得到应用。

**1. 框架的一般结构**

框架是一种描述所论对象(一个事物、事件或概念)属性的数据结构。

一个框架由若干个被称为"槽"的结构组成,每一个槽又可根据实际情况划分为若干个"侧面"。一个槽用于描述所论对象某一方面的属性,一个侧面用于描述相应属性的一个方面。槽和侧面所具有的属性值分别称为槽值和侧面值。

在一个用框架表示知识的系统中一般都含有多个框架,一个框架一般都含有多个不同槽、不同侧面,分别用不同的框架名、槽名、侧面名表示。无论是对框架、槽或侧面,都可以为其附加上一些说明性的信息,一般是一些约束条件,用于指出什么样的值才能填入到槽和侧面中去。

下面给出框架的一般表示形式：

<框架名>

| 槽名 1： | 侧面名$_{11}$ | 侧面值$_{111}$,侧面值$_{112}$,…,侧面值$_{11p_1}$ |
|---|---|---|
| | 侧面名$_{12}$ | 侧面值$_{121}$,侧面值$_{122}$,…,侧面值$_{12p_2}$ |
| | ⋮ | ⋮ |
| | 侧面名$_{1m}$ | 侧面值$_{1m1}$,侧面值$_{1m2}$,…,侧面值$_{1mp_m}$ |
| 槽名 2： | 侧面名$_{21}$ | 侧面值$_{211}$,侧面值$_{212}$,…,侧面值$_{21p_1}$ |
| | 侧面名$_{22}$ | 侧面值$_{221}$,侧面值$_{222}$,…,侧面值$_{22p_2}$ |
| ⋮ | ⋮ | ⋮ |
| | 侧面名$_{2m}$ | 侧面值$_{2m1}$,侧面值$_{2m2}$,…,侧面值$_{2mp_m}$ |
| 槽名 $n$： | 侧面名$_{n1}$ | 侧面值$_{n11}$,侧面值$_{n12}$,…,侧面值$_{n1p_1}$ |
| | 侧面名$_{n2}$ | 侧面值$_{n21}$,侧面值$_{n22}$,…,侧面值$_{n2p_2}$ |
| | ⋮ | ⋮ |
| | 侧面名$_{nn}$ | 侧面值$_{nn1}$,侧面值$_{nn2}$,…,侧面值$_{nnp_m}$ |
| 约束： | 约束条件$_1$ | |
| | 约束条件$_2$ | |
| | ⋮ | |
| | 约束条件$_n$ | |

由上述表示形式可以看出，一个框架可以有任意有限数目的槽，一个槽可以有任意有限数目的侧面，一个侧面又可以有任意有限数目的侧面值。槽值或侧面值既可以是数值、字符、布尔值，也可以是一个满足某个给定条件时要执行的动作或过程，还可以是另外一个框架的名称，从而实现一个框架对另一个框架的调用。约束条件是任选的，当不指出约束条件时，表示没有约束。当把具体的信息填入槽或侧面后，就得到了相应框架的一个事例框架。

**2. 框架网络**

一般来说，单个框架只能表示简单对象的知识，在实际应用时，当对象比较复杂时，往往需要把多个相互联系的框架组织起来进行表示。框架之间的联系分为横向联系和纵向联系。框架系统的基本结构是通过诸框架之间的横向或纵向联系来实现的。

①横向联系：由于框架中的槽值或侧面值都可以是另一个框架的名称，这就在框架之间建立了联系，通过一个框架可以找到另一个框架。

②纵向联系：以学校里"师生员工"框架、"教职工"框架及"教师"框架为例，说明如何在它们之间建立起纵向联系。继承性是框架表示法的一个重要特性，它不仅可以在两层框架之间实现继承关系，而且可以通过两两的继承关系，从最低层追溯到最高层，使高层的信息逐层向低层传递。

③框架网络:用框架名作为槽值时所建立起来的框架间的横向联系,用"继承"槽建立起来的框架间的纵向联系,像这样具有横向联系及纵向联系的一组框架称为框架网络。

### 3. 槽的设置与组织

框架是一种集事物各方面属性描述为一体,并反映相关事物间各种关系的数据结构。此结构中,槽起至关重要的作用,因为不仅要用它描述事物各方面的属性,而且还要用它指出相关事物间的复杂关系。因此要注意以下几个方面的关系:

1) 充分表达事物各有关方面的属性——合理设置槽

在以框架作为知识表示模式的系统中,知识是通过事物的属性来表示的。为使系统具有丰富的知识,以满足问题的求解的需要,就要求框架中有足够的槽把事物各方面的属性充分表达出来。

2) 充分表达相关事物间的各种关系——由槽中的框架名建立联系

现实世界中的事物一般不是孤立的,彼此之间存在千丝万缕的联系。为了将其中有关的联系反映出来,以构成完整的知识体系,需要设置相应的槽来描述这些联系。在框架系统中,事物间的联系是通过在槽中填入相应的框架名来实现的,至于它们之间究竟是一种什么样的关系,则由槽名来指明。

在框架表示系统中通常定义一些标准槽名,应用时不用说明就可直接使用称这些槽名为系统预定义槽名。

①ISA 槽:用于指出事物间抽象概念上的类属关系。其直观含义是"是一个","是一种","是一只"等等。当它用作某下层框架的槽时,表示该下层框架所描述的事物是其上层框架的一个特例,上层框架是比下层框架更一般或更抽象的概念。

②AKO 槽:用于指出事物间具体的类属关系。其直观含义是"是一种",当它用作某下层框架的槽时,就明确指出了该下层框架所描述的事物是其上层框架所描述事物的一种,下层框架可以继承其上层框架所描述的属性及值。

③SubcLaSS 槽:用于指出子类与类(或子集与超集)之间的类属关系。当用它作为某下层框架的槽时,表示该下层框架是其上层框架的一个子类(或子集)。

④InStance 槽:用来建立 AKO 槽的逆关系。当用它作为某上层框架的槽值时,可用来指出它的下层框架是哪些。

⑤Part of 槽:用于指出部分与全体的关系。当它用作某下层框架的槽时,它指出该下层框架所描述的事物只是其上层框架所描述的事物的一部分。显然,轮胎是汽车的一部分。这里应注意将 Part of 槽与上面讨论的那 4 种槽区分开来:前述 4 种槽是上、下层框架间的类属关系,它们有共同的特性,可以继承;Part of 槽只指出下层是上层的一个子结构,两者一般不具有共同的特征,不能继承。

⑥Infer 槽:用于指出两个框架所描述的事物间的逻辑推理关系,用它可以表示相应的产生式规则。

⑦Possible reason 槽:其作用与 Infer 槽作用相反,它用来把某个结论与可能的原因联系起来。

3)对槽及侧面进行合理的组织

利用框架上、下层的继承性,尽量将不同框架中的相同属性抽取出来,放入其上层框架,而在下层框架中只描述相应事物独有的属性。这样可大大减少信息的重复性,且有利于知识的一致性。

4)有利于进行框架推理

用框架表示知识的系统一般由两大部分组成:一部分是框架及其相互关联构成的知识库(提供求解问题所需要的知识);另一部分是一组解释程序构成的框架推理机(针对用户提出的问题,通过运用知识库中的相关知识完成求解问题的任务,给出问题的解)。

**4. 框架表示法的优点**

1)结构性

用框架表示法表示结构型知识,可把知识的内部结构关系以及知识间的特殊联系表示出来。知识的基本单位是框架,而框架又由若干个槽组成,一个槽又由若干个侧面组成,这样就把知识的内部结构显式地表示出来。

2)继承性

在框架系统中,下层框架可以继承上层框架的槽值,也可进行补充,这不仅可以减少知识的冗余,而且较好地保证了知识的一致性。

3)自然性

框架系统把某个实体或实体集的相关特性都集中在一起,从而高度模拟了人脑对实体的多方面、多层次的存储结构,直观自然,易于理解。

# 2.3　确定性推理

前面讨论了知识表示方法。这样就可以把知识用某种模式表示出来存储到计算机中去。但是,要想计算机具有智能,仅仅使计算机拥有知识是不够的,还必须使它具有思维能力,即能运用知识求解问题。推理是求解问题的一种重要方法。目前,人们已经对推理方法进行了比较多的研究,提出了多种可在计算机上实现的推理方法。

## 2.3.1　基本概念

**1. 定义**

人们在对各种事物进行分析、综合并最后作出决策时,通常是从已知的事实出发,运用已掌握的知识,找出其中蕴含的事实,或归纳出新的事实,这一过程通常称为推理,即从初始证据出发,按某种策略不断运用知识库中的已知知识,逐步推出结论的过程称为推理。

在人工智能系统中,推理是由程序实现的,称为推理机。已知事实和知识是构成推理的两个基本要素。已知事实又称为证据,用以指出推理的出发点及推理时应该使用的知识;而知识是使推理得以向前推进,并逐步达到最终目标的依据。例如,在医疗诊断专家系统中,专家的经验及医学常识以某种表示形式存储于知识库中。为病人诊治疾病时,推理机就是从存储在综合数据库中的病人症状及化验结果等初始证据出发,按某种搜索策略在知识库中搜寻可与之匹配的知识,推出某些中间结论,然后再以这些中间结论为证据,在知识库中搜索与之匹配的知识,推出进一步的中间结论,如此反复进行,直到最终推出结论,即病人的病因与治疗方案为止。

**2. 推理方式及其分类**

人类的智能活动有多种思维方式。人工智能作为对人类智能的模拟,相应地也有多种推理方式。下面分别从不同的角度对它们进行分类。

1) 演绎推理、归纳推理、默认推理

若从推出结论的途径来划分,推理可分为演绎推理、归纳推理和默认推理。

演绎推理是从全称判断推导出单称判断的过程,即由一般性知识推出适合于某一具体情况的结论。这是一种从一般到个别的推理。

演绎推理是人工智能中一种重要的推理方式。许多智系统中采用了演绎推理。演绎推理有多种形式,经常用的是三段论式。它包括:

① 大前提:已知的一般性知识或假设。

② 小前提:关于所研究的具体情况或个别事实的判断。

③ 结论:由大前提推出的适合于小前提所示情况的新判断。

下面是一个三段论推理的例子:

① 大前提:足球运动员的身体都是强壮的。

② 小前提:高波是一名足球运动员。

③ 结论:高波的身体是强壮的。

归纳推理是从足够多的事例中归纳出一般性结论的推理过程,是一种从个别到一般的推理。

若从归纳时所选事例的广泛性来划分,归纳推理又可分为完全归纳推理和不完全归纳推理两种。

所谓完全归纳推理是指在进行归纳时考察了相应事物的全部对象,并根据这些对象是否都具有某种属性,从而推出这个事物是否具有这个属性。例如,某厂进行产品质量检查,如果对每一件产品都进行了严格检查,并且都是合格的,则推导出结论"该厂生产的产品是合格的",这就是一个完全归纳推理。

所谓不完全归纳推理是指仅考察了事物的部分对象,就得出结论。例如,检查产品质量时,只是随机地抽查了部分产品,只要它们都合格,就得出"该厂生产的产品是合格的"结论,这就是一个不完全归纳推理。

不完全归纳推理推出的结论不具有必然性,属于非必然性推理,而完全归纳推理属于必然性推理。但由于要考察事物的所有对象通常比较困难,因而大多数归纳推是不完全归纳推理。归纳推理是人类思维活动中最基本、最常用的一种推理形式。人们在由个别到一般的思维过程中经常要用到它。

默认推理又称为缺省推理,它是在知识不完全的情况下假设某些条件已经具备所进行的推理。

例如,在条件 A 已成立的情况下,如果没有足够的证据能证明条件 B 不成立,则默认条件 B 是成立的,并在此默认条件下进行推理,推导出某个结论。

由于这种推理允许默认某些条件是成立的,所以在知识不完全的情况下也能进行。在默认推理的过程中,如果到某一时刻发现原先所作的默认不正确,则要撤销所作的默认以及由该默认推出的所有结论,重新按新情况进行推理。

2)确定性推理、不确定性推理

若按推理时所用知识的确定性来划分,推理可分为确定性推理和不确定性推理。

所谓确定性推理是指推理时所用的知识都是精确的,推出的结论也是确定的,其真值或者为真或者为假,没有第三种情况出现。

经典逻辑推理是最先提出的一类推理方法,是根据经典逻辑(命题逻辑及一阶谓词逻辑)的逻辑规则进行的一种推理,主要有自然演绎推理、归结演绎推理及与/或形演绎推理等。由于这种推理是基于经典逻辑的,其真值只有"T"和"F"两种,因此它是一种确定性推理。

所谓不确定性推理是指推理时所用的知识与证据不都是确定的,推出的结论也是不确定的。

现实世界中的事物和现象大都是不确定的,或者模糊的,很难用精确的数学模型来表示与处理。不确定性推理又分为似然推理与近似推理或模糊推理,前者是基于概率论的推理,后者是基于模糊逻辑的推理。人们经常在知识不完全、不精确的情况下进行推理,因此,要使计算机能模拟人类的思维活动,就必须使它具有不确定性推理的能力。

## 2.3.2 推理控制策略

推理过程就是问题的求解过程。问题求解的质量与效率不仅依赖于所用的推理方式,同时也依赖于推理的控制策略,它主要包括:推理方向、搜索策略、冲突消解策略、求解策略、限制策略等。

**1. 推理方向**

推理方向可分为正向推理、逆向推理、混合推理及双向推理四种。

1)正向推理

正向推理是从已知事实出发的一种推理。

正向推理的基本思想:从用户提供的初始已知事实出发,在知识库 KB 中找出当前可适用的知识,构成可适用知识集 KS,然后按某种冲突消解策略从 KS 中选出一条知识进行推理,并将推出的新事实加入数据库中作为下一步推理的已知事实,此后再在知识库中选取可适用知识进行推理,如此重复这一过程,直到求得问题的解或者知识库中再无可适用的知识为止。

正向推理的推理过程可用如下算法描述:

①将用户提供的已知事实存入综合数据库 DB。

②检查综合数据库 DB 中是否已经包含问题的解,若有,则求解结束,并成功退出;否则,执行下一步。

③根据综合数据库 DB 中的已知事实,扫描知识库 KB,检查 KB 中是否有可适用的知识

（可与 DB 中已知事实匹配），如有，则转向④，否则转向⑥。

④把 KB 中所有适用的知识都选出来，构成可适用知识集 KS。

⑤若 KB 不为空，则按某种冲突消解策略从中选出一条知识进行推理，并将推出的新事实加入 DB 中，然后转向②；若 KB 为空，则转向⑥。

⑥询问用户是否可补充新的事实，若可补充，则将补充的新事实加入 DB，然后转向③；否则表示求不出解，失败退出。

为了实现正向推理，有许多具体问题需要解决。例如，要从知识库中选出可适用的知识，就要用知识库中的知识与数据库中已知事实进行匹配，为此就需要确定匹配的方法。匹配通常难以做到完全一致，因此还需要解决怎样才算是匹配成功的问题。

2）逆向推理

逆向推理是以某个假设目标作为出发点的一种推理。

逆向推理的基本思想是：首先选定一个假设目标，然后寻找支持该假设的证据，若所需的证据都能找到，则说明原假设成立；若无论如何都找不到所需要的证据，说明原假设不成立；为此需要另作新的假设。

逆向推理过程可用如下算法描述：

①提出要求证的目标（假设）。

②检查该目标是否已在数据库中，若在，则该目标成立，退出推理或者对下一个假设目标进行验证；否则，转下一步。

③判断该目标是否是证据，即它是否为应由用户证实的原始事实，若是，则询问用户；否则，转下一步。

④在知识库中找出所有能导出该目标的知识，形成适用的知识集 KS，然后转下一步。

⑤从 KS 中选出一条知识，并将该知识的运用条件作为新的假设目标，然后转向②。

与正向推理相比，逆向推理更复杂一些，上述算法只是描述了它的大致过程，许多细节没有反映出来。例如：如何判断一个假设是否是证据；当导出假设的知识有多条时，如何确定先选哪一条。另外，一条知识的运用条件一般有多个，当其中的一个经验证成立后，如何自动地换为对另一个的验证；其次，在验证一个运用条件时，需要把它当作新的假设，并查找可导出该假设的知识，这样就又会产生一组新的运用条件，形成一个树状结构，当到达叶结点（即数据库中有相应的事实或者用户可肯定相应事实存在等）时，又需逐层向上返回，返回过程中有可能又要下到下一层，这样上上下下重复多次，才会导出原假设是否成立的结论。这是一个比较复杂的推理过程。

逆向推理的主要优点是不必使用与目标无关的知识，目的性强，同时它还有利于向用户提供解释。其主要缺点是起始目标的选择有盲目性，若不符合实际，就要多次提出假设，影响到系统的效率。

3）混合推理

正向推理具有盲目、效率低等缺点，推理过程中可能会推出许多与问题求解无关的子目标；逆向推理中，若提出的假设目标不符合实际，也会降低系统的效率。为解决这些问题，可把正向推理与逆向推理结合起来，使其各自发挥自己的优势，取长补短。这种既有正向又有逆向的推理称为混合推理。

混合推理可分为两种情况：一种是先进行正向推理，帮助选择某个目标，即从已知事实演绎出部分结果，然后再逆向推理证明该目标；另一种是先假设一个目标进行逆向推理，然后再利用逆向推理中得到的信息进行正向推理，以推出更多的结论。

4）双向推理

在定理的机器证明等问题中，经常采用双向推理。所谓双向推理是指正向推理与逆向推理同时进行，且在推理过程中的某一步骤上"碰头"的一种推理。其基本思想是：一方面根据已知事实进行正向推理，但并不推到最终目标；另一方面从某假设目标出发进行逆向推理，但并不推至原始事实，而是让它们在中途相遇，即由正向推理所得到的中间结论恰好是逆向推理此时所要求的证据，这时推理就可结束，逆向推理时所做的假设就是推理的最终结论。

双向推理的困难在于"碰头"判断。另外，如何权衡正向推理与逆向推理的比重，即如何确定"碰头"的时机也是一个困难问题。

**2. 冲突解决策略**

在推理过程中，系统要不断地用当前已知的事实与知识库中的知识进行匹配。此时，可能发生如下三种情况：

①已知事实恰好只与知识库中的一个知识匹配成功。

②已知事实不能与知识库中的任何知识匹配成功。

③已知事实可与知识库中的多个知识匹配成功；或者多个(组)已知事实都可与知识库中的某一个知识匹配成功；或者有多个(组)已知事实可与知识库中的多个知识匹配成功。

这里已知事实与知识库中的知识匹配成功的含义，对正向推理而言，是指产生式规则的前件和已知事实匹配成功；对逆向推理而言，是指产生式规则的后件和假设匹配成功。

对于第一种情况，由于匹配成功的知识只有一个，所以它就是可应用的知识，可直接把它应用于当前的推理。

当第二种情况发生时，由于找不到可与当前已知事实匹配成功的知识，使得推理无法继续进行下去。这或者是由于知识库中缺少某些必要的知识，或者由于要求解的问题超出了系统功能范围等，此时可根据当前的实际情况作相应的处理。

第三种情况刚好与第二种情况相反，它不仅有知识匹配成功，而且有多个知识匹配成功，称这种情况为发生了冲突。此时需要按一定的策略解决冲突，以便从中挑出一个知识用于当前的推理，这一解决冲突的过程称为冲突消解。解决冲突时所用的方法称为冲突消解策略。对正向推理而言，它将决定选择哪一组已知事实来激活哪一条产生式规则，使它用于当前的推理，产生其后件指出的结论或执行相应的操作；对逆向推理而言，它将决定哪一个假设与哪一个产生式规则的后件进行匹配，从而推出相应的前件，作为新的假设。

目前已有多种消解冲突的策略，其基本思想都是对知识进行排序。常用的有以下几种。

1）按规则的针对性排序

本策略是优先选用针对性较强的产生式规则。如果 $r_2$ 中除了包括 $r_1$ 要求的全部条件外，还包括其他条件，则称 $r_2$ 比 $r_1$ 有更大的针对性，$r_1$ 比 $r_2$ 有更大的通用性。因此，当 $r_2$ 与

$r_1$ 发生冲突时,优先选用 $r_2$。因为它要求的条件较多,其结论一般更接近于目标,一旦得到满足,可缩短推理过程。

2)按已知事实的新鲜性排序

在产生式系统的推理过程中,每应用一条产生式规则就会得到一个或多个结论,或者执行某个操作数据库就会增加新的事实。另外,在推理时还会向用户询问有关的信息,也使数据库的内容发生变化。人们把数据库中后生成的事实称为新鲜的事实,即后生成的事实比先生成的事实具有较大的新鲜性。若一条规则被应用后生成了多个结论,则既可以认为这些结论有相同的新鲜性,也可以认为排在前面(或后面)的结论有较大的新鲜性,根据情况决定。

设规则 $r_1$ 可与事实组 $A$ 匹配成功,规则 $r_2$ 可与事实组 $B$ 匹配成功,则 $A$ 与 $B$ 中哪一组较新鲜,与它匹配的产生式规则就先被应用。

如何衡量 $A$ 与 $B$ 中哪一组事实更新鲜呢? 常用的方法有以下三种:

①把 $A$ 与 $B$ 中的事实逐个比较其新鲜性,若 $A$ 中包含的更新鲜的事实比 $B$ 多,就认为 $A$ 比 $B$ 新鲜。例如,设 $A$ 与 $B$ 中各有五个事实,而 $A$ 中有三个事实比 $B$ 中的事实更新鲜,则认为 $A$ 比 $B$ 新鲜。

②以 $A$ 中最新鲜的事实与 $B$ 中最新鲜的事实相比较,哪一个更新鲜,就认为相应的事实组更新鲜。

③以 $A$ 中最不新鲜的事实与 $B$ 中最不新鲜的事实相比较,哪一个更不新鲜,就认为相应的事实组有较小的新鲜性。

3)按匹配度排序

在不确定性推理中,需要计算已知事实与知识的匹配度,当其匹配度达到某个预先规定的值时,就认为它们是可匹配的。若产生式规则 $r_1$ 与 $r_2$ 都可匹配成功,则优先选用匹配度较大的产生式规则。

4)按条件个数排序

如果有多条产生式规则生成的结论相同,则优先应用条件少的产生式规则,因为条件少的规则匹配时花费的时间较少。

在具体应用时,可对上述几种策略进行组合,尽量减少冲突的发生,使推理有较快的速度和较高的效率。

5)按上下文限制排序

把产生式规则按它们所描述的上下文分成若干组,在不同的条件下,只能从相应的组中选取有关的产生式规则。这样,不仅可以减少冲突的发生,而且由于搜索范围小,也提高了推理的效率。例如食品装袋系统 BAGGER 就是这样做的。它把食品装袋过程分成核对订货、大件物品装袋、中件物品装袋、小件物品装袋四个阶段,每个阶段都有一组产生式规则与之对应。在装袋的不同阶段,只能应用组中的产生式规则,指示机器人做相应的工作。

6)按冗余限制排序

如果一条产生式规则被应用后产生冗余知识,就降低它被应用的优先级,产生的冗余知识越多,优先级降低越多。

7)根据领域问题的特点排序

对某些领域问题,事先可知道它的某些特点,则可根据这些特点把知识排成固定的顺序。例如:

①当领域问题有固定的解题次序时,可按该次序排列相应的知识,排在前面的优先被应用。

②当已知某些产生式规则被应用后会明显地有利于问题的求解时,就使这些产生式规则优先被应用。

## 2.3.3 模式匹配与置换

模式匹配是指两个知识模式(如两个谓词公式、两个框架片断等)的比较,检查这两个知识模式是否完全一致或近似一致。如果两者完全一致,或者虽不完全一致但其相似度落在指定的限度内,就称它们是可匹配的,否则为不可匹配。

模式匹配是推理中必须进行的一项重要工作,因为只有经过模式匹配才能从知识库中选出当前适用的知识,才能进行推理。例如在产生式系统中,为了由已知的初始事实推出相应的结论,首先必须从知识库中选出可与已知事实匹配的产生式规则,然后才能应用这些产生则进行推理,逐步推出结论。框架推理与此类似,也需要先通过匹配选出相应的框架片断,然后再进行推理。

按匹配时两个知识模式的相似程度划分,模式匹配可分为确定性匹配与不确定性匹配。确定性匹配是指两个知识模式完全一致,或者经过变量置换后变得完全一致。例如,有如下两个知识模式:

$$r1:\text{Type}(主轴型号,材料类别)\text{ and Material}(材料类别)$$
$$r2:\text{Type}(x,y)\text{ and Material}(y)$$

若用常量"主轴型号"置换变量 $x$,用常量"材料类别"置换变量 $y$,则 $r1$ 与 $r2$ 完全一致。若用这两个知识模式进行匹配,则它们是确定性匹配。确定性匹配又称为完全匹配或精确匹配。不确定性匹配是指两个知识模式不完全一致,但从总体上看,它们的相似度又落在规定的限度内。

无论是确定性匹配还是不确定性匹配,在进行匹配时一般都需要进行变量的置换。

**定义** 置换是形如

$$\{t_1/x_1,t_2/x_2,\cdots,t_n/x_n\}$$

的有限集合。其中,$t_1,t_2,\cdots,t_n$ 是项;$x_1,x_2,\cdots,x_n$ 是互不相同的变元。$t_i/x_i$ 表示用 $t_i$ 置换 $x_i$,不允许 $t_i$ 与 $x_i$ 相同,也不允许变元 $x_i$ 循环地出现在另一个 $t_j$ 中。

例如

$$\{g(y)/x,f(x)/y\}$$

不是一个置换,因为置换的目的是使某些变元被另外的变元、变量或函数取代,使之不再在公式中出现,而上式在 $x$ 与 $y$ 之间出现了循环置换的情况,它既没有消去 $x$,也没有消去 $y$。如果将它改为

$$\{g(A)/x,f(x)/y\}$$

它将把公式中的 $x$ 用 $g(A)$ 置换，$y$ 用 $f(g(A))$ 置换，从而消去了变元 $x$ 和 $y$。

## 2.3.4　自然演绎推理

从一组已知为真的事实出发，直接运用命题逻辑或谓词逻辑中的推理规则推出结论的过程，称为自然演绎推理。最常用的规则是假言三段论推理、假言推理、拒取式推理等。

**1. 假言三段论推理**

假言三段论推理的一般形式为：$P{\rightarrow}Q,Q{\rightarrow}R{\Rightarrow}P{\rightarrow}R$，它表示：$P{\rightarrow}Q$ 与 $Q{\rightarrow}R$ 为真，可推出 $P{\rightarrow}R$ 为真。例如，由"如果我不能起床，则我不能上班"与"如果我不能上班，则我不能得到报酬"，可推出"如果我不能起床，则我不能得到报酬"的结论。

**2. 假言推理**

假言推理的一般形式为：$P,P{\rightarrow}Q{\Rightarrow}Q$，它表示：$P$ 与 $P{\rightarrow}Q$ 为真，可推出 $Q$ 为真。例如，由"如果 $x$ 是金属，则 $x$ 能导电"与"铜是金属"，可推出"铜能导电"的结论。

**3. 拒取式推理**

拒取式推理的一般形式为：$\lnot Q,P{\rightarrow}Q{\Rightarrow}\lnot P$，它表示：$Q$ 为假与 $P{\rightarrow}Q$ 为真，可推出 $P$ 为假。例如，由"如果下雨，则地上不湿"与"地上不湿"，可推出"没有下雨"的结论。

在进行自然演绎推理时，要注意避免两类错误：一是肯定后件的错误，另一种是否定前件的错误。

所谓肯定后件是指，当 $P{\rightarrow}Q$ 为真，希望通过肯定后件 $Q$，来推导出前件 $P$ 为真。

例如伽利略在论证哥白尼的日心说时，曾使用了如下推理：

①如果行星系是以太阳为中心的，则金星会显示出位相变化。

②金星显示出位相变化（肯定后件）。

③所以，行星系是以太阳为中心。

因为这里使用了肯定后件的推理，违反了经典逻辑规则，伽利略为此遭到非难。

所谓否定前件是指，当 $P{\rightarrow}Q$ 为真，希望通过否定前件 $P$，来推导出后件 $Q$ 为假，这也是不允许的。例如下面的推理就是使用了否定前件的推理，违反了逻辑规则：

①如果下雨，则地上是湿的。

②没有下雨（否定前件）。

③所以地上不湿。

这显然是不正确的。因为洒水时地上也会湿。事实上，只要仔细分析蕴含式 $P{\rightarrow}Q$ 的定义，就会发现当 $P{\rightarrow}Q$ 为真时，肯定后件或否定前件所得的结论既可能为真，也可能为假，不能确定。

**4. 举例说明自然演绎推理方法**

例如，设已知如下事实：

①只要是需要编程序的课，王程都喜欢。

②所有的程序设计语言课都是需要编程序的课。

③C 是一门程序设计语言课。

求证：王程喜欢 C 这门课。

证明：

首先定义谓词：

Prog (x)x                是需要编程序的课

Like (x,y)               x 喜欢 y

Lang (x)x                是一门程序设计语言课

把上述已知事实及待求解问题用谓词公式表示：

Prog (x)→Like (Wang, x)          只要是需要编程序的课，王程都喜欢

(∀x)(Lang(x)→Prog(x))           所有的程序设计语言课都是需要编程序的课

Lang (C)                          C 是一门程序设计语言课

Like (Wang, C)                    王程喜欢 C 这门课，这是待求证的问题

应用推理规则进行推理：

因为

$$(\forall x)(Lang\ (x)\rightarrow Prog\ (x))$$

所以由全称固化得

$$Lang(y)\rightarrow Prog\ (y)$$

由假言推理及置换 C/y 得

$$Lang(C), Lang(y)\rightarrow Prog(y)\Rightarrow Prog\ (C)$$

由假言推理及置换 C/z 得

$$Prog(C), Prog(z)\rightarrow Like(Wang, z)\Rightarrow Like(Wang, C)$$

即王程喜欢 C 这门课。

一般来说，由已知事实推出的结论可能有多个，只要其中包括了待证明的结论，就认为问题得到了解决。

自然演绎推理的优点是表达定理证明过程自然，容易理解，而且它拥有丰富的推理规则，推理过程灵活，便于在它的推理规则中嵌入领域启发式知识。其缺点是容易产生组合爆炸，推理过程得到的中间结论一般呈指数形式递增，这对于一个推理量大的问题来说是十分不利的。

# 2.4 状态空间搜索

在求解一个问题时，涉及两个方面：一是该问题的表示方法，如果一个问题找不到一个合适的表示方法，就谈不上对它求解；二是选择一种相对合适的求解方法。在人工智能系统中，问题求解的基本方法有推理法、搜索法、归约法、归结法等。由于大多数需要用人工智能方法求解的问题缺乏直接求解的方法，因此，搜索法是一种求解问题的一般方法。

## 2.4.1 基本概念

**1. 搜索的主要过程**

①从初始或目标状态出发，并将它作为当前状态。

②扫描操作算符集，将适用当前状态的一些操作算子作用于当前状态而得到新的状态，并

建立指向其父节点的指针。

③检查所生成的新状态是否满足结束状态,如果满足,则得到问题的一个解,并可沿着有关指针从结束状态反向到达开始状态,给出一解答路径;否则,将新状态作为当前状态,返回第②步再进行搜索。

**2. 搜索策略**

根据搜索过程中是否运用了与问题有关的信息,可以将搜索方法分为盲目搜索和启发式搜索。

盲目搜索是指在特定问题不具有任何有关信息的条件下,按固定的步骤(依次或随机调用操作算子)进行的搜索,它能快速地调用一个操作算子。

启发式搜索则是要考虑特定问题领域可应用的知识,动态地确定调用操作算子的步骤,优先选用较合适的操作算子,尽量减少不必要的搜索,以求尽快地到达结束状态,提高搜索效率。

盲目搜索是按预定的搜索方向进行搜索。由于盲目搜索总是按预先规定的路线进行,没有考虑到问题本身的特性,所以这种搜索效率不高。显然,启发式搜索优于盲目搜索。但由于启发式搜索需要具有与问题本身特性有关的信息,并非对每一类问题的特性都可方便地抽取出来,因此,盲目搜索仍不失为一种应用较多的搜索策略。

## 2.4.2　状态空间知识表示方法

应用搜索方法求解问题实际上是一个搜索过程。为了进行搜索,首先要考虑问题及其求解过程的形式表示。形式表示是否恰当,将直接影响到是否便于在计算机上编程求解以及搜索求解的效率。状态空间表示法是一种用"状态"和"算符"来表示问题及其求解过程的一种形式表示方法。

**1. 状态**

用于描述问题求解过程中不同时刻的状态。通常引入一组最少变量的有限集合:$S_k = (S_{k1}, S_{k2}, \cdots, S_{kn})$,其中 $S_{ki}$ 称为状态变量。当给每个分量 $S_{ki}$ 赋予确定的值后,就得到问题求解过程中,某一时刻的具体状态。

**2. 算符**

表示对状态的操作。每次使用算符后,问题就由一种状态变为另一种状态。到达目标状态时,由初始状态到目标状态所用算符的序列,就是问题的一个解。

**3. 状态空间**

问题的全部状态及一切可用算符构成的集合称为问题的状态空间。一般用四元组表示:$(S, F, S_0, S_g)$,其中,$S$ 为状态的集合,$F$ 为算符的集合,$S_0$ 为初始状态的集合,$S_g$ 为目标状态的集合。此外,状态空间还可用有向图(状态空间图)来描述。节点表示状态;有向弧表示算符。

例题:二阶梵塔问题。如图 2.2 所示,设有 3 根柱子,在 1 号柱子上穿有 A、B 两个盘,盘 A 小于盘 B,盘 A 位于盘 B 的上面。要求把这两个盘全部移到另一根柱子上,而且规定每次只能移动一个盘,任何时刻都不能使 B 盘位于 A 盘的上面。画出二阶梵塔问题的状态空间图。

图 2.2　二阶梵塔问题

用 $S_k = (S_{kA}, S_{kB})$ 表示问题的状态, $S_{kA}$ 表示 A 盘所在的柱号, $S_{kB}$ 表示 B 盘所在的柱号。全部可能的状态有 9 种: $S_0 = (1,1)$, $S_1 = (1,2)$, $S_2 = (1,3)$, $S_3 = (2,1)$, $S_4 = (2,2)$, $S_5 = (2,3)$, $S_6 = (3,1)$, $S_7 = (3,2)$, $S_8 = (3,3)$, 问题的初始状态集合为 $S_0$, 目标状态集合为 $S_4$、$S_8$。

定义算符: A($i,j$) 表示把盘 A 从柱 $i$ 移到柱 $j$ 上; B($i,j$) 表示把盘 B 从柱 $i$ 移到柱 $j$ 上。共有 12 个算符: A(1,2), A(1,3), A(2,1), A(2,3), A(3,1), A(3,2), B(1,2), B(1,3), B(2,1), B(2,3), B(3,1), B(3,2)。

根据 9 种可能的状态和 12 种可能的算符, 画出状态空间图如图 2.3 所示。

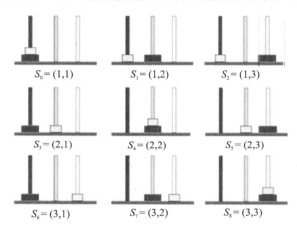

$S_0 = (1,1)$　　$S_1 = (1,2)$　　$S_2 = (1,3)$

$S_3 = (2,1)$　　$S_4 = (2,2)$　　$S_5 = (2,3)$

$S_6 = (3,1)$　　$S_7 = (3,2)$　　$S_8 = (3,3)$

图 2.3　状态空间图

## 2.4.3　盲目搜索算法

基于状态空间表示法的搜索方法, 称为状态空间搜索算法, 其目的是: 从初始状态出发, 在算符集中查找可用算符, 在状态空间中搜索出一条解路径, 得到问题的解。搜索的结果将获得一棵搜索树。如果搜索算法成功, 那么搜索树一定包含从初始状态到目标状态的解路径。搜索树是由称为 open 表和 closed 表的两个表共同记载的。open 表与 closed 表的作用:

①open 表记载搜索过程中尚未考查的节点和新生成的节点。

②open 表支持按指定要求, 对表中节点排序。

③搜索算法每次循环时, 都将 open 表中的第一个节点移送到 closed 表的表尾。

④closed 表用于存放将要考查或已考查过的节点。考查是指将节点记录的状态与目标状态进行比较, 以确定该节点是否是目标节点。如果不是目标节点, 则在算符集中搜索可用算符, 作用于该节点状态, 生成其子节点状态; 如果在算符集中找不到可用算符, 则该节点不可扩展。

状态空间搜索算法可分为盲目搜索算法和启发式搜索算法。

状态空间盲目搜索算法是指按算法预定的搜索方向,在状态空间里搜索目标节点,生成搜索树。根据算法预定的搜索方向,盲目搜索算法可分为宽度优先搜索算法和深度优先搜索算法两种。根据每次搜索所使用的算符的代价是否相同,盲目搜索算法可分为无代价的盲目搜索算法和有代价的盲目搜索算法两种。如果问题求解定义的所有算符的使用代价都相同或都定义为单位 1,那么属于无代价盲目搜索。如果问题求解定义的算符的使用代价不相同,那么属于有代价盲目搜索。

**1. 无代价宽度优先搜索**

在搜索树的生成过程中,只有当搜索树中同一层的所有节点都考查完后,才会对下一层的节点进行考查。或者说,宽度优先搜索预定的搜索方向是沿着搜索树的宽度方向展开的。

open 表和 closed 表中节点的域可定义为

| $j$ | $S_j$ | $F_k$ | $i$ |
|---|---|---|---|

其中:$j$ 为节点 $j$ 序号(通常按节点生成的顺序编号),$S_j$ 为节点 $j$ 的状态,$F_k$ 是生成节点 $j$ 所用算符的编号,$i$ 为节点 $j$ 的父节点序号(或是节点 $j$ 指向父节点 $i$ 的指针)。

无代价宽度优先搜索算法如下:

①初始化 open 表与 closed 表,把初始节点(序号 1)放入 open 表中。

②若 open＝( ),则算法失败终止;否则转步骤③。

③把 open 表的第 1 个节点 $i$ 取出,放入 closed 表的表尾。

④若节点 $i$ 的状态 $S_i$ 是目标状态,则算法成功终止;否则转步骤⑤。

⑤若节点 $i$ 不可扩展(即在算符集中找不到可用算符),则转步骤②;否则转步骤⑥。

⑥用可用算符逐一扩展节点 $i$,生成 $i$ 的所有子节点。若子节点 $j$ 的状态 $S_j$ 既不在 open 表中,也不在 closed 表中,则节点 $j$ 是一个新节点。将所有的新子节点按节点序号从小到大依次放入 open 表的表尾,并记载子节点各个域的值,转步骤②;否则,不把新生成的节点 $j$ 放入 open 表中(放弃节点 $j$),转步骤②。

状态空间是一个有向图,任何一个节点都可能有 2 个或 2 个以上的父节点。搜索算法找到问题的解路径是搜索树中的一条路径,搜索树中的任何节点都只有唯一的父节点。因此在步骤⑥中,需要确认可用算符生成的子节点是否是一个新节点,是新节点才能放入到 open 表中。

**2. 无代价深度优先搜索**

在搜索树的生成过程中,对 open 表中同一层的节点只选择其中一个节点进行考查和扩展,只有当这个节点是不可扩展的,才选择同层的兄弟节点进行考查和扩展。或者说,宽度优先搜索预定的搜索方向是沿着搜索树的深度方向进行的。

open 表和 closed 表中节点的域可定义为

| $j$ | $S_j$ | $F_k$ | $i$ |
|---|---|---|---|

域的定义与宽度优先搜索的节点域定义相同。

无代价深度优先搜索算法如下:

①初始化 open 表与 closed 表,把初始节点(序号 1)放入 open 表中。

②若 open＝( )，则算法失败终止；否则转步骤③。

③把 open 表的第 1 个节点 $i$ 取出，放入 closed 表的表尾。

④若节点 $i$ 的状态 $S_i$ 是目标状态，则算法成功终止；否则转步骤⑤。

⑤若节点 $i$ 不可扩展(即在算符集中找不到可用算符)，则转步骤②；否则转步骤⑥。

⑥用可用算符逐一扩展节点 $i$，生成 $i$ 的所有子节点。若子节点 $j$ 的状态 $S_j$ 既不在 open 表中，也不在 closed 表中，则节点 $j$ 是一个新节点。将所有的新子节点按节点序号从小到大依次放入 open 表的表首，并记载子节点各个域的值，转步骤②；否则，不把新生成的节点 $j$ 放入 open 表中(放弃节点 $j$)，转步骤②。

比较宽度优先搜索与深度优先搜索，两者的不同之处在于：

①宽度优先搜索生成的子节点放入 open 表的表尾，深度优先搜索生成的子节点放入 open 表的表首。或者说，宽度优先搜索中的 open 表是先进先出的表，深度优先搜索中的 open 表是先进后出的表。由此可见，对 open 表的节点采取不同的排序方法，搜索树的扩展方向就不同。

②如果问题有解，那么宽度优先搜索总能找到最优解。能找到最优解的搜索称为完备性搜索。宽度优先搜索是完备的，深度优先搜索是非完备的。

③如果问题有解，那么深度优先搜索能找到一条解路径，但是不一定是最优解。深度优先搜索成功终止时，生成的搜索树的规模(节点数量)小于宽度优先搜索生成的搜索树的规模，或者说，深度优先搜索的时空开销小于宽度优先搜索。

**3. 有代价宽度优先搜索**

有代价的搜索算法可以分为有代价的盲目搜索和启发式搜索两类。有代价的盲目搜索包括有代价的宽度优先搜索和有代价的深度优先搜索两种。

如果节点 $i$ 使用算符 $F_k$ 生成其子节点 $j$，算符 $F_k$ 的使用代价记为 $c(i,j)$，那么，定义节点 $j$ 的代价函数为

$$g_j = g_i + c(i,j) \tag{2.1}$$

有代价的宽度优先搜索是在无代价的宽度优先搜索基础上改进得到的。open 表和 closed 表的节点域可定义为

| $j$ | $S_j$ | $F_k$ | $g_j$ | $i$ |
|---|---|---|---|---|

其中：$g_j$ 为节点 $j$ 的代价函数值；其他域的定义与前面的节点域定义相同。

有代价宽度优先搜索算法如下：

①初始化 open 表与 closed 表，把初始节点(序号 1)放入 open 表中，且令 $g_1 = 0$。

②若 open＝( )，则算法失败终止；否则转步骤③。

③把 open 表的第 1 个节点 $i$ 取出，放入 closed 表的表尾。

④若节点 $i$ 的状态 $S_i$ 是目标状态，则算法成功终止；否则转步骤⑤。

⑤若节点 $i$ 不可扩展(即在算符集中找不到可用算符)，则转步骤②；否则转步骤⑥。

⑥用可用算符逐一扩展节点 $i$，生成 $i$ 的所有子节点，并计算所有子节点的代价值。

a.若子节点 $j$ 的状态 $S_j$ 既不在 open 表中，也不在 closed 表中，则节点 $j$ 是一个新节点。
  将所有新子节点放入 open 表中，记录子节点各域的值。转步骤⑦。

b. 若子节点 $j$ 的状态 $S_j$ 已在 open 表中,即节点 $j$ 与 open 表中的一个老节点 $j'$ 的状态相同,则比较 $g_j$ 与 $g_{j'}$,若 $g_j \geqslant g_{j'}$,则放弃新节点 $j$;若 $g_j < g_{j'}$,则将新节点 $j$ 放入到 open 表中,记录节点各域的值,并删除 open 表中的老节点 $j'$。转步骤⑦。

c. 若子节点 $j$ 的状态 $S_j$ 已在 closed 表中,即节点 $j$ 与 closed 表中的一个老节点 $j'$ 的状态相同,则比较 $g_j$ 与 $g_{j'}$,若 $g_j \geqslant g_{j'}$,则放弃新节点 $j$;若 $g_j < g_{j'}$,则将新节点 $j$ 放入到 open 表中,记录节点各域的值,并删除 closed 表中的老节点 $j'$ 以及节点 $j'$ 在 open 表和 closed 表中的所有后裔节点。转步骤⑦。

⑦对 open 表中的所有节点按 $g$ 值从小到大的排序重新排序,若有 2 个或 2 个以上的节点有相同的 $g$ 值,则对这些节点再按节点序号排序。转步骤②。

有代价宽度优先搜索是在无代价宽度优先搜索的基础上改进得出的,两者之间的异同点主要包括以下几点:

①无代价宽度优先搜索只能用于无代价问题的求解,有代价宽度优先搜索既可以用于有代价问题的求解,也可以用于无代价问题的求解,此时,由于所有的算符代价为 $c(i, j) = 1$,那么代价函数 $g_j = g_i + c(i, j) = g_i + 1$。由于初始节点有 $g_1 = d_1 = 0$,故 $g_j = d_j$,即任何一个节点的代价值是该节点的深度 $d_j$。应用有代价宽度优先搜索的结果与无代价宽度优先搜索的结果相同。

②有代价宽度优先搜索与无代价宽度优先搜索都是完备性搜索。而有代价宽度优先搜索能找到路径代价最小的解路径,得到最优解。

③无代价宽度优先搜索的 open 表按节点序号从小到大对所有节点排序,有代价宽度优先搜索的 open 表按节点代价值从小到大对所有节点排序。

④有代价宽度优先搜索步骤⑥中,若扩展生成的子节点 $j$ 已在 open 表中,且 $g_j < g_{j'}$,则删除 open 表中的老节点 $j'$;若子节点 $j$ 已在 closed 表中,且 $g_j < g_{j'}$,则不仅删除 closed 表中的老节点 $j'$,还要删除老节点 $j'$ 可能在 open 表和 closed 表中的所有后裔节点。其原因有二:一是保证成功终止时生成一棵搜索树;二是终止沿代价较高的可能解路径继续搜索,以节省搜索的时空开销。

**4. 有代价深度优先搜索**

有代价的深度优先搜索是在无代价的深度优先搜索基础上改进得到的,其 open 表和 closed 表的节点域可如下定义:

| $j$ | $S_j$ | $F_k$ | $g_j$ | $i$ |
|---|---|---|---|---|

域的定义与前面的节点域定义相同。

有代价深度优先搜索算法如下:

①初始化 open 表与 closed 表,把初始节点(序号 1)放入 open 表中,且令 $g_1 = 0$。

②若 open = ( ),则算法失败终止;否则转步骤③。

③把 open 表的第 1 个节点 $i$ 取出,放入 closed 表的表尾。

④若节点 $i$ 的状态 $S_i$ 是目标状态,则算法成功终止;否则转步骤⑤。

⑤若节点 $i$ 不可扩展(即在算符集中找不到可用算符),则转步骤②;否则转步骤⑥。

⑥用可用算符逐一扩展节点 $i$,生成 $i$ 的所有子节点,并计算所有子节点的代价值。

a. 若子节点 $j$ 的状态 $S_j$ 既不在 open 表中,也不在 closed 表中,则节点 $j$ 是一个新节点。将所有新子节点放入 open 表中,记录子节点各域的值。转步骤⑦。

b. 若子节点 $j$ 的状态 $S_j$ 已在 open 表中,即节点 $j$ 与 open 表中的一个老节点 $j'$ 的状态相同,则比较 $g_j$ 与 $g_{j'}$,若 $g_j \geqslant g_{j'}$,则放弃新节点 $j$;若 $g_j < g_{j'}$,则将新节点 $j$ 放入到 open 表中,记录节点各域的值,并删除 open 表中的老节点 $j'$。转步骤⑦。

c. 若子节点 $j$ 的状态 $S_j$ 已在 closed 表中,即节点 $j$ 与 closed 表中的一个老节点 $j'$ 的状态相同,则比较 $g_j$ 与 $g_{j'}$,若 $g_j \geqslant g_{j'}$,则放弃新节点 $j$;若 $g_j < g_{j'}$,则将新节点 $j$ 放入到 open 表中,记录节点各域的值,并删除 closed 表中的老节点 $j'$ 以及节点 $j'$ 在 open 表和 closed 表中的所有后裔节点。转步骤⑦。

⑦对 open 表中的新子节点按 $g$ 值从小到大排序后放入 open 表的表首,若有 2 个或 2 个以上的节点有相同的 $g$ 值,则对这些节点再按节点序号排序。转步骤②。

比较有代价深度优先搜索与有代价宽度优先搜索及无代价深度优先搜索,它们之间的异同点主要是:

• 无代价深度优先搜索只能用于无代价问题的求解,有代价深度优先搜索既可以用于有代价问题的求解,也可以用于无代价问题的求解,此时,由于所有的算符代价为 $c(i,j) = 1$,那么任何一个节点 $j$ 的代价值 $g_j$ 是该节点的深度值 $d_j$,即是 $g_j = d_j$,应用有代价深度优先搜索的结果与无代价深度优先搜索的结果相同。

• 有代价深度优先搜索是在无代价深度优先搜索的基础上改进得出的,也是非完备性搜索。

• 无代价深度优先搜索的 open 表是将新扩展生成的子节点按节点序号从小到大排序后放入 open 表表首;有代价深度优先搜索的 open 表是将新扩展生成的子节点按代价值从小到大排序后放入 open 表表首;有代价宽度优先搜索的 open 表中所有节点按代价值从小到大排序。

• 有代价深度优先搜索的步骤⑥对老节点的处理方式与有代价宽度优先搜索相同。

## 2.4.4 启发式搜索策略

盲目搜索策略不是按事先规定的路线进行搜索,就是按已经付出的代价决定下一步要搜索的节点。例如无代价宽度优先搜索是按"层"进行搜索的,先进入 open 表的节点先被考查;无代价深度优先搜索是沿着纵深方向进行搜索的,后进入 open 表的节点先被考查。有代价宽度优先搜索是根据 open 表中全体节点各自已付出的代价(即初始节点到该节点上的代价)来决定哪一个节点先被考查;有代价深度优先搜索是在当前节点的子节点中选择代价最小的节点作为被考查的节点。它们的一个共同特点是都没有利用问题本身的特征息,在决定被扩展的节点时,都没有考查该节点在解路径上的可能性有多大,是否有利于问题求解以及求出的解是否为最优解等。因此这些搜索方法都具有较大的盲目性,产生的无用节点较多,搜索空间较大。

启发式搜索要用到问题自身的某些特征信息,以指导搜索朝着最有希望的方向前进。由于这种搜索求解的针对性较强,因而效率较高。在搜索过程中,关键是如何确定下一个要考查的节点,确定的方法不同就形成不同的搜索方法。如果在确定节点时能充分利用与问题求解有关的特征信息,估计出节点的重要性,就能在搜索时选择重要性较高的节点,以利于尽快求解。可用于指导搜索过程,且与具体问题求解有关的控制性信息称为启发性信息。

用于估计节点重要性的函数称为估价函数。其一般形式为

$$f(x) = g(x) + h(x) \qquad (2.2)$$

式中:代价函数 $g(x)$ 为从初始节点到节点 $x$ 已经实际付出的代价;$h(x)$ 为从节点 $x$ 到目标节点的最优路径的估计代价,它体现了问题的启发性信息,其形式要根据问题的特征确定。例如,它可以是节点 $x$ 到目标节点的距离,也可以是节点 $x$ 处于最优路径上的概率等。$h(x)$ 称为启发函数。

启发式搜索的 open 表和 closed 表的节点的域如下:

| $j$ | $S_j$ | $F_k$ | $g_j$ | $h_j$ | $f_j$ | $i$ |
|---|---|---|---|---|---|---|

其中:$h_j$ 为节点 $j$ 的启发函数值;$f_j$ 为节点 $j$ 的估计函数值;其他域的定义与前面的节点域的定义相同。

**1. 局部择优搜索**

局部择优搜索是对有代价深度优先搜索的改进,有代价深度优先搜索是对新扩展生成的子节点按节点代价值 $g$ 从小到大排序放入 open 表的表首;局部择优搜索是对新扩展生成的子节点按节点估价值 $f$ 从小到大排序放入 open 表的表首。

局部择优搜索算法如下:

①初始化 open 表与 closed 表,把初始节点(序号 1)放入 open 表中。且令 $g_1 = 0$,计算 $h_1$ 和 $f_1 = g_1 + h_1$。

②若 open=( ),则算法失败终止;否则,转步骤③。

③把 open 表的第 1 个节点 $i$ 移出,放入 closed 表的表尾。

④若节点 $i$ 的状态 $S_i$ 是目标状态,则算法成功终止;否则,转步骤⑤。

⑤若节点 $i$ 不可扩展(即在算符集中找不到可用算符),则转步骤②;否则,转步骤⑥。

⑥用可用算符逐一扩展节点 $i$,生成 $i$ 的所有子节点,并计算所有子节点的估价值 $f$。

a. 若子节点 $j$ 的状态 $S_j$ 既不在 open 表中,也不在 closed 表中,则节点 $j$ 是一个新节点。将所有新子节点放入 open 表中,记录子节点各域的值。转步骤⑦。

b. 若子节点 $j$ 的状态 $S_j$ 已在 open 表中,即节点 $j$ 与 open 表中的一个老节点 $j'$ 的状态相同,则比较 $f_j$ 与 $f_{j'}$,若 $f_j \geq f_{j'}$,则放弃新节点 $j$;若 $f_j < f_{j'}$,则将新节点 $j$ 放入 open 表中,记录节点各域的值,并删除 open 表中的老节点 $j'$。转步骤⑦。

c. 若子节点 $j$ 的状态 $S_j$ 已在 closed 表中,即节点 $j$ 与 closed 表中的一个老节点 $j'$ 的状态相同,则比较 $f_j$ 与 $f_{j'}$,若 $f_j \geq f_{j'}$,则放弃新节点 $j$;若 $f_j < f_{j'}$,则将新节点 $j$ 放入 open 表中,记录节点各域的值,并删除 closed 表中的老节点 $j'$ 以及节点 $j'$ 在 open 表和 closed 表中的所有后裔节点。转步骤⑦。

⑦对 open 表中的新子节点按 $f$ 值从小到大排序后放入 open 表的表首,若有 2 个或 2 个以上的节点有相同的 $f$ 值,则对这些节点再按节点序号排序。转步骤②。

比较无代价深度优先搜索、有代价深度优先搜索与局部择优搜索,它们之间的主要异同点如下:

- 三种搜索算法都是基于深度优先搜索算法的,也就是说,搜索树的扩展基本上是沿搜索树的纵深方向。为此,三种搜索算法都是将新生成的子节点放在 open 表表首,以使得下一次循环时,被考查的节点是刚生成的子节点。

- 在局部择优搜索算法中,若所有节点 $j$ 的启发函数值 $h_j$ 都是 0 或一个常量,那么局部择优搜索的结果与有代价深度择优搜索的结果相同;若又有所有的算符代价都是单位1,即所有节点的代价函数值 $g_j = d_j$,那么,局部择优搜索的结果与无代价深度优先搜索的结果相同。

- 三种搜索算法都是非完备的。

- 如果三种搜索算法都能找到问题的解路径而成功终止,那么,一般而言,无代价深度优先搜索生成的搜索树规模较大,局部择优搜索生成的搜索树规模较小。但是,局部择优搜索的效率取决于启发函数 $h$ 的设计,如果启发函数 $h$ 设计合理,能较准确地估计从节点 $x$ 到目标节点的代价,那么将有效地减小生成的搜索树的规模,降低搜索的时空开销。

**2. 全局择优搜索**

全局择优搜索是对有代价宽度优先搜索的改进。有代价宽度优先搜索是对 open 表中全部节点按节点代价函数值 $g$ 从小到大排序;全局择优搜索是对 open 表中全部节点按节点估计函数值 $f$ 从小到大排序。

全局择优搜索算法如下:

①初始化 open 表与 closed 表,把初始节点(序号 1)放入 open 表中。且令 $g_1 = 0$,计算 $h_1$ 和 $f_1 = g_1 + h_1$。

②若 open=( ),则算法失败终止;否则,转步骤③。

③把 open 表的第 1 个节点 $i$ 移出,放入 closed 表的表尾。

④若节点 $i$ 的状态 $S_i$ 是目标状态,则算法成功终止;否则,转步骤⑤。

⑤若节点 $i$ 不可扩展(即在算符集中找不到可用算符),则转步骤②;否则,转步骤⑥。

⑥用可用算符逐一扩展节点 $i$,生成 $i$ 的所有子节点,并计算所有子节点的估计值 $f$。

a. 若子节点 $j$ 的状态 $S_j$ 既不在 open 表中,也不在 closed 表中,则节点 $j$ 是一个新节点。将所有新子节点放入 open 表中,记录子节点各域的值。转步骤⑦。

b. 若子节点 $j$ 的状态 $S_j$ 已在 open 表中,即节点 $j$ 与 open 表中的一个老节点 $j'$ 的状态相同,则比较 $f_j$ 与 $f_{j'}$,若 $f_j \geq f_{j'}$,则放弃新节点 $j$;若 $f_j < f_{j'}$,则将新节点 $j$ 放入到 open 表中,记录节点各域的值,并删除 open 表中的老节点 $j'$。转步骤⑦。

c. 若子节点 $j$ 的状态 $S_j$ 已在 closed 表中,即节点 $j$ 与 closed 表中的一个老节点 $j'$ 的状态相同,则比较 $f_j$ 与 $f_{j'}$,若 $f_j \geq f_{j'}$,则放弃新节点 $j$;若 $f_j < f_{j'}$,则将新节点 $j$ 放入到 open 表中,记录节点各域的值,并删除 closed 表中的老节点 $j'$ 以及节点 $j'$ 在 open 表和 closed 表中的所有后裔节点。转步骤⑦。

⑦对 open 表中的所有节点按 $f$ 值从小到大的排序重新排序,若有 2 个或 2 个以上的节点有相同的 $f$ 值,则对这些节点再按节点序号排序。转步骤②。

比较无代价的宽度优先搜索、有代价宽度优先搜索与全局择优搜索,它们之间的主要异同点如下:

①三种搜索算法都是基于宽度优先搜索算法的,但是无代价宽度优先搜索是严格按搜索树的"层"的方向搜索,有代价宽度优先搜索与全局择优搜索的搜索方向不是按层扩展的。

②在全局择优搜索算法中,若所有节点 $j$ 的启发函数值 $h_j$ 都是 0 或一个常量,那么全局择优搜索的结果与有代价宽度择优搜索的结果相同;若又有所有的算符代价都是单位 1,即所有节点的代价函数值 $g_j = d_j$,那么,全局择优搜索的结果与无代价宽度优先搜索的结果相同。

③无代价宽度择优搜索与有代价宽度择优搜索是完备的,但是,全局择优搜索是非完备的。

④一般而言,无代价宽度优先搜索生成的搜索树规模较大,全局择优搜索生成的搜索树规模较小。但是,全局择优搜索的效率取决于启发函数 $h$ 的设计,如果启发函数 $h$ 设计合理,能较准确地估计从节点二到目标节点的代价,那么,将有效地减小生成的搜索树的规模,降低搜索的时空开销。

# 2.5 专家系统

自 1968 年研制成功第一个专家系统 DENDRAL 以来,专家系统技术发展非常迅速,已经应用到数学、物理、化学、医学、地质、气象、农业、法律、教育、交通运输、机械、艺术以及计算机科学本身,甚至渗透到政治、经济、军事等重大决策部门,产生了巨大的社会效益和经济效益,成为人工智能的重要分支。

## 2.5.1 基本概念

### 1. 专家系统的定义

专家系统是基于知识的系统,用于在某种特定的领域中运用领域专家多年积累的经验和专业知识,求解需要专家才能解决的困难问题。专家系统作为一种计算机系统,继承了计算机快速、准确的特点,在某些方面比人类专家更可靠、更灵活,可以不受时间、地域及人为因素的影响。

专家系统的奠基人斯坦福大学的费根鲍姆教授,把专家系统定义为:"专家系统是一种智能的计算机程序,它运用知识和推理来解决只有专家才能解决的复杂问题。"也就是说,专家系统是一种模拟专家决策能力的计算机系统。

### 2. 专家系统的特点

专家系统具有如下特点。

1)具有专家水平的专业知识

具有专家专业水平是专家系统的最大特点。专家系统具有的知识越丰富,质量越高,解决问题的能力就越强。

专家系统中的知识按其在问题求解中的作用可分为三个层次,即数据级、知识库级和控制级。数据级知识是指具体问题所提供的初始事实及在问题求解过程中所产生的中间结论、最终结论。数据级知识通常存放于数据库中。知识库知识是指专家的知识。这一类知识是构成专家系统的基础。控制级知识也称为元知识,是关于如何运用前两种知识的知识,如在问题求解中的搜索策略、推理方法等。

2)能进行有效的推理

专家系统的核心是知识库和推理机。专家系统要利用专家知识来求解领域内的具体问题,必须有一个推理机构,能根据用户提供的已知事实,通过运用知识库中的知识,进行有效的推理,以实现问题的求解。专家系统不仅能根据确定性知识进行推理,而且能根据不确定的知识进行推理。领域专家解决问题的方法大多是经验性的,表现出来往往是不精确的,仅以一定的可能性存在。此外,要解决的问题本身所提供的信息往往是不确定的。专家系统的特点之一就是能综合利用这些不确定的信息和知识进行推理,得出结论。

3)具有启发性

专家系统除能利用大量专业知识以外,还必须利用经验的判断知识来对求解的问题做出多个假设。依据某些条件选定一个假设,使推理继续进行。

4)具有灵活性

专家系统的知识库与推理机既相互联系,又相互独立。相互联系保证了推理机利用知识库中的知识进行推理以实现对问题的求解;相互独立保证了当知识库作适当修改和更新时,只要推理方式没变,推理机部分可以不变,使系统易于扩充,具有较大的灵活性。

5)具有透明性

在使用专家系统求解问题时,不仅希望得到正确的答案,而且还希望知道得到该答案的依据。专家系统一般都有解释机构,具有较好的透明性。解释机构可以向用户解释推理过程,回答用户"为什么(Why)"、"结论是如何得出的(How)"等问题。

6)具有交互性

专家系统一般都是交互式系统,具有较好的人机界面。一方面它需要与领域专家和知识工程师进行对话以获取知识,另一方面它也需要不断地从用户那里获得所需的已知事实并回答用户的询问。

专家系统本身是一个程序,但它与传统程序又不同,主要体现在以下几个方面:

①从编程思想来看,传统程序是依据某个确定的算法和数据结构来求解某个确定的问题,而专家系统求解的许多问题没有可用的数学方法,而是依据知识和推理来求解,即

$$传统程序＝数据结构＋算法$$
$$专家系统＝知识＋推理$$

这是专家系统与传统程序的最大差别。

②传统程序把关于问题求解的知识隐含于程序中,而专家系统则将知识与运用知识的过程即推理机分离。这种分离使专家系统具有更大的灵活性,便于修改。

③从处理对象来看,传统程序主要是面向数值计算和数据处理,而专家系统面向符号处理。传统程序处理的数据是精确的,对程序的检索是基于模式的布尔匹配,而专家系统处理的数据和知识大多是不精确的、模糊的,知识的模式匹配也是不精确的。

④传统程序一般不具有解释功能,而专家系统一般具有解释机构,解释自己的行为。因为专家系统依赖于推理,它必须能够解释这个过程。

⑤传统程序根据算法求解问题,每次都能产生正确的答案,而专家系统则像人类专家一样工作,一般能产生正确的答案,但有时也会产生错误的答案,这也是专家系统存在的问题之一。但专家系统有能力从错误中吸取教训,改进对某一问题的求解能力。

⑥从系统的体系结构来看,传统程序与专家系统具有不同的结构。关于专家系统的结构

在后面将做专门的介绍。

### 3. 专家系统的类型

若按专家系统的特性及功能分类,专家系统可分为以下 10 类。

1)解释型专家系统

解释型专家系统能根据感知数据,经过分析、推理,从而给出相应解释。如化学结构说明、图像分析、语言理解、信号解释、地质解释、医疗解释等专家系统。代表性的解释型专家系统有 DENDRAL、PROSPECTOR 等。

2)诊断型专家系统

诊断型专家系统能根据取得的现象、数据或事实推断出系统是否有故障,并能找出产生故障的原因,给出排除故障的方案。这是目前开发、应用得最多的一类专家系统。如医疗诊断、机械故障诊断、计算机故障诊断等专家系统。代表性的诊断专家系统有 MYCIN、CASNET、PUFF(肺功能诊断系统)、PIP(肾脏病诊断系统)、DART(计算机硬件故障诊断系统)等。

3)预测型专家系统

预测型专家系统能根据过去和现在的信息(数据和经验)推断可能发生和出现的情况。例如用于天气预报、地震预报、市场预测、人口预测、灾难预测等领域的专家系统。

4)设计型专家系统

设计型专家系统能根据给定要求进行相应的设计。例如用于工程设计、电路设计、建筑及装修设计、服装设计、机械设计及图案设计的专家系统。对这类系统一般要求在给定的限制条件下能给出最佳的或较佳的设计方案。代表性的设计型专家系统有 XCON(计算机系统配置系统)、KBVLSI(VLSI 电路设计专家系统)等。

5)规划型专家系统

规划型专家系统能按给定目标拟定总体规划、行动计划、运筹优化等,适用于机器人动作控制、工程规划、军事规划、城市规划、生产规划等。这类系统一般要求在一定的约束条件下能以较小的代价达到给定的目标。代表性的规划型专家系统有 NOAH(机器人规划系统)、SECS(制定有机合成规划的专家系统)、TATR(帮助空军制定攻击敌方机场计划的专家系统)等。

6)控制型专家系统

控制型专家系统能根据具体情况,控制整个系统的行为,适用于对各种大型设备及系统进行控制。为了实现对控制对象的实时控制,控制型专家系统必须具有能直接接收来自控制对象的信息,并能迅速地进行处理,及时地作出判断和采取相应行动的能力。所以控制型专家系统实际上是专家系统技术与实时控制技术相结合的产物。代表性的控制型专家系统是 YES/MVS(帮助监控和控制 MVS 操作系统的专家系统)。

7)监督型专家系统

监督型专家系统能完成实时的监控任务,并根据监测到的现象做出相应的分析和处理。这类系统必须能随时收集任何有意义的信息,并能快速地对得到的信号进行鉴别、分析和处理,一旦发现异常,能尽快地做出反应,如发出报警信号等。代表性的监督型专家系统是 RE-ACTOR(帮助操作人员检测和处理核反应堆事故的专家系统)。

8)修理型专家系统

修理型专家系统是用于制订排除某种故障的规划并实施排除的一类专家系统,要求能根据故障的特点制订纠错方案,并能实施该方案排除故障;当制订的方案失效或部分失效时,能及时采取相应的补救措施。

9)教学型专家系统

教学型专家系统主要适用于辅助教学,并能根据学生在学习过程中所产生的问题进行分析、评价、找出错误原因,有针对性地确定教学内容或采取其他有效的教学手段。代表性的教学型专家系统有 GUIDON(讲授有关细菌传染性疾病方面的医学知识的计算机辅助教学系统)。

10)调试型专家系统

调试型专家系统用于对系统进行调试,能根据相应的标准检测被检测对象存在的错误,并能从多种纠错方案中选出适用于当前情况的最佳方案,排除错误。

上述分类是根据专家系统的特性及功能进行的。这种分类往往不是很确切,因为许多专家系统不止一种功能。还可以从另外的角度对专家系统进行分类。例如,可以根据专家系统的应用领域进行分类。

## 2.5.2 专家系统的工作原理

由专家系统的定义可知,专家系统的主要组成部分是知识库和推理机。实际专家系统的功能和结构可能彼此存在差异,但完整的专家系统一般应包括人机接口、推理机、知识库、综合数据库、知识获取结构、解释机构 6 部分。各部分的关系如图 2.4 所示。

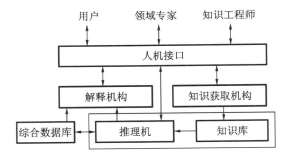

**图 2.4 专家系统基本结构**

专家系统的核心是知识库和推理机,其工作过程是根据知识库中的知识和用户提供的事实进行推理,不断地由已知的事实推出未知的结论即中间结果,并将中间结果放到综合数据库中,作为已知的新事实进行推理,从而把求解的问题由未知状态转换为已知状态。在专家系统的运行过程中,会不断地通过人机接口与用户进行交互,向用户提问,并向用户做出解释。

下面分别对专家系统的各个部分进行简单介绍。

1)知识库

知识库主要用来存放领域专家提供的专门知识。知识库中的知识来源于知识获取机构,同时它又为推理机提供求解问题所需的知识。

　　①知识表达方法的选择。要建立知识库,首先要选择合适的知识表达方法。对同一知识,一般都可以用多种方法进行表示,但其效果却不同。应根据 2.2 节介绍的原则选择知识表达方法,即从能充分表示领域知识、能充分有效地进行推理、便于对知识的组织维护和管理、便于理解与实现等四个方面进行考虑。

　　②知识库的管理。知识库管理系统负责对知识库中的知识进行组织、检索、维护等。专家系统中任何其他部分要与知识库发生联系,都必须通过该管理系统来完成。这样可实现对知识库的统一管理和使用。在进行知识库维护时,还要保证知识库的安全。必须建立严格的安全保护措施,以防止由于操作失误等主观原因使知识库遭到破坏,造成严重的后果。一般知识库的安全保护也可以像数据库系统那样,通过设置口令验证操作者的身份,对不同操作者设置不同的操作权限等技术来实现。

　　2)推理机

　　推理机的功能是模拟领域专家的思维过程,控制并执行对问题的求解。它能根据当前已知的事实,利用知识库中的知识,按一定的推理方法和控制策略进行推理,直到得出相应的结论为止。

　　推理机包括推理方法和控制策略两部分。推理方法有确定性推理和不确定性推理。控制策略主要指推理方法的控制及推理规则的选择策略。推理包括正向推理、反向推理和正反向混合推理。推理策略一般还与搜索策略有关。

　　推理机的性能与构造一般与知识的表示方法有关,但与知识的内容无关,这有利于保证推理机与知识库的独立性,提高专家系统的灵活性。

　　3)综合数据库

　　综合数据库或动态数据库,又称为黑板,主要用于存放初始事实、问题描述及系统运行过程中得到的中间结果、最终结果等信息。

　　在开始求解问题时,综合数据库中存放的是用户提供的初始事实。综合数据库的内容随着推理的进行而变化,推理机根据综合数据库的内容从知识库中选择合适的知识进行推理并将得到的中间结果存放于综合数据库中。综合数据库中记录了推理过程中的各种有关信息,又为解释机构提供了回答用户咨询的依据。

　　综合数据库中还必须具有相应的数据库管理系统,负责对数据库中的知识进行检索、维护等。

　　从计算机技术角度来看,知识库和综合数据库都是数据库。它们不同的是:知识库的内容在专家系统运行过程中是不改变的,只有知识工程师通过人机接口进行管理。而综合数据库在专家系统运行过程中是动态变化的,不仅可以由用户输入数据,而且推理的中间结果也会改变其内容。

　　4)知识获取的过程

　　知识获取是建造和设计专家系统的关键,也是目前建造专家系统的“瓶颈”。知识获取的基本任务是为专家系统获取知识,建立起健全、完善、有效的知识库,以满足求解领域问题的需要。

　　知识获取通常是由知识工程师与专家系统中的知识获取机构共同完成的。知识工程师负责从领域专家那里抽取知识,并用适用的方法把知识表达出来,而知识获取机构把知识转换为计算机可存储的内部形式,然后把它们存入知识库。在存储过程中,要对知识进行一致性、完整性的检测。

不同专家系统的知识获取的功能与实现方法差别较大,有的系统采用自动获取知识的方法,而有的系统则采用非自动或半自动的知识获取方法。

5)人机接口

人机接口是专家系统与领域专家、知识工程师、一般用户之间进行交互的界面,由一组程序及相应的硬件组成,用于完成输入输出工作。知识获取机构通过人机接口与领域专家及知识工程师进行交互,更新、完善、扩充知识库;推理机通过人机接口与用户交互,在推理过程中,专家系统根据需要不断向用户提问,以得到相关的事实数据,在推理结束时会通过人机接口向用户显示结果;解释机构通过人机接口与用户交互,向用户解释推理过程,回答用户问题。

在输入或输出过程中,人机接口需要内部表示形式与外部表示形式的转换。在输入时,它将把领域专家、知识工程师或一般用户输入的信息转换成系统的内部表示形式,然后分别交给相应的机构去处理;输出时,它将把系统要输出的信息由内部形式转化为人们易于理解的外部形式显示给用户。

在不同的专家系统中,由于硬件、软件环境不同,接口的形式与功能有较大的差别。随着计算机硬件和自然语言理解技术的发展,有的专家系统已经可以用简单的自然语言与用户交互,但有的系统只能通过菜单方式、命令方式或简单的问答方式与用户交互。

6)解释机构

解释机构回答用户提出的问题,解释系统的推理过程。解释机构由一组程序组成。它跟踪并记录推理过程,当用户提出的询问需要给出解释时,它将根据问题的要求分别作相应的处理,最后把解答用约定的形式通过人机接口输出给用户。

上面讨论的专家系统的一般结构只是专家系统的基本形式。实际上,在具体建造一个专家系统时,随着系统要求的不同,可以在此基础上做适当修改。

案例:绿色高效切削加工工艺智能专家系统的构建一

当前绿色制造研究领域,缺乏实用性强、能对制造企业切削加工工艺进行综合分析、绿色度评价和智能推理优化的专家系统。结合采集到的大量机床切削加工工艺实例数据,以及在现有研究工作基础上建立的机床切削加工过程资源环境属性分析体系、综合评价模型和加工工艺参数优化模型等,针对绿色高效切削加工工艺智能优化的实际需求,开发绿色高效切削加工工艺智能专家系统,为机床典型零部件加工提供绿色高效切削加工工艺智能推理和优化指导。

绿色高效切削加工工艺智能专家系统主要包括两大模块:资源环境属性数据查询和综合评价模块与机床典型零部件待加工工艺方案智能优化模块,两大模块通过知识库紧密联系。知识库存放着推理所需的事实、规则、模型、算法以及加工工艺实例,为资源环境属性数据查询、绿色度评价和推理机的检索、语义识别、相似性判断以及绿色切削加工工艺智能推理优化等提供知识基础和支撑。

绿色高效切削加工工艺智能专家系统采用 B/S 模式下的三层架构模式,可以通过网络迅速传递信息,满足实际应用需要。B/S模式将系统功能实现的核心部分集中在服务器上,简化了系统的开发、使用和维护,大量的数据存放在数据库服务器中,主要业务逻辑在Web服务器端实现,客户端无须安装程序,用户可以通过浏览器去访问服务器,得到查询、优化等服务。构建的绿色高效切削加工工艺智能专家系统体系结构如图2.5所示,整个系统的体系结构主要分为表示层、业务逻辑层以及数据层。

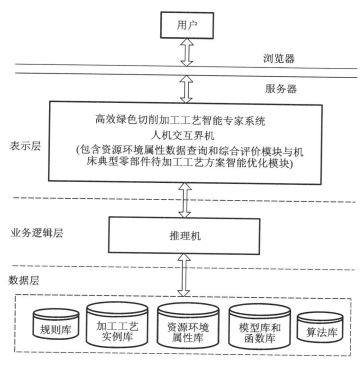

图 2.5  绿色高效切削加工工艺智能专家系统结构图

### 2.5.3  知识获取的过程和模式

**1. 知识获取的过程**

知识获取主要是把用于问题求解的专门知识从某些知识源中提炼出来,并转化为计算机内表示形式存入知识库。知识源包括专家、书本、相关数据库、实例研究和个人经验等。目前专家系统的知识源主要是领域专家,所以知识获取过程需要知识工程师与领域专家反复交流、共同合作完成,如图2.6所示。

图 2.6  知识获取的过程

知识获取的基本任务是为专家系统获取知识,建立起健全、完善、有效的知识库,以满足求解领域问题的需要。因此,它需要做以下几项工作。

1)抽取知识

所谓抽取知识是把蕴含于知识源中的知识经识别、理解、筛选、归纳等抽取出来,以便用于建立知识库。

知识主要来源是领域专家及相关的专业技术文献,但知识并不都是以某种现成的形式存在于这些知识源中供选择的。领域专家虽然可以处理领域内的各种困难问题,但往往缺少总结,不一定能有条理地说出处理问题的道理和原则;领域专家可以列举大量处理过的实例,但不一定能建立起相互之间的联系,有时甚至是靠直觉或灵感解决问题。而且,领域专家一般都不熟悉专家系统的有关技术。这些都为知识的获取带来了困难。为了从领域专家处得到有用的知识,需要反复多次地与专家交谈,并有目的地引导交谈的内容,然后通过分析、综合、去粗取精,归纳出可供建立知识库的知识。

知识的另一来源是专家系统自身的运行实践。这就需要从实践中学习,总结出新的知识。一般来说,一个专家系统初步建立后,通过运行会发现知识不够全面,需要补充新的知识。此时除了请领域专家提供进一步的知识外,还可由专家系统根据运行经验从已有的知识或实例中演绎、归纳出新的知识,补充到知识库中去。这时专家系统就具有自我学习的能力。

2)知识的转换

所谓知识的转换是指把知识由一种形式变换为另一种表示形式。

人类专家或科技文献中的知识通常是用自然语言、图形、表格等形式表示的,而知识库中的知识是用计算机能够识别、运用的形式表示的。两者有较大的差距,所以必须将专家抽取的知识转换成适合知识库存放的知识。知识转换一般分为两步进行:第一步是把从专家及文献资料处抽取的知识转换为某种知识表示模式,如产生式规则、框架等;第二步是把该模式表示的知识转换为系统可直接利用的内部形式。前一步通常由知识工程师完成,后一步一般通过输入及编译实现。

3)知识的输入

把某种模式表示的知识经编辑、编译送入知识库的过程称为知识的输入。

目前,知识的输入一般是通过两种途径实现的:一种是利用计算机系统提供的编译软件;另一种是用专门编制的知识编辑系统,称为知识编辑器。

4)知识的检测

知识库的建立是通过知识抽取、转换、输入等环节实现的。这一过程中的任何环节上的失误都会造成知识的错误,直接影响到专家系统的性能。知识的检测是发现并纠正知识库中的知识可能存在的不一致、不完整的问题,并采取相应的修正措施的过程。

**2. 知识获取的模式**

按知识获取的自动化程度划分,知识获取主要有非自动、自动和半自动三种获取模式。

1)非自动知识获取(人工移植)

非自动知识获取也称为人工移植。在这种方式中,知识获取分两步进行,首先由知识工程师从领域专家或有关的技术文献那里获取知识,然后再由知识工程师用某种知识编辑软件输入知识库中。其工作方式如图 2.7 所示。

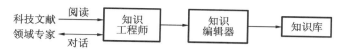

**图 2.7　非自动知识获取**

非自动方式是专家系统建造中用得较为普遍的一种知识获取模式。在非自动获取模式中,知识工程师起着关键的作用。其主要任务是:①与领域专家进行交谈,阅读有关的文献,获取专家系统所需要的原始知识;②对已获得的原始知识进行分析、归纳、整理,形成用自然语言描述的知识条款,然后返回给领域专家检查;③把确定的知识条款用知识表示方法表示出来,用知识编辑器进行编辑输入。

2)自动知识获取

所谓自动知识获取是指系统具有获取知识的能力,它不仅可以直接与领域专家对话,从专家提供的原始信息中学习到专家系统所需的知识,而且还能从系统自身的运行实践中总结、规划出新的知识,发现知识中可能存在的错误,不断自我完善,建立起性能优良、知识完善的知识库。为达到这一目的,它至少应具备以下能力:

①具有识别语言、文字、图像的能力。专家系统中知识主要来源于领域专家以及有关的科技文献资料、图像等。为了实现知识的自动获取,就必须使系统能与领域专家直接对话,能阅读有关的科技资料。这就要求系统应具有识别语言、文字和图像的能力。只有这样,它才能直接获得专家系统所需的原始知识,为知识库的建立奠定基础。

②具有理解、分析、归纳的能力。领域专家提供的知识通常是处理具体问题的实例,不能直接用于知识库。为了将它变为知识库中的知识,必须在理解的基础上进行分析、归纳、提炼、综合,从中抽取出专家系统所需的知识并放入知识库中。在非自动知识获取中,这一工作是由知识工程师完成的,而在自动知识获取中,是由系统取代知识工程师完成的。

③具有从运行实践中学习的能力。在知识库初步建成投入使用后,随着应用向纵深发展,知识库的不完善性就会逐渐暴露出来。此时知识的自动获取系统应不断地总结经验教训,从运行实践中学习,产生新的知识,纠正可能存在的错误,不断进行知识库的自我完善。

自动获取知识的过程如图2.8所示。

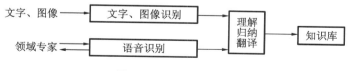

**图 2.8　自动知识获取**

3)半自动知识获取

自动知识获取是一种理想的知识获取方式,涉及人工智能的多个领域,尚处在研究阶段,例如模式识别、自然语言理解、机器学习等,对硬件亦有较高的要求。这几年在自然语言理解、机器学习方面的研究已取得了较大的进展,在人工神经网络的研究中已提出了多种学习算法。这些都为知识的获取提供了有利条件。因此,在建造知识获取系统时,应充分利用这些成果,逐渐向知识的自动获取过渡,提高其智能程度。事实上,在近些年建立的专家系统中,不同程度地做了这方面的尝试与探讨。在非自动知识获取的基础上增加了部分学习功能,使系统能从大量事例中归纳出某些知识。由于这样的系统不同于纯粹的非自动知识获取,但又没有达到完全自动知识获取的程度,因而称之为半自动知识获取。

案例:绿色高效切削加工工艺智能专家系统的构建二

知识库的构建和推理机的开发是实现绿色高效切削加工工艺智能专家系统功能的核心内容。知识库虽然在本质上仍然是数据库,但拥有更多的实体,它远比信息库或数据库复杂得多。知识库存放着推理所需的事实、规则及实例,是专家系统运行的基础,为推理机的检索、语义识别、相似性判断和混合推理等提供知识支撑,其构建的好坏直接影响专家系统智能推理的效率及效果。绿色高效切削加工工艺智能专家系统的知识库构建如图2.9所示。

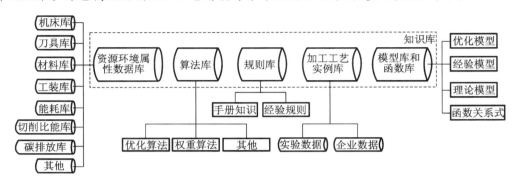

图 2.9　知识库构建图

## 2.5.4　专家系统的建立

专家系统是人工智能中一个正在发展的研究领域,虽然目前已建立了许多专家系统,但是尚未形成建立专家系统的一般方法。下面简单介绍专家系统的一般建立过程。

**1. 专家系统的设计原则**

考虑到专家系统的特点,在专家系统设计中应注意以下的原则。

1)专门的任务

专家系统适用于专家知识和经验行之有效的场合,所以,在设计专家系统时,应恰当地划定求解问题的领域。一般问题领域不能太窄,否则系统求解问题的能力较弱;但也不能太宽,否则涉及的知识太多。知识库过于庞大不仅不能保证知识的质量,而且会影响系统的运行效率,并且难以维护和管理。

2)专家合作

领域专家与知识工程师合作是知识获取成功的关键,也是专家系统开发成功的关键。因为知识是专家系统的基础,建立高效、实用的专家系统,就必须使它具有完备的知识。这需要专家和知识工程师的反复磋商和团结协作。

3)原型设计

采用"最小系统"的观点进行系统原型设计,然后逐步修改、扩充和完善,即采用所谓的"扩充式"开发策略。专家系统是一个比较复杂的程序系统,希望一下子就开发得很完善是不现实的。因为系统本身比较复杂,需要设计并建立知识库、综合数据库,编写知识获取、推理机、解释等模块的程序,工作量较大。所以一旦知识工程师获得足够的知识去建立一个非常简单的系统时,就可以首先建立一个所谓的"最小系统",然后从运行该模型中得到反馈来指导修改、扩充和完善系统。

4)用户参与

专家系统建成后是给用户使用的,在设计和建立专家系统时,要让用户尽可能地参与。要充分了解未来用户的实际情况和知识水平,建立起适合于用户操作的友好的人机界面。

5)辅助工具

在适当的条件下,可考虑用专家系统开发工具进行辅助设计,借鉴已有系统的经验,提高设计效率。

6)知识库和推理机分离

知识库与推理机分离是专家系统区别于传统程序的重要特征,这不仅便于对知识库进行维护、管理,而且可把推理机设计得更加灵活。

**2. 专家系统的开发步骤**

专家系统是一个计算机软件系统,但与传统程序又有区别,因为知识工程与软件工程在许多方面有较大的差别,所以专家系统的开发过程在某些方面与软件工程类似,但某些方面又有区别。例如,软件工程的设计目标是建立一个信息处理系统,处理的对象是数据,主要功能是查询、统计、排序等,其运行机制是确定的;而知识工程的设计目标是建立一个辅助人类专家的知识处理系统,处理的对象是知识和数据,主要的功能是推理、评估、规划、解释、决策等,其运行机制难以确定。另外从系统的实现过程来看,知识工程比软件工程更强调渐进性、扩充性。因此,在设计专家系统时,软件工程的设计思想及过程虽可以借鉴,但不能完全照搬。

专家系统的开发步骤一般分为问题识别、概念化、形式化、实现和测试等阶段,如图 2.10 所示。

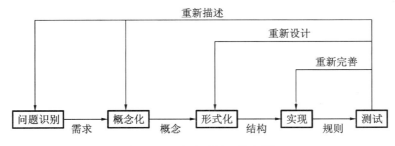

**图 2.10 专家系统开发步骤**

1)问题识别阶段

在问题识别阶段,知识工程师和专家将确定问题的主要特点。

①确定人员和任务,选定包括领域专家和知识工程师在内的参加人员,并明确各自的任务。

②问题识别,描述问题的特征及相应的知识结构,明确问题的类型和范围。

③确定资源,确定知识源、时间、计算设备以及经费等资源。

④确定目标,确定问题求解的目标。

2)概念化阶段

概念化阶段的主要任务是揭示描述问题所需要的关键概念、关系和控制机制,子任务、策略和有关问题求解的约束。这个阶段需要考虑的问题有:

①什么类型的数据有用,数据之间的关系如何?

②问题求解包括哪些过程,这些过程有哪些约束?

③如何将问题划分为子问题?

④信息流是什么? 哪些信息是由用户提供的? 哪些信息是需要导出的?

⑤问题求解的策略是什么?

3)形式化阶段

形式化阶段是把概念化阶段概括出来的关键概念、子问题和信息流特征形式化地表示出来的阶段。究竟采用什么形式,要根据问题的性质选择适当的专家系统构造工具或适当的系统框架。在这个阶段,知识工程师起着更积极的作用。

在形式化过程中,三个主要的因素是:假设空间、基本的过程模型和数据的特征。为了理解假设空间的结构,必须对概念形式化并确定它们之间的关系,还要确定概念的基元和结构。为此需要考虑以下问题:

①是把概念描述成结构化的对象,还是处理成基本的实体?

②概念之间的因果关系或时空关系是否重要,是否应当显式地表示出来?

③假设空间是否有限?

④假设空间是由预先确定的类型组成的还是由某种过程生成的?

⑤是否应考虑假设的层次性?

⑥是否有与最终假设相关的不确定性或其他的判定性因素?

⑦是否考虑不同的抽象级别?

找到可以用于产生解答的基本过程模型是形式化知识的重要一步。过程模型包括行为的和数学的模型。如果专家使用一个简单的行为模型,对它进行分析就能产生很多重要的概念和关系。数学模型可以提供附加的问题求解信息,或用于检查知识库中因果关系的一致性。

在形式化知识中,了解问题领域中数据的性质也是很重要的。为此应当考虑下述问题:

①数据是不足的、充足的还是冗余的?

②数据是否有不确定性?

③对数据的解释是否依赖于出现的次序?

④获取数据的代价是多少?

⑤数据是如何得到的?

⑥数据的可靠性和精确性如何?

⑦数据是一致的和完整的吗?

4)实现阶段

在形式化阶段,已经确定了知识表示形式和问题的求解策略,也选定了构造工具或系统框架。在实现阶段,要把前一阶段的形式化知识变成计算机软件,即要实现知识库、推理机、人机接口和解释系统。在建立专家系统的过程中,原型系统的开发是极其重要的步骤之一。对于选定的表达方式,任何有用的知识工程辅助手段(如编辑、智能编辑或获取程序)都可以用来完成原型系统知识库。另外推理机应能模拟领域专家求解问题的思维过程和控制策略。

5)测试阶段

专家系统必须先在实验室环境下进行精化和测试,然后才能够进行实地测试。在测试过程中,实例的选择应照顾到各个方面,要有较宽的覆盖面,既要涉及典型的情况,也要涉及边缘的情况。测试的主要内容有:

①可靠性。通过实例的求解,检查系统得到的结论是否与已知结论一致。

②知识的一致性。当向知识库输入一些不一致、冗余等有缺陷的知识时,检查系统是否可把它们检测出来;当要求系统求解一个不应当给出答案的问题时,检查系统是否会给出答案等;如果系统具有某些自动获取知识的功能,则检测获取知识的正确性。

③运行效率。检测系统在知识查询及推理方面的运行效率,找出薄弱环节及求解方法与策略方面的问题。

④解释能力。对解释能力的检测主要从两个方面进行,一是检测它能回答哪些问题,是否达到了要求;二是检测回答问题的质量,即是否有说服力。

⑤人机交互的便利性。为了设计出友好的人机接口,在系统设计之前和设计过程中也要让用户参与。这样才能准确地表达用户的要求。

对人机接口的测试主要由最终用户来进行。根据测试的结果,应对原型系统进行修改。测试和修改过程应反复进行,直至系统达到满意的性能为止。

案例:绿色高效切削加工工艺智能专家系统的构建三

根据系统的总体架构和体系结构,构建的绿色高效切削加工工艺智能专家系统主要包括资源环境属性数据查询和综合评价模块与机床典型零部件待加工工艺方案智能优化模块,如图 2.11 所示。这两个功能模块通过人机交互界面与系统实现信息交流,用户操作界面主要采用 C++语言编制开发,能够支持结构化查询语言 SQL,便于用户通过浏览器与 Web 服务器进行人机交互;后台采用 SQL Server 2008 数据库进行基本信息数据、模型、实例和规则等数

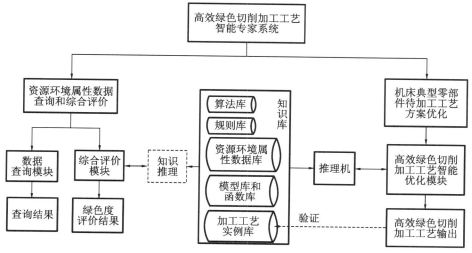

图 2.11  绿色高效切削加工工艺智能专家系统功能图

据存储和管理,按照各库的结构和功能基于词典驱动和模式匹配对语义信息进行抽取,采用逻辑级管理和数据级管理两级模式对知识进行管理;两个功能模块调用所存储的规则和控制策略程序实现系统中知识的获取和重用,将知识传送给人机交互界面。

通过资源环境属性数据的数据查询模块或综合评价模块可以得到加工工艺实例在切削加工过程中资源环境属性指标的参考数据和信息或者绿色度评价结果,这些查询到的资源环境属性数据或者得到的绿色度评价结果又为切削加工工艺方案的推理优化提供参考分析数据;通过绿色高效切削加工智能优化模块对机床典型零部件待加工工艺方案进行智能推理优化,智能推理优化得到的加工工艺参数和优化目标结果经验证后新增到知识库的加工工艺实例库中作为知识的补充。

# 2.6  机器学习

学习是人类获取知识的重要途径和人类智能的重要标志,而机器学习则是计算机获取知识的重要途径和人工智能的重要标志。在人工智能系统中,知识获取一直是一个"瓶颈",而解决这一难题的关键在于如何提高机器的学习能力。因此,机器学习是人工智能中一个重要的研究领域,一直受到人工智能及认知心理学家们的普遍关注,特别是近年来深度学习使机器学习掀起了新的研究与应用热潮。

## 2.6.1  机器学习的概念

### 1. 学习

学习是人类具有的一种重要智能行为,但至今还没有一个精确的、能被公认的定义。这一方面是由于来自不同学科(如神经学、认知心理学、计算机科学等)的研究人员,分别从不同的角度对学习给出了不同的解释;另一方面,也是最重要的原因是学习是一个多侧面、综合性的心理活动,它与记忆、思维、知觉、感觉等多种行为都有密切联系,使得人们难以把握学习的机理与实质,因而无法给出确切的定义。

目前,对"学习"的定义有较大影响的观点主要如下。

①学习是系统改进其性能的过程。这是西蒙(Simon)关于"学习"的观点。1980 年他在卡内基梅隆大学召开的机器学习研讨会上作了《为什么机器应该学习》的报告。在此报告中,他把学习定义为:学习是系统中的任何改进,这种改进使得系统在重复同样的工作或进行类似的工作时,能完成得更好。这一观点在机器学习研究领域中有较大的影响。学习的基本模型就是基于这一观点建立起来的。

②学习是获取知识的过程。这是专家系统研究人员提出的观点。由于知识获取一直是专家系统建造中的困难问题,因此研究人员把机器学习与知识获取联系起来,系统通过对机器学习的研究,实现知识的自动获取。

③学习是技能的获取。这是心理学家关于如何通过学习获得熟练技能的观点。人们通过大量实践和反复训练可以改进机制和技能,像骑自行车、弹钢琴等都是这样。但是,学习并不只是获取技能,获取技能只是学习的一个方面。

④学习是事物规律的发现过程。在 20 世纪 80 年代,由于对智能机器人的研究取得了一

定的进展,同时又出现了一些发现系统,于是人们开始把学习看作是从感性知识到理性知识的认识过程,从表层知识到深层知识的转化过程,即发现事物规律、形成理论的过程。

综合上述各种观点,可以将学习定义为:学习是一个有特定目的的知识获取过程,其内在行为是获取知识、积累经验、发现规律;外部表现是改进性能、适应环境、实现系统的自我完善。

**2. 机器学习**

机器学习使计算机能模拟人的学习行为自动地通过学习获取知识和技能,不断改善性能,实现自我完善。

作为人工智能的一个研究领域,机器学习主要研究以下三方面问题:

①学习机理。学习机理是对人类学习机制的研究,即对人类获取知识、技能和抽象概念的天赋能力。通过这一研究,将从根本上解决机器学习中的问题。

②学习方法。研究人类的学习过程,探索各种可能的学习方法,建立起独立于具体应用领域的学习算法。机器学习方法的构造是在对生物学习机理进行简化的基础上,用计算的方法进行再现。

③学习系统。根据特性任务的要求,建立相应的学习系统。从计算机算法角度研究机器学习问题,与生物学、医学和生理学,从生理、生物功能角度研究生物界,特别是人类学习问题有着密切的联系。最近国际上新兴的脑机交互就是从大脑中直接提取信号,并经过计算机处理加以应用。

**3. 机器学习系统**

1)机器学习系统的定义

为了使计算机系统具有某种程度的学习能力,使它能通过学习增长知识、改善性能、提高智能水平,需要为它建立相应的学习系统。

能够在一定程度上实现机器学习的系统称为学习系统。1973 年萨利斯(Saris)曾对学习系统给出如下定义:如果一个系统能够从某个过程或环境的未知特征中学到相关信息,并且能把学到的信息用于未来的估计、分类、决策或控制,以便改进系统的性能,那么它就是学习系统。1977 年施密斯等人又给出了一个类似的定义:如果一个系统在与环境相互作用时,能利用过去与环境作用时得到的信息,并提高其性能,那么这样的系统就是学习系统。

2)机器学习系统的条件和能力

由上述定义可以看出,一个学习系统应具有如下条件和能力。

①具有适当的学习环境。无论是萨利斯的定义还是施密斯等人的定义,都使用了"环境"这一术语。这里所说的环境是指学习系统进行学习时的信息来源。如果把学习系统比作学生,那么"环境"就是为学生提供学习信息的教师、书本及各种应用、实践的过程。没有环境,学生就无从学习与应用新知识。同样,如果没有环境,学习系统就失去了学习和应用的基础,不能实现机器学习。

对于不同的学习系统及不同的应用,环境一般是不相同的。例如,当把学习系统用于专家系统的知识获取时,环境就是领域专家以及有关的文字资料、图像等;当把它用于博弈时,环境就是博弈的对手以及千变万化的棋局。

②具有一定的学习能力。环境只是为学习系统提供了学习及应用的条件。学习系统要从

中学到有关信息,还必须有合适的学习方法及一定的学习能力,否则它仍然学不到知识,或者学得不好。这正如一个学生即使有好的教师和教材,如果没有掌握适当的学习方法或者学习能力不强,他仍然不能取得理想的学习效果一样。

学习过程是系统与环境相互作用的过程,是边学习、边实践,然后再学习、再实践的过程。就以学生的学习来说,学生首先从教师及书籍那里取得有关概念和技术的基本知识,经过思考、记忆等过程把它变成自己的知识,然后在实践(如做作业、实验、课程设计等)中检验学习的正确性,如果发现问题,就再次向教师请教或者查阅书籍,修正原来理解上的错误或者补充新的内容。学习系统的学习过程与此类似,它也通过与环境多次相互作用逐步学到有关知识,而且在学习过程中要通过实践验证、评价所学知识的正确性。一个完善的学习系统只有同时具备这两种能力,才能学到有效的知识。

③能应用学到的知识求解问题。学习的目的在于应用。在萨利斯的定义中,就明确指出了学习系统应"能把学到的信息用于未来的估计、分类、决策或控制",强调学习系统应该做到学以致用。事实上,如果一个人或者一个系统不能应用学到的知识求解遇到的现实问题,那他(它)的学习也就失去了作用及意义。

④能提高系统的性能。这是学习系统应达到的目标。通过学习,系统应能增长知识,提高技能,改善系统的性能,使它能完成原来不能完成的任务,或者比原来做得更好。例如对于博弈系统,如果它第一次失败了,那么它应能从失败中吸取经验教训,通过与环境的作用学到新的知识,做到"吃一堑,长一智",使得以后不重蹈覆辙。

**4. 机器学习系统的基本模型**

由以上分析可以看出,一个学习系统一般应该由环境、学习单元、知识库、执行与评价单元四个基本部分组成。各部分之间的关系如图 2.12 所示,其中,箭头表示信息的流向。

**图 2.12　学习系统的基本结构**

"环境"指外部信息的来源。它将为系统的学习单元提供有关信息。系统通过对环境的搜索取得外部信息,然后经分析、综合、类比、归纳等思维过程获得知识,并将这些知识存入知识库中。

"知识库"用于存储由学习得到的知识,在存储时要进行适当的组织,使它既便于应用又便于维护。

"执行与评价单元"实际上是由"执行"与"评价"这两个环节组成的。执行环节用于处理系统面临的现实问题,即应用学到的知识求解问题,如定理证明、智能控制、自然语言处理、机器人行动规划等;评价环节用于验证、评价执行环节执行的效果,如结论的正确性等。目前对评价的处理有两种方式:一种是把评价时所需的性能指标直接建立在系统中,由系统对执行环节得到的结果进行评价;另一种是由人来协助完成评价工作。如果采用后一种方式,则图 2.12 中可略去评价环节,但环境、学习、知识库、执行等环节是不可缺少的。

"学习单元"部分将根据反馈信息决定是否要从环境中索取进一步的信息进行学习,以修改、完善知识库中的知识。这是学习系统的一个重要特征。

**5. 机器学习的分类**

机器学习可从不同的角度,根据不同的方式进行分类。

下面讨论三种当前常用的分类方法。

1)按学习方法分类

正如人们有各种各样的学习方法一样,机器学习也有多种学习方法。若按学习时所用的方法进行分类,则机器学习可分为机械式学习、指导式学习、示例学习、类比学习、解释学习等。这是温斯顿在 1977 年提出的一种分类方法。

2)按学习能力分类

①监督学习(有"教师"学习)。监督学习是根据"教师"提供的正确响应来调整学习系统的参数和结构,如图 2.13 所示。典型的监督学习包括归纳学习、示例学习、BP 神经网络学习等。

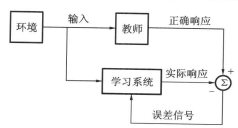

**图 2.13　监督学习框图**

②强化学习(再励学习)。监督学习是对每个输入模式都有一个正确的目标输出,而强化学习中外部环境对系统输出结果只给出评价信息(奖励或者惩罚),而不是正确答案,学习系统通过那些受惩的动作改善自身的性能,如图 2.14 所示。基于遗传算法的学习方法就是一种强化学习。

③非监督学习(无"教师"学习)。非监督学习系统完全按照环境提供的某些统计规律调节自身的参数或者结构(自组织),以表示出外部输入的某种固有特性,例如聚类或者某种统计上的分布特征,如图 2.15 所示。非监督学习方法包括各种自组织学习方法,如聚类学习、自组织神经网络学习等。

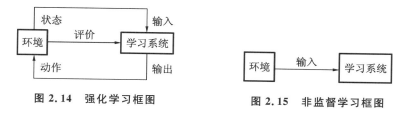

**图 2.14　强化学习框图**　　　　**图 2.15　非监督学习框图**

3)按推理方式分类

若按学习时所采用的推理方式进行分类,则机器学习可分为基于演绎的学习及基于归纳的学习。

基于演绎的学习是指以演绎推理为基础的学习。解释学习在其推理过程中主要使用演绎方法,因而可将它划入基于演绎的学习。

基于归纳的学习是指以归纳推理为基础的学习。示例学习、发现学习等在其学习过程中主要使用归纳推理,因而可将它划入基于归纳的学习。

早期的机器学习系统一般都使用单一的推理方式,现在则趋于集成多种推理技术来支持学习。例如类比学习就既用到演绎推理又用到归纳推理,解释学习也是这样,只是因它演绎部分所占的比例较大,所以把它归入基于演绎的学习。

*4)按综合属性分类*

随着机器学习的发展以及人们对它认识的提高,要求对机器学习进行更科学、更全面的分类。因而近年来有人提出了按学习的综合属性进行分类,它综合考虑了学习的知识表示、推理方法、应用领域等多种因素,能比较全面地反映机器学习的实际情况。

按照这种分类方法,机器学习可分为归纳学习、分析学习、连接学习以及遗传算法与分类器系统等。

分析学习是基于演绎和分析的学习。学习时从一个或几个实例出发,运用过去求解问题的经验,通过演绎对当前面临的问题进行求解,或者产生能更有效应用领域知识的控制性规则。分析学习的目标不是扩充概念描述的范围,而是提高系统的效率。

## 2.6.2 归纳学习

归纳学习是应用归纳推理进行学习的一类学习方法,按其有无教师指导可分为示例学习及观察与发现学习两种形式。

归纳推理是应用归纳方法进行的推理,即从足够多的事例中归纳出一般性的知识。它是一种从个别到一般、从部分到整体的推理。

由于在进行归纳时,多数情况下不可能考查全部有关的事例,因而归纳出的结论不能绝对保证它的正确性,只能以某种程度相信它为真。这是归纳推理的一个重要特征。例如,由"麻雀会飞"、"鸽子会飞"、"燕子会飞"……这样一些已知事实,有可能归纳出"有翅膀的动物会飞"、"长羽毛的动物会飞"等结论。这些结论一般情况下都是正确的,但当发现鸵鸟有羽毛、有翅膀,但却不会飞时,就动摇了上面归纳出的结论。这说明上面归纳出的结论不是绝对为真的,只能以某种程度相信它为真。它是一种主观不充分置信的推理。

**1. 归纳方法**

归纳推理是人们经常使用的一种推理方法,人们通过大量的实践总结出了多种归纳方法,以下列出其中常用的几种方法。

*1)枚举归纳法*

设 $a_1, a_2, \cdots$ 是某类事物 $A$ 中的具体事物,若已知 $a_1, a_2, \cdots, a_n$ 都有属性 $P$,并且没有发现反例,当 $n$ 足够大时,就可得出"$A$ 中所有事物都有属性 $P$"的结论。这是一种从个别事例归纳出一般性知识的方法,"$A$ 中所有事物都有属性 $P$"是通过归纳得到的新知识。

例如,设有如下已知事例:

张三是足球运动员,他的体格健壮

李四是足球运动员,他的体格健壮

……

刘六是足球运动员,他的体格健壮

当事例足够多时,就可归纳出如下一个一般性知识:

凡是足球运动员,他的体格一定健壮。

考虑到可能会出现反例的情况,可给这条知识增加一个可信度,如可信度为 0.9。

另外,如果每个事例都带有可信度,例如:

张三是足球运动员,他的体格健壮(0.95)

则可用各个事例可信度的平均值作为一般性知识的可信度。另外,为了提高归纳结论的可靠性,应该尽量增加被考查对象的数量,扩大考查范围,并且注意收集反例。

2)联想归纳法

若已知两个事物 $a$ 与 $b$ 有 $n$ 个属性相似或相同,即

$a$ 具有属性 $P_1$,$b$ 也具有属性 $P_1$

$a$ 具有属性 $P_2$,$b$ 也具有属性 $P_2$

......

$a$ 具有属性 $P_n$,$b$ 也具有属性 $P_n$

并且还发现"$a$ 具有属性 $P_{n+1}$",则当 $n$ 足够大时,可归纳出

$b$ 具有属性 $P_{n+1}$

这一新知识。

通过观察发现一对孪生兄弟都有相同的身高、体重、面貌,都喜欢唱歌、跳舞且喜欢吃相同的食品等,而且还发现其中一人喜欢画山水画,虽然还没有发现另一个也喜欢山水画,但很容易联想到另一个"也喜欢画山水画",这就是联想归纳。

由于归纳推理是一种主观不充分置信推理,因而经归纳得出的结论可能会有错,在上例中,如果经考查发现另一个不喜欢画山水画,那么这一归纳就出现了错误,此时应撤销得出的归纳结论以及由该归纳结论推出的所有其他结论。

**2. 示例学习**

人们要解决一个新的问题,常常是将过去成功解决的类似的案例,用于求解新的问题。例如,医生在对某个病人做了检查后,会想到以前看过的病人的情况,找出几个在重要病症上相似的病人,将那些病人的诊断和治疗方案用于这个病人。这就是示例学习的基本思想。

示例学习又称为实例学习或从例子中学习。示例学习是通过从环境中取得若干与某概念有关的例子,经归纳得出一般性概念的一种学习方法。在这种学习方法中,外部环境(教师)提供一组例子(正例和反例),然后从这些特殊知识中归纳出适用于更大范围的一般性知识,它将覆盖所有的正例,并排除所有反例。例如,如果用一批动物作为示例,并且告诉学习系统哪一个动物是"马",哪一个动物不是,当示例足够多时,学习系统就能概括出关于"马"的概念模型,使自己能识别马,并且能把马与其他动物区别开来,这一学习过程就是示例学习。

示例学习的过程是:首先从示例空间中选择合适的训练示例,然后经解释归纳出一般性的知识,最后再从示例空间中选择更多的示例对它进行验证,直到得到可实用的知识为止。示例学习的学习模型如图 2.16 所示。

"示例空间"是所有可对系统进行训练的示例集合。与示例空间有关的主要问题是示例的质量、数量以及它们在示例空间中的组织。示例的质量和数量将直接影响到学习的质量,而示

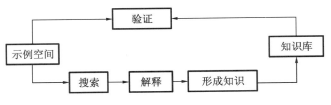

图 2.16　示例学习的学习模型

例的组织方式将影响到学习效率。

"搜索"的作用是从示例空间中查找所需的示例。为了提高搜索的效率,需要设计合适的搜索算法,并把它与示例空间的组织统筹考虑。

"解释"是从搜索到的示例中抽象出所需的有关信息供形成知识使用。当示例空间中的示例与知识的表示形式有较大差别时,需要将其转换为某种适合于形成知识的过渡形式。

"形成知识"是指把经解释得到的有关信息通过综合、归纳,形成一般性的知识。

"验证"的作用是检验所形成的知识的正确性,为此需从示例空间中选择大量的示例。如果通过验证发现形成的知识不正确,则需进一步获得示例,对刚才形成的知识进行修正。重复这一过程,直到形成正确的知识为止。

**3. 观察与发现学习**

观察与发现学习分为观察学习与发现学习两种。前者用于对事例进行概念聚类,形成概念描述;后者用于发现规律,产生定律或规则。

1)概念聚类

概念聚类是一种观察学习,是由米卡尔斯基在 1980 年首先提出来的。概念聚类的基本思想是把事例按一定的方式和准则进行分组,如划分不同的类、不同的层次等,使不同的组代表不同的概念,并且对每一个组进行特征概括,得到一个概念的语义符号描述。

例如对如下事例:

喜鹊、麻雀、布谷鸟、乌鸦、鸡、鸭、鹅、……

可根据它们是否家养分为如下两类:

鸟 ＝ ｛喜鹊,麻雀,布谷鸟,乌鸦,……｝

家禽 ＝ ｛鸡,鸭,鹅,……｝

这里,"鸟"和"家禽"就是由聚类得到的新概念,并且根据相应动物的特征还可得知:

"鸟有羽毛、有翅膀、会飞、会叫、野生"

"家禽有羽毛、有翅膀、会飞、会叫、家养"

如果把它们的共同特性抽取出来,就可进一步形成"鸟类"的概念。

2)发现学习

发现学习是从系统的初始知识、观察事例或经验数据中归纳出规律或规则。这是最困难且最富创造性的一种学习。它可分为经验发现与知识发现两种,前者指从经验数据中发现规律和定律;后者是指从已观察的事例中发现新的知识。

发现学习使用归纳推理,在学习过程中除了初始知识外,教师不进行任何指导,所以,它是无教师指导的归纳学习。

## 2.6.3　类比学习

类比是人类认识世界的一种重要方法,也是诱导人们学习新事物、进行创造性思维的重要手段。类比学习就是通过类比,即通过对相似事物进行比较所进行的一种学习。例如,当人们遇到一个新问题需要进行处理,但又不具备处理这个问题的知识时,通常采用的办法是回忆一下过去处理过的类似问题,找出一个与目前情况最接近的处理方法来处理当前的问题。再如,当教师要向学生讲授一个较难理解的新概念时,总是用一些学生已经掌握且与新概念有许多相似之处的例子作为比喻,使学生通过类比加深对新概念的理解。

类比学习的基础是类比推理,下面,首先简要地讨论类比推理,然后再具体讨论两种类比学习方法。

**1. 类比推理**

类比推理是指由新情况与记忆中的已知情况在某些方面相似,从而推出它们在其他相关方面也相似。显然,类比推理是在两个相似域之间进行的:一个是已经认识的域,它包括过去曾经解决过且与当前问题类似的问题以及相关知识,称之为源域,记为 $S$;另一个是当前尚未完全认识的域,它是遇到的新问题,称之为目标域,记为 $T$。

类比推理的目的是从 $S$ 中选出与当前问题最近似的问题及其求解方法来求解当前的问题,或者建立起目标域中已有命题间的联系,形成新知识。

设用 $S_1$ 与 $T_1$ 分别表示 $S$ 与 $T$ 中的某一情况,且 $S_1$ 与 $T_1$ 相似,再假设 $S_2$ 与 $S_1$ 相关,则由类比推理可推出 $T$ 中的 $T_2$,且 $T_2$ 与 $S_2$ 相似。其推理过程分为如下四步。

①回忆与联想。在遇到新情况或新问题时,首先通过回忆与联想在 $S$ 中找出与当前情况相似的情况,这些情况是过去已经处理过的,有现成的解决方法及相关的知识。找出的相似情况可能不止一个,可依其相似度从高至低进行排序。

②选择。从上一步找出的相似情况中选出与当前情况最相似的情况及其有关知识。在选择时,相似度越高越好,这有利于提高推理的可靠性。

③建立对应关系。这一步的任务是在 $S$ 与 $T$ 的相似情况之间建立相似元素的对应关系,并建立起相应的映射。

④转换。这一步的任务是在上一步建立的映射下,把 $S$ 中的有关知识引到 $T$ 中来,从而建立起求解当前问题的方法或者学习关于 $T$ 的新知识。

在以上每一步中都有一些具体的问题需要解决。下面将结合两种具体的类比学习方法即属性类比学习和转换类比学习进行讨论。实际上还有很多类比方法,如派生类比、联想类比等。

**2. 属性类比学习**

属性类比学习是根据两个相似事物的属性实现类比学习的。

1979 年,温斯顿研究开发了一个属性类比学习系统。通过对这个系统的讨论可具体地了解属性类比学习的过程。在该系统中,源域和目标域都是用框架表示的,分别称为源框架和目标框架。框架的槽用于表示事物的属性。其学习过程是把源框架中的某些槽值传递到目标框架的相应槽中去。传递分以下两步进行。

1)从源框架中选择若干槽作为候选槽

所谓候选槽是指其槽值有可能要传递给目标框架的那些槽。选择的方法是相继使用以下启发式规则:

①选择那些具有极端槽值的槽作为候选槽。如果在源框架中有某些槽是用极端值作为槽值的,例如"很大""很小""非常高"等,则首先选择这些槽作为候选槽。

②选择那些已经被确认为"重要槽"的槽作为候选槽。如果某些槽所描述的属性对事物的特性描述具有重要意义,则这些槽可被确认为是重要的槽,从而被作为候选槽。

③选择那些与源框架相似的框架中不具有的槽作为候选槽。设 $S$ 为源框架,$S'$ 是任一与 $S$ 相似的框架,如果在 $S$ 中有某些槽,但 $S'$ 不具有这些槽,则选这些槽作为候选槽。

④选择那些相似框架中不具有某种槽值的槽作为候选槽。设 $S$ 为源框架,$S'$ 是任一与 $S$ 相似的框架,如果 $S$ 有某槽,其槽值为 $a$,而 $S'$ 虽有这个槽,但其槽值不是 $a$,则这个槽可被作为候选槽。

⑤把源框架中的所有槽都作为候选槽。当用上述启发式规则都无法确定候选槽,或者所确定的候选槽不够用时,可把源框架中的所有槽都作为候选槽,供下一步进行筛选。

2)根据目标框架对候选槽进行筛选

筛选按以下启发式规则进行:

①选择那些在目标框架中还未填值的槽。

②选择那些在目标框架中为典型事例的槽。

③选择那些与目标框架有紧密关系的槽,或者与目标框架的槽类似的槽。

通过上述筛选,一般都可得到一组槽值,分别把它们填入目标框架的相应槽中,就实现了源框架中某些槽值向目标框架的传递。

**3. 转换类比学习**

在状态空间表示法的知识表示中,用"状态"和"算符"表示问题。其中,"状态"用于描述问题在不同时刻的状况;"算符"用于描述改变状态的操作。当问题由初始状态变换到目标状态时,所用算符的序列就构成了问题的一个解。但是,如何使问题由初始状态变换到目标状态呢?除了可用前面讨论的各种搜索策略外,还可用"手段-目标分析"法。该方法又称为"中间-结局分析"法,是纽厄尔等人在其完成的通用问题求解程序中提出的一种问题求解模型。它求解问题的基本过程是:

①把问题的当前状态与目标状态进行比较,找出它们之间的差异。

②根据差异找出一个可减小差异的算符。

③如果该算符可作用于当前状态,则用该算符把当前状态改变为另一个更接近于目标状态的状态;如果该算符不能作用于当前状态,即当前状态所具备的条件与算符所要求的条件不一致,则保留当前状态,并生成一个子问题,然后对此子问题再应用"手段-目标分析"法。

④当子问题被求解后,恢复保留的状态,继续处理原问题。

转换类比学习是在"手段-目标分析"法的基础上发展起来的一种学习方法。转换类比学习由外部环境获得与类比有关的信息,学习系统找出与新问题相似的旧问题的有关知识,把这些知识进行转换使之适用于新问题,从而获得新的知识。

转换类比学习主要由两个过程组成:回忆过程与转换过程。

回忆过程适用于找出新、旧问题间的差别,包括:

①新、旧问题初始状态的差别。

②新、旧问题目标状态的差别。

③新、旧问题路径约束的差别。

④新、旧问题求解方法可应用度的差别。

由这些差别可求出新、旧问题的差别度。其差别度越小,表示两者越相似。

转换过程是把旧问题的求解方法经适当变换使之成为求解新问题的方法。变换时,其初始状态是与新问题类似的旧问题的解,即一个算符序列,目标状态是新问题的解。变换中要用"手段-目标分析"法来减小目标状态与初始状态间的差异,使初始状态逐步过渡到目标状态,即求出新问题的解。

# 2.7　人工神经网络

神经网络包括生物神经网络和人工神经网络,本节主要讲人工神经网络。生物神经网络是指由中枢神经系统(脑和脊髓)及周围神经系统(感觉神经、运动神经、交感神经、副交感神经等)所构成的错综复杂的神经网络,它负责对动物机体各种活动的管理,其中最重要的是脑神经系统;人工神经网络是一个用大量简单处理单元经广泛连接而组成的人工网络,是对人脑或生物神经网络若干基本特性的抽象和模拟。

神经网络的研究已经获得许多成果,提出了大量的神经网络模型和算法。本章着重介绍最基本、最典型、应用最广泛的 BP 神经网络及其应用。在此基础上,读者可以进一步学习神经网络的其他内容。

## 2.7.1　基本概念

### 1. 生物神经元

生物神经元是构成生物神经网络的基本单元,它主要由细胞体、轴突、树突三部分构成,其结构如图 2.17 所示。

生物神经元的主体部分为细胞体。细胞体由细胞核、细胞质、细胞膜等组成。每个细胞体都有一个细胞核,埋藏在细胞体之中,进行呼吸和新陈代谢等许多生化过程。神经元还包括树突和一条长的轴突,由细胞体向外伸出的最长的一条分支称为轴突即神经纤维。轴突末端部分有许多分支,称为轴突末梢。轴突是用来传递和输出信息的,其端部的许多轴突末梢为信号输出端子,将神经冲动传给其他神经元。由细胞体向外伸出的其他许多较短的分支称为树突。树突相当于细胞的输入端,树突的全长各点都能接收其他神经元的冲动。神经冲动只能由前一级神经元的轴突末梢传向下一级神经元的树突或细胞体,不能进行反方向的传递。

生物神经元具有两种常规工作状态:兴奋与抑制状态,即满足"0-1"规律。当传入的神经冲动使细胞膜电位升高超过阈值时,细胞进入兴奋状态,产生神经冲动并由轴突输出;当传入的冲动使膜电位下降低于阈值时,细胞进入抑制状态,没有神经冲动输出。

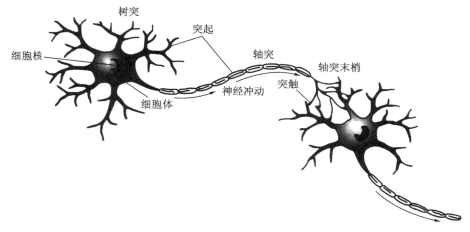

图 2.17　生物神经元结构

**2. 人工神经元模型**

人工神经元是对生物神经元的抽象和模拟。早在 1943 年,美国神经和解剖学家麦克洛奇和数学家皮兹就提出了神经元的数学模型(M-P 模型),从此开创了神经科学理论研究的时代。从 20 世纪 40 年代开始,根据神经元的结构和功能不同,先后提出的神经元模型有几百种之多。下面介绍神经元的一种所谓标准、统一的数学模型,如图 2.18 所示。

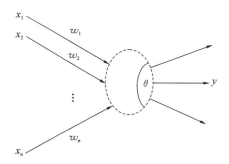

图 2.18　神经元数学模型

设来自其他神经元 $i$ 的输入为 $x_i$,它们与本神经元之间的连接强度即权值为 $w_i$,那么本神经元的输入为

$$\sum_{i=1}^{n} w_i x_i \tag{2.3}$$

其输出为

$$\sigma = \sum_{i=1}^{n} w_i x_i - \theta \tag{2.4}$$

$$y = f(\sigma)$$

式中:$\theta$ 是本神经元的内部阈值;$\sigma$ 为激活值;$f$ 是激励函数(或激发函数),常用的激励函数有阶跃函数、分段线性函数、S 型函数,其函数图形如图 2.19 所示。

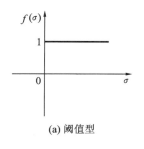 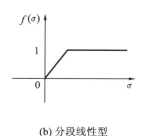 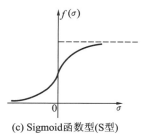

(a) 阈值型　　　　　　　　(b) 分段线性型　　　　　(c) Sigmoid函数型(S型)

**图 2.19　常用激励函数的图形**

1）阶跃函数

阶跃函数的形式为

$$f(\sigma)=\begin{cases}1 & \sigma\geqslant 0\\ 0 & \sigma<0\end{cases} \qquad (2.5)$$

或

$$f(\sigma)=\begin{cases}1 & \sigma\geqslant 0\\ -1 & \sigma<0\end{cases} \qquad (2.6)$$

2）分段线性函数

$$f(\sigma)=\begin{cases}0 & \sigma<0\\ \sigma & 0\leqslant\sigma<1\\ 1 & \sigma\geqslant 1\end{cases} \qquad (2.7)$$

3）S 型函数

它具有平滑和渐近性，并保持单调性，是最常用的非线性函数。最常用的 S 型函数为 Sigmoid 函数

$$f(\sigma)=\frac{1}{1+e^{-\sigma}} \qquad (2.8)$$

对于需要神经元输出在[-1，1]区间时，S 型函数可以取双曲线正切函数

$$f(\sigma)=\frac{1-e^{-\sigma}}{1+e^{-\sigma}} \qquad (2.9)$$

式中：$\alpha$ 可以控制其斜率。

## 2.7.2　人工神经网络模型

人工神经网络是由众多简单的人工神经元连接而成的一个网络。尽管每个神经元结构、功能都不复杂，但神经网络的行为并不是各单元行为的简单相加，网络的整体动态行为是极为复杂的，可以组成高度非线性动力学系统，从而可以表达很多复杂的物理系统，表现出一般复杂非线性系统的特性（如不可预测性、不可逆性、多吸引子、可能出现混沌现象等）和作为神经网络系统的各种性质。神经网络具有大规模并行处理能力和自适应、自组织、自学习能力以及分布式存储等特点，在许多领域得到了成功的应用，展现了非常广阔的应用前景。

**1. 神经网络的结构与学习**

1)神经网络的结构

众多的神经元的轴突和其他神经元或者自身的树突相连接,构成复杂的神经网络。根据神经网络中神经元的连接方式不同,可以将神经网络划分为不同类型。目前人工神经网络主要有前馈型和反馈型两大类。

①前馈型。前馈型神经网络中,各神经元接受前一层的输入,并输出给下一层,没有反馈。前馈型网络可分为不同的层,第 $i$ 层只与第 $i-1$ 层输出相连,输入与输出的神经元与外界相连。后面着重介绍的 BP 神经网络就是一种前馈型神经网络。

②反馈型。在反馈型神经网络中,存在一些神经元的输出经过若干个神经元后,再反馈到这些神经元的输入端。最典型的反馈型神经网络是 Hopfield 神经网络。它是全互联神经网络,即每个神经元和其他神经元都相连。

2)神经网络的学习

学习(亦称训练)是神经网络的最重要特征之一。神经网络能够通过学习,改变其内部状态,使输入-输出呈现出某种规律性。神经网络的学习一般是利用一组称为样本的数据,作为网络的输入和输出,网络按照一定的训练规则(又称学习规则或学习算法)自动调节神经元之间的连接强度或拓扑结构,当网络的实际输出满足期望输出的要求,或者趋于稳定时,则认为学习成功。

权值修正学派认为:神经网络的学习过程就是不断调整网络的连接权值,以获得期望输出的过程。所以,学习规则就是权值修正规则。典型的权值修正规则有两种,即相关规则和误差修正规则。

相关规则的思想是由赫布于 1944 年提出的,人们称之为 Hebb 学习规则。Hebb 学习规则可以描述为:当某一突触两端的神经元同时处于兴奋状态,那么该连接的权值应该增强。该规则可用一算法表达式表示为

$$w_{ij}(k+1) = w_{ij}(k) + \eta y_i(k) y_j(k) \quad (\alpha > 0) \tag{2.10}$$

式中:$w_{ij}(k+1)$ 为修正一次后的权值;$w_{ij}(k)$ 为当前的权值;$\eta$ 是一个正常量,决定每次权值的修正量,又称为学习因子。

Hebb 学习规则的基本思想很容易被接受,使其得到了较为广泛的应用,至今仍在各种神经网络模型的研究中起着重要的作用。但近年来神经科学的许多发现都表明,Hebb 学习规则并没有准确反映神经元在学习过程中突触变化的基本规律。

误差修正规则是神经网络学习中另一类更重要的权值修正方法,像感知器学习、BP 神经网络学习均属此类。最基本的误差修正规则,即常说的 $\delta$ 学习规则,可由如下四步来描述:

①选择一组初始权值 $w_{ij}(0)$。

②计算某一输入对应的实际输出与期望输出的误差。

③用下式更新权值(阈值可视为输入恒为 $-1$ 的一个权值)

$$W_{ij}(t+1) = w_{ij} + \eta[d_j - y_j(t)]x_i(t) \tag{2.11}$$

式中:$\eta$ 为学习因子;$d_j$,$y_j$ 分别表示第 $j$ 个神经元的期望输出与实际输出;$x_i$ 为第 $j$ 个神经元的输入。

④返回步骤②,直到对于所有训练样本,网络输出均能满足要求。

新近的生理学和解剖学研究表明,在动物学习过程中,神经网络的结构修正即拓扑变化起重要的作用。这意味着,神经网络学习不仅只体现在权值的变化上,而且在网络的结构上也有变化。人工神经网络基于结构变化的学习方法与权值修正方法并不完全脱离,从一定意义上讲,二者具有互补作用。

**2. 感知器模型及其学习算法**

1)感知型模型的结构

感知器模型是由美国学者罗森勃拉特于 1957 年提出的,它是一种具有单层计算单元的神经网络。最初的感知器模型相当于单个神经元,有很大的局限性,但是,它提出了自组织、自学习的思想,后来的许多神经网络模型都是在这种思想指导下建立的,它在神经网络的研究中有着重要意义,有力推动了人工神经网络研究的发展。

感知器是一种具有单层计算单元的前向神经网络模型,如图 2.20 所示,其中 $n$ 个输入 $x_1, x_2, \cdots, x_n$ 均为实数,$w_1, w_2, \cdots, w_n$ 分别是 $n$ 个输入的权值,$\theta$ 是感知器的阈值,$f$ 是感知器的激励函数,$y$ 是感知器的输出。

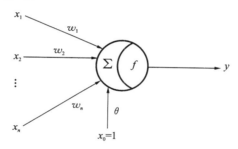

**图 2.20　感知器**

感知器的输出与输入的关系可描述为

$$y = f\left(\sum_{i=1}^{n} w_i x_i - \theta\right) = \begin{cases} 1 & \sum_{i=1}^{n} w_i x_i - \theta \geqslant 0 \\ 0 & \sum_{i=1}^{n} w_i x_i - \theta < 0 \end{cases} \tag{2.12}$$

实际上,感知器的激励函数 $f$ 是阶跃函数。当输入加权和大于阈值 $\theta$ 时,输出为 1;反之,输出为 0。如果把阈值 $\theta$ 表示成 $\theta = -w_0$,相应地也增加一个输入量 $x_0 = 1$,那么,感知器的计算输出可以表示为

$$y = f\left(\sum_{i=0}^{n} w_i x_i\right) = \begin{cases} 1 & \sum_{i=0}^{n} w_i x_i \geqslant 0 \\ 0 & \sum_{i=0}^{n} w_i x_i < 0 \end{cases} \tag{2.13}$$

2)感知器模型学习算法

感知器模型采用的是误差传播式学习算法。具体如下:

①初始化权值向量 $\boldsymbol{W}(0)$,对 $\boldsymbol{W}(0)=(w_0(0),w_1(0),\cdots,w_i(0),\cdots,w_n(0))$ 中的各个权值分别赋给较小的随机非零值。$k=1$,初始化迭代次数 $t=0$。

②取第 $k$ 个学习样本 $(X_k,y_k^*)$,由给定的学习样本 $(X_k,y_k^*)$ 的输入向量 $X_k=(1,x_{1k},x_{2k},\cdots,x_{ik},\cdots,x_{nk})$ 以及权值向量 $\boldsymbol{W}(t)=(w_0(t),w_1(t),\cdots,w_i(t),\cdots,w_n(t))$,计算感知器的实际输出 $y_k(t)$ 为

$$y_k(t)=f\Big(\sum_{i=0}^{n}w_i(t)x_{ik}\Big) \tag{2.14}$$

③修正权值向量 $\boldsymbol{W}(t)$,得到 $\boldsymbol{W}(t+1)$。权值修正的计算式为

$$w_i(t+1)=w_i(t)+\eta[y_k^*-y_k(t)]x_{ik} \tag{2.15}$$

式中:学习因子 $\eta$ 可控制修正速度,$0<\eta\leqslant1$。

④若对全部学习样本都有 $y_k=y_k^*$,即权值向量 $\boldsymbol{W}$ 不再被修正,说明 $\boldsymbol{W}$ 已经收敛于稳定的权值分布,则学习过程终止;否则 $t=t+1$,$k=k+1$,转步骤②。

权值修正计算公式表明:若感知器的实际输出 $y_k(t)$ 与样本给定的期望输出 $y_k^*$ 相等,即 $y_k(t)=y_k^*$,则 $w_i(t)$ 不变;若 $y_k(t)<y_k^*$,则增大正输入($x_{ik}>0$)的权值 $w_i(t)$,减小负输入($x_{ik}<0$)的权值 $w_i(t)$;若 $y_k(t)<y_k^*$,则对权值修正的情况相反,减小正输入的权值,增大负输入的权值。

对权值修正的速度由 $\eta$ 的取值决定。当设定的 $\eta$ 值较大时,每次对权值的修正量较大,则权值的修正过程将可能围绕稳定权值振荡,反而会延长修正过程收敛的时间;而当设定的 $\eta$ 值较小时,则权值的修改过程将缓慢地收敛于稳定权值,同样也会延长修正过程收敛的时间。一般来说,学习因子 $\eta$ 可以设定为 $0.3\leqslant\eta\leqslant0.9$。此外,也可采用变学习因子的方法,来提高修正过程的收敛速度,即在学习过程中,学习因子 $\eta$ 的值是不断变化的。下面介绍一种变学习因子方法的计算公式。

$$\eta=\frac{1}{n}\Big(\Big|\sum_{i=0}^{n}w_i(t)x_{ik}(t)\Big|+\alpha\Big) \tag{2.16}$$

式中:$\alpha$ 为正常数,一般取为 $0.1$。

实际上,学习算法的终止条件可以设定得相对宽松一些,例如,可设定为满足以下两个条件之一即可终止:对全部学习实例满足 $|y_k-y_k^*|\leqslant\varepsilon$,其中,$\varepsilon$ 为初始设定的允许误差;或者迭代次数 $t$ 达到初始设定的最大迭代次数 $t_{\max}$。需要特别指出的是,只有当提供的学习样本集是线性可分时,学习过程才会经有限次迭代而收敛,才能得出稳定的权值向量 $\boldsymbol{W}$,因此,需要对感知器模型及其学习算法进行改进,激励函数也不采用阶跃函数,而改用 S 型函数,例如采用 Sigmoid 型函数。

**3. BP 神经网络及其学习算法**

1)BP 神经网络的结构

BP 神经网络就是多层前向网络,其结构如图 2.21 所示。

设 BP 神经网络具有 $m$ 层。第一层称为输入层,最后一层称为输出层,中间各层称为隐层。输入层起缓冲存储器的作用,把数据源加到网络上,因此,输入层的神经元的输入输出关系一般是线性函数。隐层中各个神经元的输入输出关系一般为非线性函数。隐层 $k$ 与输出层中各个神经元的非线性输入输出关系记为 $f_k(k=2,\cdots,m)$。由第 $k-1$ 层的第 $j$ 个神经元到

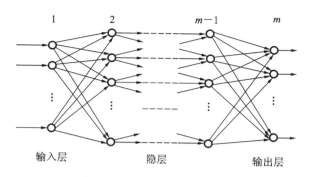

**图 2.21**　BP 神经网络结构

第 $k$ 层的第 $i$ 个神经元的连接权值为 $w_{ij}^k$。并设第 $k$ 层中第 $i$ 个神经元输入的总和为 $u_i^k$,输出为 $y_i^k$,则各变量之间的关系为

$$
\begin{aligned}
y_i^k &= f_k(u_i^k) \\
u_i^k &= \sum_j w_{ij}^{k-1} y_j^{k-1} \\
k &= 2,\cdots,m
\end{aligned}
\tag{2.17}
$$

当 BP 神经网络输入数据 $\boldsymbol{X}=[x_1,x_2,\cdots,x_{p1}]^{\mathrm{T}}$(设输入层有 $p_1$ 个神经元),从输入层依次经过各隐层结点,可得到输出数据 $\boldsymbol{Y}=[y_1^m,y_2^m,\cdots,y_{pm}^m]^{\mathrm{T}}$(设输出层有 $p_m$ 个神经元)。因此,可以把 BP 神经网络看成是一个从输入到输出的非线性映射。

给定 $N$ 组输入输出样本为 $\{X_{si},Y_{si}\}$,$i=2,\cdots,N$。如何调整 BP 神经网络的权值,使 BP 神经网络输入为样本 $X_{si}$ 时,神经网络的输出为样本 $Y_{si}$。这就是 BP 神经网络的学习问题。可见,BP 算法是一种有教师学习算法。要解决 BP 神经网络的学习问题,关键是解决两个问题:

第一,是否存在一个 BP 神经网络能够逼近给定的样本或者函数。下述定理可以回答这个问题。

**定理**　给定任意 $\varepsilon>0$,对于任意的连续函数 $f$,存在一个三层 BP 神经网络,其输入层有 $p_1$ 个神经元,中间层有 $2p_1+1$ 个神经元,输出层有 $p_m$ 个神经元,它可以在任意 $\varepsilon$ 平方误差精度内逼近 $f$。

第二,如何调整 BP 神经网络的权值,使 BP 神经网络的输入与输出之间的关系与给定的样本相同。BP 学习算法给出了具体的调整算法。

2)BP 学习算法

BP 学习算法最早是由 Werbos 在 1974 年提出的,Rumelhari 等于 1985 年发展了 BP 网络学习算法,实现了 Minsky 多层感知器的设想。BP 学习算法是通过反向学习过程使误差最小,因此选择目标函数为

$$
\min J = \frac{1}{2}\sum_{j=1}^{p_m}(y_j^m-y_{sj})^2
\tag{2.18}
$$

即选择神经网络权值,使期望输出 $y_{sj}$、与神经网络实际输出 $y_j^m$ 之差的平方和最小。这种学习算法实际上是求目标函数 $J$ 的极小值,约束条件是式(2.17),可以利用非线性规划中的"最快下降法",使权值沿目标函数的负梯度方向改变,因此,神经网络权值的修正量为

$$\Delta w_{ij}^{k-1} = -\varepsilon \frac{\partial J}{\partial w_{ij}^{k-1}} (\varepsilon > 0) \tag{2.19}$$

式中:$\varepsilon$ 为学习步长。

下面推导 BP 学习算法。先求 $\partial J / \partial w_{ij}^{k-1}$

$$\frac{\partial J}{\partial w_{ij}^{k-1}} = \frac{\partial J}{\partial u_i^k} \frac{\partial u_i^k}{\partial w_{ij}^{k-1}} = \frac{\partial J}{\partial u_i^k} \frac{\partial}{\partial w_{ij}^{k-1}} \left( \sum_j w_{ij}^{k-1} y_j^{k-1} \right) = \frac{\partial J}{\partial u_i^k} y_j^{k-1}$$

记

$$d_i^k = \frac{\partial J}{\partial u_i^k} (k = 2, \cdots, m)$$

则

$$\Delta w_{ij}^{k-1} = -\varepsilon d_i^k y_j^{k-1} (k = 2, \cdots, m) \tag{2.20}$$

下面推导计算 $d_i^k$ 的公式

$$d_i^k = \frac{\partial J}{\partial u_i^k} = \frac{\partial J}{\partial y_i^k} \frac{\partial y_i^k}{\partial u_i^k} = \frac{\partial J}{\partial y_i^k} f'_k (u_i^k) \tag{2.21}$$

下面分两种情况求 $\partial J / \partial y_i^k$。

①对输出层(第 $m$ 层)的神经元,即 $k = m, y_i^k = y_i^m$,由误差定义得

$$\frac{\partial J}{\partial y_i^k} = \frac{\partial J}{\partial y_i^m} = y_i^m - y_{si} \tag{2.22}$$

则

$$d_i^m = (y_i^m - y_{si}) f'_k (u_i^m) \tag{2.23}$$

②若 $i$ 为隐单元层 $k$,则有

$$\frac{\partial J}{\partial y_i^k} = \sum_l \frac{\partial J}{\partial u_i^{k+1}} \frac{\partial u_i^{k+1}}{\partial y_i^k} = \sum_l w_{li}^k d_l^{k+1} \tag{2.24}$$

则

$$d_i^k = f'_k (u_i^k) \sum_l w_{li}^k d_l^{k+1} \tag{2.25}$$

综上所述,BP 学习算法可以归纳为

$$\Delta w_{ij}^{k-1} = -\varepsilon d_i^k y_j^{k-1} \tag{2.26}$$

$$d_i^m = (y_i^m - y_{si}) f'_k (u_i^m) \tag{2.27}$$

$$d_i^k = f'_k (u_i^k) \sum_l d_l^{k+1} w_{li}^k (k = m-1, \cdots, 2) \tag{2.28}$$

若取 $f_k(\cdot)$ 为 S 型函数,即

$$y_i^k = f'_k (u_i^k) = \frac{1}{1 + e^{-u_i^k}} \tag{2.29}$$

则

$$\frac{\partial y_i^k}{\partial u_i^k} = f'_k (u_i^k) = \frac{e^{-u_i^k}}{[1 + e^{-u_i^k}]^2} = y_i^k (1 - y_i^k) \tag{2.30}$$

BP 学习算法可以归纳为

$$\Delta w_{ij}^{k-1} = -\varepsilon d_i^k y_j^{k-1} \tag{2.31}$$

$$d_i^m = y_i^m (1 - y_i^m) (y_i^m - y_{si}) \tag{2.32}$$

$$d_i^k = y_i^k(1 - y_i^k)(y_i^k - y_{si}) \sum_l w_{li}^k d_l^{k+1} \quad (k = m-1,\cdots,2) \tag{2.33}$$

从以上公式可以看出,求第 $k$ 层的误差信号 $d_i^k$,需要上一层的误差信号 $d_l^{k+1}$。因此,误差函数的求取是一个始于输出层的反向传播的递归过程,所以称为反向传播学习算法。通过多个样本的学习,修改权值,不断减少偏差,最后达到满意的结果。

案例:针对氮化硅陶瓷材料球面廓形工件砂轮法向跟踪精密磨削,采用正交试验法设计试验,运用极差法和方差法综合分析砂轮半径、砂轮转速、进给速度、磨削厚度等工艺参数对工件表面粗糙度、加工时间的影响规律;在此基础上利用改进遗传神经网络算法优化砂轮半径、砂轮转速、进给速度、磨削厚度等工艺参数。改进遗传神经网络优化算法学习流程与氮化硅陶瓷材料球面廓形工件精密磨削工艺参数优化流程如图 2.22 所示。

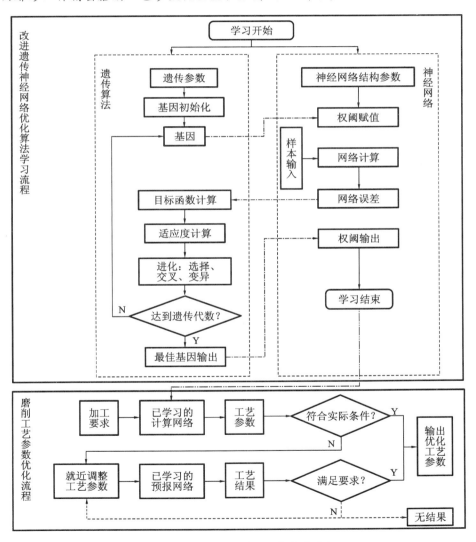

图 2.22　改进遗传神经网络优化流程

101

# 习　题

1.设已知

(1)凡是清洁的东西就有人喜欢。

(2)人们都不喜欢苍蝇。

试用谓词公式表示这两个命题,并采用自然演绎推理方法证明:苍蝇是不清洁的。

2.某公司招聘工作人员,有 A、B、C 三人应聘,经面试后,公司表示如下想法。

(1)三人中至少录取一人。

(2)如果录取 A 而不录取 B,则一定录取 C。

(3)如果录取 B,则一定录取 C。

试用谓词公式表示这 3 个命题,并采用自然演绎推理方法求证:公司一定录取 C。

3.阐述状态空间的一般搜索过程。open 表与 closed 表的作用各是什么?

4.局部择优搜索与全局择优搜索的异同是什么?

5.专家系统包括哪些基本部分? 每一部分的主要功能是什么? 试画出专家系统的一般结构图。

6.什么是知识获取? 知识获取有哪些途径与方法?

7.简述机器学习方法的分类。

8.前馈式神经元网络与反馈式神经元网络有何不同?

# 第 3 章　智　能　设　计

## 3.1　概述

进入信息时代以来,以设计标准规范为基础,以软件平台为表现形式,在与信息技术、科学计算、知识工程和人工智能技术等相关技术的不断交叉融合中形成和发展的计算机辅助智能设计技术,已经成为现代设计技术最重要的组成部分之一。无论从事创新设计还是生态化设计,从事保质设计还是工业设计,或者进行组合化系列化设计,都需要经历建模、综合、分析、优化和协同等关键环节。智能设计就是要通过人工智能与人类智能相融合,通过人与计算机的协同,高效率、集成化地实现上述环节,完成能全面满足用户需求的产品的生命周期设计。

### 3.1.1　智能设计的内涵

设计的本质是创造和革新,作为一种创造性活动,设计实际上是对知识的处理和操作。在计算机技术出现之前,产品设计都靠人工计算、绘图,设计是完全依靠人的智慧和能力的实践活动。计算机技术出现后,产品设计出现了数字化设计,即利用计算机帮助计算、绘图。在CIMS 环境下,为了提高制造业对市场变化和小批量多品种要求的迅速响应能力,数字化设计正在向集成化、智能化、自动化方向发展。数字化设计必须大大加强设计专家与计算机工具这一人机结合的设计系统中机器的智能,使计算机能在更大范围内、更高水平上帮助或代替人类专家处理数据、信息与知识,做出各种设计决策,大幅度提高设计自动化的水平。

在产品设计方案的确定、分析模型的建立、主要参数的决策、几何结构设计的评价选优等设计环节中,有相当多的工作是不能建立起精确的数学模型并用数值计算方法求解的,需要设计人员发挥自己的创造力,应用多学科知识和实践经验分析推理、运筹决策、综合评价,才能取得合理的结果。

利用计算机系统实现决策、评价、分析自动化的程度要受两个因素制约:①计算机处理这种知识模型的能力;②所建立的知识模型能够在何种水平上代表决策过程。第一个因素与计算机技术和信息技术的发展密切相关,第二个因素涉及领域知识的获取与组织。例如,对设计活动而言,建立决策过程的知识模型要包括有关设计规律性的知识,这些规律性知识有的已经被很好地认识,有的还未被认识。在已被很好认识的规律性知识中,有的可以用恰当的模型(如数学模型或符号模型)来表达,有的还不能找到合适的形式表达。当然,那些还未被认识的规律性知识就更谈不上建立知识模型了。这就说明在智能决策自动化系统里,一定要把人类专家包括进去。即使计算机将来能完全认识到人类专家认知活动的规律性,也不一定能具备专家特有的某些能力,例如创造性。但随着智能工程理论与技术的发展,以及人们对设计过程规律认识的深入和提高,建立知识模型和利用计算机系统来处理知识模型的能力将会越来越强,具体到设计领域,智能设计的水平会越来越高。

智能设计的特点如下。

(1)以设计方法学为指导。智能设计的发展,从根本上取决于对设计本质的理解。设计方法学对设计本质、过程设计思维特征及其方法学的深入研究是智能设计模拟人工设计的基本依据。

(2)以信息技术、人工智能技术等为实现手段。借助专家系统技术在知识处理上的强大功能,结合人工神经网络和机器学习技术,更好地支持设计过程自动化。

(3)其本质是将人的知识融入数字化设计中,减少重复的、可编程的工作,涉及制度、管理、信息技术、工程技术等。人依然是未来智能工厂的主角,更多的富有创造性的工作需要人去做。

(4)其作用是将设计过程和知识模型化、编码化,用计算机辅助或代替人进行产品设计。

(5)主要方向是为以人为主的设计提供智能化的环境,包括知识支持的智能系统、人机合作的智能系统、人人合作的智能系统等。

(6)智能设计中的智能是相对的、模糊的,是在不断完善和发展中的。

## 3.1.2 智能设计的发展

智能设计的产生可以追溯到专家系统技术最初应用的时期,其初始形态都采用了单一知识领域的符号推理技术——设计型专家系统,这对于设计自动化技术从信息处理自动化走向知识处理自动化有着重要意义。不过,设计型专家系统仅仅是为解决设计中某些困难问题的局部需要而产生的,通常只提供诸如推理、知识库管理、机制查询等信息处理功能。将CAD系统用知识处理技术加强后称为智能CAD系统(intelligent CAD,ICAD)。它把专家系统等人工智能技术与优化设计、有限元分析、计算机制图等各种数值计算技术结合起来,尽可能使用计算机参与方案决策、结构设计、性能分析、图形处理等设计全过程。ICAD最明显的特征是:有解决设计问题的知识库,可选择知识、协调工程数据库和图形库等资源,共同完成设计任务的推理决策机制。

CIMS的迅速发展向智能设计提出了新的挑战。在CIMS这样的环境下,产品设计作为企业生产的关键性环节,其重要性更加突出。为了从根本上强化企业对市场需求的快速反应能力和竞争能力,人们对设计自动化提出了更高的要求:在计算机提供知识处理自动化(这可由设计型专家系统完成)的基础上,进而实现决策自动化,即帮助人类设计专家在设计活动中进行决策。需要指出的是,这里所说的决策自动化绝不是排斥人类专家的自动化。恰恰相反,在大规模的集成环境下,人在系统中扮演的角色将更加重要,人类专家将永远是系统中最有创造性的知识源和关键性的决策者。因此,智能CAD终将发展成为人机结合的集成化智能CAD(intergrated intelligent CAD,IICAD)。

在设计技术发展的不同阶段,设计活动中智能部分的承担者是不同的,以人工设计和传统CAD为代表的传统设计技术阶段,设计智能活动是由人类专家完成的。在以ICAD为代表的现代设计技术阶段,智能活动由设计型专家系统完成,设计的效率大大提高,而设计的质量则取决于用户的经验和知识水平。但在以IICAD为代表的先进设计技术阶段,由于集成化和开放性的要求,智能活动由人机共同承担,它不仅可以胜任常规设计,而且还可支持创造性设计。虽然人机智能化设计系统也需要采用专家系统技术,但它只是将其作为自己的技术基础之一。人机智能化设计系统是针对大规模复杂产品设计的软件系统,是面向集成的决策自动化。

近年来,伴随着信息技术、人工智能技术等进一步的发展,设计的智能化水平逐渐提高,如表 3.1 所示。智能设计的发展没有终点,表 3.1 所示的各种产品设计技术中的智能目前还是局部的、相对的、比较初级的。

表 3.1　智能设计的演进过程

| 时间 | 产品设计技术 | 智能特点 | 备注 |
|---|---|---|---|
| 20 世纪 60 年代 | 二维 CAD 系统 | 快速自动绘制剖面线等 | 编程实现绘图功能,CAD 的含义仅仅是图板的替代品 |
| 20 世纪 60 年代末 | 基于线框模型的三维 CAD | 呈现三维模型的立体感 | 用几何体的棱线表示几何体的外形 |
| 20 世纪 70 年代 | 专家系统,人工智能 | 知识库中的知识推理、逻辑分析 | 困难的是知识获取和整理 |
| | 基于曲面造型的三维 CAD | 使几何形状具有了一定的轮廓,并可以产生阴影、消隐等效果 | 只能表达形体的表面信息,难以准确表达零件的其他特性,如重量、重心和惯性矩等,对 CAE 不利 |
| 20 世纪 70 年代末—80 年代初 | 基于实体造型的三维 CAD | 能够精确地表达零件的全部属性,具有如质量、密度等特性,并且可以检查零件的碰撞和干涉等 | 有助于统一 CAD、CAE 和 CAM 的模型表达 |
| 20 世纪 80 年代中期 | 基于参数化实体造型的三维 CAD | 基于特征、全尺寸约束、全数据相关和尺寸驱动设计修改 | "全尺寸约束"的硬性规定容易影响和制约设计者创造力及想象力的发挥 |
| 20 世纪 90 年代 | 基于复合建模技术的三维 CAD | 将参数化实体建模、高级自由曲面建模、线框建模融于一体,可使产品设计不必受某种单一建模方法的束缚 | 难以全面应用参数化技术 |
| | 基于变量化技术的三维 CAD | 在设计的初始阶段允许欠尺寸约束的存在,还可以将工程关系作为约束条件直接与几何方程联立求解 | 采用了主模型技术 |
| | CAE | 核心功能深化,使用环境简单化 | |
| 20 世纪 90 年代后期 | CAI 软件,如 TechOptimizer,TriSolver | 为技术人员提供帮助,打破思维定式,拓宽思路 | 对大量专利的分析,并建立相应的知识模型是其难点 |
| 现在 | 虚拟现实;虚拟样机 | 在沉浸式的虚拟环境中,设计者通过直接三维操作对产品模型进行管理,以直观自然的方式表达设计概念,并通过视觉、听觉与触觉反馈来感知产品模型的几何属性、物理属性与行为表现;从产品设计、虚拟工艺制造到虚拟试验,实现无图纸制造、试验 | 大量知识的获取、整理和软件系统的嵌入是其关键 |

| 时间 | 产品设计技术 | 智能特点 | 备注 |
|------|------------|---------|------|
| 未来 | 语义网,网络协同技术,知识和人的协同评价技术 | 互联网成为一个巨大的智能系统,越使用越聪明 | 基于用户评价和使用行为的互联网知识的集成 |

# 3.2　智能设计系统

## 3.2.1　智能设计系统的构成

智能设计系统是设计型专家系统和人机智能化设计系统的统称,这两种系统的区别主要有以下几个方面:

(1)设计型专家系统只处理单一领域知识的符号推理问题,而人机智能化设计系统则要处理多领域知识,多种描述形式的知识,是集成化的大规模知识处理环境。

(2)设计型专家系统一般只解决某一领域的特定问题,比较孤立和封闭,难以与其他知识系统集成。而人机智能化设计系统则面向整个设计过程,是一种开放的体系结构。

(3)设计型专家系统一般局限于单一知识领域范畴,相当于模拟设计专家个体的推理活动,属于简单系统。而人机智能化设计系统涉及多领域多学科知识范畴,是模拟和协助人类专家群体的推理决策活动,是人机复杂系统。

(4)从知识模型来看,设计型专家系统只是围绕具体产品设计模型或针对设计过程某一特定环节(如有限元分析或优化设计)的模型进行符号推理。而人机智能化设计系统则要考虑整个设计过程的模型、设计专家思想、推理和决策的模型(认知模型)以及设计对象(产品)的模型。特别是在 CIMS 环境下的并行设计,更加鲜明地体现了智能设计的这种整体性、集成性和并行性。因此在智能设计的现阶段,对设计过程及设计对象的建模理论、方法和技术的研究和探讨是非常必要的。

最简单的智能设计系统是严格意义下的设计型专家系统,它只能处理单一设计领域知识范畴的符号推理问题;最完善的智能设计系统是人机高度和谐、知识高度集成的人机智能设计系统,它所具有的自组织能力、开放的体系结构和大规模的知识集成化处理环境正是智能设计追求的理想境界。大量的设计系统介于这两种极端模式之间,能对设计过程提供或多或少的智能支持。

## 3.2.2　智能设计系统的关键技术

### 1.设计过程的再认识

智能设计系统的发展从根本上取决于对设计过程本身的理解。尽管人们在设计方法、设计程序和设计规律等方面进行了大量探索,但从信息化的角度看,目前的设计方法学还远不能适应设计技术发展的需求,智能设计系统的发展仍然需要探索适合于计算机处理的设计理论和设计模式。

**2. 设计知识表示**

设计过程是一个非常复杂的过程,它涉及多种不同类型知识的应用,因此单一知识表示方式不足以有效表达各种设计知识,如何建立有效的知识表示模型和有效的知识表示方式,始终是设计型专家系统成功的关键。一般采用多层知识表达模式,将元知识、定性推理知识以及数学模型和方法等相结合,根据不同类型知识的特点采用相应的表达方式,在表达能力、推理效率与可维护性等方面进行综合考虑。面向对象的知识表示,框架式的知识结构是目前采用的流行方法。

**3. 多专家系统协同合作以及信息处理**

较复杂的设计过程一般可分解为若干个环节,每个环节对应一个专家系统,多个专家系统协同合作、信息共享,并利用模糊评价和人工神经网络等方法来有效解决设计过程多学科、多目标决策与优化难题。

**4. 再设计与自学习机制**

当设计结果不能满足要求时,系统应该能够返回到相应的层次进行再设计,以完成局部和全局的重新设计任务。同时,可以采用归纳推理和类比推理等方法获得新的知识,总结经验,不断扩充知识库,并通过再学习来自我完善。

**5. 多种推理机制的综合应用**

智能设计系统中,除了演绎推理外,还应该包括归纳推理(包括理想、类比推理)、基于实例的类比推理、各种非标准推理(如非音调逻辑推理、加权逻辑推理等)以及各种基于不完全知识与模糊知识的推理等。基于实例的类比型多层推理机制和模糊逻辑推理方法的运用是目前智能设计系统的一个重要特征。各种推理方式的综合应用,可以博采众长,更好地实现设计系统的智能化。

**6. 智能化人机接口**

良好的人机接口对智能设计系统是十分必要的。系统对自然语言的理解,对语音、文字、图形和图像的直接输入/输出是智能设计系统的重要任务。对于复杂的设计任务以及设计过程中的某些决策活动,在设计专家的参与下,可以得到更好的设计效果,从而充分发挥人与计算机各自的长处。

**7. 多方案的并行设计**

设计类问题是"单输入/多输出"问题,即用户对产品提出的要求是一个,但最终设计的结果可能是多个,它们都是满足客户要求的可行的结果,设计问题的这一特点决定了设计型专家系统必须具有多方案设计能力。需求功能逻辑树的采用,功能空间符号表示,矩阵表示和设计处理是多方案设计的基础。另外,针对设计问题的复杂性,将其分成若干个子任务,采用分布式的系统结构,进行并行处理,从而有效地提高系统的处理效率。

**8. 设计信息的集成化**

概念设计是 CAD/CAPP/CAM 一体化的首要环节,设计结果是详细设计与制造的信息基础,必须考虑信息的集成。应用面向对象的处理技术,实现数据的封装和模块化,是解决机械设计 CAD/CAPP/CAM 一体化的根本途径和有效方法。

### 3.2.3　智能设计系统的开发途径

通常采用的智能设计系统开发途径有三种：一种是自上而下(top-down)，一种是自下而上(bottom-up)，还有一种是两者的结合。三种途径各有其特点，对应不同的开发环境、场合及问题。

**1. 自上而下的方法**

自上而下的方法的特点是先从智能设计的全局出发，着眼于整体设计，然后再到具体的细节，从上层到下层，逐层考虑。它要求：①对智能设计的整体有较深的理解和把握；②有较通用的系统开发工具和环境。这样开发的系统，由于从全局观点出发，整体性能较好。无论从知识模型的角度，还是从软件系统的角度，局部都能较好地服从全局要求，系统的体系结构比较明确、合理，也易于维护和修改。但由于智能设计复杂，特别是当设计对象复杂(例如汽车、飞机设计)时，模型涉及的设计过程知识及设计对象知识过于复杂，不易从整体上把握；而且由上而下的方法依赖于现成的系统开发工具，其开发软件一般价格昂贵，有时并不一定适用于特定场合。越通用的系统开发环境和工具，则越不具有原则性，只能给出一些大的指导性原则和方法，使开发的难度和工作量增大。因此，对于较复杂的问题和开发者较少的情况来说，采取化大为小的方法则可能更现实。

**2. 自下而上的方法**

自下而上的方法的特点是从具体问题出发，先局部后全局，逐步建立整个复杂的系统。将复杂问题分割为较容易处理的若干简单问题来实施，降低了开发的难度，也降低了对开发工具的要求。局部的问题较简单，也容易利用已有的成果。但显而易见，整体系统建立后，要经过反复的修改、调整，才能达到较好的整体性。同时也可利用根据具体问题开发的系统，逐渐发展成为能适用于同类问题的较通用的系统，最后发展成为系统开发工具和环境，以便于相近问题的开发。当然，要做到这一点，应在开发针对具体问题的系统时，应用知识模型与软件系统相分离的原则，即将知识和处理方法相独立，以便于将来形成较为通用的系统工具。

**3. 上下结合的方法**

综合上述两种方法的优点，避免其缺点，针对某些问题和开发条件，也可采取自上而下、自下而上相结合，从具体到一般、从一般到具体相结合的方法。例如，设计者已具备一些开发相近具体系统的经验，但没有适用的系统开发环境与工具，则可在已有具体系统的基础上，针对当前的具体问题，大致进行整体分析与设计，以照顾全局的协调；同时对于已有具体系统不适用的部分，进行局部系统的再开发。这样既可利用已有系统的整体性，又可从局部的较简单问题着手进行系统开发。这种方法不仅可以针对具体问题开发出新系统，也可使已有的具体系统向更通用化发展。

## 3.3　智能设计的产品模型

### 3.3.1　智能制造环境下的产品模型要求

机械产品的设计一般要经历用户需求分析、概念设计、装配设计和零件设计几个阶段。在这一过程中,设计人员首先根据自己的专业知识及设计经验,建立起满足用户需求的概念模型,并对这一模型不断细化,根据实际情况增加相应的约束条件,将约束自顶向下传递,逐步建立起产品的装配模型和零件模型。概念模型、装配模型和零件模型是产品设计不同阶段的产物,每种模型都体现了相应阶段确定的设计关系和设计约束,它们之间通过设计约束的继承和传递,有机地联系在一起,形成覆盖整个产品设计过程的产品模型。一个完备的产品模型,对于提高产品质量、降低生产成本、缩短生产周期和提供良好的售后服务具有至关重要的作用,可以为企业在激烈的市场竞争中占据主动地位提供有力的支持。因此,寻找方便有效的产品建模环境与方法,是研究人员和企业界共同关心的问题。

通过建立产品模型,可以在设计与制造过程中实现对产品信息的共享。传统设计中,这些信息的产生、分析、修改和利用,部分或全部地由人来完成。模型虽然提供了定义产品的全部信息,但许多信息是隐含的,这些信息对于无智能的计算机来说是无法理解、无法提供的。为了使得计算机能够理解产品模型里关于产品的定义,并提供各种应用所需的高层信息,需要将人工智能技术应用到产品模型里信息的产生、管理和利用中,这就是智能制造环境下的产品模型。

**1. 适应智能制造环境的产品模型**

智能制造环境下的产品建模系统中,面向制造的产品模型分为三个层次:首先是描述产品零件形状的几何模型(实体模型),它仅提供零件的几何信息;然后是描述产品的特征模型,它可以完整地描述产品的所有信息,可以作为产品数据交换模型,为制造过程的各方面所共享;第三是能够为计算机理解、提取产品信息,为制造过程的各方面所共享的产品模型,即适应智能制造环境的产品模型。

而面向制造的产品模型的表达应基于以下几个方面:首先是产品模型必须完整,模型的表达及所描述信息,应能适应知识处理的要求,提供面向各种应用的特征,并以反映不同语义信息的形状元素作为描述零件的基本元素,用它们之间的约束关系描述它们的相对位置关系及所具有的性质,以适应在知识化处理的环境下,提供面向各种应用的特征。其次是计算机能够检查所表达的产品信息的一致性,避免二义性。计算机能正确地解释产品信息,探讨产品表达的形式化模式,使产品模型的表达和建模的方法建立在形式化理论基础上。第三是产品零件形状的实体模型,由描述零件的形状元素及它们之间的约束关系形成,用户和描述零件的形状元素打交道,而不直接操作实体模型。这样,描述零件的模型可主要划分为描述语义信息的模型和描述公称形状的模型;产品的装配模型通过零件的装配特征定义,由产品的零件、子装配体以及零件之间的连接关系等组成。

**2. 适应智能制造环境的产品建模**

适应智能制造环境的产品建模,应该和产品的设计过程相结合,在设计与制造知识(包括设计手册中的数据、可制造性、可装配性、可维修性等方面的知识)和制造环境描述(如加工各种特征的机床描述)的支持下进行,这样的一个产品建模系统包括目前在 CAD/CAM 研究方面的所有内容。产品建模的结果不仅包含了产品模型本身,还包含了制造、检测、装配等方面的所有规划,以及面向管理的成本预算等信息,这样的建模系统是制造系统本身的要求。在这样的建模系统支持下,产品在设计过程中,考虑了制造、检测、装配等各方面的因素,对可制造性、可检测性、可装配性和可维护性进行评估,并对所描述的产品进行成本预算。在进行可行性评估中,自然要求进行相应的规划,这种思想也反映在"为了制造的设计"和"为了装配的设计"(DFM/DFA)两个方面。事实上,在传统制造系统中,为生产做准备的技术部门之间的相互协作也体现了这种思想。

这种建模方式是人们追求的目标,计算机和人工智能技术的发展为有效实现该目标提供了可能,这种建模系统框架不断涌现,如人与计算机协同进行产品建模的框架结构、基于设计意图的有效进行产品建模的系统框架等。利用这样的方式,开发能有效进行产品建模的系统,将是一个逐渐形成的过程。在开发中应首先建立一个由人与计算机协同进行设计与制造规划的智能环境,通过对知识的积累(包括数量的增加和质量的改进),逐渐增强计算机的作用,从而把人的精力逐渐放到更高级的创造性活动上。

开发有效的产品建模系统的方式可分为三种:首先要与设计过程相结合,把产品建模过程作为一个设计过程,进行系统开发;其次是为了辅助设计与制造中的某些活动,要求有一个计算机表达的产品模型而开发产品建模系统;第三是为了进行智能制造的研究,为设计之后的制造活动提供一个产品表达模型而开发产品建模系统。第一种产品建模过程,一般先建立产品装配描述,后建立零件描述,或者产品装配描述与零件描述并行产生。第二种方式和第三种方式产品建模过程,一般是先建立零件模型,后建立产品装配描述。两者的区别在于完整、一致、无二义性地表达产品模型的程度以及计算机智能地处理产品信息的程度。

## 3.3.2　产品的知识模型

智能制造环境下,产品模型里的信息被纳入知识的范畴,其信息由三维空间中产品的几何信息和附加在其上的属性组成,故把智能制造环境下的产品模型,称为产品知识模型。

知识模型的研究主要集中在如何将二维图形以一维的形式在计算机内表达和如何利用这些二维图形所描述的客观世界。可以借用这个概念来研究三维空间中的产品在计算机内的一维定义,以及将这种计算机内表达的对产品的定义以二维形式来描述,并在制造过程各阶段中应用,以建立在智能制造环境下的产品模型。

约束反映了若干对象之间的关系,约束求解就是求解使约束为真的对象的值,这一特性特别适用于表达和推理产品的可视知识。制造过程是由许多不同阶段组成的,它们分别或一起影响着产品的成本、质量和整个制造过程的效率。制造过程各方面的这种相互制约关系形成一个复杂的关系网络,某一方面的变化都影响着其他许多方面。在现代制造系统中,由于计算机承担了制造过程中信息的表示和处理以及对过程的控制,因此有可能使产品在进行生产前就对其成本、质量和生产率进行评估和最优化。产品设计过程就是在满足制造过程中各方面要求下的信息处理过程,因此它可被抽象为满足一定约束的求解过程,基于约束的系统可适应对产品的多次修改和对设计过程的知识化处理,同样在工艺规划和生产过程中也有约束表示和求解的问题。

在产品描述过程中,产生与特征有关的知识,例如有了装配关系,就可以推出装配应用中的特征连接元素及其相关特性。与产品特征有关的知识都作为产品知识的一部分(它们是说明和附属在产品的几何形状上的),这样与产品知识模型打交道的任何一个部分都会面向它的特征。所以,特征就是产品知识模型和外界交换的信息。

特征是面向应用的,从产品知识模型里提取出特征,就必须要有一种推理功能,几何推理正是适应了这种要求。通过适当的推理规则确定或推断出形状的几何特性、参数及附加在形状上的有关属性就是几何推理。从基于约束的几何推理就可获取产品的知识,并对产品知识尤其是几何知识的修改以推断出面向应用的特征。

　　产品的知识描述了在智能制造环境下的产品模型;约束用来表示和说明产品知识之间的关系(当然,在整个制造过程中约束的作用绝非仅限于此);特征提取描述了产品知识模型和外界的信息交换。

　　在智能制造环境下,制造系统获取用户对产品的要求后,对产品进行功能设计、概念设计和详细设计的过程就是对产品知识进行自学习的过程。在这个过程中,系统对产品进行分析、优化和评估,产生可行的对产品的定义与说明。然后利用这个结果,提供产品的生产规划、工艺规划和加工指令的产生等过程所需信息。这就是对产品知识的推理和利用(见图3.1)。

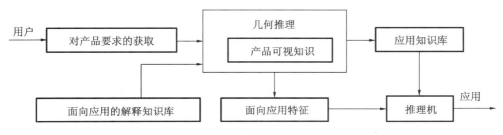

**图 3.1　产品知识的推理和利用**

　　显然,从获取用户对产品的要求,通过自学习,完善产品的知识,得到对产品的定义与说明,在现阶段是很难实现的,除非产品的覆盖域限制在极窄的范围内。考虑到目前这方面技术发展的水平,以实现一个实用的系统,同时也考虑到技术的进一步发展对现有系统的再开发,其策略是先建立产品知识的表达模型,然后直接获取其零件几何形状和它们的装配关系等知识。知识的修改是自动或半自动进行的。在知识的利用方面,通过几何推理在面向应用的解释知识库支持下,产生面向应用的产品特征,实现对产品知识的共享。

### 3.3.3　产品的集成表示模型

　　设计产品不但要设计产品的功能和结构,而且要设计产品的全生命周期,也就是要考虑产品的规划、设计、制造、经销、运行、使用、维护直到回收再利用的全过程。考虑全生命周期的设计实际上是一个系统集成的过程,它将制造过程视由一系列对象组成,每一个对象都是特定的、相关联的,并具有一定的有效期。为了适应智能制造系统中高度集成化与智能化的要求,通过集成知识工程、特征建模策略和面向对象的技术,建立一种基于知识的产品集成表示模型,以便为产品生命期中制造知识的处理提供一种框架。

　　在智能制造环境下,产品的集成表示内容应包括三个方面:数据、几何和知识。产品数据、几何和知识分别被定义为产品生命期内所有阶段附加在产品上的数据、几何和知识总和。数据包括公差数据、结构数据、功能数据和性能数据;几何包括几何图形、形状拓扑关系;知识包括特征知识和管理知识。基于知识的产品集成表示模型如图3.2所示。该模型由若干个子模型互联而成,分属几何、数据和知识三种深度。从对产品描述的知识深度角度来看,自上而下深度增加,而抽象深度减小,各种深度上的每个子模型着重反映产品在该深度上的最小冗余度,使各子模型相互补充地形战一个完整的产品多知识深度表示模型。

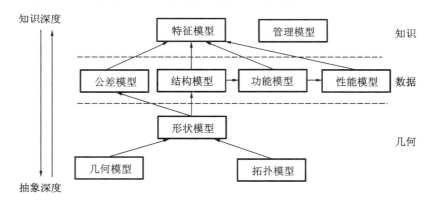

图 3.2　基于知识的产品集成表示模型

几何模型子模块是产品表示中最成熟和最基本的一个模型,由包括几何元素(坐标、点、线、面、方向)的多种定义形式来构成。拓扑模型子模块包含对产品的拓扑实体及其关系的定义,如顶点、边、面、路径等。目前常用的边界表示法(B-rep)可以较好地获取产品的拓扑信息。形状模型子模块是产品几何关系的数学表示,以几何模型和拓扑模型为基础,目前常用的表示方法是实体建模,即通过预先定义的一些体素,将产品表示成由这些体素构成的树结构或有向非闭环图,而体素的表示和各体素间的关系可分别从几何模型和拓扑模型中获得。结构模型子模块中的结构定义为一组具有语义的几何实体的集合,包括一组几何实体及其相互关系和几何实体的语义表示两方面的内容。目前常用的方法是结构特征建模,该模型是公差模型和功能模型的基础。公差模型子模块反映产品中具有可变动范围的一类信息,它们是产品加工过程中一种重要的非几何信息,包括几何公差、表面粗糙度、材料信息。功能模型子模块实际上是对结构模型中几何实体及其关系的语义各种功能的解释,可采用知识工程中的语义网络或框架来表示。一个产品的设计过程实际是从功能模型到结构模型的转化过程。因此,产品设计工作结束后。它的功能模型也就相应确定。性能模型子模块实际上是对产品的功能或结构按用户要求或预期进行的一种评价,主要包括性能参数、行为值等,该模型与结构模型和功能模型是产品的可靠性设计和可维护性设计中的重要基础模型,它们将有助于解决目前复杂系统的监视与故障诊断领域中深层知识(如结构、功能与行为知识)的"瓶颈"问题。特征模型子模块包括产品几何特征和功能特征的参数化与陈述性描述产品生命期内各环节对产品结构施加的约束,它可采用知识工程中的知识表示技术。管理模型子模块是对产品集成表示模型内部层次结构的描述,各子模块之间的关系、信息转换等,它可采用知识工程中的知识表示技术。

# 3.4　智能设计方法

## 3.4.1　基于规则的智能设计方法

基于规则的智能设计(rule-based design,RBD)源于人类设计者能够通过对过程性、逻辑性、经验性的设计规则进行逐步推理来完成设计的行为,是最常用的智能设计方法之一。该方法将设计问题的求解知识用产生式规则的形式表达出来,从而通过对规则形式的设计知识推理而获得设计问题的解。RBD 方法也常称为专家系统的方法,相应的智能设计系统常称为设计型专家系统。

RBD 的基本过程如图 3.3 所示,关于设计问题的各种设计规则被存储在设计规则库中,而综合数据库中存放有当前的各种事实信息。当设计开始时,关于设计问题的定义被填入综合数据库中;而后,设计推理机负责将规则库中设计规则的前提与当前综合数据库中的事实进行匹配,前提获得匹配的设计规则被筛选出来,成为可用设计规则组;继而,设计推理机化解多条可用规则可能带来的结论冲突并启用设计规则,从而对当前的综合数据库做出修改。这一过程被反复执行,直到达到推理目标,即产生满足设计要求的设计解为止。

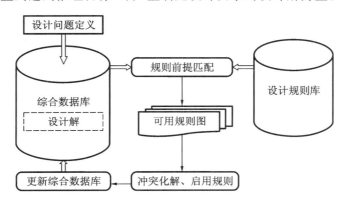

**图 3.3　基于规则的智能设计方法**

## 3.4.2　基于案例的智能设计方法

基于案例的设计(case-based design,CBD)是通过调整或组合过去的设计解来创造新设计解的方法,是人工智能中基于案例的推理(case-based reasoning,CBR)技术在设计中的应用,它源于人类在进行设计时总是自觉不自觉地参考过去相似设计案例的行为。

CBD 的基本过程如图 3.4 所示,大量设计案例被存储在设计案例库中。当设计开始时,首先根据设计问题的定义从案例库中搜索并提取与当前设计问题最为接近的一个或多个设计案例;然后,通过案例组合、案例调整等方法得到设计问题的解;最终,设计产生的设计方案可能又被加入设计案例库中供日后其他设计问题参考使用。与 RBD 相比,CBD 最大特色在于:如果 RBD 中求解路径上的设计规则是不完整的,那么若不借助其他方法则无法完成从设计问题到设计解的推理;而对于 CBD 方法,即使设计案例库是不完整的,仍然能够运用该方法求解那些具有类似案例的设计问题。案例的评价、调整或组合是 CBD 的第三个关键问题。新设计问题的设计要求不可能与案例的设计要求完全一致(否则就无须重新设计),因而需要通过案例评价而找出新设计问题与设计案例之间存在的差异特征,并着重针对这些差异特征开展设计工作。调整和组合是解决差异特征的两种主要方法。调整是借助其他一些智能设计方法对原有案例进行修改而产生满足设计要求的设计解(例如:基于规则的方法);组合则是通过从多个案例中分别取出设计解的可用部分,再合并形成新问题的设计解。

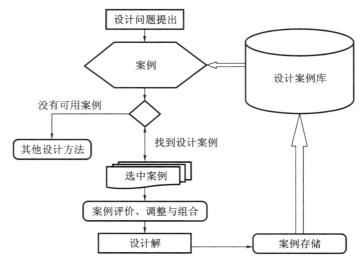

图 3.4　基于实例的智能设计方法

### 3.4.3　基于原型的智能设计方法

人类设计专家经常能够根据他们以往的设计经验把一种设计问题的解归结为一些典型的构造形式,并在遇到新的设计问题时从这些典型构造形式中选取一种作为解的结构,进而采用其他设计方法求出解的具体内容。这些针对特定设计问题归纳出的设计解的典型构造形式,即为设计原型(prototype)。从"设计是从功能空间中的点到属性空间中的点的映射过程"去理解,设计原型描述了解属性空间的具体结构。这种采用设计原型作为设计解属性空间的结构并进而求解属性空间内容的智能设计方法,称为基于原型的设计方法(prototype-based design,PBD)。

PBD 的基本过程如图 3.5 所示,设计原型被存储在原型库中备用。设计开始时,首先,从原型库中选取适用于设计问题的设计原型;然后,将设计原型实例化为具体设计对象而形成设计解的结构;继而,运用关于求解原型属性的各种设计知识(可能为设计规则、该原型以往的设计案例等),来求解满足设计要求的解的属性值而最终形成设计解。

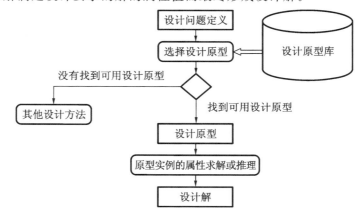

图 3.5　基于原型的智能设计方法

### 3.4.4　基于约束满足的智能设计方法

基于约束满足的智能设计(constraint-satisfied design,CSD)方法是把设计视为一个约束满足的问题(constraint satisfied problem,CSP)进行求解。人工智能技术中,CSP 问题的基本求解方法是通过搜索问题的解空间来查找满足所有问题约束的问题解。但是,智能设计与一般的 CSP 问题存在一些不同,在一个复杂设计问题中,往往涉及众多变量,搜索空间十分巨大,这使得通常很难通过搜索方法而得到真正设计问题的解。因而,CSD 常常是借助其他智能设计方法产生一个设计方案,然后再来判别其是否满足设计问题中的各方面约束,而单纯搜索的方法一般只用于解决设计问题中的一些局部子问题。

约束在产品几何表达方面的应用由来已久,CAD 系统的鼻祖 Sketchpad 就是一个基于约束的交互式图形设计系统,这一技术一直被延伸和发展到目前的三维产品造型技术中。智能设计与产品几何密不可分,需要具有几何约束。同时,对于设计对象的功能性、结构性、工程性、经济性等各个方面也都可能提出一定的约束来加以限定。此外,设计中的一些常识性知识也可能通过约束来表达。需要明确的是,虽然设计约束并不被直接用于产生设计解,但它在判别设计解的正确性或可行性方面是不可或缺的,因而是产品设计知识的重要组成部分。由于设计约束的内容十分丰富,因而它存在多种表达形式。最常见的判断型约束常表现为谓词逻辑形式的陈述性知识,但也存在许多具有前提条件的约束。此时,约束包括前提和约束内容两部分而具有类似于规则的形式。另外,对于一些复杂约束还存在相应的特殊表示方法。

## 3.5　智能 CAD 系统的开发与实例

### 3.5.1　智能 CAD 系统的基本功能

智能 CAD 系统是以知识处理为核心的 CAD 系统,将知识系统的知识处理与一般 CAD 系统的计算分析、数据库管理、图形处理等有机结合起来,从而能够协助设计者完成方案设计、参数选择、性能分析、结构设计、图形处理等不同阶段、不同复杂程度的设计任务。

**1. 知识推理功能**

知识推理是智能设计系统的核心,实现知识的组织、管理及其应用,其主要内容包括:①获取领域内的一般知识和领域专家的知识,并将知识按特定的形式存储,以供设计过程使用;②对知识进行分层管理和维护;③根据需要提取知识,实现知识的推理和应用;④根据知识的应用情况对知识库进行优化;⑤根据推理效果和应用过程学习新的知识,丰富知识库。

**2. 分析计算功能**

一个完善的智能设计系统应提供丰富的分析计算方法,包括:①各种常用数学分析方法;②优化设计方法;③有限元方法;④可靠性分析方法;⑤各种专用的分析方法。以上方法以程序库的形式集成在智能设计系统中,供需要时调用。

**3. 数据服务功能**

设计过程实质上是一个信息处理和加工过程。大量的数据以不同的类型和结构形式存储于系统中并根据设计需要进行流动,为设计过程提供服务。随着设计对象复杂程度的增加,系统要处理的信息量将大幅度地增加。为了保证系统内庞大的信息能够安全、可靠、高效地存储并流动,必须引入高效可靠的数据管理与服务功能,为设计过程提供可靠的服务。

**4. 图形处理功能**

任何一个 CAD 系统都必须具备强大的图形处理能力。借助于二维、三维模型或三维实体模型,设计人员在设计阶段便可以清楚地了解设计对象的形状和结构特点,还可以通过设计对象的仿真来检查其装配关系、有无干涉和工作情况,从而确认设计结果的有效性和可靠性。

## 3.5.2　智能 CAD 系统的设计模型

设计是一个面向目标的有约束的决策、探索和学习的活动,它根据设计说明给出对设计对象的期望功能(或行为)的描述,产生出符合设计要求的设计结果。在 CAD 系统设计中,设计模型的建立可以针对某个领域,也可以是通用的,而其目的是为实现具体的智能 CAD 系统提供理论依据。

**1. 分析-综合-评价模型**

分析-综合-评价模型是由 W. Asimow 于 1962 年提出的,其主要观点是把每一个设计活动分解成三个阶段(见图 3.6)。图中的分析就是对设计的理解问题,而且要形成一个对目标的显式描述;而综合是寻找可能的解答,通常可以通过目标分解法以及元素重组法来解决;评价就是确定解的合法性、与目标的接近程度以及从多个可能解中选取最佳的方案,通常采用多重准则法来解决。可以看出该模型的三个阶段具有顺序的、循环的特点,每一次循环不是简单的重复,而是比前一次来得更为详细,因此该模型可以表达成图 3.7 的递归形式。

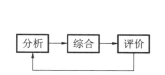

图 3.6　设计活动分解成为三个阶段图

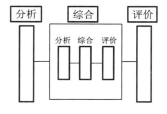

图 3.7　三个阶段的递归形式

由此可见,在综合开发前没有必要将设计问题完全分析清楚,这一点符合人们的设计习惯和设计的实际情况。

**2. 生成-测试模型**

生成-测试模型是由 Popper 于 1972 年提出的,其主要观点是将设计活动视为在一个状态空间中的问题求解搜索的过程。首先是生成一种假设,然后用已有的现象或数据去测试,如发现有不能满足假设的现象,则再次生成一个假设,如此重复,直到找到能符合所有现象的假设作为设计的解。

设计类问题大多是一个病态结构。为了使用该模型,Simon 于 1973 年提出,设计师通过将原始的设计问题降级成有组织的一组子任务,从而使病态结构转化为良性结构。一个设计师,可以随时从其长期记忆中回想起某种约束或某个子目标,但所有这些因素却无法包含在问题描述之中,所以问题求解中任务的形成是动态的。对问题的描述应不断地进行修改,以解释其真实情况,因此问题求解器需要面对的是一个良性结构。

该模型简单明了,许多设计系统中都或多或少地使用了该模型的思想。但对于复杂的设计问题,由于难以实现问题结构从病态到良性的转移,因而就很难整个地使用此模型,也就只有将它用于局部设计。

**3. 约束满足模型**

约束满足模型的出发点是把设计形式化,以逻辑表达设计要求(即对设计问题的描述),通过逻辑推理的方法得到最终的设计结果。它把设计的最终要求概括为一组特性以及相应的约束条件,并以此作为问题求解的最终状态。设计任务从初始问题状态开始,每一中间状态中都包含这些特征,其推理过程是不断满足状态中特性的各个约束条件。基于约束满足模型的设计是当前最为流行的,本章已经介绍了许多的参数化设计的概念和方法,这里不多重复了。

**4. 基于知识的设计模型**

CAD 的知识工程方法是一种基于知识的设计模型。它把设计师的知识提炼出来构成知识库,并通过对知识的运用进行设计,通过知识的学习来改善知识库的内容,提高系统的设计能力,所以称之为 CAD 的知识工程方法。其中最为成功的便是专家系统设计模型,它的设计问题知识库常被分成两类:设计过程的知识,即关于如何进行设计的知识,其中包括设计一般原理、设计的常识等;设计对象的知识,即设计对象的部件、结构、材料、用途、设计规范、典型产品、结构原型和部件类型等。

基于知识的设计模型主要有两种策略:第一种策略是让计算机复制人类的设计行为,仅进行领域的某项设计。第二种策略是借助于智能工具,为设计人员提供智能支撑。这一策略不仅缓解了设计研究中可用手段不足的局限性,而且使得我们能在更大规模及更高复杂性的层次上去研究设计中的智能活动。爱丁堡大学的 EDS(Edigburgh Designer System)代表了这一领域。他们认为目前要提出一种完善的设计理论为时尚早,因而提出了一个基于探索的设计模型,用以作为对设计的智能支持,该设计模型如图 3.8 所示。图中,DKB 表示领域知识库,$K_{dm}$ 表示领域知识,$K_{dn}$ 表示设计知识,$R_i$ 表示对初始要求的描述,$E_d$ 表示设计探索过程,$H_d$ 表示设计探索历史,$R_j$ 表示最终设计结果,$D_s$ 表示最终设计说明,而 DDD 表示设计描述文档。该模型中,知识库是动态的,设计的探索过程以及设计的历史状态将不断地引起领域知识库的增值。同时,新的知识库也影响设计的过程,整个设计是在不断探索中完成的。

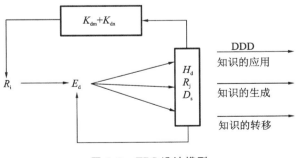

图 3.8　EDS 设计模型

**5. 设计思维模型**

上述各类设计模型存在着一个共同的缺陷:它们并未从人脑认知思维过程的深层去研究设计问题(或仅仅是简单的认知模型而已)。因此,尽管人们绞尽脑汁地提取设计专家的知识,但由于这些知识的运用与人的真正认知过程相差甚远,而使得计算机的设计模拟并未真正地体现出人类的智能。从而必须从研究认知、思维出发,然后建立反映设计思维本质的设计模型系统。

浙江大学人工智能研究所以研究形象思维为突破口,进行了设计思维模型的研究。认为设计思维过程远远不止推理、比较和搜索这类抽象的思维操作,更重要的是诸如联想、变形、综合等形象思维类的操作,通过时空转换、情感相关、概念类似、感觉特征类似等导航机制来完成从记忆网络中的一个结点到另一个结点的发展的操作。

认知对设计思维模型的作用主要以两种方法进行:第一种是用理论研究的方法,分析综合认知科学,特别是形象思维的以形象为核心的形象信息模型;第二种方法是用实验心理学的方法,研究设计思维过程的模型。该方法指出了设计的多模型特性,并分析出形状方案设计思维的四种模型:对象先例型、约束联想型、分解综合型和抽象逆反型。

## 3.5.3 智能CAD系统的开发过程

智能CAD系统是一个人机协同作业的集成设计系统,设计者和计算机协同工作,各自完成自己最擅长的任务,因此在具体建造系统时,不必强求设计过程的完全自动化。智能CAD系统与一般CAD系统的主要区别在于它以知识为其核心内容,其解问题的主要方法是将知识推理与数值计算紧密结合在一起。数值计算为推理过程提供可靠依据,而知识推理解决需要进行判断、决策才能解决的问题,再辅之以其他些处理功能,如图形处理功能、数据管理功能等,从而提高智能CAD系统解决问题的能力。智能CAD系统的功能越强,系统将越复杂。

智能CAD系统之所以复杂,主要是因为存在下列设计过程的复杂性:

①设计是个单输入多输出的过程;

②设计是个多层次、多阶段、分步骤的迭代开发过程;

③设计是种不良定义的问题;

④设计是种知识密集型的创造性活动;

⑤设计是种对设计对象空间的非单调探索过程。

设计过程的上述特点给建造功能完善的智能设计系统增添了极大的困难。就目前的技术发展水平而言,还不可能建造出能完全代替设计者进行自动设计的智能设计系统。因此,在实际应用过程中要合理地确定智能设计系统的复杂程度,以保证所建造的智能设计系统切实可行。

开发一个实用的智能CAD系统是项艰巨的任务,通常需要具有不同专业背景的研究人员的通力合作。在开发智能CAD系统时需要应用软件工程学的理论和方法,使得开发工作系统化、规范化,从而缩短开发周期、提高系统质量。

图3.9所示为开发一个智能CAD系统的基本步骤。

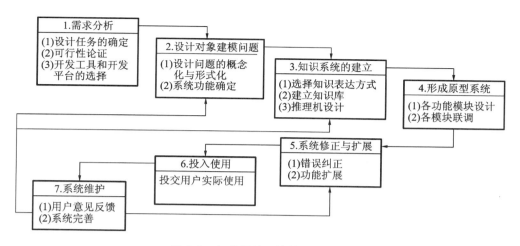

**图 3.9　智能设计系统的开发步骤**

**1. 系统需求分析**

在需求分析阶段必须明确所开发系统的性质、基本功能、设计条件和运行条件等一系列问题。

1）设计任务的确定

确定智能 CAD 系统要完成的设计任务是开发智能 CAD 系统应首先明确的问题。

其主要内容包括确定所开发的系统应解决的问题范围、应具备的功能和性能指标、环境与要求、进度和经费情况等。

2）可行性论证

一般是在行业范围内进行广泛的调研,对已有的或正在开发的类似系统进行深入分析和比较,学习先进技术,使系统建立在较高水平的平台上而不是低水平的重复。

3）开发工具和开发平台的选择

选择合适的智能 CAD 系统开发工具与开发平台,可以提高系统的开发效率,缩短系统开发周期,使系统的设计与开发建立在较高水平之上。因此在已确定了设计问题范围之后,应注意选择好合适的智能 CAD 系统开发工具与开发平台。

**2. 设计对象建模问题**

开发功能完善的智能 CAD 系统,首先要解决好设计对象的建模问题。设计对象信息经过整理、概念化、规范化,按规定的形式描述成计算机能识别的代码形式,计算机才能对设计对象进行处理完成具体的设计过程。

1）设计问题概念化与形式化

设计过程实际上由两个主要映射过程组成,即设计对象的概念模型空间到功能模型空间的映射,功能模型空间到结构模型空间的映射。因此,如果希望所开发的智能 CAD 系统能支持完成整个设计过程,就要解决好设计对象建模问题,以适应设计过程的需要。因此,设计问题概念化形式化的过程实际上是设计对象的描述与建模过程。设计对象描述有状态空间法、问题规约法等形式。

2)系统功能的确定

智能 CAD 系统的功能反映系统的设计目标。根据智能 CAD 系统的设计目标,可将其分为以下几种主要类型。

(1)智能化方案设计系统。所开发的系统主要支持设计者完成产品方案的拟订和设计。

(2)智能化参数设计系统。所开发的系统主要支持设计者完成产品的参数选择和确定。

(3)智能 CAD 系统。这是较完整的系统,可支持设计者完成从概念设计到详细设计整个设计过程,开发难度大。

### 3. 知识系统的建立

知识系统是以设计型专家系统为基础的知识处理子系统,是智能 CAD 系统的核心。知识系统的建立过程即设计型专家系统的开发过程。

1)选择知识表达方式

在选用知识表达方式时,要结合智能 CAD 系统的特点和系统的功能要求来选用,常用的知识表达方式仍以产生式规则和框架表示为主。如果要选择智能 CAD 系统开发工具,则应根据工具系统提供的知识表达方式来组织知识,不需要再考虑选择知识表达方式。

2)开发知识库

知识库的开发过程包括知识的获取、知识的组织和存取方式以及推理策略确定三个主要过程。

### 4. 形成原型系统

形成原型系统阶段的主要任务是完成系统要求的各种基本功能,包括比较完整的知识处理功能和其他相关功能,只有具备这些基本功能,才能开发出一个初步可用的系统。

形成原型系统的工作分以下两步进行。

1)各功能模块设计

按照预定的系统功能对各功能模块进行详细设计,完成编写代码、模块调试过程。

2)各模块联调

将设计好的各功能模块组合在一起,用一组数据进行调试,以确定系统运行的正确性。

### 5. 系统修正与扩展

系统修正与扩展阶段的主要任务是对原型系统有联调和初步使用中的错误进行修正,对没有达到预期目标的功能进行扩展。经过认真测试后,系统已具备设计任务要求的全部功能,达到性能指标,就可以交付用户使用,同时形成设计说明书及用户使用手册等文档。

### 6. 投入使用

将开发的智能 CAD 系统交付用户使用,在实际使用中发现问题。只有经过实际使用过程的检验,才能使系统的设计逐渐趋于准确和稳定,进而达到专家设计水平。

### 7. 系统维护

针对系统实际使用中发现的问题或者用户提出的新要求对系统进行改进和提高,不断完善系统。

## 3.5.4　夹具智能设计系统

夹具作为机械加工过程中用来固定、支撑和夹紧工件,使工件相对于机床处于正确位置的机构,对产品的生产质量、效率和成本有重要影响。据统计,大约 40% 的不合格零件都是因为使用了不良的夹具,夹具设计与制造周期大约占产品整个研制周期的 1/3,与夹具设计和制造相关的成本占制造系统总成本的 10%～20%。

夹具设计是典型的弱理论、强经验的设计,在设计过程中需要有经验的专家对夹具对象工序进行详细的分析,确定夹具的定位、夹紧、零件选择和结构设计等活动,虽然夹具设计工作需要很多的经验,但是其中并非没有规律可循,寻找夹具设计规律,提高夹具设计的自动化水平,解决产品从设计到制造转换的瓶颈问题一直是人们的努力方向。早期的夹具设计主要依靠设计人员的经验,通过手工设计夹具、绘制图纸到最后生产出满足生产要求的夹具,设计过程的自动化水平低,设计效率低下,设计结果的可行性难以保证,设计结果不合理可能造成的损失更是无法挽回。当二维 CAD 软件出现以后,夹具设计从原始的手工绘图转向计算机绘图。在三维 CAD 软件出现以后,人们也开始使用三维 CAD 软件系统进行夹具设计,国内外开始在三维软件上开发夹具设计系统,并有很多学者将人工智能领域的 RBR、CBR、专家系统等技术应用到夹具设计领域,进一步提高了夹具设计自动化程度和夹具设计的效率。

面对当前智能制造的发展趋势,若要提高夹具设计的效率和质量,需要通过智能化的设计方法来实现对夹具设计知识的继承、共享和重用。在基于知识的夹具设计中,如何将夹具设计知识与设计过程紧密结合,是实现该设计智能化的重要研究内容,并愈来愈受到国内外学者的重视。

北京理工大学基于 CATIA 平台开发了面向工件智能装夹规划、夹具规划设计和夹具结构智能设计的知识重用系统,能够辅助设计人员进行工件的装夹规划,为三维工艺规划的决策提供依据。基于工艺规划产生的中间工序模型,通过对已有的夹具设计实例的语义检索,获得相似的夹具设计实例和夹具的布局规划结果。可以对装夹点的布局进行优化,获得合理的夹具布局规划。根据已有的夹具布局规划结果,将其映射为夹具元件标识。通过夹具元件知识模型的参数推理方法,获得合理的夹具元件规格型号,根据夹具元件的规格型号,驱动夹具元件智能实体模型的构建。获取夹具结构设计中的装配知识,将装配知识分解为二元装配关系。能够实现夹具元件之间、夹具组件和工件的夹具元件标识之间的自动装配。

### 1. 夹具智能设计系统的功能与结构

基于知识重用的夹具智能设计系统是以知识模型的获取与应用为核心,在制造资源知识库、夹具实例库和夹具元件知识库等的基础上,为设计人员在夹具设计过程中提供全面的知识支撑,帮助设计人员实现基于实例推理的夹具规划、结构智能设计和工件的智能装夹规划等夹具设计功能。可以有效地提高夹具设计效率和设计质量,同时可以减少设计人员的劳动强度。原型系统的整体框架分为四个层次,分别是界面层、功能层、数据层和支撑层,如图 3.10 所示。

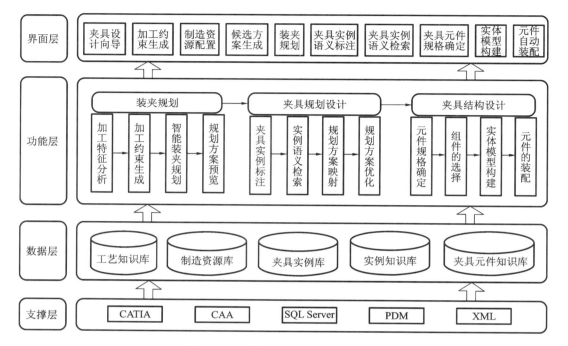

**图 3.10 夹具智能设计系统总体框架**

（1）界面层是系统的最顶层，为系统用户提供功能的交互界面，用户与所有系统功能的交互必须通过界面层来实现，以此来完成夹具的智能设计。

（2）支撑层是夹具智能设计系统运行的基础，包括计算机辅助设计软件平台 CATIA 和其他相关设计系统、SQL Server 数据库，以及 XML 表示的知识库等。

（3）数据层为系统提供实现功能所必需的知识库和数据库，主要包括工艺知识库、制造资源知识库、基于语义的夹具实例库和夹具元件知识库等。

（4）功能层向用户提供系统的主要功能，是系统的核心部分。功能层提供的主要功能有加工特征分析、智能装夹规划、夹具实例标注、夹具实例语义检索、夹具元件规格确定等功能。

夹具智能设计系统的功能层是整个系统框架的核心，主要包括四个功能模块，如图 3.11 所示。

①产品信息管理模块。产品的设计制造信息是夹具设计的信息源头。通过产品的几何信息获得需要加工的特征集合，而产品的非几何信息（精度信息）是装夹规划和夹具规划的关键约束条件，同时，公差信息与工艺知识结合辅助支撑装夹规划、夹具规划和夹具结构等的相关设计。

②装夹规划模块。装夹规划模块主要是通过提取工件标注的非几何信息中的公差信息，然后，基于公差表示的工艺规则推理加工元的顺序约束关系，为每个加工元配置可选的加工方法，生成装夹方案可行解空间。基于 Memetic 算法，通过种群的反复迭代生成合理的装夹规划方案，并对工件的装夹方案进行预览与相关精度信息的展示。

③夹具规划模块。夹具规划模块主要包括夹具实例的语义标注和夹具实例的语义检索两

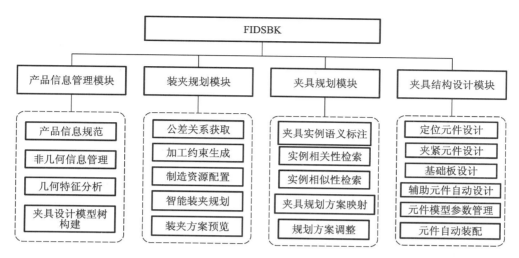

**图 3.11　夹具智能设计系统的功能模块**

个功能。夹具实例的语义标注是对以往成功设计实例语义信息的提取,以此作为设计方案与夹具实例知识关联的重要手段。夹具实例的语义检索功能是对实例库的语义信息进行相似性计算,获得合理的夹具规划方案,将方案中的装夹特征等映射到新的夹具设计中,针对重用后的夹具规划结果,基于工件最小变形的目标函数,对夹具布局进行优化,获得合理的装夹位置和装夹参数。

④夹具结构设计模块。夹具结构设计模块对夹具结构设计提供全过程的知识辅助支撑,同时向设计者提供夹具设计各个阶段的交互界面,在各个界面中以一定方式向用户提供夹具元件(定位元件、夹紧元件等)选择、预览、模型导入和自动装配功能,方便夹具的智能设计。夹具元件选择模块根据装夹距离的计算,通过夹具元件知识模型中的参数推理,获得夹具元件的规格型号。生成各种夹具元件的预览图,帮助设计者确认设计结果是否正确。还提供夹具参数的自动提取和实时修改功能,为设计者提供智能的夹具元件参数自适应建模功能。夹具元件自动装配模块是对夹具结构设计中的装配知识进行总结,对典型的夹具元件的装配关系封装为夹具元件知识模型。在夹具元件模型实例化的过程中,根据这些装配知识,将夹具元件按装配约束关系形成夹具结构组件。再与工件实体模型中的装夹特征构建相关的装配关系,自动实现夹具元件之间、夹具元件与工件之间的约束关系,最终智能化地生成夹具结构设计方案。

**2. 夹具智能设计系统的设计流程**

基于知识重用的夹具智能设计原型系统是覆盖从工件的装夹规划到每次装夹过程的夹具规划方案设计,并针对每次夹具的布局规划能够快速形成夹具元件实体模型,将夹具元件与工件自动装配,实现夹具结构的智能设计。具体的设计流程如图 3.12 所示。

首先,获取工件的三维设计信息(几何信息和非几何信息),分析加工特征的精度信息,推理出最小的加工元;其次,基于加工精度信息建立的工艺规则,生成加工元的顺序约束关系矩阵;然后,通过制造资源知识为每个加工元配置可选的加工方法(机床刀具和 TAD 等)。最后

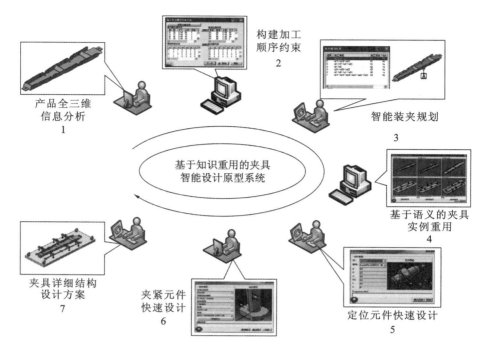

**图 3.12　夹具智能设计系统的设计流程**

基于混合智能优化算法求解合理的装夹方案。

　　针对每次具体的装夹过程,获得具体夹具实例的语义信息。将夹具实例库中的语义信息与新的夹具设计的语义信息进行语义相似性计算,从而得到语义相似的夹具实例集合。然后,在此基础上进行语义的数值测量,获得相似程度从高到低的夹具实例的集合,设计者可以以系统提供的夹具设计实例为依据选择合理的夹具规划设计方案。如果需要重用已有成熟的夹具实例的规划方案时,可以通过尺寸等比例映射方法将装夹特征映射到新的夹具规划设计中。

　　夹具的结构设计是将夹具元件标识实例化为夹具元件实体模型的过程。首先,根据装夹距离的计算,推理出合理的夹具元件规格型号;其次,基于夹具元件知识模型,由规格型号获得全部的参数信息驱动夹具元件实体模型的构建;然后,通过夹具元件知识模型中定义的夹具组件的装配知识,原型系统可以实现夹具组件中夹具元件之间的实例化和自动装配功能。选择工件中的夹具元件标识,原型系统将构建好的夹具组件与其建立相关的装配关系,实现夹具元件批量、快速的自动装配功能。使得夹具设计知识无缝地嵌入夹具的设计过程中,真正达到知识驱动夹具的智能设计。

# 3.6　基于虚拟现实的智能设计

### 3.6.1　虚拟现实技术的内涵与特征

　　虚拟现实(virtual reality,VR)的概念在 20 世纪 80 年代初提出。它是综合利用计算机图形系统以及各种显示和控制接口设备,在计算机上生成的可交互的三维环境中提供沉浸感觉的技术。虚拟现实技术又称临境技术,是一种高级仿真技术。虚拟现实技术利用计算机生成一种模拟环境,通过多种传感设备使用户"进入"该环境中,实现用户与环境的自然交互,同时环境对用户的控制行为做出动态的反应,并能为用户的行为所控制。运用该技术建立的模型世界可以是真实世界的仿真,也可以是抽象概念的建模。由于虚拟现实技术强调介入者的亲身体验,是一种人与技术融为一体的全新的人机交互的技术,所以能逼真地模拟和重现现实世界,并对用户的操作实时做出反应,为用户提供一个与计算机所产生的三维图像进行交互的平台。

虚拟现实技术以计算机为基础,融信号处理、动画技术、智能推理、预测、仿真和多媒体技术为一体;借助各种音像和传感装置,虚拟展示现实生活中的各种过程、对象等,因而也能虚拟制造过程和未来的产品,从感官和视觉上使人获得完全如同真实的感受。利用虚拟现实技术,创新的大量过程和中间结果可以在计算机上进行仿真,减少实物制造成本和周期,提高创新的效率。在产品设计阶段就能模拟出该产品的整个生命周期,从而更有效、更经济、更灵活地组织生产。

虚拟现实技术是利用计算机技术建立一种逼真的虚拟环境,在这个环境中,人们的视觉、听觉和触觉等的感受如同身处真实环境,人们可以沉浸在这个环境中与环境进行实时交互。在这个环境中设计、制造和使用的产品,并不是实物,不消耗实际材料,也不需要机床等设备,只是一种图像和声音的所谓"数字产品"。利用这种数字产品,可以进行产品的外观审查和修改、装配模拟和干涉检查、机械的运动仿真、零件的加工模拟,乃至产品的工作性能模拟与评价,以便在产品的设计阶段就可以消除设计的缺陷、评价加工的可行性和合理性,预测产品的成本和使用性能,提出修改的措施和方法。虚拟现实技术为设计者实施并行工程和敏捷制造减少失误和返工、缩短研制周期和提高产品质量提供了一个最佳的环境。

虚拟现实系统具有以下特征:

• 沉浸感。指用户借助各种先进的传感器进入虚拟环境后,由于感受异常逼真,使得他相信一切都"真实"存在。

• 交互性。指用户能对虚拟环境内的物体进行实时操作以及能从该环境得到反馈。

• 由虚拟环境的逼真性与实时交互而使用户产生丰富的联想,是获取沉浸的必要条件。

• 自主性。指虚拟环境中的物体能依据物理定律动作。

• 存在感。指用户感到作为主角存在于虚拟环境中的真实程度。

## 3.6.2　虚拟现实技术在智能设计中的应用与发展

(1)产品的外形设计。造型设计是产品设计的一个极为重要的方面,以前多采用泡沫塑料制作外形模型,要通过多次的评测和修改才能达到设计要求,费工费时。而采用虚拟现实建模的外形设计,可随时修改、评测,方案确定后的建模数据可直接用于冲压模具设计、仿真和加工,甚至用于广告和宣传。

(2)产品的布局设计。在复杂产品的布局设计中,通过虚拟现实技术可以直观地进行设计,避免可能出现的干涉和其他不合理问题。如工厂和车间设计中的机器布置、管道铺设、物流系统等,都需要该技术的支持。在复杂的管道系统、液压集流块设计中,设计者可以"进入"其中进行管道布置,检查可能的干涉。在汽车、飞机的内部设计中,"直观"是最有效的工具,虚拟现实技术可发挥不可替代的积极的作用。

(3)机械产品运动仿真。通过虚拟现实技术可以帮助解决运动构件在运动过程中的运动协调关系、运动范围设计、可能的运动干涉检查等。

(4)产品装配仿真。机械产品中有成千上万的零件要装配在一起,其配合设计、可装配性是设计人员常常出现的错误,且往往要到产品最后装配时才能发现,造成零件的报废和工期的延误,不能及时交货造成巨大的经济损失和信誉损失。采用虚拟现实技术可以在设计阶段就进行验证,保证设计正确。

(5)产品加工过程仿真。产品加工是个复杂的过程。产品设计的合理性、可加工性、加工方法和机床的选用、加工过程中可能出现的加工缺陷等,有时在设计时是不容易发现和确定的,必须经过仿真和分析。如冲压件的形状或冲压模具设计不合理,可能造成冲压件的翘曲和破裂,造成废品。铸造件的形状或模具、浇口设计不合理,容易产生铸造缺陷,甚至报废。机加工件的结构设计不合理,可能无法加工,或者加工精度无法保证,或者必须采用特种加工,增加加工成本,延长加工周期。通过仿真,可以预先发现问题,采取修改设计或其他措施,保证工期和产品质量。

(6)虚拟样机与产品工作性能评测。传统的设计、制造需要一系列的反复试制,许多不合理设计和错误设计只能等到制造、装配过程中,甚至到样机试验时才能发现。产品的质量和工作性能也只能当产品生产出来后,通过试运转才能判定。这时,多数问题是无法更改的,修改设计就意味着部分或全部的报废和重新试制。因此,常常要进行多次试制才能达到要求,试制周期长,费用高。而采用虚拟制造技术,可以在设计阶段就对设计的方案、结构等进行仿真,解决大多数问题,提高一次试制成功率。采用虚拟现实技术,可以方便、直观地进行工作性能检查。

# 3.7　基于数字孪生的智能设计

## 3.7.1　数字孪生的内涵、模型与特征

数字孪生(digital twin)是以数字化方式创建物理实体的虚拟模型,借助数据模拟物理实体在现实环境中的行为,通过虚实交互反馈、数据融合分析、决策迭代优化等手段,为物理实体增加或扩展新的能力。作为一种充分利用模型、数据、智能并集成多学科的技术,数字孪生面向产品全生命周期过程,发挥连接物理世界和信息世界的桥梁和纽带作用,提供更加实时、高效、智能的服务。

数字孪生具有以下特点:

①对物理对象的各类数据进行集成,是物理对象的忠实映射;

②存在于物理对象的全生命周期,与其共同进化,并不断积累相关知识;

③不仅能够对物理对象进行描述,而且能够基于模型优化物理对象。

数字孪生的概念最初由 Michael W. Grieves 教授于 2003 在美国密歇根大学的产品全生命周期管理课程上提出,并被定义为三维模型,包括实体产品、虚拟产品以及二者间的连接。但由于当时技术和认知上的局限,数字孪生的概念并没有得到重视,直到 2011 年,美国空军研究实验室和 NASA 合作提出了构建未来飞行器的数字孪生体,并定义数字孪生为一种面向飞行器或系统的高度集成的多物理场、多尺度、多概率的仿真模型,能够利用物理模型、传感器数据和历史数据等反映与该模型对应的实体的功能、实时状态及演变趋势等,随后数字孪生才真正引起关注。

数字孪生的核心是模型和数据,为进一步推动数字孪生理论与技术的研究,促进数字孪生理念在产品全生命周期中落地应用,北京航空航天大学陶飞教授团队在三维模型基础上提出了如图 3.13 所示数字孪生五维模型。

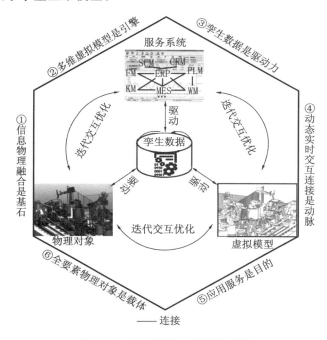

**图 3.13　数字孪生五维概念模型**

(1)物理实体是客观存在的,它通常由各种功能子系统(如控制子系统、动力子系统、执行子系统等)组成,并通过子系统间的协作完成特定任务。各种传感器部署在物理实体上,实时监测其环境数据和运行状态。

(2)虚拟模型是物理实体忠实的数字化镜像,集成与融合了几何、物理、行为及规则 4 层模型。其中:几何模型描述尺寸、形状、装配关系等几何参数;物理模型分析应力、疲劳、变形等物理属性;行为模型响应外界驱动及扰动作用;规则模型对物理实体运行的规律/规则建模,使模型具备评估、优化、预测、评测等功能。

(3)服务系统集成了评估、控制、优化等各类信息系统,基于物理实体和虚拟模型提供智能运行、精准管控与可靠运维服务。

（4）孪生数据包括物理实体、虚拟模型、服务系统的相关数据，领域知识及其融合数据，并随着实时数据的产生被不断更新与优化。孪生数据是数字孪生运行的核心驱动。

（5）将以上 4 个部分进行两两连接，使其进行有效实时的数据传输，从而实现实时交互以保证各部分间的一致性与迭代优化。

从产品全寿命周期的角度来看，数字孪生技术可以在产品的设计研发、生产制造、运行状态监测和维护、后勤保障等产品的各个阶段对产品提供支撑和指导。在产品设计阶段，数字孪生技术可以将全寿命周期的产品健康管理数据的分析结果反馈给产品设计专家，帮助其判断和决策不同参数设计情况下的产品性能情况，使产品在设计阶段就综合考虑了后续整个寿命周期的发展变化情况，获得更加完善的设计方案。在产品生产制造阶段，数字孪生技术可以通过虚拟映射的方式将产品内部不可测的状态变量进行虚拟构建，细致地刻画产品的制造过程，解决产品制造过程中存在的问题，降低产品制造的难度，提高产品生产的可靠性。产品运行过程中，数字孪生技术可以全面地对产品的各个运行参数和指标进行监测和评估，对系统的早期故障和部件性能退化信息进行反馈，指导产品的维护工作和故障预防工作，使产品能够获得更长的寿命周期。后勤保障过程中，由于有多批次全寿命周期的数据作支撑，并通过虚拟传感的方式能够采集到反映系统内部状态的变量数据，产品故障能够被精确定位分析和诊断，使产品的后勤保障工作更加简单有效。通过将数字孪生技术应用到产品的整个生命周期，产品从设计阶段到最后的维修阶段都将变得更加智能有效。

## 3.7.2 数字孪生的关键技术

数字孪生的实现主要依赖于以下几方面技术的支撑：高性能计算、先进传感采集、数字仿真、智能数据分析、VR 呈现、对目标物理实体对象的超现实镜像呈现。通过构造数字孪生体，不仅可以对目标实体的健康状态进行完美细致的刻画，还可以通过数据和物理的融合实现深层次、多尺度、概率性的动态状态评估、寿命预测以及任务完成率分析。数字孪生体以虚拟的形式存在，不仅能够高度真实地反映实体对象的特征、行为过程和性能，如装备的生产制造、运行及维修等，还能够以超现实的形式实现实时的监测评估和健康管理。

**1. 多领域多尺度融合建模**

多领域建模是指在正常和非正常工况下从不同领域视角对物理系统进行跨领域融合建模，且从最初的概念设计阶段开始实施，从深层次的机理层面进行融合设计理解和建模；多尺度建模能够连接不同时间尺度的物理过程以模拟众多的科学问题，多尺度模型可以代表不同时间长度和尺度下的基本过程并通过均匀调节物理参数连接不同模型，这些计算模型比起忽略多尺度划分的单维尺度仿真模型具有更高的精度。多尺度建模的难点同时体现在长度、时间尺度以及耦合范围 3 个方面，克服这些难题有助于建立更加精准的数字孪生系统。

**2. 数据驱动与物理模型的融合的状态评估**

对于机理结构复杂的数字孪生目标系统，往往难以建立精确可靠的系统级物理模型，一般单独采用目标系统的解析物理模型对其进行状态评估不能获得最佳的评估效果，采用数据驱动的方法利用系统的历史和实时运行数据，对物理模型进行更新、修正、连接和补充，充分融合系统机理特性和运行数据特性，能够更好地结合系统的实时运行状态，获得动态实时跟随目标系统状态的评估系统。

### 3. 数据采集与传输

高精度传感器数据的采集和快速传输是整个数字孪生系统体系的基础，温度、压力、振动等各个类型的传感器性能都要最优以复现实体目标系统的运行状态，传感器的分布和传感器网络的构建要以快速、安全、准确为原则，通过分布式传感器采集系统的各类物理量信息以表征系统状态。同时，搭建快速可靠的信息传输网络，将系统状态信息安全、实时地传输到上位机供其应用具有十分重要的意义。数字孪生系统是物理实体系统的实时动态超现实映射，数据的实时采集传输和更新对于数字孪生具有至关重要的作用。大量分布的各类型高精度传感器是整个孪生系统的最前线，为整个孪生系统起到了基础的感官作用。

### 4. 全寿命周期数据管理

复杂系统的全寿命周期数据存储和管理是数字孪生系统的重要支撑，采用云服务器对系统的海量运行数据进行分布式管理，实现数据的高速读取和安全冗余备份，为数据智能解析算法提供充分可靠的数据来源，对维持整个数字孪生系统的运行起着重要作用。通过存储系统的全寿命周期数据，可以为数据分析和展示提供更充分的信息，使系统具备历史状态回放、结构健康退化分析以及任意历史时刻的智能解析功能。

### 5. VR 呈现

VR 技术可以将系统的制造、运行、维修状态以超现实的形式给出，对复杂系统的各关键子系统进行多领域、多尺度的状态监测和评估，将智能监测和分析结果附加到系统的各个子系统、部件，在完美复现实体系统的同时将数字分析结果以虚拟映射的方式叠加到所创造的孪生系统中，从视觉、声觉、触觉等各个方面提供沉浸式的虚拟现实体验，实现实时连续的人机互动。VR 技术能够使使用者通过孪生系统迅速地了解和学习目标系统的原理、构造、特性、变化趋势、健康状态等各种信息，并能启发其改进目标系统的设计和制造，为优化和创新提供灵感。

### 6. 高性能计算

数字孪生系统复杂功能的实现很大程度上依赖于其背后的计算平台，实时性是衡量数字孪生系统性能的重要指标，因此，基于分布式计算的云服务器平台是其重要保障，同时优化数据结构、算法结构等以提高系统的任务执行速度同样是保障系统实时性的重要手段。如何综合考量系统搭载的计算平台的计算性能、数据传输网络的时间延迟以及云计算平台的计算能力，设计最优的系统计算架构，满足系统的实时性分析和计算要求，是其应用于数字孪生的重要内容。平台数字计算能力的高低直接决定系统的整体性能，作为整个系统的计算基础，其重要性毋庸置疑。

### 7. 其他关键技术

人工智能的热潮推动着数字孪生技术的发展，智能制造和工业智能的快速发展推动数字孪生技术的演进和成熟，考虑商用大数据和工业大数据的本质差异，诸如异常状态或故障状态仿真与注入、工业数据可用性量化分析、小样本或无样本的增强深度学习等，均是当前在数据生成、数据分析与建模等方面的研究特点或挑战。

### 3.7.3 数字孪生技术的主要应用

**1. 基于数字孪生的产品设计**

产品设计是指根据用户使用要求,经过研究、分析和设计,提供产品生产所需的全部解决方案的工作过程。基于数字孪生的产品设计是指在产品数字孪生数据的驱动下,利用已有物理产品与虚拟产品在设计中的协同作用,不断挖掘产生新颖、独特、具有价值的产品概念,并转化为详细的产品设计方案,不断降低产品实际行为与设计期望行为间的不一致性。基于数字孪生的产品设计更强调通过全生命周期的虚实融合,以及超高拟实度的虚拟仿真模型建立等方法,全面提高设计质量和效率。其框架分为需求分析、概念设计、方案设计、详细设计和虚拟验证 5 个阶段,每个阶段在包括了物理产品全生命周期数据、虚拟产品仿真优化数据,以及物理与虚拟产品融合数据驱动下进行,如图 3.14 所示。

**图 3.14　数字孪生驱动的产品设计**

基于数字孪生的产品设计表现出如下新的转变:①驱动方式,由个人经验与知识驱动转为孪生数据驱动;②数据管理,由设计阶段数据为主扩展到产品全生命周期数据;③创新方式,由需求拉动的被动式创新转变为基于孪生数据挖掘的主动型创新;④设计方式,由基于虚拟环境的设计转变为物理与虚拟融合协同的设计;⑤交互方式,由离线交互转变为基于产品孪生数据的实时交互;⑥验证方式,由小批量产品试制为主转变为高逼真度虚拟验证为主。

**2. 基于数字孪生的车间快速设计**

传统车间复杂制造系统设计思路基本为串行设计,在部分假设的基础上进行数学建模,不能充分反映实际问题,缺乏对系统的全局考虑,存在对设计人员经验依赖性强等问题。数字孪生驱动的车间快速设计采用数字孪生"信息物理融合"的思想,依次完成"实物设备数字化、运动过程脚本化、系统整线集成化、控制指令下行同步化、现场信息上行并行化",形成整线的执行引擎。实物设备与所对应的虚拟模型进行虚实互动、指令与信息同步,形成一个支持实物设备连线的车间快速设计、规划、装配与测试平台,如图 3.15 所示。

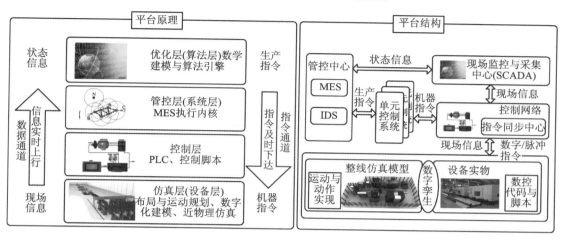

**图 3.15　数字孪生驱动的车间快速设计原理及结构**

基于数字孪生的车间快速设计平台的特点:①利用三维设计引擎与构建的专用模型库,结合车间场地、产能需求、设备选型,构建车间的虚拟三维模型,可快速完成车间布局设计;②编制异构设备的动作脚本,开发响应程序,搭建虚拟控制网络,可实现虚拟整线加工运动的近物理仿真,并基于实际数据进行预测、评估和优化;③可测试分布式集成设备与整线动作的一致性、内部控制逻辑、指令与信息上下行通道、作业周期同步化等内容,并基于虚实融合数据优化车间设计。

**3. 基于数字孪生的工艺规程**

工艺规程是产品制造工艺过程和操作方法的技术文件,是一切有关生产人员都应严格执行、认真贯彻的纪律性文件,是进行产品生产准备、生产调度、工人操作和质量检验的依据。数字孪生驱动的工艺规划指通过建立超高拟实度的产品、资源和工艺流程等虚拟仿真模型,以及全要素、全流程的虚实映射和交互融合,真正实现面向生产现场的工艺设计与持续优化。在数字孪生驱动的工艺设计模式下,虚拟空间的仿真模型与物理空间的实体相互映射,形成虚实共生的迭代协同优化机制。数字孪生驱动的工艺设计模式如图 3.16 所示。

数字孪生驱动的工艺设计模式使工艺设计与优化呈现出以下新的转变:①在基于仿真的工艺设计方面,真正意义上实现了面向生产现场的工艺过程建模与仿真,以及可预测的工艺设计;②在基于知识的工艺设计方面,实现了基于大数据分析的工艺知识建模、决策与优化;③在工艺问题主动响应方面,由原先的被动工艺问题响应向主动应对转变,实现了工艺问题的自主决策。

**4. 基于数字孪生的装配**

复杂产品装配是产品功能和性能实现的最终阶段和关键环节,是影响复杂产品研发质量和使用性能的重要因素,装配质量在很大程度上决定着复杂产品的最终质量。数字孪生驱动的装配过程基于集成所有装备的物联网,实现装配过程物理世界与信息世界的深度融合,通过智能化软件服务平台及工具,实现零部件、装备和装配过程的精准控制,对复杂产品装配过程进行统一高效的管控,实现产品装配系统的自组织、自适应和动态响应,如图 3.17 所示。

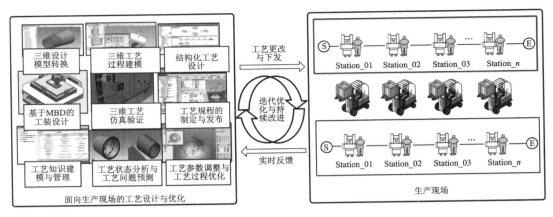

图 3.16　数字孪生驱动的工艺设计

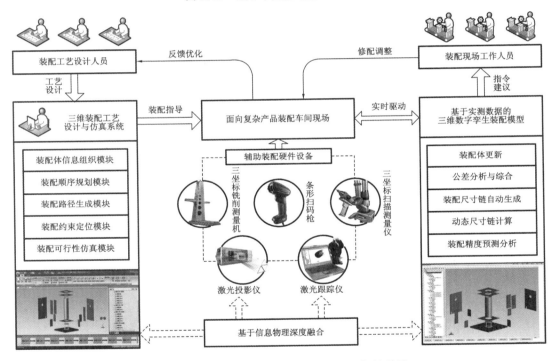

图 3.17　数字孪生模型驱动的复杂产品智能装配

相对于传统的装配,数字孪生驱动的产品装配呈现出新的转变,即工艺过程由虚拟信息装配工艺过程向虚实结合的装配工艺过程转变,模型数据由理论设计模型数据向实际测量模型数据转变,要素形式由单一工艺要素向多维度工艺要素转变,装配过程由以数字化指导物理装配过程向物理、虚拟装配过程共同进化转变。

**5.基于数字孪生的测试/检测**

测试/检测是针对被测对象某种或某些状态参量进行的实时或非实时的定性或定量测量,是生产各项活动正常有序、高效高质进行的必要保障,发展高效高质量、高精度高可靠、低能耗低消耗的测试/检测技术一直都是工业界和学术界的研究热点。数字孪生驱动的测试/检测模式是在虚拟空间中构建高保真度的测试系统及被测对象虚拟模型,借助测试数据实时传输、测试指令传输执行技术,在历史数据和实时数据的驱动下,实现物理被测对象和虚拟被测对象的多学科/多尺度/多物理属性的高逼真度仿真与交互,从而直观、全面地反映生产过程全生命周期状态,有效支撑基于数据和知识的科学决策,如图 3.18 所示。数字孪生驱动的测试/检测流程包括知识建模、系统设计、系统构建,以及系统、对象、过程状态数据全生命期管理和自主决策。

数字孪生驱动的测试/检测基于物理系统和虚拟系统的虚实共生,出现以下新变化:①直观呈现,即由状态参量数据化展现向状态参量视觉化直观呈现;②原位表征,即由事后测量向被测量原位表征转变;③双向驱动,即由仅测量物理量向虚实共生数据双向驱动转变;④调整方式,即由被动响应向基于虚实交互的自适应主动控制转变;⑤管理方式,即由状态监测向虚实同步映射的全寿命周期状态预测转变。

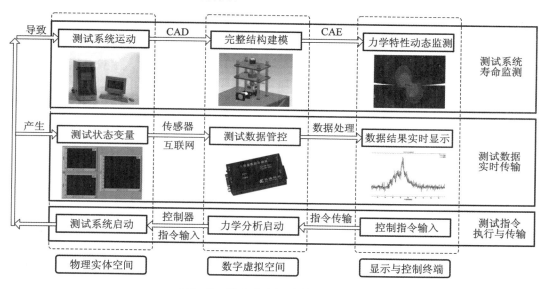

图 3.18　数字孪生驱动的测试/检测

### 6. 基于数字孪生的制造能耗管理

制造能耗管理指在有效保障制造系统性能、企业经济效益的同时,对制造过程中水、电、气、热、原材料等能源消耗进行监测、分析、控制、优化等,从而实现对能耗的精细化管理,达到节能减排、降低制造企业成本、保持企业竞争力的目的。基于数字孪生的制造能耗管理指在物理车间中,通过各类传感技术实现能耗信息、生产要素信息和生产行为状态信息等的感知,在虚拟车间对物理车间生产要素及行为进行真实反映和模拟,通过在实际生产过程中物理车间与虚拟车间的不断交互,实现对物理车间制造能耗的实时调控及迭代优化。基于数字孪生的制造能耗管理机制如图 3.19 所示。

数字孪生驱动的制造能耗管理与传统技术和方法相比,具有以下特点:①数据来源由单一的能耗数据向多类型的装备能耗、生产要素和生产行为等数据转变,数据来源不仅包括物理车间多源异构感知数据,还包括虚拟数字车间仿真演化数据;②交互方式由传统的平面统计图表显示向基于虚拟/增强现实技术的沉浸式交互转变;③能量有效生产过程管理由传统的经验指导管理向物理模型驱动数字模型知识演化的物理-信息融合的管理转变。

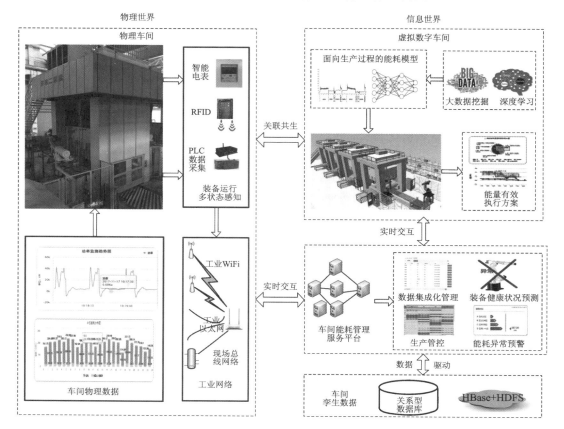

**图 3.19　基于数字孪生的制造能耗管理机制**

### 7. 基于数字孪生的故障预测与健康管理

故障预测与健康管理(prognostics and health management,PHM)利用各种传感器和数据处理方法对设备健康状况进行评估,并预测设备故障及剩余寿命,从而将传统的事后维修转变为事前维修。数字孪生驱动的 PHM 是在孪生数据的驱动下,基于物理设备与虚拟设备的同步映射与实时交互以及精准的 PHM 服务,形成的设备健康管理新模式,实现快速捕捉故障现象,准确定位故障原因,合理设计并验证维修策略。如图 3.20 所示,在数字孪生驱动的 PHM 中,物理设备实时感知运行状态与环境数据;虚拟设备在孪生数据的驱动下与物理设备同步运行,并产生设备评估、故障预测及维修验证等数据;融合物理与虚拟设备的实时数据及现有孪生数据,PHM 服务根据需求被精准的调用与执行,保证物理设备的健康运行。

数字孪生驱动的 PHM 模式为传统的 PHM 带来以下新的转变:①故障观察方式由静态的指标对比向动态的物理与虚拟设备实时交互与全方位状态比对转变;②故障分析方式由基于物理设备特征的分析方式向基于物理、虚拟设备特征关联与融合的分析方式转变;③维修决策方式由基于优化算法的决策向基于高逼真度虚拟模型验证的决策转变;④PHM 功能执行方式由被动指派向自主精准服务转变。

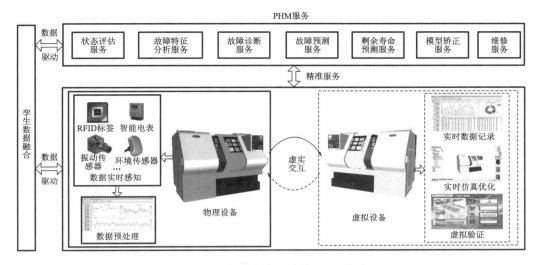

**图 3. 20　数字孪生驱动的 PHM 模式**

#### 8. 智慧城市

2008 年, IBM 提出"智慧地球"的理念, 引发了建设智慧城市的热潮。近年来, 一些国家开始将数字孪生应用到建设智慧城市中。例如, 新加坡构建了城市运行仿真系统 CityScope, 实现对城市的仿真优化、规划决策等功能; 西班牙在城市中广泛部署传感器, 感知城市环境、交通、水利等运行情况, 并将数据汇聚到智慧城市平台中, 初步形成了数字孪生城市的雏形; 雄安新区首次提出建设"数字孪生城市", 明确指出要同步规划、建设现实城市和虚拟的数字城市。数字孪生城市的模型如图 3.21 所示。

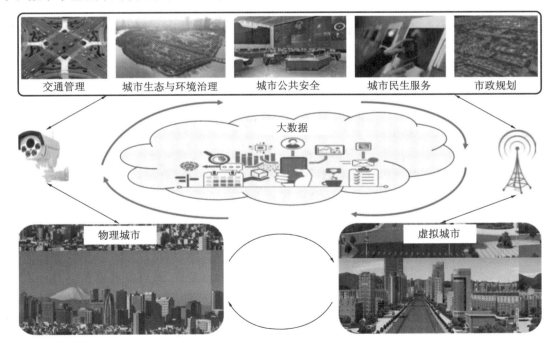

**图 3. 21　数字孪生城市**

通过数字化建模仿真构建城市的虚拟模型,基于在城市各个层面布设传感器采集物理城市的实时数据,结合虚拟城市的仿真数据和城市传感数据,驱动数字孪生城市的发展和优化,最终实现为城市市政规划、生态环境治理、交通管控等提供智慧服务。阿里云提出的城市大脑与数字孪生城市建设的思路基本吻合,它通过实时处理人所不能理解的超大规模全量多源数据,基于机器学习洞悉人所没有发现的复杂隐藏规律,能够制定超越人类局部次优决策的全局最优策略,并且在城市交通体检、城市警情监控、城市交通微控、城市特种车辆、城市战略规划 5 个应用场景中部署实施,证明数字孪生城市可以推动城市设计和建设,辅助城市管理,使城市更智慧、美好。

### 3.7.4  典型应用案例

北京航空航天大学与沈阳飞机工业(集团)有限公司合作,以飞机起落架为例,参照数字孪生五维模型,探索了基于数字孪生的起落架载荷预测辅助优化设计方法,如图 3.22 所示。

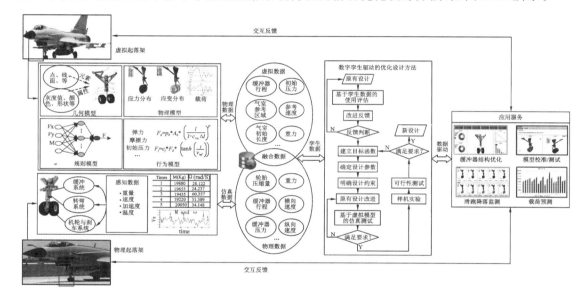

**图 3.22  数字孪生驱动的飞机起落架结构优化设计**

在飞机的着陆与滑跑过程中,起落架和飞机机身都将承受很大的冲击载荷,其中垂直方向的冲击载荷被认为是影响飞机起落架结构疲劳损伤的重要因素,对起落架的设计也起到关键性辅助及指导作用。垂直冲击载荷的影响因素众多并相互耦合,其主要影响因素与载荷是一种复杂的非线性关系,传统基于内部机理分析为基础的机理建模方法很难建立起落架载荷的精确模型。将数字孪生技术应用到载荷预测,是在建立起落架数字孪生五维模型的基础上,获得与载荷密切相关的物理数据(如当量质量、垂直速度、攻角等)、虚拟数据(如缓冲器压力、缓冲器行程、效率系数等)及融合数据,并利用现有的数据融合方法,即可准确地预测载荷,从而准确地预测冲击载荷。随后即可利用其进行起落架结构优化计算,最终利用结构优化达到减轻重量、提高可靠性、提高设计效率、降低设计成本等目标。在已存在的设计结构优化设计阶段,可利用数字孪生对设计进行使用评估,并形成改进反馈。当与来自消费者的需求与意见结合后,若起落架迭代判断无需优化设计则无需重新设计,若判断需要进行起落架结构更新则进行优化设计。传统的优化设计过程主要分为建立目标函数、确定设计变量、明确设计约束等步骤,在此理论基础上,结合数字孪生的特点,利用虚拟模型对已有设计进行迭代改进与测试。若满足设计需求则最终形成新设计,若不满足则重复进行优化设计步骤直至得到满足设计需求且具有可行性的新设计。

采用数字孪生技术后,可综合大量的试验、实测、计算案例,进行产品设计使用仿真,并将以往的真实测试环境参数融入起落架模型的设计中。对部分在传统起落架结构优化设计中需大量人力物力实验才可测得的数据,可利用数字孪生模型进行准确而高效的计算,极大地简化了迭代设计步骤并提升了设计效率。经过计算和分析后,若结构优化设计评估结果收敛,则可生成结构优化设计方案。

## 习　　题

1. 简要阐述智能设计的特点。

2. 简要分析设计型专家系统与人机智能化设计系统的区别。

3. 智能设计系统的关键技术有哪些?

4. 简述智能制造环境下产品知识的推理和利用过程。

5. 分析基于规则与基于案例的智能设计方法实现过程。

6. 试述智能 CAD 系统的概念与基本功能。

7. 列举实例说明虚拟现实技术在实际设计工作中的典型应用。

8. 简要分析基于数字孪生的产品设计与传统产品设计的区别。

9. 结合具体实例阐述对数字孪生概念的理解。

# 第4章 智能工艺规划与智能数据库

## 4.1 概述

随着工业4.0和"智能制造"的提出和实践,智能工艺规划与智能数据库成为研究热点。通过智能化手段(如云计算、物联网等),生产管理者可以实时获得车间生产情况、物流、供货状态等生产信息为生产管理智能决策提供了基础。作为生产管理的重要环节,工艺规划衔接了产品设计与生产制造,为生产过程分配合适的制造资源。以文件形式确定的工艺规程是进行工装制造和零件加工的主要依据,对组织生产、保证产品质量、提高生产率、降低成本、缩短生产周期及改善劳动条件等都有直接的影响。现代制造业正朝着数字化、智能化、自动化、集成化及网络化的趋势发展。因此,智能化、数字化与自动化也是现代工艺规划的关键所在。

由于工艺规划本身的复杂性、制造背景的多样性、工艺知识的复杂性与多样性、工艺推理与决策逻辑的抽象性,工艺规划的智能化、数字化与自动化仍然处于发展阶段,迄今为止的工艺规划在很大程度上对人的依赖性仍然较大。因此,工艺规划的智能化、数字化与自动化需要从微观的角度对制造背景中的制造资源、工艺知识表示方法、工艺推理机制以及决策逻辑方法进行深入的底层基础理论与方法研究。

数据库是按照数据结构来组织、存储和管理数据的仓库。随着理论知识和实践经验的不断积累,数据库中的数据将会越来越多。尤其是制造活动的复杂性决定了制造大数据和知识的多样性。激增的数据背后隐藏着大量有用的信息,但是传统的工艺数据库系统虽可以实现数据的储存、查找和统计等功能,却无法发现数据背后隐藏的知识和规则,无法通过已有的数据发现更多有用的信息。因此,构建合理的工艺数据库系统,并从中挖掘出潜在的规则和知识显得尤为重要。特别是智能工艺数据库可以为机械制造业提供合理和优化的加工数据,以提高加工精度、表面质量和加工效率。因此,可以看出智能工艺数据库是整个智能制造的基石。

### 4.1.1 数据库

数据库(database,DB)是按照数据结构来组织、存储和管理数据的仓库,它产生于20世纪60年代。随着信息技术和市场的发展,特别是20世纪90年代以后,数据管理不再仅仅是存储和管理数据,而转变成用户所需要的各种数据管理的方式。数据库有很多种类型,从最简单的存储有各种数据的表格到能够进行海量数据存储的大型数据库系统都在各个方面得到了广泛的应用。

在信息化社会,充分有效地管理和利用各类信息资源,是进行科学研究和决策管理的前提条件。数据库技术是管理信息系统、办公自动化系统、决策支持系统等各类信息系统的核心部分,是进行科学研究和决策管理的重要技术手段。

今天,更先进的信息系统开发平台和与之相适应的开发方法学,是信息高速公路的基本配套设施之一,目前的信息系统开发平台的数据库管理系统(DBMS)产品却只是处理数据,尽管最近几年受到重视和广泛研究的知识库系统(KBS)较注重知识的处理,但无论 DBMS 还是 KBS 都远未能做到像人那样按信息的真正含义直接处理信息。此外,多媒体特征是信息的基本属性之一,真正意义上的信息处理系统应该把对信息的多媒体支持归纳进来。计算机科学的一系列研究领域,特别是数据库技术、软件工程、专家系统和人工智能(AI)等,已分别从不同的角度和方面为信息处理技术和信息系统开发做出了贡献。目前,各领域技术相对成熟,为深层次的综合集成研究提供了技术条件。智能数据库系统(IDB)概念的提出,正是试图把 AI 与 DB 进行集成的结果。

关于 IDB 还没有一个比较公认的定义,现有文献对 IDB 的解释一般都过于简单、直观:即把 AI 技术应用于管理信息系统 DBS,以提高 DBMS 的已有功能的性能,并扩充新的功能。智能数据库系统旨在研究和开发更为广义的(真正的)信息管理系统,所要管理的信息应更加接近本来意义上的信息概念,而不只是限于数据信息(基于 DBMS 的管理信息系统)。下面拟阐述信息的四个性质,从侧面来把握信息概念的本质。

(1)信息的效应性或有用性:是指从人类的观点看,信息被(不同的)人所接收后会产生一定的效应或发挥不同的价值。研究信息的效应性会对软件和计算机信息系统的友好用户界面的开发起到指导作用。

(2)信息的内容性:是指从语言学角度看,信息总是有其所指,有其内涵。信息的内涵一般是无法直接和完全表达出来的。

(3)信息的媒体性:是指从物理的角度看,信息总是有一定的物理表现形式,即媒体性。媒体还是信息存在的载体(介质),信息不能离开媒体而存在。

(4)信息的可操作性:信息可接受的操作有:创建、传达、存储、检索、接收、复制、处理、销毁等,此外还有变换操作,但信息变换难免会造成信息丢失。

## 4.1.2　数据库系统开发路线

数据库系统的设计是一个非常复杂的过程,其间往往需要经过多次试探、反复,有时还需要进行目标分解,最终才能得到比较满意的结果。数据库系统开发的基本流程如图 4.1 所示。

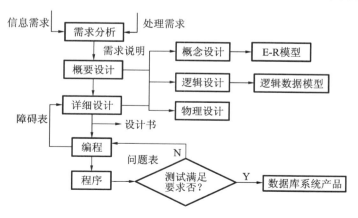

**图 4.1　数据系统开发流程**

首先是对信息需求和处理需求进行需求分析,得出需求说明。需求说明是数据库设计的依据,主要包括对数据库所涉及的各项数据及其特征的描述以及对数据量和使用频率的估计。然后对数据库系统进行概要设计,包括总体设计和各个模块的概要设计,并形成每个模块的设计文档。概要设计之后进行数据库系统各个模块的详细设计,设计每个模块的实现算法、所需的局部数据结构。概要设计又分为概念设计、逻辑设计和物理设计。详细设计之后进行数据库编程和测试,针对编程中遇到的障碍对数据库设计进行适当修改,之后对数据库系统进行综合测试,并根据测试发现的问题反复修改程序,使之性能良好,即得到数据库系统。

### 4.1.3　数据库的系统结构

数据库的系统结构经历了以下两个阶段。

(1)客户机/服务器(Client/Server)阶段:其核心是服务器接收请求、完成计算、发送结果,其他机器称为客户机,负责向服务器发送请求,接收服务器的结果,允许应用程序在客户端运行。这一运行模式简称 C/S 模式。

(2)浏览器/服务器(Browser/Server)阶段:它是从 Client/Server 模式发展而来的,其本质仍然是请求驱动,又有一些新特点:以 Web 技术为核心,客户端统一用浏览器就可以访问多个服务器应用程序,具有统一的客户端界面,对于分散、多用户的切削数据库而言非常有用。简称 B/S 模式。

互联网(Internet)或内部网(Intranet)的蓬勃发展使越来越多的应用开发都基于 Web 方式。数据库技术比较成熟,特别适合于对大量的数据进行组织管理,Web 技术拥有较好的信息发布途径。因此,Web 技术与数据库技术的结合,必能大大扩展 Web 的功能。同时,也可以通过浏览器访问数据库服务器,简化对数据库的操作难度,只要用户能上网,便能管理和利用数据库中的信息。

目前应用比较广泛的数据库系统均采用三层浏览器/服务器(B/S)模型,如图 4.2 所示。此模型简化了客户端软件,只需装上浏览器作为客户端应用的运行平台,所有的开发、维护和升级工作都集中在服务器端,用户使用浏览器上网,向 Web 服务器提出请求,Web 服务器处理请求,查询数据库,并将查询到的信息组织成 HTML 页发送给用户,在用户的浏览器上显示。

**图 4.2　B/S 结构的三层结构模型**

在该模式下开发数据库有以下 3 个特点。

①解决了 C/S 应用程序中存在的客户端跨多平台的问题。C/S 模式的软件系统要求客户端与服务器一一对应,如果一台客户机要访问多个服务器,就必须配置多个客户端软件。B/S 结构以 Web 技术为核心,客户端统一用浏览器就可以访问多个服务器应用程序,具有统一的客户端界面,这对多用户且用户分散分布的切削数据库而言具有十分明显的优势。

②维护费用低。C/S 结构中,所有的客户端需要配置好几层软件,如操作系统、网络协议

软件、客户端软件、开发工具、应用程序等。而 B/S 结构中客户端只需安装操作系统、网络协议软件和浏览器即可,服务器则几乎集中了所有的应用程序的开发和维护,不仅降低了设备费用,也便于维护、开发和升级。

③客户端用统一的浏览器来访问数据库,便于操作、学习,无需专门培训。在这种三层结构模型中,服务器提供 DBMS 支持,用户界面由 HTML 语言实现,客户端统一通过 Web 浏览器与数据库进行交互,系统在互联网或内部网环境下运行,系统的维护工作大大减少。在这种体系结构中,数据库与 Web 的接口是靠 Web 服务器应用程序接口实现的。

## 4.1.4　数据库的发展方向

数据库的发展过程呈现出以下四个方向。

(1)集成化。企业为了方便和准确地查询本企业的制造资源,需要建立制造资源数据库,它一般包括工艺基本定义和分类、机床设备、刀具、工艺装备、毛坯种类、材料牌号、材料规格、工艺规则库、工艺简图库、工艺参数库(切削参数、设备参数、工时定额表)和典型工艺库等。切削数据库与 CAPP、CAD/CAM 和 CIMS 等联机,作为制造数据库的一部分,为这些自动化制造系统提供合理的切削加工数据,由切削数据中心向加工信息中心乃至生产信息中心发展,对加工过程中的规律、规则、数据和技术进行采集、评价、存储、处理及应用。因此,切削数据库对NC 机床、加工中心及 CAD、CAM、CAPP、CIMS 等而言,是基础数据的提供者,是 CAM、CAPP、GT 等先进技术的基础。没有数据库的支持,就没有真正的计算机集成制造系统,集成化是数据库发展的必然趋势。

(2)智能化。传统开发的数据库和刀具管理系统所提供的数据,大多只是静态的原始数据,比较具体、确定,从根本上来说,只能算作电子手册,对于生产现场出现的种类繁多的加工方式、性能千变万化的工件材料和刀具材料,仅靠静态数据库往往难以解决。由于数据库管理系统不能从存储的数据中进行逻辑推理或作启发性判断,因而存储数据的价值得不到充分发挥,而人工智能的优势却可以解决这一难题。目前,切削数据库正朝着智能化方向发展,利用人工智能的方法来建立切削数据库,使其具有动态特性。把人工智能与切削数据库结合起来,可以解决切削数据库中一些难以解决的问题。

智能化就是将专家的经验,加工的某些一般规则与特殊规律存储在计算机中,实现运行与决策。很多技术及其专家的经验很难用严格的数学模型表达,如果将数据库与人工智能技术结合,则是解决这类问题的最好方法。

(3)实用化。通用数据库提供针对不同机床、不同加工方法、不同刀具材料的切削工艺参数,能够根据不同的加工条件,提供优化的刀具角度、切削速度、进给量等切削用量和切削介质等一系列切削参数。

(4)网络化。迅速发展的 Internet 技术,给数据库应用领域带来了新的活力,网络化强调数据交换和资源共享,将是未来数据库技术发展的主要趋势。

目前,很多切削参数数据库系统主要采用 C/S(客户端/服务器)模式架构软件,软件的分发、安装、统一等较为不便,而采用 B/S(浏览器/服务器)模式的软件,能较好地避免这些问题。数据库在向着集成化、智能化、实用化和网络化方向发展的同时,也需要进行信息模型、数据模型、开发设计理论与模式等方面的基础性开发研究。

### 4.1.5 智能数据库

**1. 专家系统**

第一个专家系统(ES)DENDRAL 在 20 世纪 60 年代后期问世于斯坦福大学的实验室。ES 较传统 AI 系统的研究有一个战略性的重点转移:强调运用知识求解特定问题。

一个专家系统是一个(或一组)程序,通过对被编码知识的运用和操作来完成对特定领域里较为复杂的问题的求解,被求解的问题通常必须是由领域专家依赖其专家知识才能求解的较为复杂的问题。ES 具有与传统计算机系统截然不同的下列特点。

(1)ES 的问题求解能力依赖于所拥有的专家知识。

(2)对 ES 的知识进行编码和维护应独立于(应用知识的)控制程序来进行。这样做有两个好处:知识具有一定的独立性,控制程序可单独抽取出来予以推广,从而形成专家系统外壳,可用于建立更多的 ES。

(3)ES 具有对问题求解结果进行解释的能力,使用户可对之评价从而提高用户对系统的信任程度。

(4)ES 中的知识一般是逻辑上分层的,推理过程是通过在元知识的指导下对比它低一层的知识进行操纵来完成。

**2. 专家数据库系统**

专家数据库系统 EDBS 是一个或多个专家系统和一个或多个 DBMS 的组合系统,目的在于满足那些需要在知识指导下进行共享信息处理的用户。ES 负责推理,DBMS 负责共享与保护。EDBS 则是一个由多个不同组件形成的协作型系统。在 EDBS 中由于存在多系统协作,必然就存在紧耦合型系统和松耦合型系统。EDBS 的一般结构如图 4.3 所示。

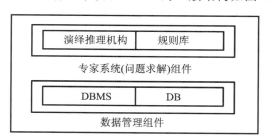

**图 4.3 EDBS 的一般结构**

**3. 知识库系统**

知识库系统或基于知识的系统(简称知识系统)是来自 AI 与 DB 的研究者共同从一个新的视角对未来信息系统的目标予以研究的结果。下面初步给出知识库 KB、知识库系统 KBS 和知识库管理系统 KBMS 的概念。

知识库 KB 是一个可被共享的,拥有大量简单事实和通用规则的合集。任何一个知识系统的问题求解能力都极大地依赖于对知识库中知识的运用(启发式推理)。

知识库系统 KBS 是任何一个由多个资源集成的系统,资源可包括硬件、软件或人,其中有一个最为重要的分离资源就是知识库 KB 资源,并由知识库管理系统 KBMS 负责对知识库进行统一管理与维护。

　　知识库管理系统 KBMS 是知识库 KB 的管理者,就如同 DBS 中 DBMS 的作用一样。本质上讲,KBMS 是一个软件系统,提供对大规模、共享知识库的管理设施。KBMS 在功能上应具有 DBMS 功能的某些典型特色,如并发访问、知识库分布、错误恢复、安全和可靠性等,再加上 AI 系统的某些特有机制,如演绎推理、带回溯的搜索、解释、答问、动态人机交互、自动分类、一致性维护等。

　　尽管 KBMS 与 DBMS 相呼应,但二者仍有本质的区别:

　　①在 DBMS 中,实例知识和类属知识被截然分开,且分别保存在数据库和数据库模式之中,而在 KBMS 中,这两类知识间没有明显相应的区分;

　　②DBMS 在功能上集中于满足最终用户的需求,KBMS 则重在满足 KBS 设计人员(即知识工程师)的需求;

　　③KBMS 需要考虑提供各种推理机制(如演绎与溯因推理等)及其相应的解释机制,DBMS 则不予考虑这些问题;

　　④设计一个 DBMS 的第一步是选择合适的数据模型,而设计 KBMS 的第一步则是选择合适的知识表示框架。

**4. 主动数据库**

　　传统 DBMS 只有在应用发出显式请求时,才对库中的数据施以相应的操作(仅此而已)作为对应请求的响应。从这个意义上来讲,传统 DBS 均是被动型的。主动数据库系统 ADB,可以被定义成这样一个 DBS,它能够自动地响应(无需用户干预)发生于系统内部或外部的事件。

　　从概念上来讲,传统 DBS 是纯粹的数据库(只存储数据),对数据所能进行的处理仅限于根据应用请求完成必要的查询和增添、删改、操作。主动数据库则除了存储数据外,还试图将更多的行为(与数据库状态相关的动作)和数据一道存入库中,可以在对库中数据进行操作时,亦能因此触发某些已"存储"的行为的执行,这便是主动数据库中的主动性的全部本质(当然,行为的"存储"可以是物理的,也可以是逻辑的)。

　　由于主动性的引入,ADB 极大地挖掘了传统 DBMS 的功能潜力,可望更大地拓宽 DBMS 的功能范畴。主动性可用于更有效地进行 DBMS 自身的完整性维护、安全存取控制、导出数据(如视图 view)、管理、异常处理、监控与报警、状态开关切换、系统性能评测、实时数据库与协作 DB 的实现,特别是各种推理机制的支持,额外地使 ADB 亦获得了 IDB 的美誉。除了这些功能上的扩充外,由于更多的行为已存入库中,应用开发遂被极大地简化。实际上在理想情况下,应用开发变成了对已存储行为和数据的一次配置,犹如应用所需的各处理模块均已齐备,只需组织一个总控程序一样。

# 4.2　计算机辅助工艺规划及其智能化

## 4.2.1　工艺规划

　　工艺规划的含义(见图 4.4)可以概括如下:①考虑制定工艺计划中的所有条件/约束的决策过程,涉及各种不同的决策;②在车间或工厂内制造资源的限制下将制造工艺知识与具体设计相结合,准备其具体操作说明的活动;③是连接产品设计与制造的桥梁。

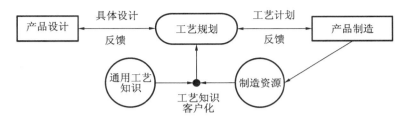

图 4.4　工艺规划的基本含义

计算机辅助工艺规划(computer aided process planning,CAPP)是通过向计算机输入被加工零件的原始数据、加工条件和加工要求,由计算机自动地进行编码、编程直至最后输出经过优化的工艺规程卡片的过程。这项工作需要有丰富生产经验的工程师进行复杂的规划,并借助计算机图形学、工程数据库以及专家系统等计算机科学技术来实现。计算机辅助工艺规划常是连接计算机辅助设计(CAD)和计算机辅助制造(CAM)的桥梁。

在集成化的 CAD/CAPP/CAM 系统中,由于设计时在公共数据库中所建立的产品模型不仅仅包含了几何数据,也记录了有关工艺需要的数据,以供计算机辅助工艺规划利用。计算机辅助工艺规划的设计结果也存回公共数据库中供 CAM 数控编程。集成化的作用不仅仅在于节省了人工传递信息和数据,更考虑了产品生产的整体性。从公共数据库中,设计工程师可以获得并考察所设计产品的加工信息,制造工程师可以从中清楚地知道产品的设计需求。全面地考察这些信息,可以使产品生产获得更大的效益。

## 4.2.2　计算机辅助工艺规划

机械加工工艺规划过去一般由工艺人员来完成,由工艺规划人员根据零件的材料、几何形状、尺寸、公差、表面粗糙度、硬度等产品信息,结合当前工厂的生产条件和生产批量做出工艺方案并完成工艺路线、工艺装备、工艺参数和工时定额等各种工艺文件。传统的工艺规划方法要求设计人员具有丰富的生产经验,熟悉企业的设备条件和技术水平,了解各种加工规范和有关规章制度。总之,一个好的工艺规划人员必须经过多年实践工作的锻炼。

采用人工进行工艺规划,不但需要一大批有丰富工艺知识和多年实践工作锻炼的工艺人员,而且还要采用手工方式准备各种工艺文件,工艺人员的工作主要是查手册、计算数据、填写工艺卡、画工艺图等一系列手工操作。工艺规划所需的时间多,工艺规程的可改性差,工艺规划的人为因素和随机性也较大,不利于生产率的提高。计算机辅助工艺规划能在计算机的帮助下迅速编制出完整而详尽的工艺文件,工艺人员无需重复查阅各种手册和规范,不再用手工编制各种表格,大大提高了工艺人员的工作效率。

国外早期的 CAPP 研究工作开始于 20 世纪 60 年代末期,较有代表意义的是 CAM-I(Computer Aided Manufacturing-International)系统。设在美国的计算机辅助制造国际组织于 1976 年推出了 CAM-I's Automated Process Planning 系统,取其字首第一字母,称为 CAPP 系统。虽然与现在缩写语 CAPP(computer aided process planing)所代表的词语有所不同,但计算机辅助工艺规划称为 CAPP 已为大家所共认。早期的 CAPP 系统实际上是一种技术档案管理系统。它把零件的加工工艺按图号存放在计算机中,在编制新的零件工艺时,可从计算机中检索出原来存有的零件工艺,有的可以直接使用,有的必须加以修改,如果检索不到则必须另行编制后存入计算机。

派生式系统是以成组技术为基础,把零件分类归并成族,零件族的划分可采用直接观察法、分类编码法和工艺流程分析法等方法来进行,并制定出各零件族相应的典型工艺过程。在使用这种 CAPP 系统时,首先根据零件特点按零件族的划分方式将需要编制工艺的零件进行分类,然后从计算机中调出典型工艺,再通过文件编译修改生成零件工艺。这类系统的主要缺点在于其针对性较强,使用上往往局限于某个工厂中的某些产品,系统的适应能力较差。派生式 CAPP 系统由于开发周期短、开发费用低,因而在一些工艺文件比较简单的中小工厂中比较受欢迎。

为了克服派生式 CAPP 系统的缺点,许多大学和研究机构纷纷开展了创成式 CAPP 系统的研究工作。创成式 CAPP 系统中不存储典型工艺,而采用一定逻辑算法,对输入的几何要素等信息进行处理并确定加工要素,从而自动生成工艺规程。

专家系统作为一种工具,它具备某一领域的知识和利用这种知识来解决这一领域中的问题的本领。采用专家系统的办法很适合解决工艺规划中若干方面的问题。传统上,这些问题主要有两个特点:其一是工艺知识主要依靠经验,这些专门经验一般要通过较长时间的积累;其二是这些知识本身有一定的不确定性,且随企业条件的不同而变化。因此,如果利用专家系统来进行自动工艺规划,就必须和工艺师一样收集、表达和利用这些工艺知识,而专家系统本身已为这些工作提供了很好的框架。由于专家系统的知识库容易被修改和扩充,因此比较容易适应企业的生产环境。目前,各国学者正致力于使 CAPP 专家系统进一步实用化和工具化。

有必要指出的一点是,以上所述的三种系统虽然采用了不同的方法,但所采用技术则是可以互相借鉴的,如在获取专家知识时往往需要将零件进行分类,以便按其类别来收集和归纳专家知识,人工智能的方法也可用于成组编码,从而实现零件编码自动化。目前出现的一些混合式的 CAPP 系统,正是这几种方法综合运用的结果。

## 4.2.3　CAPP 系统的类型

### 1. 派生式 CAPP

派生式 CAPP 系统的主要特征是能检索预置的零件工艺规程,实现零件工艺设计的借鉴与编辑。根据零件工艺规程预置的方式不同,可以分为基于成组技术(GT)的 CAPP 系统,基于特征技术的 CAPP 系统两种主要形式,其他形式的系统是这两种形式的延伸。

1)基于 GT 的工艺生成

基于 GT 的工艺生成是在成组技术的基础上,按照零件结构、尺寸和工艺的相似性,把零件划分为若干零件组,并将一个零件组中的各个零件所具有的型面特征合成为主样件,根据主样件制定出其典型工艺过程。主样件和典型工艺是开发基于 GT 的 CAPP 系统的关键。

(1)主样件的设计。一个零件组通常包含若干个零件,把这些零件的所有型面特征"复合"在一起的零件称为复合零件,也称主样件。复合零件是组内有代表性、最复杂的零件,它可能是实际存在的某个零件,但更多的是组内零件所有特征合理组合而成的假想零件。主样件的设计步骤是:先将产品的所有零件分为若干零件组,在每个零件组中挑选一个型面特征最多、工艺过程最复杂的零件作为参考零件;再分析其他零件,找出参考零件中没有的型面特征,逐个加到参考零件上,最后形成该零件组的主样件。

(2)主样件工艺过程设计。主样件工艺过程设计的合理性直接影响到基于 GT 的 CAPP 系统运行的质量。主样件的工艺过程至少应符合以下两个原则。

①工艺的覆盖性。主样件工艺过程应能满足零件组内所有零件的加工,即零件组内任一零件全部加工工艺过程的工序和工步都应包括在典型工艺过程中。在设计该组中某个零件的工艺规程时,CAPP 系统只需根据该零件的信息,对典型工艺过程的工序或工步作删减,就能设计出该零件的工艺规程。

②工艺的合理性。主样件工艺过程应符合企业特定的生产条件和工艺设计人员的设计规范,能反映先进制造工艺与技术,以保证生产的优质、高效和低成本。

2)基于特征的工艺生成

基于特征的工艺生成是在特征分类的基础上,设计每一个特征的工艺规程和特征工艺规程的叠加规则,根据输入特征自动匹配出零件的工艺规程。这种方法将以零件为基础的工艺规程降到以特征为基础的工艺规程,并在特征的基础上构建零件组成的特征链作为存储与检索的中间环节,不仅能将派生出的工艺规程准确到零件的基本结构,减少系统的存储量,还可以通过编辑中间环节模块,改变系统工艺规程预置的内容,使标准零件工艺库在不改变存储结构的前提下,具有较大的柔性。

(1)基于特征的标准工艺库设计。基于特征的标准工艺规程库是一种单元组合型的工艺生成方式,即根据特征—零件—工序的相对独立性和可组合性,分别独立设计各数据库结构,采用链式关联方法,建立相互间的组成关系。标准工艺规程库根据几何特征的分类特点分别构成标准工艺规程库。也可以将一个基于 GT 编码的标准零件族根据特征分类的方法分解为一组不同类型、经过有限组合即可标识的各种零件,在此基础上,根据特征的不同组合,按照工序来分解工艺规程,将工序内容进行规范化描述后存放到数据库中,人为地进行工序及其顺序的预置。

(2)基于特征的工艺检索。采用特征作为零件的输入手段,可以使系统输入的信息单元化,在特征提取过程中,相关的尺寸已全部定位,以特征作为检索条件,检索到某个特征组合的工艺规程后,可以将尺寸信息替换到相应的工艺条件中去。

CAPP 是在企业范围内采用网络数据库模式的应用系统,系统的查询速度是衡量数据库及其应用的关键指标。在提高数据库查询速度上,除遵循常规的数据库系统设计的一般原则外,还需要采取下列措施:

尽量减少数据库表的数量和属性,系列表中可以采用顺序存放的方式,用特征代码作为主键标,同样能实现系列参数的连接与提取。

系统设计时,尽量调用存储过程(procedure)来实现网络数据库的应用。存储过程是一组被编译的,且已在 DBMS 中建立了查询计划并经优化的 SQL 语句,当 Client 调用存储过程时,通过网络发送的数据只是调用命令和参数值,它不仅为数据库上处理 SQL 事务提供了一种快捷的途径,同时也降低了网络的传输量。

系统运行过程中,要减少对数据库服务器的访问次数。当应用程序需要反复操作相同或类似的数据(如静态工艺数据、数据字典等)时,可利用数据共享技术,将数据从数据库中提取出来,存储在本地机的缓存中,待一系列操作完成后再对缓存进行释放。

（3）工艺编辑环境。从生产管理流程分析,无论采用推理的方法还是检索的方法生成零件工艺规程,工艺编辑这一人工介入环节都是必不可少的,同时还要经过校对、审核、批准等程序。因此,在提高工艺检索准确率的前提下,提供满足工艺设计人员规范的、方便工艺规程修改的,以及能够随时查阅各种工艺知识和工艺数据的工艺编辑环境是必要的。

工艺编辑环境是在 PDM 数据管理功能的基础上,以工艺编辑为核心的工艺集成环境。在此环境下,工艺设计人员针对本企业或车间的制造资源状况,对各个实体类型的具体数据项和实体类型下的具体实例进行审核,并对它们的工序顺序和过程计算的结果进行校对,需要在工艺编辑过程中反复查询各类工艺数据和相关的制造资源信息。与此同时,工艺设计人员还需要浏览零件图,并通过修改零件图达到绘制工艺简图的目的。

CAPP 工艺集成环境是一个面向工艺人员的设计系统,它为工艺设计人员提供一系列操作界面和相应的操作功能,改善了工艺设计人员传统的工作方式。实际使用中,工艺设计人员定义产品的工艺数据,由系统自动生成工艺规程文件,使得工艺设计人员能把精力集中于工艺内容的构思上,而不是把精力花在工艺文件的填写等烦琐的事务性劳动上,大大提高了工艺设计人员的工作效率,并能实现工艺规程的规范化和标准化。

工艺编辑环境由各类资源支撑下的工艺规程编辑窗口和工艺简图编辑窗口两个窗口组成。工艺规程编辑窗口主要完成系统提交编辑的工艺文件的修改与审核,完善工艺计算等工艺规程中的细节,需要系统配备专门的编辑器。工艺简图编辑窗口则完成工艺规程所需的工艺简图的绘制与编辑,系统通过 OLE 方式调用 CAD 系统的功能。

3）派生式 CAPP 系统的研制

派生式 CAPP 系统的研制可按以下步骤进行。

（1）建立一个分类编码系统。派生式 CAPP 通常需要建立一个分类编码系统,因为分类编码能零件的相似性识别变得简便,具体的分类编码方法我们将在下一节中具体介绍。虽然目前市场上已经有不少分类编码方法,但仍然有不少企业宁可根据自己企业的情况自行研制分类编码。在这里,我们建议,在各企业自行研制分类编码系统以前,应对已有的分类编码方法进行仔细研究和比较,然后尽可能采用比较成熟的分类编码方法。这样做可以节约大量人力物力。如果无法找到合适的分类编码系统,建议在自行建立分类编码系统时,请有关的专业人员来指导。原则上,分类编码应覆盖本企业的所有产品,其中应包括企业准备发展的产品。因为有时无法预测企业要开发何种产品,故建议编制分类编码系统时要带有一定柔性,例如,留几个备用码位以便今后扩展。

（2）零件族的划分。成组技术提出了零件族的概念,零件族是指把结构形状相似、尺寸相近和工艺相似的零件归并为一个加工族。工艺相似使同一类零件可以采取相似的工艺路线,这是制定标准工艺的前提,而结构相似则是工艺相似的基础。尺寸相近可使零件在同规格的加工设备上加工。在三个相似中,最重要的应该是工艺相似。

（3）编制典型成组工艺。复合零件法又称样件法,它是利用一种所谓的复合零件来设计成组工艺的方法。复合零件可以选用一组零件中实际存在的某个具体零件,也可以是一个实际上并不存在而纯属人为虚拟的假想零件。复合零件应是拥有同组零件和全部待加工表面要素或特征的零件。按复合零件设计成组工艺,只要从成组工艺中删除某一零件所不用的工序（或工步)内容,便形成该零件的加工工艺,实践证明,对于形状较简单的回转体零件,用复合零件法编制工艺比较合适。

复合路线法适用于有些结构比较复杂的回转体零件组和绝大部分非回转体零件组。因复合零件形状极不规则,所以要虚拟复合零件相当困难,这时可采用复合路线法或称流程分析法。复合路线法是在零件分类成组上,把同组零件的工艺文件收集在一起,然后从中选出组内最复杂,也即最长的工艺路线作为加工该组零件的基本路线。复合零件法比较适合结构比较复杂的回转体零件和大部分非回转体零件。

**2. 创成式 CAPP**

创成式 CAPP 与派生式 CAPP 不同,其根本差别在于事先没有存入零件或零件族的典型工艺,零件的工艺过程主要是通过逻辑决策方式"创成"出来的。创成式 CAPP 系统可以定义为一个能综合加工信息,自动为一个新零件制定出工艺过程的系统。依据输入零件的有关信息,系统可以模仿工艺专家,应用各种工艺决策规则,在没有人工干预的条件下,从无到有,自动生成该零件的工艺规程。创成式 CAPP 系统的核心是工艺决策的推理机和知识库。

1)创成式 CAPP 系统的工作原理

创成式 CAPP 系统主要解决两个方面的问题,即零件工艺路线的确定(或称工艺决策)与工序设计。前者主要是生成工艺规程主干,即确定零件加工顺序(包括工序与工步的确定),以及各工序的定位与装夹基准;后者主要包括工序尺寸的计算、设备与工装的选择、切削用量的确定、工时定额的计算以及工序图的生成等内容。前者是后者的基础,后者是对前者的补充。

2)面向对象的工艺知识表达

工艺知识是指支持 CAPP 系统工艺决策所需要的规则。根据知识的使用性可以分为选择性规则和决策性规则两大类。选择性规则属于静态规则,它是在有限的方案中选择其中的一种,作为系统中各种工艺参数和加工方法选择的依据,如加工方法选择规则、基准选择规则、设备与工装选择规则、切削用量选择规则、加工余量选择规则、毛坯选择规则等。决策性规则属于动态规则,它是随着操作对象的变化而变化的,如工艺生成规则、工艺排序规则(包括工序排序和工步排序)、实例匹配规则等。

面向对象的工艺知识表达不是简单地将事实、规则以及一些方法用类封装,它是工艺设计领域对象的知识表示,它采用的基本方法是,以对象为中心来组织知识库的结构,将对象的属性、知识及知识处理过程统一在对象的结构中。应用对象标识来区分不同的对象类,用对象属性表示对象的静态属性,用知识处理方法来表示对象的动态行为。这种对象是以整体形式出现的,从它的外形只能看到外部特征,即该对象所能接收的消息,所具备的知识处理能力等。在对象外部不能直接修改对象内部状态,也不能直接调用其他内部的知识处理,对象内部的知识调度和推理进程由对象内的规则控制。

3)面向对象的特征推理机制

对象描述将知识和处理的方法封装在一起,其本身可以描述和求解一个独立的领域子问题。对象内部的推理可以采用产生式或系统中使用的链接原理与方法进行,一般产生式系统的规则匹配,冲突消除转换为面向对象的事实与规则相匹配。匹配过程中,若发现某规则与本对象表示的事实(包括继承事实)不相符,则放弃该规则,如此反复,直到问题解决。

对象与对象之间的推理是通过对象间的消息通信来实现的。向对象发送消息,其本质是一个间接的处理过程调用,即驱动与接收者中的消息选择符所指明的操作相对应的知识处理过程,接收者在执行与消息相应的处理过程时,若需要,可以通过发送消息给其他对象,使其完成某部分处理工作并返回结果。

同一消息对不同的接收者来说,可以有不同的解释,这是对象的多态性表示,需要有不同的知识处理过程、不同的返回结果与之相对应。如在特征超类中定义了有关加工方法选择的虚拟方法,当不同的特征对象接收到选择加工方法消息时,根据各自的特征定义和工艺信息,自动选择各自的特征加工方法,并创建自己的加工链。把一个对象可以响应的消息集合称为该对象同系统其他对象的消息接口,它是对象之间进行相互作用的唯一接口,每个消息所对应的处理内容是由对象内部所定义的消息方法来决定的。

4)规则库的存储与扩充

规则的集合形成规则库,它是知识库的核心,反映了机械加工工艺选择的基本规律。采用产生式规则表示,规则中允许与(AND)、或(OR)、非(NOT)等布尔型操作的任意连接形式,对不精确规则可采用可信度描述。

规则库存储方式有两种,一种是采用文件的存储格式,即用 IF-THEN 方式进行条件的匹配,当系统不能提供满足的条件时,选择默认标识为 FALSE 的框架,从中得到结论以作为推理时让步的条件。这种结构化的文件方式,能满足工艺推理的要求,但规则添加时,需要重新编译程序,不利于规则的修改与扩充。

另一种是采用数据库方式的存储,对应于条件的匹配,系统采取数据库系统的查询方式即采用关键字进行已知条件的查询,并提取查询到的相应记录作为推理结果。这种方式使系统的查询、匹配变得更加简单,还可利用数据库系统本身提供的控制机制,来保证数据的完整性和统一性,使各分布子系统均能同时对同一数据库进行操作。此外,规则的扩充也比较容易,能实现即改即用。

各种规则尤其是决策性规则,与企业的产品对象、制造资源和工艺设计人员的工艺规范的关联性很大,需要随时进行扩充与更新。系统提供了数据库支持的工艺规则扩充方法,可以在系统运行过程中随时进行,不需要经历程序的更改与编译过程。具体操作时,系统给出产生式规则与数据库结构的一一对应关系,同时提供各种数据字典与标准工艺语句库支持,避免规则的二义性以及减少工艺人员的键盘操作量。

**3. CAPP 专家系统**

随着人工智能技术的发展,专家系统已成为 CAPP 研究中的一个重要方面,从目前来看,专家系统在 CAPP 研究中的应用主要有以下两个方面:①从 CAD 模型中自动提取特征,从而为 CAPP 提供一种特征描述的方法;②开发 CAPP 专家系统。

一个好的 CAPP 专家系统,应具备以下特点:①可维护性。近年来,我国的生产工艺处在不断发展阶段。新工艺、新设备和新材料发展很快,这就要求专家系统不断补充和更新知识,以保证专家系统能不断适应改变了的情况。②开放性。一个好的 CAPP 专家系统应该有很好的开放性,以便用户能根据自己的情况对 CAPP 专家系统进行二次开发,也便于把该系统移植到类似企业。③良好的用户界面。系统应对用户有友好的用户界面,有很方便的输入和输出方式,向用户提出推理和决策的理由。必要时,工艺人员还可进行必要的人工干预,以制定出高质量的工艺规程。

CAPP 系统视工作原理、产品对象、规模大小不同而有较大的差异,CAPP 系统基本的构成包括以下内容。

①控制模块。控制模块的主要任务是协调各模块的运行,是人机交互的窗口,实现人机之间的信息交流,控制零件信息的获取方式。

②零件信息输入模块。当零件信息不能从 CAD 系统直接获取时,用此模块实现零件信息的输入。

③工艺过程设计模块。工艺过程设计模块用于进行加工工艺流程的决策,产生工艺过程卡,供加工及生产管理部门使用。

④工序决策模块。工序决策模块的主要任务是生成工序卡,对工序间尺寸进行计算,生成工序图。

⑤工步决策模块。工步决策模块对工步内容进行设计,确定切削用量,提供形成 NC 加工控制指令所需的刀位文件。

⑥NC 加工指令生成模块。NC 加工指令生成模块依据工步决策模块所提供的刀位文件,调用 NC 指令代码系统,产生 NC 加工控制指令。

⑦输出模块。输出模块可输出工艺流程卡、工序卡、工步卡、工序图及其他文档,输出亦可从现有工艺文件库中调出各类工艺文件,利用编辑工具对现有工艺文件进行修改得到所需工艺文件。

⑧加工过程动态仿真。加工过程动态仿真对所产生的加工过程进行模拟,检查工艺的正确性。

工艺文件库中调出各类工艺文件,利用编辑工具对现有工艺文件进行修改得到所需的工艺文件。

## 4.2.4　CAPP 在 CAD/CAM 集成系统中的作用

目前 CAD、CAM 的单元技术日趋成熟,随着机械制造业向 CIMS 方向发展,CAD/CAM 的集成化要求成了亟待解决的问题。CAD/CAM 集成系统实际上是 CAD/CAPP/CAM 集成系统。CAPP 从 CAD 系统中获得零件的几何拓扑信息、工艺信息,并从工程数据库中获得企业的生产条件、资源情况及企业工人技术水平等信息,进行工艺设计,形成工艺流程卡、工序卡、工步卡及 NC 加工控制指令,在 CAD、CAM 中起着纽带的作用。为达到此目的,在集成系统中必须解决下列问题。

①CAPP 模块能直接从 CAD 模块中获取零件的几何信息、材料信息、工艺信息等,以代替零件信息描述的输入。

②CAD 模块的几何建模系统,除提供几何形状及拓扑信息外,还必须提供零件的工艺信息、检测信息、组织信息及结构分析信息等。

③须适应多种数控系统 NC 加工控制指令的生成。

CAD 系统应成为 CAPP 系统的数据源,CAPP 需要的零件描述信息包括了零件的整体形状、加工部分的几何公差、表面粗糙度等关键信息。这正好是传统 CAD 系统的弱点所在。目前市场上销售的三维造型 CAD 软件,如 Pro/Engineer、Solidworks、UG 等,虽然都带有"特征造型"模块,但其信息中只包括零件的几何形状和拓扑结构,造型数据同样无法描述完整的产品信息,如公差、表面粗糙度等,这使它们也无法彻底摆脱传统 CAD 系统的局限性,不能强有力地支持工程应用所需要的高层信息。而且大多数商品化软件为了技术保密需要,数据结构是封闭的,更给用户实现 CAD/CAPP 的集成造成极大的困难。

特征造型也可称为基于特征的设计,它是一种产品建模的方法,其主要特点是把几何和非几何信息全部汇入产品(零件)定义中,因而是一种理想的造型方法,也是产品造型的发展方向。

STEP 标准是国际标准化组织提出的一个产品模型数据交换标准,它是一个中性的产品模型数据交换机制,表示了贯穿产品生命周期的产品定义数据,并为各个计算机辅助工程应用系统之间的数据交换提供通道。STEP 包含了三方面重要内容:一是参考模型,为进行完整的和无二义性的产品描述提供必要的产品定义模式;二是 EXPRESS 形式化语言,它是用来进行描述产品的数据、定义数据结构、操作和约束的计算机语言;三是 STEP 文件结构(file structure),为数据通信和取用提供一个有效和可靠的模式。

CAPP 是产品开发生命周期中的一个重要环节,在目前发布的 STEP 参考模型中,与 CAPP 应用系统有关的有 4 个参考模型:①公称形状信息模型,它表示零件的公称形状,包括几何、拓扑与实体等。②形状特征信息模型,定义了具有特定形状的特征。③形状公差模型,定义了由相关 ISO 标准给出的尺寸公差信息。④表面信息模型,定义了表面粗糙度、表面硬度方面的信息。应该说,开发基于 STEP 的新一代的 CAD/CAPP 系统是最理想的途径。可是由于 STEP 本身还处于逐渐充实与成熟的阶段,基本框架与方法虽已提出,具体内容却需继续研究与补充,而且全新系统的商品化过程耗时较长,投资也大。因此,利用现有的商品化 CAD 系统,扩充特征造型功能,使产生的 CAD 模型能表达必要的工艺信息,并与 CAPP 需要的信息格式实现一致的特征造型已成为我国 CAPP 研究的热点之一。

## 4.2.5　工艺规划的智能化

### 1. 工艺智能优选模块算法流程

以粗糙集(rough set,RS)及基于实例推理理论(case-based reasoning,CBR)为基础,建立基于 RS-CBR 的工艺智能优选模块,快速准确选择工艺方案,使加工最大限度地满足其工艺特点。

基于实例推理的方法本质是通过早前经验的重用来解决当前相似问题。Watson 等将其定义为"基于实例推理就是使用或调整旧问题的解决方案来处理新问题"。从该定义可见,基于实例推理的方法模拟了人类采用已有经验解决当前问题的思路。即当需要解决一个新问题时,按照一定的匹配策略在实例库(旧问题集)中检索与新问题相似的旧实例,将其作为最适合新问题的建议解。经过适当的调整后,确保该建议解能够与新问题吻合,获得新问题的确认解。将确认解应用于实际加工过程,由确认解与新问题一起组成新的实例,并根据评判策略来判断该条实例是否满足更新到实例库的要求。若满足,则将其加入实例库中,实现实例库规模的自动扩充与解决新问题能力的提升。以上所述的过程也就是 A. Aamodt 等提出的 CBR 模型的 R4 过程。

①检索(retrieve):从实例库中检索与当前新问题较匹配的旧实例集;

②重用(reuse):对旧实例集中各旧实例进行综合排序,获得与新问题最为匹配的旧实例;

③修改(revise):对该条旧实例进行调整修正;

④回收(retain):将修正后的旧实例应用于实际加工后,回收当前加工过程所构成的实例,实现实例库的自动扩充。

然而传统的 CBR 方法存在实例约简后数据信息丢失、难以表达不确定或不精确知识、识别并评估数据间的依赖关系能力差、近似模式分类能力差等缺点。特别是冗余特征的存在不仅使实例库规模大幅度增大,而且将直接导致实例检索过程更为耗时,效率进一步降低。由于实例推理过程的效率严重依赖于实例库的结构及内容,建构准确、合理的实例库系统结构是实例推理过程有效运行的关键,特别是选择恰当的索引参数来引导实例检索过程能够减小匹配时间。与当前新工艺问题匹配程度较差的实例将被加以过滤。

基于此,G. Finnie 等提出了基于 CBR 的 R5 模型,提出在实例检索环节运行以前,将实例库进行重新分区。面向不同的新工艺问题分别选择与其较为对应的分区进行检索。然而重新分区的方法较为呆板,无法根据新工艺问题的自身特点动态调整各个分区中所包含的实例。

邓朝晖、张晓红等在总结已有 CBR 模型的基础上,提出了一种新的 R5 模型,包括重新分类(reclassify)、检索(retrieve)、重用(reuse)、修改(revise)、回收(retain)五个环节,如图 4.5所示。

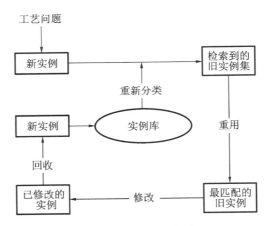

**图 4.5 CBR-R5 模型**

图 4.5 中重新分类为实例检索以前,运用 RS 理论获取最具分类能力的实例前件库特征集,根据最具分类能力特征集中的特征属性进行特征等级的划分,实现实例库的分层过滤检索,并结合层次分析法自动计算出各特征等级及其所包含特征属性所对应的权重大小。

智能工艺规划优选模块算法流程可以描述如下,具体如图 4.6 所示。

①工艺专家系统运行开始后,读取原始工艺实例数据,利用粗糙集理论的离散与约简算法,对工艺实例中的各特征属性进行离散,然后用约简算法约去工艺实例中的冗余实例和特征属性中的冗余属性,从而得到最具分类能力的特征集。将最具分类能力特征集中的特征属性进行特征等级的划分,并结合层次分析法自动计算出各特征等级及其所包含特征属性所对应的客观权重大小。

②根据各特征等级的划分结果,结合层次分析法获得特征属性的组合权重,采用降序排列,建立实例库索引序列集,划分首要关注特征属性、次要关注特征属性及其他级别特征属性,在实例检索过程中,进行工艺实例的逐步细化检索,从而得到与当前工艺问题匹配较优的工艺实例过滤集。

③读取当前工艺问题描述,与工艺实例过滤集中的工艺实例进行一一匹配,首先依据各级别特征属性相似度计算方法依次进行各级局部相似度的匹配计算,然后依据各层权重进行总体相似度匹配计算,得到与当前工艺问题描述较优匹配实例集及相应的相似度大小,并按相似度大小进行排序。

④采用相似度与置信度综合评价方法,定义基于相似度与置信度的综合评价因子 $R$。依次计算过滤实例集中各实例的综合评价因子 $R$,并按其进行升序排列,将 $R$ 值最大的实例提交给用户,生成专家系统建议的最优工艺方案。

在图 4.6 中,单点画线框为基于 RS 理论的特征选取与权重计算,双点画线框为分层检索过滤算法,虚线框为实例检索算法,圆点框为实例重用、修改及评价回收算法。

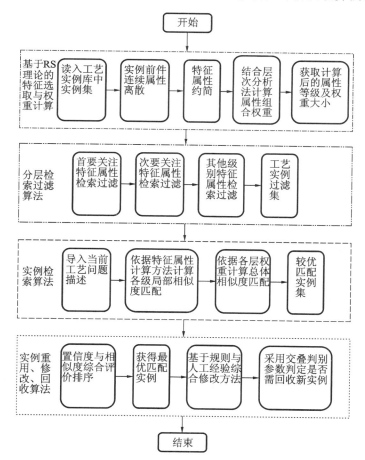

图 4.6　智能工艺规划优选模块算法流程

**2.基于 RS 理论的特征选取与权重计算**

采用 RS 理论来对实例前件表中各特征属性的重要程度予以自动辨别。采用 RS 理论处理特征属性权重时,首先必须把工艺实例信息表示为属性决策表的形式。工艺实例中的工艺问题描述部分的所有特征属性构成了条件属性集,工艺问题解决方案部分的所有特征属性则构成了决策属性集。即 RS 理论在不影响当前实例库实例集分类效果及保持条件属性(实例前件表所包含特征)与决策属性(实例中件表、实例后件表和实例附件表所包含特征)之间依赖关系不发生变化的前提下,对决策表条件属性集进行约简,获取最具分类能力的实例前件特征集,并求得每个特征的重要度大小。

工艺实例条件属性集中通常包含离散属性和连续属性,RS 理论不能直接处理取值连续的定量属性,其决策表中的属性只能为离散值,因此,对于连续性特征属性问题,需要采用一定的方法将其进行离散化处理,使之变成定性问题,再用 RS 理论对工艺实例的条件属性集进行属性约简后即可进行特征属性权重的分配计算。基于 RS 理论的特征属性权重的确定步骤如图 4.7 所示。

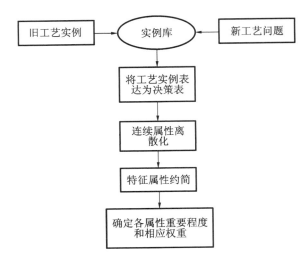

**图 4.7 基于 RS 理论的特征属性权重的确定步骤**

针对连续属性的离散采用 S. H. Nguyen 和 H. S. Nguyen 改进的贪心算法,该算法能较为有效地减少定量属性离散化的时间复杂度和空间复杂度。其具体算法流程如下:

①令 $P=\varnothing,L=\{U\}$;

②对于每一个 $c\in G$ 的断点 $c$,计算能够被 $c$ 区分而不能被 $P$ 区分的实例对个数 $W_P(c)$;

③将值最大的 $W_P(c_{\max})$ 对应的断点 $c_{\max}$ 从 $G$ 中删除,加入到 $P$ 中,即令 $P=P\bigcup\{c_{\max}\},G=G\backslash\{c_{\max}\}$;

④对于 $X\in L$,如果把 $c_{\max}$ 等价类 $X$ 划分为 $X_1$ 和 $X_2$,那么将 $L$ 中的 $X$ 用其等价类 $X_1$ 和 $X_2$ 代替;

⑤如果 $L$ 中所有的等价类都对应一种决策,则定量属性离散化算法终止,否则转步骤②。

针对特征属性的约简,对于知识表达系统 $S=\{U,A,V,f\}$,基于属性重要度的属性约简步骤如下:

①令 $\text{RED}(C) = \text{core}(C)$；

②使 $C' = C - \{\text{RED}(C)\}$；

③在 $C'$ 中找出 $S(a, \text{RED}(C), D)$ 取最大值时的属性 $a$；如果多个属性使 $S(a, \text{RED}(C), D)$ 取得最大值，则令属性 $a$ 为其中与 $\text{RED}(C)$ 的组合数最小的那个属性；

④令 $\text{RED}(C) = \text{RED}(C) \cup \{a\}$，$C' = C' - \{a\}$；

⑤如果 $\gamma_{\text{RED}(C)}(D)$ 等于 1，算法结束，否则转步骤③。

而基于 RS 理论的特征权重计算，经过对工艺实例的连续属性离散化和属性约简后，就可以得到离散数据的决策表 $S = \{U, C \cup D, V, f\}$，对于 $\forall a_k \in C (k \in [1, m]$，$m$ 为特征属性的个数)，属性 $a_k$ 的重要度 $W_D(a_k)$ 可由式（4.1）进行计算。

$$W_D(a_k) = \frac{\text{card}(\text{POS}_C(D)) - \text{card}(\text{POS}_{C - |a_k|}(D))}{\text{card}(U)} \tag{4.1}$$

式中：$\text{card}(X)$——集合 $X$ 的基；

$\text{POS}_C(D)$——决策 $D$ 相对条件属性 $C$ 的正域。

显然，鉴于冗余特征属性已经得到约简，故 $W_D(a_k) \in (0, 1]$，$W_D(a_k)$ 越大，表明特征属性 $a_k$ 对加工结果的影响也就越大。

最后采用式（4.2）进行规范化处理，即可得到各特征属性的客观权重大小。

$$w(a_k) = \frac{W_D(a_k)}{\sum\limits_{a_k \in C} W_D(a_k)} \tag{4.2}$$

其中，$0 < w(a_k) \leqslant 1$，且 $\sum\limits_{k=1}^{m} w(a_k) = 1$。

**3. 组合赋权法与分层过滤机制的建立**

为了进一步提高特征权重计算的可靠性，减少单一客观赋权法的缺陷，将主观赋权法引入进来，提出一种基于层次分析法（analytic hierarchy process，AHP）和 RS 理论的组合赋权方法。该方法既减少了赋权的主观随意性，又考虑到了工艺实例数据的客观性，从而使赋权结果较为真实、可靠。

AHP 法确定各特征属性权重的具体步骤如下：

①明确工艺实例中各特征属性；

②设计各特征属性针对工艺方案设计目标的重要程度比较表，并向专家进行咨询；

③构造两两比较判断矩阵 $T = [t_{ij}]_{n \times n}$（工艺实例总共有 $n$ 个特征属性），其中 $t_{ij}$ 为第 $i$ 个特征属性对第 $j$ 个特征属性的重要性标度，按照"1 至 9 比率标度法"进行取值；

④将判断矩阵 $T$ 每一列归一化后，即可以求得各特征属性相对应的权重，其计算方法如式（4.3）所示：

$$w_i = \frac{\left(\prod\limits_{j=1}^{n} t_{ij}\right)^{\frac{1}{n}}}{\sum\limits_{k=1}^{n} \left(\prod\limits_{j=1}^{n} t_{kj}\right)^{\frac{1}{n}}} \qquad i = 1, 2, \cdots, n \tag{4.3}$$

式中：$w_i$——第 $i$ 个特征属性采用 AHP 方法计算获得的权重。

将以上根据 RS 理论求得的客观权重与根据 AHP 方法求得的主观权重按照线性加权的

原理进行组合。定义主观赋权法的加权系数 $a$,则客观赋权法的加权系数为 $1-a$。对于某一特征属性 $a_i$ 其权重大小为

$$w_{a_i} = aw_{S_{a_i}} + (1-a)w_{O_{a_i}} \qquad (4.4)$$

式中: $w_{a_i}$ ——第 $i$ 个属性最终分配的权重;

　　　 $w_{S_{a_i}}$ ——利用主观赋权法层次分析法确定的第 $i$ 个属性的权重;

　　　 $w_{O_{a_i}}$ ——利用客观赋权法 RS 理论确定的第 $i$ 个属性的权重;

　　　 $a$ ——层次分析法的加权系数。

一般取 $a=0.5$,即属性的权重等于利用主观赋权法和客观赋权法所确定的权重值的算术平均值。

另一方面,关于分层过滤机制的建立,主要包括以下内容:实例前件所包含特征属性权重大小代表了其对工艺问题解决方案的影响程度。而对于部分权重较小甚至为 0 的冗余特征不需要对其进行相似度匹配。本文建立的索引序列集中仅将特征权重为 0 的特征予以摒弃,其余特征按照权重大小进行排列,设置三级权重过滤级别。实例规模较小时,可根据操作人员经验设置初始过滤级别:材料类别对工艺参数的选择影响最大,归为首要关注特征权重过滤级别;材料牌号、加工精度、表面粗糙度和烧伤程度对其影响次之,归为次要关注特征权重过滤级别;其余特征归为第三级关注特征权重过滤级别。为了实现权重过滤级别的自动划分,采用式(4.5)将权重进行归一化。

$$w'_{a_i} = (w_{a_i} - w_a^{\min})/(w_a^{\max} - w_a^{\min}) \qquad (4.5)$$

式中: $w'_{a_i}$ ——实例库索引序列集中第 $i$ 个特征属性归一化后的权重值;

　　　 $w_a^{\min}$ ——实例库索引序列集中各特征属性权重的最小值;

　　　 $w_a^{\max}$ ——实例库索引序列集中各特征属性权重的最大值。

**4. 实例的检索、重用、修改及回收**

在建立分层过滤机制后,依次通过首要关注特征权重过滤级别、次要关注特征权重过滤级别及第三级关注特征权重过滤级别进行工艺实例的逐步细化检索,从而得到与当前工艺问题匹配较优的工艺实例过滤集,以便在较小范围内进行新实例与旧实例的相似度度量。

特征属性相似度的度量是检索最佳工艺实例的基础。进行实例匹配时,在计算新工艺问题和旧实例间的相似度前,必须确定各特征属性不同取值间的相似程度,即局部相似度。特征属性较多,数据类型较为复杂,对于不同类型属性的相似度需采用不同的度量方法。可将特征属性分为四类:数值型、模糊逻辑型、无关型和枚举型。

1)数值型属性

在工艺实例中有很多数值型属性,其取值均为某一具体数值,其局部相似度的计算方法如式(4.6)所示:

$$\mathrm{sim}k(x,y) = 1 - \frac{|a_{kx} - a_{ky}|}{\max(a_k) - \min(a_k)} \qquad (4.6)$$

式中: $\mathrm{sim}k(x,y)$ ——新工艺问题 $x$ 与旧实例 $y$ 中特征属性 $k$ 的局部相似度;

　　　 $a_{kx}$ ——新工艺问题 $x$ 中特征属性 $k$ 的取值;

　　　 $a_{ky}$ ——旧实例 $y$ 中特征属性 $k$ 的取值;

　　　 $\max(a_k)$ ——特征属性 $k$ 的最大值;

　　　 $\min(a_k)$ ——特征属性 $k$ 的最小值。

### 2）模糊逻辑型属性

某些特征属性值的确定较强地依赖于人类的主观认识，一般是根据经验给出。为方便局部相似度的计算，将模糊逻辑型属性的不同取值用不同的数值表示。如对于磨削烧伤程度的无烧伤、轻微烧伤、严重烧伤三种取值分别赋值为：无烧伤＝1，轻微烧伤＝2，严重烧伤＝3。相应的，其局部相似度可表示为

$$\mathrm{sim}k(x,y) = 1 - \frac{|a_{kx} - a_{ky}|}{M} \tag{4.7}$$

式中：$\mathrm{sim}k(x,y)$——新工艺问题 $x$ 与旧实例 $y$ 中特征属性 $k$ 的局部相似度；

$M$——模糊逻辑型 $k$ 取值的最大差值；

$a_{kx}$——新工艺问题 $x$ 特征属性 $k$ 的模糊逻辑性值对应的赋值；

$a_{ky}$——旧实例 $y$ 中特征属性 $k$ 的模糊逻辑性值对应的赋值。

对于"磨削烧伤程度"特征属性 $M=2$；波纹度分为无、轻微、较严重、严重，依次定义为 1、2、3、4；对于"波纹度"特征属性 $M=3$。

### 3）无关型属性

具有此种局部相似度的属性域一般属性的不同取值之间没有任何联系，无关型局部相似度可用式（4.8）计算：

$$\mathrm{sim}k(x,y) = \begin{cases} 1, b_{kx} = b_{ky} \\ 0, b_{kx} \neq b_{ky} \end{cases} \tag{4.8}$$

式中：$\mathrm{sim}k(x,y)$——新工艺问题 $x$ 与旧实例 $y$ 中特征属性 $k$ 的局部相似度；

$b_{kx}$——新工艺问题 $x$ 中特征属性 $k$ 的取值；

$b_{ky}$——旧实例 $y$ 中特征属性 $k$ 的取值。

### 4）枚举型属性

材料热处理状态（淬火、退火、回火等）、材料类别等离散型数据属于枚举型。枚举型属性不同的取值之间对应的局部相似度需根据领域知识加以确定。根据各特征属性的权重及其局部相似度大小，依据式（4.9）可求得新工艺问题与旧实例之间的整体相似程度。其中 $l=1$ 时代表采用曼哈顿距离来计算局部相似度大小，而 $l=2$ 时则为欧几里得距离。

$$\mathrm{sim}(X,Y_i) = \frac{\sum_{i=1}^{m}(\mathrm{sim}k(x,y_i)^l w(k))^{1/l}}{\sum_{i=1}^{m} w(k)} \tag{4.9}$$

式中：$\mathrm{sim}(X,Y_i)$——新工艺问题与实例库中第 $i$ 条实例之间的整体相似度；

$\mathrm{sim}k(x,y_i)$——实例库中第 $i$ 条实例特征属性 $k$ 的局部相似度；

$w(k)$——特征属性 $k$ 的权重值。

在完成新工艺问题与较优工艺实例过滤集中各旧实例的整体相似性度量后，设立相似度阈值，将相似度值小于阈值的旧实例从较优工艺实例过滤集中予以删除。阈值设置越接近于1，工艺实例过滤集中所含实例相似度越高，个数越少。因此，当某次实例检索失败后，可以尝试降低相似度阈值的方法重新检索。

经过实例检索后，与当前新工艺问题相似度不小于相似度阈值的旧实例均会被检索出来，但是由于系统工艺实例数据的有限性，有可能出现某些工艺实例的相似度值大但其综合评价低于其他实例的情况，导致实例库中相似度最高的旧实例的工艺方案可能并非新工艺问题的

最佳重用方案。

为了描述实例前件同实例后件之间匹配的真实性程度,定义置信度的概念:所谓置信度,它是指特定个体对待特定命题真实性相信的程度,也就是个人主观信念对命题合理性的度量。在本章中置信度用来对工艺问题解决方案进行评价。根据各凸轮轴数控磨削加工精度的实测值将工艺实例评价为"优、良、合格、不合格"四个等级,系统实例库中只保存综合评价为"优、良、合格"的典型工艺实例。而置信度的具体值通过建立模糊综合评价模型加以确定。

从置信度的概念可以看出,置信度具有一定的主观性,难以避免人为因素的干扰;而相似度是表征新旧实例之间的匹配程度,近乎于从数据出发来推导得到,具有一定的客观性,但易受噪声数据的影响。因此,为了提高实例重用的准确性和抗干扰性,采用相似度与置信度综合评价方法,定义基于相似度与置信度的综合评价因子 $r$。

$$r(X,Y)=(1-\Psi)\varepsilon(Y)+\Psi\mathrm{sim}(X,Y) \tag{4.10}$$

式中:$\varepsilon(Y)$——实例 $Y$ 的置信度,实例 $Y$ 的综合评价为"优"时 $\varepsilon(Y)=1$,综合评价为"良"时 $\varepsilon(Y)=0.8$,综合评价为"合格"时 $\varepsilon(Y)=0.6$;

$\Psi$——比例分配因子,表征相似度与置信度对综合评价因子 $r$ 的影响程度,一般情况下,$r=0.8$。

依次计算过滤实例集中各实例的综合评价因子 $r$,并按其进行升序排列,将 $r$ 值最大的实例提交给用户,生成初步建议的方案。

采用实例重用环节可以将实例库中与当前新工艺问题最为匹配的最佳相似实例检索出来,但最佳相似实例的实例前件与新工艺问题完全吻合的情况较为少见,绝大多数情况下两者之间存在差异,需要根据新工艺问题的要求对最佳相似实例的实例后件中不适合新工艺问题的部分做必要的调整与修改。

目前常用的实例修改方法主要有基于人工干预的修改、基于实例的修改及基于规则的修改三种方法。考虑到工艺参数之间严重的非线性关系,综合采用基于人工干预的修改和基于规则的修改方法。专家系统自动判别特征属性间的差异,并调用工艺数据库中规则库的相关知识,实现对实例库后件表中工艺方案的调整。最后,将调整完毕的最佳相似实例提交给用户,采用人机交互的方式再次予以修正。

经过实例修改后的工艺实例将作为当前新工艺问题的最终解决方案,将其应用于实际生产加以试加工,若满足当前加工要求,则新工艺问题与其最终解决方案一起构成新实例。为了实现工艺实例库在运行过程中的自动扩充,不断增强专家系统解决问题的能力,需要将新实例回收保存到实例库中。但实例库中所保存的实例需要保证其典型性,将过多相似实例纳入实例库中,将会导致实例库冗余和实例检索效率降低。即在保证实例库规模尽可能大的前提下,确保专家系统的运行速度和精度,使实例库精简、适用和完备。

通过式(4.11)建立交叠判别参数 $s$ 加以区分:

$$s=\frac{3|X\bigcap Y|}{|X|+|Y|+|X\bigcup Y|} \tag{4.11}$$

式中:$|X|$——实例库中某一实例前件所包含的特征个数;

$|Y|$——新实例前件所包含的特征个数;

$|X\bigcap Y|$——实例库中某一实例前件与新实例前件交集所包含的特征个数;

$|X\bigcup Y|$——实例库中某一实例前件与新实例前件并集所包含的特征个数。

若新实例与实例库中旧实例的交叠判别参数 $s$ 均小于交叠判别参数门限值 $s_0$,则该新实例将被回收添加到实例库中。

### 5. 工程实例

1）工艺专家系统建立

以凸轮轴磨削加工为例，由于基于凸轮轴数控磨削工艺专家系统的决策属性个数并不单一，表明该工艺专家系统为多决策表知识表达系统，所以需将其等价地转换为单一决策表，主要包括离散、编码和分类 3 个步骤。RS-CBR 工艺专家系统工艺实例的工艺问题描述如表 4.1 所示。限于篇幅，该表省略了工艺问题解决方案的特征属性，仅包括工艺问题的描述部分的特征属性 14 个。

表 4.1　工艺实例的工艺问题描述特征属性表

| 实例 | 凸轮轴类型 $C_1$ | 材料类别 $C_2$ | 材料牌号 $C_3$ | 材料洛氏硬度 $C_4$ | 升程最大误差 $C_5$/mm | 最大相邻误差 $C_6$/mm | 表面粗糙度 $Ra$/μm | 波纹度 $C_7$ | 烧伤程度 $C_8$ | 总磨削余量 $A_r$/mm | 凸轮片数 $C_9$ | 基圆直径 $d$/mm | 最大升程 $C_{10}$/mm | 凸轮轴总长 $l$/mm |
|---|---|---|---|---|---|---|---|---|---|---|---|---|---|---|
| $X_1$ | 普通凸轮轴 | 合金钢 | 20CrMnTi | 58 | 0.040 | 0.010 | 0.32 | 无 | 未烧伤 | 2.0 | 8 | 20.000 | 10.000 | 600.0 |
| $X_2$ | 液压泵凸轮轴 | 球铁 | QT700 | 50 | 0.106 | 0.022 | 0.50 | 轻微 | 轻度烧伤 | 1.2 | 6 | 15.000 | 5.345 | 418.0 |
| $X_3$ | 普通凸轮轴 | 球铁 | QT700 | 52 | 0.038 | 0.003 | 0.60 | 无 | 轻度烧伤 | 2.0 | 8 | 20.000 | 12.500 | 700.0 |
| $X_4$ | 普通凸轮轴 | 合金钢 | 20CrMnTi | 60 | 0.022 | 0.004 | 0.80 | 较严重 | 未烧伤 | 1.8 | 8 | 20.000 | 12.500 | 700.0 |
| $X_5$ | 普通凸轮轴 | 球铁 | QT700 | 52 | 0.035 | 0.005 | 0.38 | 无 | 未烧伤 | 1.2 | 6 | 15.000 | 12.500 | 700.0 |
| $X_6$ | 液压泵凸轮轴 | 球铁 | QT700 | 55 | 0.042 | 0.007 | 0.35 | 无 | 未烧伤 | 2.0 | 8 | 20.000 | 12.500 | 600.0 |
| $X_7$ | 普通凸轮轴 | 球铁 | QT700 | 50 | 0.033 | 0.016 | 0.40 | 轻微 | 轻度烧伤 | 1.2 | 8 | 15.000 | 5.345 | 418.0 |
| $X_8$ | 普通凸轮轴 | 合金钢 | 20CrMnTi | 62 | 0.018 | 0.005 | 0.37 | 无 | 未烧伤 | 2.0 | 6 | 20.000 | 12.500 | 700.0 |
| $X_9$ | 液压泵凸轮轴 | 合金钢 | 20CrMnTi | 58 | 0.049 | 0.006 | 0.20 | 无 | 未烧伤 | 2.0 | 6 | 20.000 | 12.500 | 700.0 |
| $X_{10}$ | 普通凸轮轴 | 合金钢 | 20CrMnTi | 60 | 0.032 | 0.004 | 0.25 | 无 | 未烧伤 | 1.8 | 6 | 20.000 | 12.500 | 700.0 |
| $X_{11}$ | 液压泵凸轮轴 | 球铁 | QT700 | 55 | 0.025 | 0.005 | 0.27 | 轻微 | 未烧伤 | 1.2 | 8 | 15.000 | 5.345 | 418.0 |
| $X_{12}$ | 普通凸轮轴 | 冷激铸铁 | GCH1 | 60 | 0.010 | 0.024 | 0.27 | 轻微 | 未烧伤 | 1.4 | 8 | 28.369 | 9.088 | 602.8 |
| ⋮ | ⋮ | ⋮ | ⋮ | ⋮ | ⋮ | ⋮ | ⋮ | ⋮ | ⋮ | ⋮ | ⋮ | ⋮ | ⋮ | ⋮ |
| $X_{265}$ | 普通凸轮轴 | 冷激铸铁 | GCH1 | 55 | 0.028 | 0.008 | 0.28 | 无 | 未烧伤 | 1.4 | 8 | 28.369 | 9.088 | 602.8 |

| 实例 | 凸轮轴类型 $C_1$ | 材料类别 $C_2$ | 材料牌号 $C_3$ | 材料洛氏硬度 $C_4$ | 升程最大误差 $C_5$/mm | 最大相邻误差 $C_6$/mm | 表面粗糙度 $Ra$/$\mu$m | 波纹度 $C_7$ | 烧伤程度 $C_8$ | 总磨削余量 $A_r$/mm | 凸轮片数 $C_9$ | 基圆直径 $d$/mm | 最大升程 $C_{10}$/mm | 凸轮轴总长 $l$/mm |
|---|---|---|---|---|---|---|---|---|---|---|---|---|---|---|
| $X_{266}$ | 液压泵凸轮轴 | 球铁 | QT700 | 55 | 0.078 | 0.017 | 0.28 | 无 | 轻度烧伤 | 1.8 | 8 | 40.000 | 12.500 | 700.0 |
| $X_{267}$ | 普通凸轮轴 | 球铁 | QT700 | 55 | 0.036 | 0.009 | 0.20 | 无 | 未烧伤 | 1.2 | 6 | 15.000 | 5.345 | 418.0 |
| $X_{268}$ | 液压泵凸轮轴 | 合金钢 | 20CrMnTi | 62 | 0.042 | 0.007 | 0.36 | 无 | 未烧伤 | 2.0 | 8 | 40.000 | 10.000 | 600.0 |

对各工艺实例的连续特征属性进行离散及约简冗余后,结果摘录如表 4.2 所示。表 4.2 中的 $D$ 为将工艺问题解决方案中多个特征属性值进行等价转换后得到的单一决策属性。

表 4.2　离散化的工艺问题描述特征属性表

| 实例 | 凸轮轴类型 $C_1$ | 材料类别 $C_2$ | 材料牌号 $C_3$ | 材料洛氏硬度 $C_4$ | 升程最大误差 $C_5$/mm | 最大相邻误差 $C_6$/mm | 表面粗糙度 $Ra$/$\mu$m | 波纹度 $C_7$ | 烧伤程度 $C_8$ | 总磨削余量 $A_r$/mm | 凸轮片数 $C_9$ | 基圆直径 $d$/mm | 最大升程 $C_{10}$/mm | 凸轮轴总长 $l$/mm | 决策属性 $D$ |
|---|---|---|---|---|---|---|---|---|---|---|---|---|---|---|---|
| $X_1$ | 1 | 1 | 1 | 1 | 2 | 1 | 1 | 1 | 1 | 2 | 2 | 1 | 2 | 2 | 1 |
| $X_2$ | 2 | 2 | 2 | 2 | 3 | 2 | 2 | 2 | 2 | 1 | 2 | 1 | 1 | 1 | 2 |
| $X_3$ | 1 | 2 | 2 | 2 | 1 | 1 | 2 | 1 | 2 | 2 | 2 | 1 | 2 | 2 | 2 |
| $X_4$ | 1 | 1 | 1 | 1 | 1 | 1 | 3 | 3 | 1 | 2 | 2 | 1 | 2 | 2 | 3 |
| $X_5$ | 1 | 2 | 2 | 2 | 1 | 1 | 1 | 1 | 1 | 2 | 2 | 1 | 2 | 2 | 1 |
| $X_6$ | 2 | 2 | 2 | 1 | 2 | 1 | 1 | 1 | 1 | 2 | 2 | 1 | 1 | 1 | 2 |
| $X_7$ | 1 | 2 | 2 | 2 | 1 | 2 | 2 | 1 | 2 | 1 | 2 | 1 | 2 | 2 | 1 |
| $X_8$ | 1 | 1 | 1 | 1 | 1 | 1 | 1 | 1 | 1 | 2 | 1 | 1 | 2 | 2 | 1 |
| $X_9$ | 2 | 1 | 1 | 1 | 2 | 1 | 1 | 1 | 1 | 2 | 1 | 1 | 2 | 2 | 1 |
| $X_{10}$ | 1 | 2 | 2 | 1 | 1 | 1 | 1 | 1 | 1 | 2 | 1 | 1 | 2 | 2 | 1 |
| $X_{11}$ | 2 | 2 | 2 | 1 | 1 | 1 | 1 | 2 | 1 | 1 | 1 | 1 | 2 | 2 | 2 |
| $X_{12}$ | 1 | 3 | 3 | 1 | 1 | 1 | 1 | 1 | 2 | 1 | 2 | 1 | 2 | 2 | 1 |
| ⋮ | ⋮ | ⋮ | ⋮ | ⋮ | ⋮ | ⋮ | ⋮ | ⋮ | ⋮ | ⋮ | ⋮ | ⋮ | ⋮ | ⋮ | ⋮ |
| $X_{265}$ | 1 | 3 | 3 | 2 | 1 | 1 | 1 | 1 | 1 | 2 | 2 | 1 | 2 | 2 | 1 |
| $X_{266}$ | 2 | 2 | 2 | 2 | 3 | 2 | 1 | 1 | 2 | 1 | 2 | 1 | 2 | 1 | 2 |
| $X_{267}$ | 1 | 2 | 2 | 2 | 1 | 1 | 1 | 1 | 1 | 1 | 2 | 1 | 2 | 2 | 1 |
| $X_{268}$ | 2 | 1 | 1 | 1 | 2 | 1 | 1 | 1 | 1 | 2 | 2 | 1 | 2 | 2 | 2 |

根据上述定义及相关计算公式,可得:

$$U/D = \{\{X_1, X_5, X_6, X_8, X_9, X_{10}, \cdots, X_{265}, X_{267}\}, \{X_2, X_3, X_7, X_{11}, X_{12}, \cdots, X_{266}, X_{268}\}, \cdots\}$$

$$U/(C - \{C_1\}) = \{\{X_1, X_{268}, \cdots\}, \{X_2, \cdots\}, \cdots\}$$

$$P_C(D) = \{X_1, X_2, X_3, X_4, X_5, X_6, X_7, X_9, X_{10}, X_{11}, \cdots, X_{265}, X_{266}, X_{267}, X_{268}\}$$

$$P_{C - \{C_1\}}(D) = \{X_2, X_3, X_4, X_5, X_6, X_7, X_9, X_{10}, X_{11}, X_{12}, \cdots, X_{265}, X_{266}, X_{267}\}$$

所以有

$$W_D(C_1) = \frac{C_C(P_C(D)) - C_C(P_{C - |a_k|}(D))}{C_C(U)} = 0.041$$

同理可得：

$$W_D(C_2) = 0.237, W_D(C_3) = 0.237, W_D(C_4) = 0.211, W_D(C_5) = 0.194, W_D(C_6) = 0.098,$$
$$W_D(C_7) = 0.092, W_D(C_8) = 0.085, W_D(A_r) = 0, W_D(C_9) = 0, W_D(d) = 0, W_D(C_{10}) = 0, W_D(l) = 0.$$

该结果表明，特征属性 $A_r$、$C_9$、$d$、$C_{10}$ 和 $l$ 分别在 $C$ 中相对于 $D$ 是不必要的，显然该决策表的相对 $D$ 核：

$$\varphi_{\mathrm{CORE}}(D) = \{C_1, C_2, C_3, C_4, C_5, Ra, C_7, C_8\}$$

由于决策表的任意一个相对约简就是保持决策表分类能力不变的极小属性子集，它一定包含相对 $D$ 核，因为删除相对核中的任意一个元素都会改变和削弱决策表的分类能力。

由此可知，为了获取决策表的相对约简，属性 $C_1$、$C_2$、$C_3$、$C_4$、$C_5$、$Ra$、$C_7$、$C_8$ 是绝对必要的，属性 $A_r$、$C_9$、$d$、$C_{10}$ 和 $l$ 是不必要的，但不一定可以同时省略。

上述特征属性子集 $B = \{C_1, C_2, C_3, C_4, C_5, Ra, C_7, C_8\}$ 构成该决策表的一个属性约简。因为 $P_C(D) = P_B(D)$ 且 $B$ 是相对 $D$ 独立的。

采用式(4.2)计算得到规范化后的各特征属性权重大小如下：

$w(C_1) = 0.031, w(C_2) = 0.181, w(C_3) = 0.181, w(C_4) = 0.162, w(C_5) = 0.149, w(C_6) = 0.075, w(Ra) = 0.086, w(C_7) = 0.07, w(C_8) = 0.065, w(A_r) = 0, w(C_9) = 0, w(d) = 0, w(C_{10}) = 0, w(l) = 0$。计算结果表明，材料类别、材料牌号、硬度、升程最大误差和表面粗糙度对工艺问题解决方案特征参数的选定影响权重较大，最大相邻误差、波纹度和烧伤程度影响次之，其他参数影响权重较小，总磨削余量、凸轮片数、最大升程和凸轮轴总长为冗余属性。由于系统实例库所涵盖的材料牌号较少，不同材料类别仅仅对应一种材料牌号，使得材料类别与材料牌号的重要度 $W_D(a_k)$ 相等。而其余结果和试验经验准则基本吻合。

基于此，建立三级分层检索过滤等级，各层关注特征属性集中沿箭头方向权重依次降低。

一级关注特征属性集：材料类别(材料牌号)→硬度→升程最大误差→表面粗糙度。

二级关注特征属性集：最大相邻误差→波纹度→烧伤程度。

三级关注特征属性集：凸轮轴类型。

2）实例应用

将 RS-CBR 凸轮轴数控磨削工艺专家系统应用于某批次凸轮轴加工工艺方案的优选中，首先抽取并填入当前工艺问题描述中所包含特征属性的具体值，若特征属性值为空或无法确定采用"?"表征。根据凸轮轴数控磨削工艺实例表达方法，当前工艺问题描述具体如下所示：

凸轮轴类型＜液压泵凸轮轴＞

材料类别＜合金钢＞

材料牌号＜20CrMnTi＞

材料硬度＜HRC62＞

升程最大误差＜0.02 mm＞

最大相邻误差＜?＞

波纹度＜无＞

表面粗糙度＜0.32 μm＞

烧伤程度＜未烧伤＞

总磨削余量＜3 mm＞

凸轮片数＜?＞

基圆直径＜?＞

最大升程＜?＞

凸轮轴总长＜?＞

将现有工艺问题描述输入到专家系统中,专家系统首先根据所建立的三级分层检索过滤等级进行工艺实例的分层检索,避免将实例库中的每个实例与当前工艺问题进行相似度的一一匹配计算,快速检索出与当前工艺问题匹配较优的工艺实例过滤集。

然后根据各特征属性权重大小及其相似度计算方法,利用式(4.9)可以算出实例 $X_{42}$ 与当前工艺问题的相似度最大。

$$S(X_{42})=1\times0.031+1\times0.181+0.94\times0.162+1\times0.149+0.96\times0.075+1\times0.086+1\times0.07=0.922$$

实例 $X_{42}$ 由以下三部分组成。

①工艺实例 $X_{42}$ 的描述:凸轮轴类型为液压泵凸轮轴,材料类别为合金钢,材料牌号为 20CrMnTi,材料硬度 60 HRC,升程最大误差为 0.02 mm,最大相邻误差为 0.004 mm,无波纹,表面粗糙度 $Ra$ 为 0.29 μm,未烧伤,总磨削余量 3 mm,凸轮片数为 8,基圆直径为 40 mm,最大升程为 12.5 mm,凸轮轴总长为 600 mm。

②工艺实例 $X_{42}$ 的解决方案:凸轮轴机床型号为 CNC8312A,砂轮类型为 CBN,磨粒公称尺寸为 125 μm,砂轮转速为 80 m/s,粗磨阶段凸轮轴基圆转速为 110 r/min,粗磨进给速度为 0.07 mm/s,精磨阶段凸轮轴基圆转速为 75 r/min、精磨磨削余量为 0.06 mm、精磨进给速度为 0.04 mm/s,光磨阶段凸轮轴基圆转速为 55 r/min、光磨磨削余量为 0.03 mm、光磨进给速度为 0.01 mm/s、无火花磨削圈数为 3、修整方式为金刚石滚轮逆向、修整速度为 30 m/s、修整深度为 0.004 mm、修整移动速度为 100 mm/min、冷却液类型为 W20 水剂冷却液、冷却液供液压力为 3 MPa、冷却液供液流量为 16 L/min。

③工艺实例 $X_{42}$ 的解决方案评价:置信度 $\varepsilon=1.0$。定义比例分配因子 $\Psi=0.7$,采用式(4.8)对实例 $X_{42}$ 予以评价:

$$R(X_{42})=0.3\times1+0.7\times0.922=0.945$$

这表明可以调用实例 $X_{42}$ 的相关信息作为当前工艺问题的最佳匹配方案。

将工艺实例 $X_{42}$ 的解决方案应用于该类凸轮轴数控磨削加工,加工完毕后予以抽样检测,可得:升程最大误差小于 0.02 mm,最大相邻误差小于 0.004 mm,表面粗糙度 $Ra$ 为 0.30 μm,无波纹度,未烧伤。结果表明,工艺实例 $X_{42}$ 的解决方案能够满足该批次凸轮轴的数控磨削加工。

通过以上分析可以看出,将粗糙集-基于实例推理的工艺专家系统应用于凸轮轴数控磨削方案选择是正确有效的,能够大幅度提升工艺实例检索的速度及精度,对于多参数的凸轮轴数控磨削加工过程具有一定的指导意义。

# 4.3  切削智能数据库

## 4.3.1  切削数据库研究现状

切削数据库是计算机技术与机械制造切削加工技术结合的产物,数据库存储了丰富的切削加工生产和试验数据,切削数据库可以按照用户的要求,根据理论和经验数据处理并提供切削过程中所需的刀具和切削用量等加工方案信息。切削数据库可以为 CAD/CAPP/CAM 等先进制造技术提供数据支持。使用切削数据库可以显著改善机械加工质量,降低加工成本,避免工件报废,提高企业的经济效益。

从 20 世纪 60 年代中期开始,多个国家相继开始建立自己的切削库,据不完全统计,至 20 世纪 80 年代末已经有美国、德国、瑞典、英国、日本等国建立了 30 多个大型的金属切削数据库,其中最著名的有美国金属切削研究联合公司(Machining Data Center)的 CUTDATA,德国的阿亨工业大学的 INFOS,瑞典的 Sandvik 公司的 CoroCut 等。CUTDATA 是美国金属切削研究联合公司在 1964 年 10 月建立的一个切削数据库,包含有大量的切削试验数据,德国阿亨工业大学吸取各国切削数据库的特点,在 1971 年建立了切削数据情报中心,简称 INFOS。迄今 INFOS 存储的材料可加工性方面的信息总量已达二百万个单元数据,成为当今世界上存储信息最多、软件系统最完整和数据服务能力最强的切削数据库之一。数据经过多次更新,比较全面、可靠。这些数据库存储数据量大,服务性强,系统完整性好,但是建库周期较长,存储的数据与制造技术水平有一定差距。1998 年,国际生产工程学会联合世界知名研究机构共同进行切削数据库的研究与开发。从此,切削数据库逐渐向小型专业数据库方向发展。这期间开发了大量针对性较强的金属切削数据库系统,如表 4.3 所示。

表 4.3  专业性切削数据库

| 研究单位/人员 | 数据库名称 | 特　点 |
|---|---|---|
| K. J. Femandes | ITSS | 实现在 CIM 环境中按用户要求由计算机完成对不同零件选用相应车削刀具的功能 |
| J. H. Zhang/S. Hinduja | SITS | 结合人工智能技术,对车削加工刀具进行选择和优化 |
| Walter 公司 | TDM easy | 向用户推荐该公司的各类刀具加工不同材料时的切削参数 |
| Sandvik 公司 | Auto TAS | 11 个集成模块,提供 300 多种刀具的 CAD 模型和刀具库存位置、成本和供应商等信息 |
| CIM 公司 | CIMSOURCE | 为刀具提供商服务,提供标准化图形、优化控制刀具业务 |

1982 年,我国第一个金属切削数据库在成都工具研究所筹建,于 1987 年 9 月完成试验性车削数据库 TRN10。在引进 INFOS 的基础上继续开发,增强了一些功能,推出了车削数据库软件 CTRN90V1.0。1990 年 10 月成都工具研究所在 VAX-11/780 系统上开发了多功能车削数据库,"八五"期间,该数据库进一步扩充开发出包含有工件材料库、刀具材料库、刀具库、刀具几何参数库及切削用量库等多套切削数据库,它是第一个适合我国国情的车削数据库。在 2005 年开发了在 Windows 环境下运行的网络版切削数据库。

此外,各高校也组织学术力量对切削数据库系统进行研究,南京航空航天大学、北京理工大学、西北工业大学、山东大学、北京航空航天大学、天津大学和哈尔滨理工大学等高校都取得了一定成果。

1986 年南京航空航天大学张幼桢教授对建立切削数据库的若干问题进行了探讨,徐洪昌等对切削数据库进行了更深一步的研究。1988 年南京航空航天大学开发了一个专用切削数据库软件系统 NAIMDS,1991 年进一步开发了 KBMDBS 切削数据库系统。该切削数据库软件系统的数据处理方式包括数据检索方式和数学模型方式,而数据的输出形式采用了推荐和优化相结合的方式。KBMDBS 切削数据库系统中运用等直线法对切削数据进行了优化,优化速度快,能满足自动化系统优化切削数据的要求。KBMDBS 引入了专家系统,可以进行计算机辅助切削参数评价,初步实现了专家系统和切削数据库的结合。近年来南京航空航天大学将金属切削数据库的研究放在切削数据的优化和切削数据库中专家系统的应用方面。

北京理工大学针对兵器工业企业的要求,1989 年研制了难加工材料切削数据库和 FMS 切削数据库。1990 年建立了涂层硬质合金刀具切削数据库,1995 年开发了硬质合金刀具专家系统。北京航空航天大学基于铝合金零件加工特征建立了飞机铝合金弱刚性零件切削参数数据库系统。北京理工大学建立了基于 B/S(浏览器/服务器)模式的网络数据库,并将该技术应用到切削加工领域,将专家系统与数据库相结合开发新模式的网络切削数据库专家系统,能够满足网络环境下信息共享、跨平台的需要。

山东大学在 2000 年提出建立高速切削数据库系统的研究课题,并得到了国家自然科学基金的资助,于 2003 年开发了基于实例推理的高速切削数据库系统(HISCUT),将实例推理思想应用到切削数据库中。用户可在 HISCUT 中查询工件的某个高速切削加工工步的整体解决方案,包括使用的机床、切削介质、刀具及切削用量等方面的信息。山东大学自 2001 年开始对切削数据库进行研究,开发了高速切削、混合推理和难加工材料等多个切削数据库。

随着计算机技术的飞速发展,计算机技术的最新成果与切削加工技术结合,广泛应用到工程应用的各个领域。①数据集成化技术:切削数据集成化是将开发的切削数据库与常用的 CAD/CAM 软件集成在一起,能快速高效地查询到需要的切削数据。常用的 CAD/CAM 软件,如 AutoCAD、MasterCAM、UG 等,都开发了各自的切削数据库,但其数据量较少,不能满足航空发动机的设计、制造工作需要,因此急需开发专用化、集成化的切削数据库及相应的查询模块。②数据智能化技术:通过人工智能方法建立具有动态特性的切削数据库,引入知识库和推理机。③数据优化技术:除了保证切削参数实用性之外,还应将工艺参数进行优化,给出包含这些切削参数评估优劣的目标和约束条件,寻求最佳的切削参数组合。此外,数据挖掘技术、切削数据仿真技术和切削数据网络支持技术也广泛应用于切削数据库系统的开发。

数据库的智能性:目前的智能型切削数据库主要采用规则推理和人工神经网络,由于规则推理很难实现知识的自动更新,而神经网络必须在给定的训练样本的环境下才能发挥作用,如果改变了加工环境,则需要重新训练神经网络,所以现有的切削数据库的智能性大都是静态的,没有实现规则知识的自学习。

## 4.3.2 切削智能数据库的需求分析

需求分析是设计数据库的起点,其目标是通过分析数据库系统的信息需求和处理需求,得到设计数据库所必需的数据集及需求说明文档。切削数据库系统最基本的功能是针对各类型切削材料(包括但不限于高温合金、钛合金、不锈钢和高强度钢等)为用户提供合理的切削用量,也就是切削速度、进给速度或每转/齿进给量、切削深度等。从这个意义上讲,这与切削用量手册的作用是一致的。因此,在需求分析阶段,可以把切削用量手册作为信息要求和处理要求的重点。但同时,切削数据库还能为用户提供更多的信息服务,如关于切削用刀具、机床等用户在实际生产中需要用到的具体数据,比如刀具寿命、切削力、切削温度等过程参数,或者按照特定的优化目标进行切削用量的优化等。

**1. 功能需求**

确认设计范围是需求分析阶段的任务之一,实际上就是明确数据库系统要实现的功能。数据库系统功能的实现是通过对相应数据的处理达到的,这实际上是数据库系统对用户的输入数据即查询条件进行处理,进而得到输出数据即查询结果的过程。在实际生产中要求切削数据库具有推荐基本切削参数和人机交互选用优化的切削参数的功能。

切削数据库系统主要任务是以具有代表性的高强度结构钢、不锈钢、变形高温合金、铸造高温合金、粉末高温合金、钛合金、复合材料等各种材料在不同热处理条件下的车、铣、钻、铰等工艺,针对不同工件材料、刀具材料、刀具结构与几何参数等影响因素,优化选择高效切削加工参数。由此确定切削数据库系统的功能需求主要分为四大块:①切削数据的推荐,包括切削用刀具、切削用量,为生产现场提供数据支持;②为实现某种生产目标,对切削用量(切削速度和进给量)进行优化,提供给用户优化的切削用量;③对新的工件材料应有智能的类似专家的推荐刀具和切削用量的功能;④数据的删除、更新和添加等辅助功能。

**2. 信息需求**

目前,为提高切削水平所采取的措施主要是:选用切削性能先进的新型刀具材料;选择合理的刀具几何参数与切削用量;正确选用切削液;提高工艺系统的刚性。其中,选用新型刀具材料是最重要和最有效的。如超硬高速钢、各种新型硬质合金、涂层刀具、陶瓷、金刚石和CBN 等均在切削加工中获得了广泛应用。但应注意刀具材料与工件材料在机械(力学)、物理-化学性质方面的合理匹配,匹配得当才能达到理想效果。

切削加工过程中涉及的数据信息非常复杂,在建立切削数据库之前,须对这些数据信息进行分析,确定哪些信息需要处理,以及如何表示、描述它们。既要保证把尽量多的有用信息收集进来,又要使这些信息的表示及处理简单明了,易于实现。为满足功能需求,查询过程中所涉及的切削加工数据即信息需求包括工件及工件材料、刀具及刀具材料、工件-刀具材料匹配关系、加工方法及切削用量、机床、切削介质等。

**3. 性能需求**

切削数据库系统有以下性能需求。

（1）开放性。为了通过网络互联和系统的分布式特点来扩充系统的规模,使数据库具有开放性是必要的。开放性的优越性就是大大地增强了程序的可扩展性和减少了编程代码的冗余。

（2）智能化。切削数据库的主要作用是为切削加工提供技术数据支持,但现有积累的有关切削数据和加工实例较少,不同材料之间切削加工积累下来的数据又无法照搬使用,按传统方法建立切削数据库还存在很大的困难。智能化就是将切削专家的经验,切削加工的某些一般规则与特殊规律存储在计算机中,实现运行与决策。很多切削技术及其专家的经验很难用严格的数学模型表达,如果将数据库与人工智能技术结合,则是解决这类问题的最好方法。

（3）实用性。切削数据库提供针对不同机床、不同切削工艺、不同刀具材料等的切削工艺参数,能够根据不同的加工条件,提供优化的刀具角度、切削速度、进给量等切削用量和切削介质等一系列切削参数。切削数据库应不受或少受来自用户和系统错误的影响,具备自我恢复的能力。应具有高效、快速的特点,适应软件人员的操作习惯,尽量使现有工作人员接受简单专门培训就可以方便地使用。

（4）安全性。在网络服务器上要处理大量的用户访问,安全性是一个非常重要的环节。由于系统通过 Web 对切削数据库进行存取,而 Web 是一个基于 Internet 的开放性的全球性服务网络,不像传统的系统,只有装了特定的客户端软件的用户才能对数据库进行操作。方便、快捷的网络通信同时也给网络黑客提供了可乘之机,使切削数据库系统非常容易受到攻击,从而造成巨大的损失。故开发基于 Web 的切削数据库系统时,考虑系统安全性是非常重要的。

### 4.3.3 切削智能数据库总体框架的设计

在初步需求分析和以前研究的基础上,提出切削数据库总体框架的初步方案,以便进一步讨论和细化。如图 4.8 所示为切削数据库流程图,即为数据库系统的输入输出基本流程。

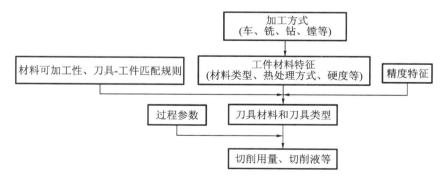

**图 4.8 切削数据库系统流程图**

首先(根据企业盘轴、叶片、结构件等零件的形状特征)选择加工方式,比如车、铣、钻、镗等,如车削加工方式又细化为车外圆、车端面等,然后确定要被加工零件的工件材料特征,结合工件材料特征与精度特征,根据材料的可加工性及刀具-工件匹配规则来确定刀具材料和刀具类型,最后根据工件、刀具以及制造资源特征和过程参数(刀具耐用度、切削力等)来检索切削加工参数和切削介质。

**1. 切削数据库系统框架**

整个切削数据库系统包括流程图中所涉及的各类子库,如工件材料库、匹配规则库、刀具库、切削介质库等。

**2. 工件材料库**

工件材料库包括工件材料类别、工件材料代码、热处理状态、材料硬度、抗拉强度、材料密度和工件材料编号。比如材料中的高温合金又可细分为各小类:镍基高温合金、铁基高温合金、钴基高温合金等。

**3. 刀具库**

与刀具相关的子库是比较多的。刀具材料库主要是存储各种材料类别;刀具材料性能库主要是存储刀具材料性能,含有硬度、机械性能等;刀具厂家信息库主要存储不同厂家刀具信息;同时,整体式刀具和可转位刀片因为具有不同的结构参数而分别列到整体式和可转位库里面。

**4. 匹配规则库**

匹配规则库主要是为切削加工具有一定几何特征的某一材料零件时,选择合适的刀具,将匹配的规则放入匹配库中。如切削难加工材料用的刀具材料:CBN 的高温硬度是现有刀具材料中最高的,最适用于难加工材料的切削加工;新型涂层硬质合金是以超细晶粒合金作基体,选用高温硬度良好的涂层材料加以涂层处理,这种刀具具有优异的耐磨性,也是可用于难加工材料切削的优良刀具材料之一;难加工材料中的合金由于化学活性高、热传导率低,也可选用金刚石刀具进行切削加工。

**5. 切削用量库**

切削用量库推荐某一刀具加工某一材料时的切削参数。

**6. 过程参数库**

切削过程中的切削力、切削功率、刀具寿命等是监控刀具使用的基础,过程参数的预测是建立在经验公式基础上的。经验公式存储在过程参数库里面。

**7. 切削介质库**

切削介质库主要存储切削液等信息,此外在加工过程中可能用到冷风、油雾等方式,切削液的类型包括水溶液、切削油和乳化液等。

## 4.3.4　切削智能数据库的建模

为了正确构建切削实例,根据实例的特点(即实例是工作条件和解决方案的结合),提出了实例参数模型,如图 4.9 所示。即将切削参量划分为四类:非控制参量、控制参量、过程参量和输出参量。各个参量的含义如下。

非控制参量是指不能改变该参量的数值,而获得输出参量,如工件材料。

控制参量是指可以改变该参量的数值,而获得输出参量,如刀具。

过程参量是指系统过程中表现出来的参量,如切削力、切削温度、粗糙度等。

输出参量是指经过加工过程后,非控制参量和控制参量的作用结果,如加工精度、刀具寿命。

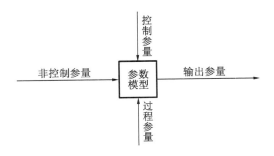

图 4.9 参数模型

### 1. 功能建模

为了得到满足要求的输出参量(加工精度、加工表面质量、刀具寿命),在切削过程中需要合理地选择控制参量(机床、刀具、刀具材料、切削介质、切削用量),从而达到满足约束过程参量(振动、切削力、切削温度、刀具磨损和破损)的目的。

1)刀具信息的推荐

切削数据库系统可根据加工要求及工件材料的类别或牌号信息,按照工件材料与刀具材料的匹配规则,推荐出适用的刀具材料以及刀具型号。

2)切削用量的推荐及其优化

数据库系统可根据用户定义的工件材料及加工要求,在选定推荐刀具的情况下,在数据库中查询相应的切削用量,得到特定要求条件下的切削用量推荐值。以可转位铣刀为例,其查询流程如图 4.10 所示。

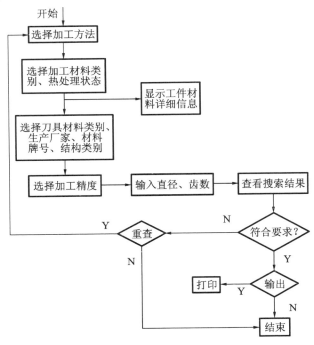

图 4.10 切削数据库系统可转位铣刀查询流程

在实际生产中,企业会根据市场需求调整生产计划。比如在新产品开发或产品需求小于供给时,就要求以最低生产成本进行生产。而在产品畅销即需求大于供给时,就要求以最大生产率为目标进行生产。为了更好地为实际生产服务,难加工材料切削数据库系统确定了两个切削用量优化目标,即最低生产成本目标和最高生产率目标。

3)切削介质的推荐

切削数据库系统中收入了有关切削介质(包括切削油、水溶液和乳化液)的相关信息,用户可在查询结果中查看其相关的使用信息。

4)过程参数的预测

切削数据库系统为了更好地为生产实际服务,对切削过程中的重要参数(包括刀具寿命、切削力和切削温度)进行预测。

5)智能推理功能

利用基于实例和规则推理技术,可根据现有的成功加工实例推理出新的解决方案,直接或经试验验证后存入数据库作为可用实例,因此数据库具有自学习能力。

6)其他功能

其他功能如数据录入、删除与更新,数据恢复与安全机制,用户管理机制等。

**2. 信息建模**

切削加工过程中的数据信息十分复杂,因而要建立一个实用而高效的切削数据库系统,就必须对加工数据信息进行分析、研究、处理。在切削加工中,工步是指在同一个工位上,要完成不同的表面加工时,其中加工表面、切削速度、进给量和加工工具都不变的情况下,所连续完成的那一部分加工内容。工步作为机械加工的最基本单位,是分析切削数据信息的良好渠道。

切削数据库系统提供的数据主要是一个工步的知识。根据切削数据系统信息需求,为了实现数据库系统的功能,设计的切削加工的实体有工件及工件材料、刀具及刀具材料、加工方法及切削用量、切削介质等。

根据实际加工过程中工艺参数的选择流程,利用 IDEF3 方法,确定了切削数据库系统的信息模型,如图 4.11 所示。对于参数的选择,主要是:刀具材料及型号、切削用量和切削液。刀具的选择主要考虑工件材料及其硬度;切削用量主要根据工件材料、刀具材料和加工精度进行推荐。

# 4.3.5　切削智能数据库的总体结构

切削智能数据库是与生产实际密切相关的应用型系统,它要求具有使用方便、操作简易、数据准确有效、运行速度快捷及维护方便等特点。通过以上分析,建立适宜的切削智能数据库的总体结构非常重要。图 4.12 即为切削智能数据库的总体结构图。

切削智能数据库用户分为一般用户和管理员两类。一般用户可以进行车、铣、钻、镗的切削数据查询、切削数据计算、智能推理和切削数据优化,管理员除了拥有一般用户的权限外,还可以进行数据维护。这样就保证了切削智能数据库数据的安全性。

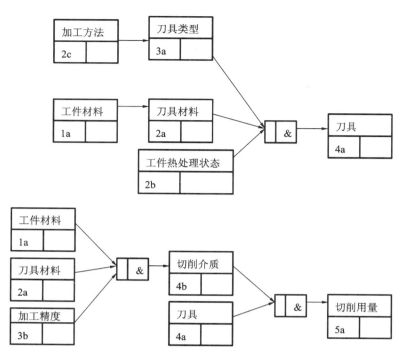

**图 4.11 切削数据库系统的 IDEF3 信息模型**

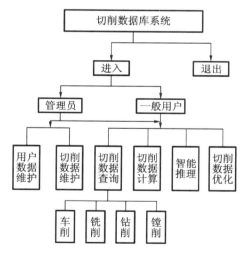

**图 4.12 切削智能数据库的总体结构**

### 4.3.6 切削智能数据库的智能推理

随着材料科学的不断进步,各种新型材料不断涌现,这些新型材料性能的不断提高使其机械加工变得越来越困难。切削数据库的主要作用就是为切削加工提供技术数据支持,目前新型材料积累的有关切削数据和加工实例较少,普通材料切削加工积累下来的数据又无法照搬使用。因此实现切削数据库系统的智能化十分必要。

在实例推理中获取信息相对简单,故切削智能数据库以实例推理为主。但实例推理在系统运行的初期往往出现实例不足的情况,而神经网络和遗传算法很难对现象做出解释,故采用基于规则和实例的混合推理。

当一种新的切削材料需要进行切削时,利用实例推理的方法,可以把与之相似的某个已经加工的旧材料的解决方案作为其建议解决方案。在已有切削实例的基础上,为新工件材料、新刀具材料提供合理的切削用量等加工参数。

实例检索主要由实例编码实现,实例的匹配主要根据相似度的计算确定,实例的存储由人机界面实现。在切削数据库系统实例推理过程中,当实例不存在或遇到新的刀具材料、新的工件材料时,将根据材料类别和材料性能进行相似度的计算。对于实例中不存在的切削参数(如切削介质等),可由规则推理给出。

**1. 基于 STEP-NC 的实例编码**

切削数据库系统的实例推理运行速度取决于实例编码,由此影响其实用性。切削数据库系统借鉴 STEP-NC 思想,进行实例编码。STEP-NC 将加工操作划分为工步以实现规定的操作。根据 STEP-NC 数据模型,加工工步由工件、制造特征、加工方法、刀具等信息组成,由此确定实例编码由加工方法、材料类别、工件材料、热处理状态、加工精度、切削深度、进给速度、刀具等属性值构成。

**2. 实例检索**

切削数据库系统内容丰富,包括加工方法、刀具及切削用量等方面,首先定加工方法,然后确定刀具类型及相应的刀具材料牌号等。基于上述考虑,在实例检索时以工件材料类别为条件,在新工件的材料类别相同的实例中检索出最相似的实例,而把不同工件材料的例子排除在外。这样可缩小检索范围,提高检索速度并保障检索实例的可重用性。

在切削数据库系统中,采用基于整体相似度算法的最近邻居检索方法。最近邻居检索法的定义:设在实例库中已经存在 $n$ 个实例,即实例库 $s = \{s_1, s_2, \cdots, s_n\}$。现有新的实例 $t_i$ 需要进行检索,其属性值为 $\{t_{i1}, t_{i2}, \cdots, t_{im}\}$,则给出相似性判断公式为

$$\mathrm{sim}(s_k, t_i) = \sum_{j=1}^{m} (w_j \times \mathrm{sim}_j(s_{kj}, t_{ij})) \tag{4.12}$$

式中:$\mathrm{sim}(s_k, t_i)$——新实例 $t_i$ 与 $s_k$ 的相似度;

$w_j$——实例 $s_k$ 的第 $j$ 个属性所占的权重,有 $w_j \in [0, 1]$,$\sum\limits_{j=1}^{m} w_j = 1$;

$\mathrm{sim}_j(s_{kj}, t_{ij})$——$t_i$ 和 $s_k$ 之间第 $j$ 个属性的相似度。

**3. 实例相似度计算**

实例属性相似度和属性权重的确定是实例相似度计算的核心内容。切削数据库系统分别计算属性局部相似度,再用复合算法计算实例整体相似度。切削数据库系统中实例问题描述部分包括加工方法、材料类别、工件材料和加工精度。其局部相似度分别按以下方法处理。

(1)加工方法间相似度的计算:由于切削数据库系统的加工方法一般包括车、铣、钻和镗等

工艺。在检索相似实例时,认为加工方法的局部相似度是无关型的。这样可以提高实例检索的速度,且当实例较多时,也能找到与新工件类似的实例。

(2)工件材料类别相似度的计算:为了提高检索准确性和实用性,工件材料类别的局部相似度被认为是无关型的。

(3)工件材料间相似度的计算:由于相似度计算的目的是推荐切削用量,所以在对工件材料进行相似度计算时,主要考虑材料切削加工性能的比较。两种材料切削加工性能相近,那么在特定条件下,两者所用刀具和切削用量也相近。根据材料切削加工性能的分析方法,通过分析计算两种材料的物理机械性能的五项指标(硬度 HB、抗拉强度、延伸率、冲击值、导热系数)来计算相似度。在此以工件材料相似度作为整体相似度,其五项指标的相似度作为局部相似度。目标实例与第 $j$ 个源实例间的相似度计算公式为

$$\text{sim}_{ji}(t_i, s_{ji}) = \sum_{j=1}^{m} w_j \times s_{ki} \tag{4.13}$$

式中:$s_{ki}$——按数值型相似度公式进行计算;

$w_j$——第 $j$ 个属性的权重,$\sum_{j=1}^{m} w_j = 1$。

工件材料相似度的计算中硬度 HB、抗拉强度、延伸率、冲击值、导热系数各属性的权重采用固定分配

$$w_j = (w_1, w_2, w_3, w_4, w_5) = (0.3, 0.3, 0.15, 0.15, 0.1)$$

(4)加工精度相似度的计算:加工精度有三种取值,粗、半精、精,按照模糊逻辑型相似度计算方法,它们被分别赋值为粗=1,半精=2,精=3。其局部相似度计算公式为

$$\text{sim}(x, y) = 1 - \frac{|x-y|}{M} \tag{4.14}$$

式中:$x$、$y$——属性的值;

$M$——属性的最大赋值,此处取 $M=3$。

**4. 权重分配策略**

切削智能数据库中,采用两种方法进行权重分配:一是在默认的情况下,使用"赋值法"权重分配策略;二是数据库用户根据具体情况自制权重分配策略。"赋值法"权重分配策略根据各属性对刀具材料,切削用量和切削介质的影响程度,将各属性赋予不同的权值,默认情况下,为使检索到的解决方案更接近于实际情况,具体分配方案为:工件材料牌号权重为 0.8,加工精度权重为 0.2。用户也可根据具体情况在用户界面自己定义权重大小。

**5. 实例修改**

实例修改作为 CBR 系统的重要环节,是整个 CBR 系统实用化的瓶颈。由于修改过程的复杂性和领域相关性,使得在 CBR 系统中实现实例自动化修改还存在很多问题。目前,交互式的实例人工修改仍是 CBR 系统中采用的主要方法。

在切削智能数据库中,实例记录难加工材料工件加工的各种信息。实例问题描述部分的属性与解决方案的属性之间存在错综复杂的影响关系,而且解决方案的各属性间也存在相互影响关系,如切削用量与工件材料、加工要求有关,还与解决方案的刀具材料、切削液属性有关

等。鉴于这种复杂的影响关系,对解决方案的改写,很难找到一个通用的算法。结合切削加工的领域知识,在切削智能数据库中采用"顺序改写"的方法。切削智能数据库解决方案部分的修改按"刀具类型→刀具名称→刀具材料类别→刀具材料牌号→切削深度→进给量→切削速度"的顺序进行。

**6. 规则推理的作用**

当实例不存在时,采用规则推理;当实例不是完全匹配时,采用规则推理验证。由规则知识决定实例属性的权值及检索过程,切削智能数据库按照相似度高低顺序排列相似实例解决方案。切削智能数据库实例改写流程见图 4.13。

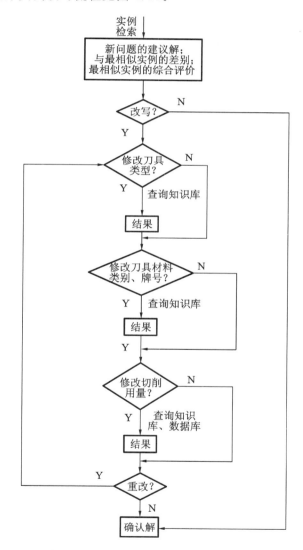

**图 4.13　切削智能数据库实例修改流程**

混合推理流程见图 4.14。首先判断是否是新工件材料或新刀具材料,如果是,就直接进行相似度计算;如果不是,就进行实例推理。若实例完全匹配,则输出解决方案。

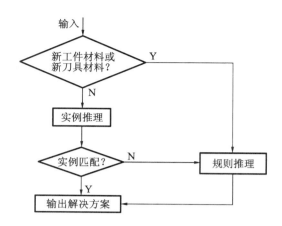

**图 4.14　切削智能数据库的混合推理流程**

## 4.3.7　切削智能数据库应用实例

**1. BP 神经网络**

BP 神经网络可以并行处理非线性的大量参数,是一种多层的前馈神经网络,输入数据前向传递,误差反向传播。而且不需要建立数学优化模型,可以在信息不完全的情况下,通过预测误差调整网络权值和阈值,使网络预测输出和期望输出相接近。应用 BP 预测加工参数可以并行处理切削要素三者间的关系,将工艺参数选择的相关专业知识通过网络训练,使其能够智能输出加工所需要的参数。

实例:锤式破碎机的固定板零件如图 4.15 所示。螺栓连接大带轮和传动轴,其功能为轴向定位。零件的左侧端面粗糙度为 $6.3~\mu m$,材料为 45 钢,以该端面加工特征为例,通过 BP 网络模型预测加工参数。为了满足加工要求,粗糙度值在 $(0.2, 0.4)$ 范围内随机生成数 $R_1 = 0.28$。网络输入数据 $\boldsymbol{X} = [0.5, 0, 0, 0.28]$,输出数据经过反归一化处理得到的加工参数为半精加工 $[2, 2, 0.3, 81]$、粗加工 $[1, 3.2, 0.35, 53]$,代入粗糙度表达式:

$$Ra = 1685\, a_p^{0.015}\, f^{0.62}\, v^{-1.18}\, r^{-0.032}$$

得到半精加工和粗加工阶段的粗糙度值分别为 $4.7~\mu m$ 和 $8.3~\mu m$,最终加工粗糙度结果 $4.7~\mu m$ 小于 $6.3~\mu m$,满足生产要求。

**2. 发动机零件高速切削工艺数据库系统应用实例**

设有待加工零件"板壁件",选取 3 个实例分别为"磨盘"、"转接盘"、"底座",待加工零件与实例的工艺特征以及局部相似度分别如表 4.4 和表 4.5 所示。在不设定高速切削约束条件的情况下,按照上述计算步骤,实例推理过程如下。

(1)构建局部相似度矩阵:

$$\boldsymbol{X} = \begin{bmatrix} 0.3 & 0.5 & 0.333 & 0.25 & 0.4 & 0.5 & 1 \\ 1 & 0.5 & 1 & 1 & 1 & 1 & 1 \\ 1 & 0.333 & 0.5 & 0.333 & 0.1 & 0.5 & 1 \end{bmatrix}^{\mathrm{T}}$$

(2)按照式(4.11)和式(4.12)计算权重值,得:

$$w_j = (0.142 \quad 0.02 \quad 0.136 \quad 0.242 \quad 0.382 \quad 0.075 \quad 0.001)^{\mathrm{T}}$$

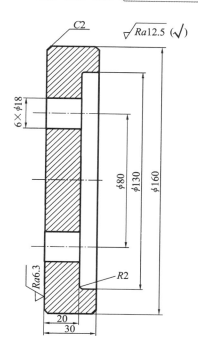

图 4.15　固定板零件图

表 4.4　待加工零件与实例的工艺特征

| 工艺特征 | 待加工零件 | 转接盘 | 磨盘 | 底座 |
|---|---|---|---|---|
| 工件材料 | 钛合金 | 0.3 | 1 | 1 |
| 加工方式 | 铣 | 铣、车 | 铣、车 | 铣、车、钻 |
| 表面粗糙度/μm | 0.8 | 0.2 | 0.8 | 1.6 |
| 工件尺寸/mm | 直径 120 | 924×535 | 直径 112 | 223×202 |
| 加工型面 | 平面 | 曲面 | 平面 | 曲面 |
| 工件形状 | 板壁 | 板壁、盘 | 板壁 | 箱体、板壁 |
| 热处理 | 无 | 无 | 无 | 无 |

表 4.5　待加工零件与实例的局部相似度

| 工艺特征 | 算法 | 转接盘 | 磨盘 | 底座 |
|---|---|---|---|---|
| 工件材料 | 枚举 | 0.3 | 1 | 1 |
| 加工方式 | 数值 | 0.5 | 0.5 | 0.333 |
| 粗糙度 | 模糊逻辑 | 0.333 | 1 | 0.5 |
| 工件尺寸 | 数值 | 0.25 | 1 | 0.333 |
| 加工型面 | 枚举 | 0.4 | 1 | 0.1 |
| 工件形状 | 枚举 | 0.5 | 1 | 0.5 |
| 热处理 | 枚举 | 1 | 1 | 1 |

(3)按照式(4.13)求得 3 个实例与待加工零件的整体相似度分别：

$$sim(T,S_1)=0.209, sim(T,S_2)=0.587, sim(T,S_3)=0.198$$

由计算结果可知,实例 2 与待加工零件的相似度值最大,系统按照上述最近邻居法从实例库中将实例 2 检索出来,作为解决方案输出。该加工实例采用常规加工工艺进行加工。

增加高速切削工艺特征进行实例推理,即增加机床、夹具和刀具等工艺特征,3 个特征采用枚举型算法进行赋值和计算,则系统求得的加工实例采用高速切削加工工艺进行加工,加工机床为高速切削机床,夹具为专用夹具,夹紧力方向为径向装夹。高速切削加工工艺可以使磨盘的加工精度显著提高,体现了高速切削的优越性。

**3. 智能化切削参数优化系统设计实例**

以 SQL Server 2005 数据库为开发平台,运用 Visual C++6.0 语言开发设计出智能参数优化系统软件。实验采用某公司生产的 XD-40 数控铣床为实验机床,选择直径为 12 mm 的整体立式钨钢立铣刀,加工对象的材质为 45 钢、槽状工件。依据可进化的数学模型优化公式(4.15)至公式(4.19)、图 4.16 数据关系模型的匹配原理和图 4.17 智能切削参数优化系统功能模型的智能优化原理可分别计算或匹配出切削参数的值,其结果见表 4.6。从表 4.6 可知,单一的数学模型方法不能够保证所计算的参数一定合理;单一的数据库优化方法虽然能满足加工要求,但是会造成加工时间长、机床利用率低下等情况;利用智能优化方法可保证优化结果的可行性,同时相对数据库方法又极大缩短了加工时间、提高了加工效率。

可进化的数学模型优化公式：

$$F(x)=\left|t(x),c(x),r(x)\right| \tag{4.15}$$

$$x=(f_z,a_p,v_c) \tag{4.16}$$

$$t(x)=t_m+t_c t_m/T+t_0 \tag{4.17}$$

$$c(x)=t_m c_0+t_c t_m c_0/T+t_m c_1/T+t_0 c_0 \tag{4.18}$$

$$r(x)\leqslant R_{max} \tag{4.19}$$

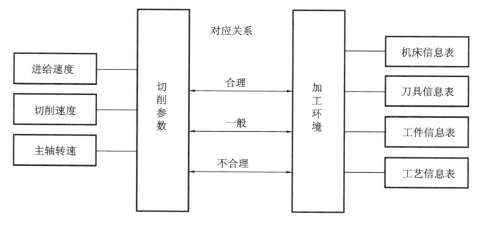

**图 4.16 数据关系模型**

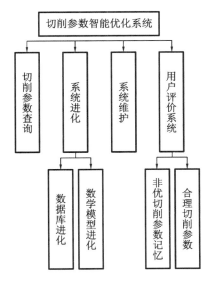

图 4.17　智能切削参数优化系统功能模型

表 4.6　三种切削参数选择结果

| 优化方法 | 每齿进给量<br>$f_z/mm$ | 切削深度<br>$a_p/mm$ | 主轴转速<br>$v_c/(m/min)$ | 表面粗糙度<br>$Ra/\mu m$ | 加工时间<br>$T/s$ |
| --- | --- | --- | --- | --- | --- |
| 数学模型方法 | 0.84 | 12 | 90 | $\geqslant 3.2$ | 168 |
| 数据库方法 | 0.48 | 3 | 75 | $\leqslant 3.2$ | 654 |
| 智能优化方法 | 0.72 | 6 | 95 | $\leqslant 3.2$ | 265 |

# 4.4　磨削智能数据库

## 4.4.1　磨削智能数据库研究现状

国内外对磨削数据库的研究是在切削数据库的研究基础上发展而来的。磨削加工过程兼有高速微切削和高速滑擦摩擦的特性,且工艺参数庞杂,磨削工艺数据库的开发技术难度较大,已有的大部分磨削工艺数据库均附加于切削工艺数据库中。

目前国外成功应用于工业生产的大型磨削工艺数据库只有五个:美国切削研究联合企业METCUT 的 MDC、德国马格德堡大学的 SWS、德国切削数据情报中心的 INFOS、英国约翰莫尔斯大学的 IGA 和美国普渡大学的 GIGAS。其中前三者均为内含部分磨削工艺数据的通用切削工艺数据库,专门面向磨削加工而建立的数据库为 IGA 和 GIGAS。但 IGA 和 GIGAS本身为磨削工艺条件咨询/辅助系统,数据库仅为系统中一个模块,数据库中存储的数据/知识有限,更多的面向于平面磨削和外圆磨削。

国内对磨削加工数据库的研究起步较晚。郑州磨料磨具研究所承担了机械加工共性数据库中普通磨削数据库及应用软件的开发工作。数据库中包含的磨削数据是各生产企业成熟的加工工艺和具有丰富经验的领域专家总结获得的。系统可实现根据不同加工工件的工艺特点自动检索出与之匹配的磨削工艺数据,同步实现磨削加工故障/缺陷的智能诊断,提出对应的修正策略。但该数据库中存储数据规模较小,仅涵盖普通磨削加工中所涉及的共性数据和常用材料的磨削工艺参数。对于高速高效磨削加工、新材料和难加工材料的磨削工艺以及新型磨削装备领域的数据依旧匮乏。中国机械科学研究院于 2003 年开发了机械设计与制造通用技术支持系统(DMTS)。该系统分为单机版和网络版,单机版适用于技术人员单独查询使用,网络版能够实现局域网内磨削工艺数据的共享使用。张新玲针对当前磨削数据库呈孤立、数据无法共享的状态,提出了开发磨削数据共享平台的概念,致力于实现基于 Web 的、可供不同用户通过浏览器访问的数据共享服务平台。

近年来,国内许多高校将磨削工艺数据库与专家系统予以集成,进行了一系列的研究,也取得了不少成果,建立了一些小型实用的磨削工艺专家系统。如:湖南大学邓朝晖等人开发的凸轮轴数控磨削工艺参数智能优选模型,邓朝晖建立了面向特种材料如纳米结构陶瓷涂层材料等加工对象的精密磨削加工工艺预报专家系统软件;吉林大学祝汉燕开发的外圆纵向智能磨削专家系统;长春理工大学陈龙开发的平面数控高速研磨机加工工艺参数专家系统;厦门大学郑雄文开发的非球面超精密磨削加工智能化数据库系统;毕俊喜开发了面向轧辊辊形磨削加工的智能控制系统,系统具备轧辊磨削知识库、磨削参数智能优化、砂轮智能修整及变速自适应控制等模块。

根据以上现状分析可以看出,已建立的磨削数据库运用于实际加工并产生经济效益的并不多,其根本原因在于已有的磨削数据库存在工艺数据可靠性不高、数据量不足、仅具备查询功能且智能化程度不高等缺陷。国内磨床设计制造企业、磨料磨具生产厂家及与之相关的机械加工制造企业数量庞大,但大部分企业并没有将生产加工中的磨削数据收集起来,实现磨削加工数据的"重用"。部分生产实践数据的企业将其视为企业机密,仅在企业内部加以流通,无法实现企业间加工信息的共享与优化提升。这也是导致我国刀具材料消耗世界第一,机床拥有量比美国多三分之一,而切削效率相反仅有美国三分之一的根本原因。

从当前磨削加工面临的关键问题来看,智能化、网络化是磨削数据库的发展趋势。传统的磨削数据库仅具备查询功能,无法根据当前的磨削加工条件智能优选出磨削工艺方案。因此将磨削工艺数据库、专家系统予以综合,提高数据库的智能化水平,并应用于数控机床,实现与数控机床的协作运行,是未来磨削工艺数据库发展的主要趋势之一。

另外,随着网络技术的发展,企业与企业间需要实现更好的协作和交流共享,开发网络化的磨削数据库及专家系统,实现磨削工艺数据交换与资源共享,也必然是未来专业磨削数据库发展的另一主要趋势。其他各大高校、刀具厂商及制造企业也开发了各类磨削数据库系统。

## 4.4.2 磨削智能数据库功能建模

以凸轮轴数控磨削加工为例,建立与系统匹配的磨削智能数据库的好坏直接决定着凸轮轴数控磨削工艺智能专家系统"智能"程度的高低。因此,凸轮轴磨削智能数据库的功能建模对整个智能专家系统的运行具有非常重要的意义。凸轮轴磨削智能数据库主要包括与凸轮轴数控磨削加工有关的磨削参数、砂轮信息、工件几何信息及材料信息、凸轮轴数控磨床及磨削液信息等。同时由于工艺数据库致力于对整个加工过程进行准确概要描述,加工过程中出现的一些特殊工艺现象及采取的辅助工艺措施均会包含到工艺数据库中。这些信息经过大量、系统的试验筛选后存储于数据库内,具有较高的系统性和实际指导性。

凸轮轴数控磨削加工主要是在凸轮轴数控磨床、砂轮、工件及磨削液等实体设备的基础上完成的,其不同加工过程可以描述为四者之间的不同关系,如图 4.18 所示。

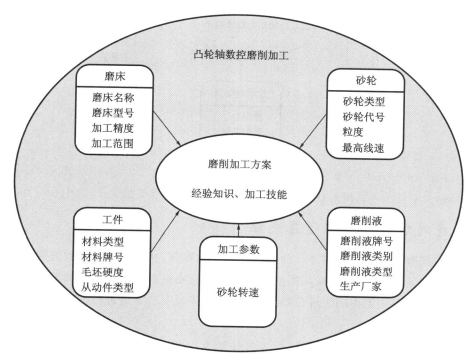

**图 4.18  凸轮轴数控磨削加工过程各实体关系示意图**

凸轮轴数控磨削加工过程中的各种有关信息分为四类变量,包括输入类、控制类、过程类及输出类。其中,输入类变量主要用来描述待加工工件的几何或特征信息,控制类变量用来描述加工工艺环境和加工工艺参数,过程类变量用来描述加工过程的变动情况,输出类变量用来对加工结果进行描述。四类变量之间的关系为,在已知当前加工输入类变量(工件材料、毛坯硬度、毛坯余量、基圆半径、凸轮片厚度、总长)的前提下,为了达到输出类变量要求(波纹度、最大升程误差、相邻最大误差、表面烧伤程度、表面粗糙度、加工效率、加工成本),在凸轮轴数控磨削加工中合理选择控制类变量的取值(凸轮轴磨床、砂轮、磨削液、加工参数等),同时实现过程类变量(磨削力、磨削温度、砂轮磨损等)在要求范围内,如图 4.19 所示。

凸轮轴磨削智能数据库的主要功能是实现凸轮轴数控磨床、砂轮、磨削液、工艺实例、工艺知识等信息的录入、删除、修改,为凸轮轴数控磨削智能专家系统运行过程提供数据保障。

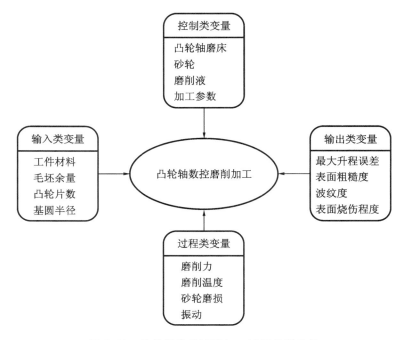

**图 4.19　凸轮轴数控磨削加工过程各类变量**

### 4.4.3　磨削智能数据库信息处理

凸轮轴数控磨削加工过程中涉及的数据信息较为庞杂,在建立凸轮轴磨削智能数据库时,应首先分析数据信息是否冗余,采用哪些数据信息才能完整而又简洁地将加工过程进行描述。即对凸轮轴数控磨削加工中的工件、砂轮、磨床、磨削液及工艺参数进行准确描述。

**1. 工件信息**

工件信息主要包括工件基本信息、工件质量要求信息及凸轮片几何位置信息三类。其中,凸轮片几何位置信息包括材料类别、材料牌号、材料状态、毛坯硬度、毛坯余量、凸轮轴类型、从动件类型、滚子半径、凸轮片数量、凸轮片厚度、最大升程、工件总长。

**2. 砂轮信息**

砂轮信息主要包括砂轮外径、砂轮宽度、砂轮孔径、最高线速度及磨粒的种类、粒度、结合剂、砂轮硬度、组织号。

**3. 凸轮轴数控磨床信息**

凸轮轴数控磨床信息主要包括机床参数及零件加工参数两大类。

机床参数主要包括机床型号、工作台尺寸、砂轮尺寸规格、$X/Z$ 轴最大行程、头架最大转速、砂轮主轴最大转速、最大加工直径、最大加工长度、加工凸轮轴最大升程、凸轮最大升程误差、尾架顶尖移动量、分度精度、工件轮廓分度分辨率、砂轮架进给速度、砂轮架进给分辨率、工作台移动速度、工作台移动分辨率、$X/Z$ 轴定位精度、$X/Z$ 轴重复定位精度、机床重量、最大功率及机床主机外形尺寸。砂轮尺寸规格包括最大砂轮尺寸和最小砂轮尺寸。

零件加工参数主要包括零件尺寸误差、基圆跳动误差、凸轮升程误差、凸轮升程相邻差、凸轮相位角误差及表面粗糙度。

**4. 磨削工艺参数**

磨削工艺参数是凸轮轴磨削智能数据库需要处理的最基本也是最重要的数据,主要包括砂轮线速度、工件转速、砂轮架进给速度、砂轮修整参数、磨削液供液参数等。数控凸轮轴磨床磨削加工过程主要包括粗磨、精磨、光磨和无火花磨削四个阶段。无火花磨削阶段砂轮架不再进给,仅消除机床工艺系统的变形回弹。

初步归纳可以得到磨削工艺参数包括:粗磨阶段砂轮线速度、粗磨阶段凸轮轴转速、粗磨阶段磨削余量、粗磨阶段砂轮架进给速度、精磨阶段砂轮线速度、精磨阶段凸轮轴转速、精磨阶段磨削余量、精磨阶段砂轮架进给速度、光磨阶段砂轮线速度、光磨阶段凸轮轴转速、光磨阶段磨削余量、光磨阶段砂轮架进给速度、无火花磨削圈数、砂轮修整方向、砂轮修整线速度、滚轮修整器转速、修整深度、修整次数、修整器移动速度、磨削液供液压力、磨削液供液流量。由于凸轮轴数控磨削加工为 $X\text{-}C$ 轴耦合运动模式,无论采用恒角速度磨削、恒线速磨削或近似恒线速磨削方法中的任意一种加工方式,在升程段和降程段各加工轴对应的工艺参数都是时时变动的。可见凸轮轴磨削工艺参数极为繁多,若将每个加工位置的工艺参数均采集、存储起来,不仅增大了数据采集的难度,同时也限制了磨削工艺数据库的正常运行。

由于粗加工阶段主要是为了去除毛坯上大部分的余量,使毛坯在形状和尺寸上基本接近零件的成品状态,所以总磨削余量的增加一般体现为粗磨磨削余量的增加,在精磨磨削余量和光磨磨削余量确定后粗磨磨削余量相应可以计算得出:

$$A_{r1} = A_r - A_{r2} - A_{r3}$$

式中:$A_r$——总磨削余量;

$A_{r1}$——粗磨磨削余量;

$A_{r2}$——精磨磨削余量;

$A_{r3}$——光磨磨削余量。

综上所述,可确定凸轮轴数控磨削工艺参数信息为:砂轮线速度、粗磨阶段凸轮轴基圆转速、粗磨阶段砂轮架进给速度、精磨阶段凸轮轴基圆转速、精磨阶段磨削余量、精磨阶段砂轮架进给速度、光磨阶段凸轮轴基圆转速、光磨阶段磨削余量、光磨阶段砂轮架进给速度、无火花磨削圈数、砂轮修整方向、砂轮修整线速度、滚轮修整器转速、修整深度、修整次数、修整器移动速度、磨削液供液压力、磨削液供液流量。

**5. 其他信息**

凸轮轴数控磨削加工过程中涉及的数据信息还包括数据来源、数据评价及加工过程描述等。

(1)数据来源。凸轮轴数控磨削加工数据主要包括四个来源,如实验室数据、砂轮样本数据、生产实践数据和文献资料数据,如表 4.7 所示。为了能够完整地描述某次凸轮轴数控磨削加工,保证数据重用的准确性,需要提供数据的准确来源。若为生产实践数据,则需提供准确的加工地点、加工操作人员和加工时间。课题组对国内的部分凸轮轴制造厂家、凸轮轴数控磨床生产厂家等进行了调研和数据搜集,对于采集到的加工数据均严格标明了其详细来源。

表 4.7　凸轮轴数控磨削加工的数据来源与特点

| 数　据　来　源 | 特　　　点 |
|---|---|
| 实验室数据 | 经过磨削实验和数学处理得到,系统性较好;<br>但加工条件与生产现场条件往往有差别 |
| 砂轮样本数据 | 一般经过系统实验取得,可用性较好;<br>针对具体刀具的切削用量,可直接用于实践 |
| 生产实践数据 | 在特定的加工环境中获得,比较适用;<br>但较为离散,搜集困难 |
| 文献资料数据 | 在特点的加工环境获得,多为实验数据,适用性较差;<br>但较为离散,搜集困难 |

(2)数据评价。从表 4.7 中可以看出,实验室数据和砂轮样本数据其系统性和实用性较好。但其他数据来源特别是生产实践数据由于各个生产单位的加工环境、加工特点存在差异,导致采集获得的数据不具普遍性,且分散性大,需要对其进行评价验证后,才能录入凸轮轴磨削智能数据库中。数据评价验证的目的,在于既要保证采集获得数据的合理性和实用性,又要对该次凸轮轴数控磨削加工的加工效率、加工成本进行核算。因此,数据的评价验证分为两个环节。一是由数据采集人员和机床操作人员采用模糊综合法评价对该次凸轮轴数据磨削加工的合理性进行置评,并采用置信度加以表征。置信度的取值介于 0~1 之间,置信度为 1 代表完全可信,置信度为 0 代表完全不可信。只有置信度值大于某一设定的阈值时方能启动数据评价验证的第二个环节。二是对该次凸轮轴数控磨削加工的加工效率、加工成本进行核算。将置信度、加工效率、加工成本作为该次凸轮轴数控磨削加工所涉及的数据信息协同录入数据库中。

(3)加工过程描述。以上所提到的加工效率、加工成本等仅为加工过程经济性的量化指标。而磨削加工过程是一个复杂的多因素、多变量共同作用的过程,其机理复杂,加工过程间或有异常现象出现。同时,凸轮轴作为细长轴类零件,在磨削加工过程中,当长径比较大时需要采用中心架作为辅助支撑,尽量降低工件的弹性变形。因此,需要采用描述性的语句来实现磨削加工过程的相关数据录入。

## 4.4.4　磨削智能数据库结构与子库模型

根据以上对凸轮轴磨削智能数据库功能的分析,总结国内外切削磨削数据库的发展、应用情况,并采集国内凸轮轴数控磨床生产厂家、凸轮轴数控磨削制造厂家的建议,将凸轮轴磨削智能数据库的系统总体结构定义为如图 4.20 所示。

从图 4.20 中可以看出,凸轮轴磨削智能数据库包括磨床库、砂轮库、磨削液库、材料库、工件定义库、实例库、规则库、事实库及临时数据库。应用程序是凸轮轴数控磨削工艺智能专家系统与工艺数据库交互的接口,专家系统借助该接口实现对工艺数据库中各子库数据的查询、录入、修改、删除等服务。由前面所述的凸轮轴磨削智能数据库信息处理,设计系统各子库模型及数据库表。

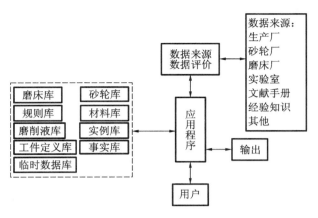

**图 4.20　凸轮轴磨削智能数据库总体结构**

## 4.4.5　磨削工艺智能应用系统

针对凸轮轴数控磨削加工建立的完整工艺智能应用系统如图 4.21 所示。

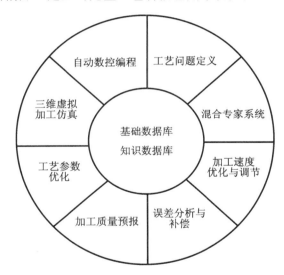

**图 4.21　凸轮轴数控磨削工艺智能应用系统**

工艺智能应用系统结构设计为三层分布式结构体系,如图 4.22 所示。所有工艺数据(包括专家知识)都置于数据库服务器中,以便于数据的集中维护与管理。应用程序服务器专门用来响应客户端的数据访问请求并及时提供数据支持服务。客户端可以完成凸轮轴磨削工艺问题的处理及求解的各种操作。

凸轮轴数控磨削工艺智能应用系统总体主要由数据库、应用程序服务器、数据库维护、智能工艺系统四大部分构成。数据库集成了机床库、砂轮库、材料库、冷却液库、实例库、规则库、模型库、图表库、工艺参数库和其他数据,涵盖了磨削工艺领域的各个重要环节,并存储了大量的相关工艺数据。应用程序服务器承担数据验证、数据访问响应和平衡网络访问负载等功能。客户端智能工艺系统主要包括工艺问题定义、专家系统推理、误差分析与补偿、智能工艺优化、

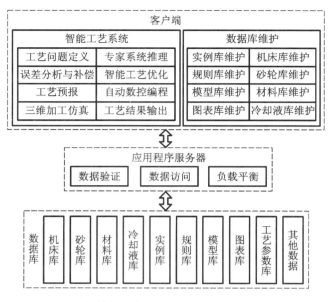

**图 4.22 凸轮轴数控磨削工艺智能应用系统的体系结构**

工艺预报、自动数控编程、三维加工仿真、工艺结果输出八个重要功能。

凸轮轴数控磨削工艺智能应用系统从工艺问题定义开始,以交互方式完成,系统自动产生该零件的工艺问题空间描述信息模型。结合数据库知识,基于"实例+规则推理"的混合专家系统对该模型进行求解,得到新的工艺实例。系统对求解所得的工艺实例进行后续工艺处理、加工质量预报、误差分析补偿、三维虚拟加工仿真等。通过这一系列处理后,该工艺实例的工艺性能基本确定,可针对性地对其进行工艺参数优化。基于优化后的工艺方案,自动编程模块结合数控系统信息实现凸轮轴数控磨削的自动编程。凸轮轴数控磨削工艺智能应用系统工作流程如图 4.23 所示。

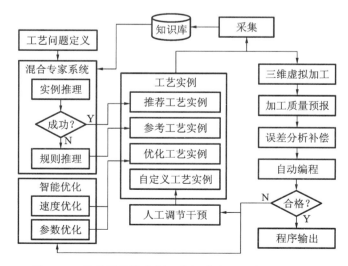

**图 4.23 凸轮轴数控磨削工艺智能应用系统工作流程图**

若实例推理未能成功推理出工艺实例,或用户对推理结果不满意,混合型专家系统可自动进行基于元知识的规则推理,并形成一条完整的新磨削工艺方案。规则推理过程如图 4.24 所示。规则推理采用优化的正反向混合推理方法,以置信度和活性度综合排序方式实现冲突消解,以路径跟踪法实现整个推理过程的解释说明,对规则推理后得到的磨削工艺参数取值采用人工神经网络和遗传算法的混合智能优化技术进行编码寻优。

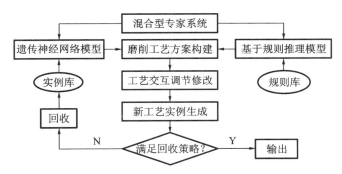

图 4.24　混合型专家系统规则推理过程

## 4.4.6　机床主轴智能磨削工艺系统

笔者以机床主轴磨削加工过程为研究对象,成功开发了机床主轴智能磨削工艺系统,该系统集成了机床主轴的工艺经验和工艺信息的知识规范化描述方法、工艺参数优化与工艺实例优选、自动编程等技术。

该系统在湖南海捷精密工业有限公司生产的 MKG1320 超高速外圆磨床上成功试运行,与该型机床配套使用效果良好。累计加工不同种类和不同结构的主轴产品 50 种,其中 48 种产品的工艺参数决策满足加工要求,部分加工结果如表 4.8 所示。

表 4.8　工艺实例的工艺问题描述特征属性表

| 序号 | 零件材料 | 加工时间 $t_1$/s | 圆柱度/mm | 表面粗糙度 $Ra$/μm | 累计优化时间 $t_2$/min | 是否可行 |
|---|---|---|---|---|---|---|
| 1 | 20Cr | 350 | 0.003 | 0.32 | 70 | 可行 |
| 2 | 45 | 270 | 0.002 | 0.21 | 75 | 可行 |
| 3 | 45 | 230 | 0.003 | 0.35 | 45 | 可行 |
| 4 | 20Cr | 360 | 0.003 | 0.25 | 95 | 可行 |
| 5 | T10 | 260 | 0.002 | 0.28 | 85 | 可行 |
| 6 | 65Mn | 480 | 0.003 | 0.22 | 110 | 可行 |
| 7 | 20CrMnTi | 370 | 0.002 | 0.26 | 98 | 可行 |
| 8 | 40Cr | 340 | 0.003 | 0.36 | 65 | 可行 |

主轴磨削加工结果中决策正确率达到 96%,工艺决策时间由原来的 3～4 h 缩短到 1～2 h,缩短约 50%。实践结果表明:开发的机床主轴智能磨削工艺软件,能显著提高主轴磨削工艺方案的决策正确率,减少工艺方案的决策时间,提高加工效率。

### 4.4.7 滚动轴承智能磨削系统

本系统主要由人机交互界面、集成推理机、知识库、辅助数据库等模块组成。知识库包括实例库和规则库,分别存储滚动轴承磨削的典型工艺方案和各种工艺知识;辅助数据库存储与滚动轴承磨削相关的机床、砂轮、冷却液、材料的详细信息;系统对知识库和辅助数据库的维护包括添加、删除、修改、保存等功能。

图 4.25 所示为滚动轴承 6202/02 零件图,需针对其滚道制定磨削加工工艺。工艺问题描述为:材料类型为高碳铬轴承钢,牌号为 GCr15,毛坯硬度为 65 HRC,热处理方式为淬火,最大直径为 21.6 mm。由加工部位确定其机床类型为内滚道磨床。输入已知信息后,系统首先进行实例推理,根据多层检索模式,检索实例库中工件代号为 6202/02 的实例,然后在过滤后的实例中检索机床类型为内滚道磨床的实例作为后续相似度计算的备选实例集。

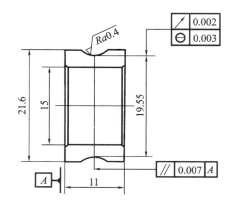

图 4.25 零件 6202/02 零件图

根据层次分析法,通过专家咨询比较工艺问题描述中各特征属性的重要性,构建判断矩阵,求解判断矩阵后,确定工件代号、机床类型、材料类别、材料牌号、材料热处理方法、材料硬度、最大直径、椭圆度、壁厚差、沟侧摆、表面粗糙度的权重分别为:0.260、0.189、0.130、0.130、0.019、0.088、0.014、0.060、0.040、0.040、0.027。解决方案、结果及综合评价分别如表 4.9、表 4.10 所示。

表 4.9 工艺问题解决方案

| 参数名称 | 参数值 | 参数名称 | 参数值 |
| --- | --- | --- | --- |
| 机床型号 | 3MZS135 | 砂轮代号 | A80LV60 |
| 砂轮尺寸/mm | P500×12×203 | 磨削液牌号 | 83-1(B) |
| 砂轮转速/(r/min) | 2300 | 砂轮修整速度/(m/min) | 0.1 |
| 工件转速/(r/min) | 400 | 磨削方式 | 切入磨 |
| 粗磨余量/mm | 0.8 | 磨头形式 | 动压磨头 |
| 半精磨余量/mm | 0.2 | 工件夹紧方式 | 电磁无心夹具 |
| 精磨余量/mm | 0.02 | 磨削液种类 | 乳化液 |

| 参数名称 | 参数值 | 参数名称 | 参数值 |
|---|---|---|---|
| 粗磨进给速度/(mm/min) | 5.4 | 供液方式 | 喷射 |
| 半精磨进给速度/(mm/min) | 4.2 | 供液压力/MPa | 3 |
| 精磨进给速度/(mm/min) | 2.1 | 供液流量/(L/min) | 18 |
| 光磨延时/s | 2 | | |

表 4.10　结果及综合评价

| 参数名称 | 参数值 | 参数名称 | 参数值 |
|---|---|---|---|
| 椭圆度/$\mu$m | 2.5 | 表面粗糙度 $Ra$/$\mu$m | 0.32 |
| 壁厚差/$\mu$m | 2 | 加工效率/(s/p) | 10 |
| 沟侧摆/$\mu$m | 3.5 | | |

本次共对 10 个滚动轴承内圈进行试加工,经检测实验结果如表 4.11 所示。从检测结果可以看出,采用的滚动轴承磨削工艺专家系统得到的各工艺参数能够较好地满足零件理论加工精度要求。

表 4.11　加工精度检测结果

| 精度指标 | 实测平均值 | 实测最大值 |
|---|---|---|
| 椭圆度/$\mu$m | 2.5 | 3 |
| 壁厚差/$\mu$m | 1.8 | 2 |
| 沟侧摆/$\mu$m | 4 | 5 |
| 表面粗糙度 $Ra$/$\mu$m | 0.28 | 0.32 |

## 4.4.8　复杂刀具磨削工艺系统

选取直径 $D$ 为 12 mm,总长 $L$ 为 100 mm 的麻花钻,工件材料选用 W6Mo5Cr4V2 普通高速钢,砂轮选用粒度号为 80 的树脂结合剂 CBN 砂轮,磨削液采用油基切削液。以磨削麻花钻的沟槽为例,选用深切缓进给的磨削模型,初步获得其磨削工艺参数。采用 3 因素 3 水平的正交试验,选用加工后试件的表面粗糙度值为试验指标(麻花钻沟槽和钻尖的表面粗糙度对其切削性能影响较大),其试验记录如表 4.12 所示。

表 4.12　磨削工艺参数正交试验设计记录表

| 水平 | 砂轮速度 $A$/(m/s) | 进给速度 $B$/(m/s) | 磨削深度 $C$/mm | 表面粗糙度 $Ra$/$\mu$m |
|---|---|---|---|---|
| 1 | 1000 | 50 | 0.5 | 0.304 |
| 2 | 1000 | 90 | 1 | 0.514 |
| 3 | 1000 | 130 | 1.5 | 0.433 |
| 4 | 1500 | 50 | 0.5 | 0.235 |

| 水平 | 砂轮速度<br>$A/(m/s)$ | 进给速度<br>$B/(m/s)$ | 磨削深度 $C/mm$ | 表面粗糙度<br>$Ra/\mu m$ |
|---|---|---|---|---|
| 5 | 1500 | 90 | 1 | 0.424 |
| 6 | 1500 | 130 | 1.5 | 0.403 |
| 7 | 2000 | 50 | 0.5 | 0.411 |
| 8 | 2000 | 90 | 1 | 0.375 |
| 9 | 2000 | 130 | 1.5 | 0.408 |

对表 4.12 的正交计算获得最优的磨削工艺参数,即磨削用量的最优工艺条件为砂轮转速 2000 r/min,进给速度为 90 mm/min,磨削深度为 1.5 mm。

# 4.5　数控加工自动编程

## 4.5.1　数控加工自动编程技术研究现状

数控程序作为将设计转化成现实的信息载体,直接控制机床的切削动作,是数控加工的关键。在制造业中,提高编程质量和效率对降低成本、增强企业竞争力具有积极意义。

数控机床的数控代码程序最初是采用手工编制的。手工编程首先需根据被加工零件图纸和选定的加工工艺,手工计算出机床加工所需的各种输入数据,然后根据数控系统要求的数控代码格式编写程序清单。根据该程序单,一方面将程序指令通过各种方式输入至数控机床中,另一方面同机床调整文档一起交给操作工人,作为机床调整的依据。

回顾数控自动编程的发展,它是以数控机床的发展揭开序幕的。1952 年,美国麻省理工学院伺服机构实验室成功研制出第一台数控铣床,并于 1957 年投入使用。之后,数控机床以其高的生产率,高的加工精度,高的适应性与灵活性,以及易于与 CAD 衔接而形成 CAD/CAM 的一体化等优点,得到迅速发展,特别适应小批量、多品种、形状复杂的产品加工需要。

为解决数控加工的编程问题,世界各国研究了上百种语言,其中以 20 世纪 50 年代美国麻省理工学院开发的一种专门用于机械零件的数控编程语言 APT 最具有代表性。APT 编程是把用 APT 语言编写的程序输入计算机,由内部的编译系统自动生成数控加工指令。该编程方法是在分析零件加工工艺的基础上,根据零件图纸和数控语言手册,用具有一定语法格式的语言编写源程序,输入到计算机,经编程系统翻译、处理成刀具位置数据,最后经后置处理产生出符合数控机床要求的加工程序。

长期以来,人们设想不用语句描述刀具轨迹,而通过直接描述被加工工件的尺寸和形状自动产生数控程序,这就开始了计算机图形输入和图形自动编程的研究。1963 年,麻省理工学院的 I. E. Sutherland 提出了"人机对话图形通信系统"并推出了二维 Sketchpad 系统,这就为图形输入零件形状的自动编程提供了可能。由于计算机技术的迅速发展,计算机图形处理能力有了很大提高,借助良好的软件开发平台,可充分利用 CAD 软件的图形编辑功能,一种可以直接将零件的几何图形信息自动转化为数控加工程序的全新计算机辅助编程技术,图形自动编程技术便应运而生。这种计算机编程技术将图形软件发展推进到一个新的时代,使得计算机图形处理水平提高到一个新的台阶。

早在 1965 年,美国洛克西德飞机制造公司首先组织了一个专门小组进行图形自动编程软件的研制,并于 1972 年以 CAD/CAM 为名正式投入使用。CAD/CAM 系统基本解决了 APT 语言存在的抽象而不直观问题。进入 20 世纪 80 年代后,各种图形自动编程系统软件大量涌现,其编程复杂度也从 70 年代的 2.5 维发展到 3 维、4 维和 5 维以上多坐标加工中心的数控编程,以及复杂曲面工件的数控编程。

对于高精度、高复杂性的零件的加工越来越多地采用数控加工,因此,人们对数控加工编程技术进行了广泛的研究。田帅等通过对螺杆转子数控磨削成形技术进行分析研究,提出了一种对螺杆进行高精度成形加工的方法,通过端面型线数据以及一些相关的螺杆参数,运用一系列的数值算法,求出了螺旋曲面成形砂轮的廓形。研究了用成形法加工螺旋曲面时,对砂轮的修形控制问题。将砂轮廓形计算和数控程序的生成、更新等过程集中在计算机端完成,采用 DNC 控制方式结合运动控制卡来完成上下位机的控制。编制了一套集砂轮廓形计算、图形显示、数控程序的生成和更新、磨削加工和砂轮修整过程的控制等多种功能于一体的 CAM 软件,将螺旋曲面成形法加工技术由理论应用到了实际。朱明等研究了非圆曲面数控磨削加工编程系统中的关键技术与算法。根据零件的加工特征和机床的结构特点,研究了在内圆磨削和外圆磨削方式下,非圆曲面磨削的数控编程技术,提出了基于 ACIS 实体造型的任意非圆曲面零件的数控磨削新算法,实现了以实体造型为基础的任意非圆曲面零件的内圆和外圆数控磨削,根据零件的特征和磨削方式,生成了相应的走刀路线,实现了针对不同机床的后置处理。运用面向对象的设计方法,开发了基于 ACIS 的非圆曲面数控磨削加工自动编程系统,并运用于实际生产取得了良好效果。

何耀雄等以整体式回转刀具为基本研究对象,针对三坐标、四坐标和五坐标以上多坐标加工,开发了一个参数化刀具数控磨削编程系统,系统以工艺数据库为支撑,以编程程序库为核心,提出并采用了参数化数控编程技术和基于刀具结构要素编程技术。实践证明所开发的刀具数控磨削编程系统是实用可靠的。王凤云等对可转位刀具的多边形刀片的周边磨削加工工艺进行了研究,提出了可转位刀片周边磨削的工艺过程,并据此提出了磨削加工工艺系统的数控系统硬件结构,开发了适用该系统的基于 Windows 的可转位刀片周边磨削加工数控系统。该系统除了具有一般数控系统的功能外,还具有参数化自动编程以及图形仿真等功能,并具有合理的开放性。张殿明等根据所磨钻头的结构设计参数和所建立的数学模型采用数值计算方法求解方程,得到需要磨削钻头螺旋槽的刃磨参数,通过精确计算有限个编程点(刀位点)的坐标值得到数控加工指令的各项参数值而实现自动编程,可对各种钻头、铣刀的螺旋槽磨削加工。丁仕燕等通过对平行直纹面数控超声磨削陶瓷型面加工的刀位计算和后置处理方法的研究,利用 VC++ 与 MATLAB 相结合的办法,开发了平行直纹面数控磨削自动编程系统软件,通过输入平行直纹面两条导线的构造参数和数控加工参数,即可实现四坐标磨削加工自动编程。

综上所述,当前的数控加工编程技术的研究与发展主要还是针对某一特定类型的型面零件的加工,其思路是先推理研究出该类型型面关于确定运动轴的成形运动数学解析方程,然后依据该方程计算出相应各运动轴的位移数据,最后再把这些数据以 NC 代码确定的格式要求转换为 NC 代码文件,从而实现数控加工编程。对于这种自动数控编程方法,其编程效率和加工精度较高,由于加工成形运动模型已知,可以很好地估计和补偿误差。但其工艺柔性有限制,只局限于加工某一类或几类已知运动模型的型面零件,而且加工过程工艺可调整性差。

随着计算机技术的迅速发展,数控机床向着高速化、高精度化、复合化、智能化、系统化等方向发展的同时,数控编程系统也向着集成化、智能化方向发展。

**1. 数控编程系统的集成化**

通过建立一个公用数据库(或几个分布式数据库)对设计、制造及生产管理过程中的各种信息进行统一的管理,各部分只与数据库相连。因此数据库不但是共同的信息源,也是公共接口。

目前,应用较为广泛的数据库集成方法是以实体造型几何数据库为核心的集成方法。该方法通过人机交互指点方法,从 CAD 数据库中提取所需要的几何信息及拓扑信息进行数控编程。这种方法的缺点是人的干预太多,编程效率不高。但它比较成熟,使用灵活,在新的产品定义方法实用化以前仍是不可缺少的方法。

目前仍处于研究与开发之中的以产品模型数据库为核心的集成化方法越来越受到人们的关注。产品模型中包括了产品的完备信息,如形状信息、物理性质、工艺数据和管理信息等,因此,是一种很有前途的 CAD/CAM 集成化方法。

但产品模型的建立要采用新一代的特征造型技术,技术难度和工作量都比较大。鉴于这种情况,国际标准化组织制定了产品数据模型即 M 标准与 STEP 标准,以便使引用此方法集成的系统之间能相互协调通信。这些标准的出现为采用以产品模型数据库为核心的 CAD/CAM 一体化系统带来了广阔的前景。

**2. 数控编程系统的智能化**

数控编程系统的智能化是指将人的知识加入集成化的 CAD/CAM 系统中,并将人的判断及决策交给机器来完成。因此,必须采用人工智能方法建立各类知识库专家系统,把人的决策作用变为各种问题的求解过程。

数控加工自动编程的效率与质量极大地取决于加工方案与加工参数的合理选择,包括合适的机床、刀具形状与尺寸、刀具相对加工表面的姿态、走刀路线、主轴速度、切削深度和进给速度等。为了优化这些参数,必须知道在复杂的切削状态下这些参数与刀具受力、磨损、加工表面质量及机床颤振等众多因素之间的关系。在复杂形状零件的加工过程中,切削状态往往一直是变化的。对于加工方案与参数的自动选择与优化是数控编程纵向智能化与自动化的重要标志和要解决的关键问题,同时也是实现面向车间编程的重要前提。在建立工艺数据库的基础上,采取自动特征识别和基于特征与知识的编程是解决问题的重要途径。

研究开发数控加工智能工艺数据库,建立基于实例 + 规则的混合型专家系统,自动根据工艺问题的定义信息,从大量的数据信息中,智能化地自动生成符合实际加工条件的可执行工艺方案,实现工艺数据知识的重用。

所有工艺数据包括专家知识库系统都置于数据库服务器中,便于数据的集中维护与管理。应用程序服务器专门用来响应客户端的数据访问请求并及时提供数据支持服务。客户端是用户的使用操作界面,可以进行加工工艺问题的完整处理及求解的各种操作。

**3. 数控加工自动编程关键技术**

加工方案与加工参数的合理选择:数控加工的效率与质量有赖于加工方案与加工参数的合理选择,其中刀具、刀轴控制方式、走刀路线和进给速度的自动优化选择与自适应控制是近些年来所研究的重点问题。其目标是在满足加工要求、机床正常运行和一定的刀具寿命的前提下具有尽可能高的加工效率。

刀具轨迹生成:刀具轨迹生成是复杂形状零件数控加工中最重要同时也是研究最为广泛深入的内容,能否生成有效的刀具轨迹直接决定了加工的可能性、质量与效率。刀具轨迹生成的首要目标是使所生成的刀具轨迹能满足无干涉、无碰撞、刀具切痕光滑并满足要求、代码质量高。同时,刀具轨迹生成还应满足通用性好、稳定性好、编程效率高、代码量小等条件。

数控加工仿真:尽管目前在工艺规划和刀具轨迹生成等技术方面有很大进展,但由于零件形状的复杂多变以及加工环境的复杂性,要确保所生成的加工程序不存在任何问题仍十分困难,其中最主要的如加工过程中的过切与欠切、机床各部件之间的干涉碰撞等。对于高速加工,这些问题常常是致命的。因此,实际加工前采取一定的措施对加工程序进行检验并修正是十分必要的。数控加工仿真通过软件模拟加工环境、刀具路径与材料切除过程来检验并优化加工程序。

后置处理:后置处理是数控加工编程技术的一个重要内容,它将通用前置处理生成的刀位数据转换成适合于具体机床数据和数控加工用的程序。其技术内容包括:机床运动学建模与求解、机床结构误差补偿、机床运动非线性误差校核修正、机床运动的平稳性校核修正、进给速度校核修正及代码转换等。因此,有效的后置处理对于保证加工质量、提高加工效率与机床可靠运行具有重要作用。

此外,系统体系结构、数据管理及人机界面等也是数控自动编程系统开发中的重要技术内容。

## 4.5.2　自动数控加工编程技术

随着人们对数控加工的研究日臻完善,利用计算机对零件进行几何建模,刀位轨迹计算到生成数控加工程序,不仅进一步提高了数控加工的精度和效率,而且不断拓宽了数控技术的应用领域。

走刀轨迹规划主要执行刀具(砂轮)走刀的方式和方向的指定,走刀轨迹生成及编辑等,主要解决生成理想走刀轨迹的问题。运动轴运动解析是根据走刀轨迹数据解析出加工机床各运动轴的具体位移、速度、加速度等运动情况数据,这是实现自动数控编程的一个关键,只有把机床各对应轴的运动数据计算出来了,才能输出针对该机床的数控加工程序。编程后置处理是把机床各运动轴的位移和速度数据结合机床所使用的实际数控系统处理成一种内部的中间标准数据文件,该标准中间数据文件是驱动工艺系统进行 3D 虚拟加工运动仿真的驱动数据,以实现加工过程的整个工艺系统的运动虚拟仿真,通过运动仿真的检验,若无任何工艺故障和问题,即可把该数据文件通过标准数控程序生成功能单元生成为指定数控系统的数控加工程序代码。

### 1. 自动数控编程技术路线

目前,国内外自动数控编程软件种类繁多,其功能、数据接口也各有差异,但其基本的编程原理及步骤基本相差不多。归纳起来,大体分为工件几何建模、工件加工工艺分析、刀位轨迹计算及生成、后置处理、数控程序输出等五个部分。

工件几何建模就是利用 CAD 的有关功能对工件的加工部位进行准确的数字化建模,绘制出精确的几何图形,并形成工件的图形数据文件。在自动编程时,系统自动从工件的数字化模型中把待加工面进行几何参数化信息提取,结合工艺要求及加工路径规划,通过一系列的轨迹求解数学运算处理后最终得到被加工面的砂轮走刀运动轨迹数据。由此可知,工件加工部位的几何形状及其尺寸数据的精度对编程结果的准确性有着直接的影响。

在对工件进行数控加工编程时必须先对工件进行工艺分析。工件加工部分的几何形状及其几何尺寸必须准确地绘制出来,并确定工件的装夹位置和工件的坐标系,选择所使用的刀具,拟定加工的刀轨路线及选择合适的加工工艺参数等,只有这些数据都具体确定之后才能顺利进行编程。

刀具轨迹计算专门解决刀位轨迹生成的问题,刀位轨迹是自动数控编程的依据,通过交互操作,指定好加工的几何部位,选择走刀的方式及路径,确定对刀点坐标数据及加工的各种工艺参数。编程软件会自动地从工件的数字化模型中提取加工面的几何数据信息,并在已知工艺条件的约束下根据一定的数学拟合模型计算出所有加工刀位点数据。刀位点数据以特定的格式保存为刀位数据文件,该数据文件或用于图形化的方式显示刀具走刀轨迹,或用于后续的后置处理以便生成数控加工程序。

后置处理是为了生成适用指定机床类型的数控加工程序。由于不同的数控系统其数控加工程序的加工指令代码及其程序格式有不同的定义和要求,一般不能通用。所以,解决这个问题的一般办法是针对每个不同类型的数控系统指定不同的加工指令代码及其格式等,然后由后置处理功能根据这种指定输出对应的数控加工程序代码,另外,也有些软件采用了固定的模块化结构,其功能模块和控制系统一一对应,后置处理过程固化在这种模块中,这样在生成刀位轨迹数据的同时就可自动进行后置处理生成对应的数控加工程序。

数控程序输出是把自动生成的刀位数据文件和数控加工程序文件以一定的方式输出来,如输出到打印机、输出为特定格式的数据文件、输出到指定数据接口连接到指定的数据设备、输出到网络或直接输出到数控系统,控制机床进行加工等。

**2. 刀具轨迹规划**

刀具轨迹亦称走刀模式,是指加工过程中刀具相对于工件运动的路线。通常数控加工编程刀具轨迹的生成方法有等参数线法、等截面法和等残余高度法等三种。

等参数线法是实践中应用比较多的一种主要的轨迹生成方法,走刀的轨迹沿曲面 $U$、$V$ 两个参数线的方向分布,适合于加工曲面参数线网格比较规整而均匀的单张参数曲面,对于那些参数坐标与空间坐标不均匀的曲面,用这种方法将会使得走刀轨迹曲线的分布出现不均匀。对于由多个小曲面组合而成的组合曲面,由于各子曲面的 $U$、$V$ 等参数线方向的不一致性,不适合采用等参数线法。等参数线法生成刀具轨迹方法计算简单、速度快、数据量小,但也有刀具轨迹曲线的密度不能随曲面曲率的变化而变化、轨迹冗余多而使加工效率偏低的缺点。

等截面法是由一组平行平面与加工曲面的交线生成刀位轨迹的方法。这种方法适用于加工曲率变化较小的曲面,特别适合于参数化不均匀的曲面和拓扑关系复杂的组合曲面。这种方法克服了等参数线法的缺点,其刀具轨迹的计算量不大,但其缺点是算法的速度及稳定性在很大程度上取决于求交算法的速度和稳定性。这种刀位轨迹的截面间距不易控制,在曲面平坦处较密集,而在陡峭处又比较稀疏,使得加工后曲面的表面粗糙度不均,加工表面质量不高。

采用等残余高度法加工刀具轨迹分布均匀,非常适合于复杂参数曲面和多曲面的加工,但其计算量较大。该方法是将二维平面上预先规划的刀位轨迹沿刀轴方向投影到被加工曲面上,形成刀触点的轨迹曲线,再由刀触点轨迹生成无干涉的刀位轨迹。

以上所说的各种刀轨生成方法所生成的刀具路径都是由一系列的密布的点所构成的。原则上,一种良好有效的路径规划应能满足如下几个方面的要求:

①加工时间短,非加工时间占比尽量少,加工效率高;

②刀轨规划合理,能与加工区域的几何结构相适应;

③走刀尽可能与曲面的流线走向相一致,以提高加工面的光顺程度;

④刀具的走刀轨迹线尽可能长,尽可能减少加工过程中机床运动轴的加减速次数、提高机床加工过程的运动平稳性。

在实际加工中,刀具的空走刀和走刀换行对实际加工效率有重要的影响,对于空走刀而言,由于速度较高,对加工效率的影响不太明显,而换行一般需使运动轴的运动方向发生改变,因而耗费时间较多,当换行频繁时,则会显著影响加工效率。

**3. 走刀轨迹自动规划**

根据图形学可以知道复杂曲面不存在确定的数学描述模型方程,为了能实现复杂曲面的数控加工自动编程,必须先对复杂曲面取点采样,并根据采样点构造出该复杂曲面的几何描述数学函数模型。由数学理论知道双三次 B 样条曲面具有曲面二阶连续的特性,而且曲面函数结构简单易于实现程序计算,具有优良的数值计算处理效能。故采用双三次 B 样条曲面数学模型来对任意复杂曲面进行模型重构。

双三次 B 样条的数学模型可表示如下:

$$\boldsymbol{P}_{ij}(u_i, w_j) = \boldsymbol{UBVB'W'} \qquad (4.20)$$

式中:$\boldsymbol{U}$,$\boldsymbol{W}$——参数矢量;

$\quad\boldsymbol{B}$——系数矩阵;

$\quad\boldsymbol{V}$——$4 \times 4$ 特征网格点矩阵;

$\quad\boldsymbol{U} = \begin{bmatrix} u^3 & u^2 & u & 1 \end{bmatrix}$,且 $u \in [0,1]$;

$\quad\boldsymbol{W} = \begin{bmatrix} w^3 & w^2 & w & 1 \end{bmatrix}$,且 $w \in [0,1]$;

$$\boldsymbol{B} = \frac{1}{6}\begin{bmatrix} -1 & 3 & -3 & 1 \\ 3 & -6 & 3 & 0 \\ -3 & 0 & 3 & 0 \\ 1 & 4 & 1 & 0 \end{bmatrix}$$

由于 $V$ 是双三次 B 样条曲面形状的控制参数,由式(4.20)可知,若控制点 $\boldsymbol{V}$ 被确定了,即可通过该曲面的数学模型计算出复杂曲面上的每一个采样点准确数据,这是曲面的正向算法;反之,如果已知一系列的曲面型值点数据 $P_{ij}$,则通过该曲面数学模型可以求出控制点 $\boldsymbol{V}$,即可得出该复杂曲面的一个精确数学描述模型,由该数学模型可以做进一步的几何求解计算处理。

在数控加工走刀轨迹规划时,待加工面的几何模型是已知的,一般以数字化的实体模型表现,也就是说待加工面的型值点已知,利用反向算法即可求出待加工面的数学参数模型。首先根据待加工面的数学模型计算出曲面沿两个方向的法向曲率 $k_U$、$k_w$ 及其曲率的变化率的数值;接着根据 $k_U$、$k_w$ 的变化率确定一个方向($U$ 向或 $W$ 向)作为刀具的走刀方向;然后用等残余高度法确定 $U$、$V$ 两个方向的走刀插补步距及走刀行距(即参数变化量 $\Delta U$ 和 $\Delta W$),并在走刀插补步距及走刀行距的约束下计算出曲面加工点上的接触点数据;最后依据砂轮的直径和形状结构计算出砂轮的刀位点数据,即砂轮中心的走刀轨迹数据。

刀具加工插补长度是指刀具从当前加工点加工运动到下一加工点的直线距离。对于复杂曲面的数控加工,现代数控机床基本以直线插补走刀逼近曲线加工方式,由于以直线近似代替曲线,因此在每个插补长度内都不可避免存在有过切误差 $\varepsilon_1$ 和线性插补误差 $\varepsilon_2$。插补误差 $\varepsilon_2$ 与刀具加工插补长度 $L_1$ 之间的关系为

$$L_1 = 2\sqrt{2\rho_n \varepsilon_2} \qquad (4.21)$$

由式(4.21)得

$$\varepsilon_2 = \frac{L_1^2}{8\rho_n} \qquad (4.22)$$

式中:$\rho_n = (\rho_1 + \rho_2)/2$,$\rho_1$、$\rho_2$ 为刀触点 $P_1$、$P_2$ 的法曲率半径。

显然,为了使加工达到精度要求,$\varepsilon_1$ 和 $\varepsilon_2$ 的总和最大不能超过加工精度要求,因此把这个条件作为计算走刀步长的约束条件,使之达到精度要求的前提下走刀步长最优。设 $n_1$、$n_2$ 和 $\rho_1$、$\rho_2$ 分别为两相邻接触点 $P_1$、$P_2$ 的法矢和曲率半径,$R$ 为砂轮半径,当 $P_1$、$P_2$ 间的距离足够小时,可用半径为 $(\rho_1 + \rho_2)/2$ 的圆弧来逼近 $P_1$、$P_2$ 间的曲线。则有

$$\varepsilon_2 = (1 - \cos(\alpha/2)) \cdot (\rho_1 + \rho_2)/2 \qquad (4.23)$$

$$\varepsilon_1 = R(1 - \cos(\alpha/2)) \qquad (4.24)$$

其中,$\alpha = \arccos(n_1 \cdot n_2)$,设加工精度为 $\delta$,则有

$$\varepsilon_1 + \varepsilon_2 < \delta \tag{4.25}$$

将式(4.22)、式(4.23)、式(4.24)代入式(4.25)并整理到插补长度为

$$L_1 < \sqrt{\frac{8\rho_n^2 \delta}{\rho_n + R}} \tag{4.26}$$

### 4. 基于走刀轨迹的机床轴运动解析

数控加工后置处理是实现多坐标数控机床正确、高效完成加工任务的关键步骤。而机床运动的转换又是后置处理的核心,将刀位文件中提供的刀位点信息或刀位点和刀轴矢量信息,转化为机床各运动轴在机床坐标系中的运动量,这是后置处理的关键和首要任务。目前主要有两种机床运动变换方法:一是基于机床结构分类的无误差处理方法,这种方法为每一类机床建立变换模型。由于机床结构型式和运动轴分布的多样性,这种方法使后处理系统变得十分复杂,且难以适应机床产品更新的需要;二是基于机构运动学原理,考虑机床结构误差的条件下建立通用机床运动模型。为考虑研发的通用性及后续成果的使用方便,采用第二种方法讨论多轴磨床使用盘形砂轮磨削加工的后置处理模型。

对于串联型机床来讲,机床一般只包含移动轴和转动轴两种运动形式的运动轴。所以,可以用坐标系的移动及转动等坐标系转换矩阵来实现加工运动在刀具与工件两个坐标系之间的相互转换。并且,这种坐标转换只取决于各转动轴的坐标系之间、刀具坐标系和与其相邻的转动轴坐标系之间、工件坐标系和与其相邻的转动轴坐标系之间在机床初始状态下的位置关系与各运动副的运动所引起的位置变动的合成。进一步分析机床机构可知,机床的转动轴一般都在刀架和(或)工作台上,一旦工件和刀具(或砂轮)安装好并对好刀开始加工后,工件相对于工作台及刀具(砂轮)都是固定不动的,即工件对于工作台没有运动关系。建立机床运动关系模型示意图如图 4.26 所示。

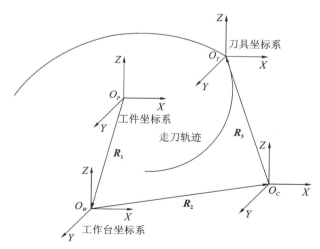

**图 4.26　机床运动关系模型示意图**

在图中,$O_W\text{-}XYZ$ 为工作台标系,$O_C\text{-}XYZ$ 为刀具架坐标系,$O_T\text{-}XYZ$ 为刀具坐标系,$O_P\text{-}XYZ$

为工件坐标系。转动轴在工作台和刀具架坐标系中,在初始状态下,各个坐标系皆与机床坐标系平行。由图上可以看出,工作台坐标系到工件坐标系的位置向量为 $R_1(x_P, y_P, z_P)$、刀具架坐标系到工作台坐标系的位置向量为 $R_2(x_W, y_W, z_W)$、刀具坐标系到刀具架坐标系的位置向量为 $R_3(x_C, y_C, z_C)$。在机床初始状态下,机床各运动轴的关系如下:

$$M_0 = T(R_1)T(R_2)T(R_3) \tag{4.27}$$

当机床各运动发生运动时,所有轴的运动合成即表示机床的运动关系。由图 4.26 所表示的机床运动模型可知,机床各轴的运动状态改变与机床总运动改变的关系如下:

$$M = T(R_1)R(R_1, \theta_1)T(R_2)T(R_2, R_s)T(R_3)R(R_3, \theta_2) \tag{4.28}$$

上两式中 $T(R_i)$ 为沿 $R_i$ 坐标变换矩阵, $R(R_i, \theta_j)$ 为绕向量 $R_i$ 的旋转变换矩阵, $T(R_i, R_s)$ 为沿 $R_i$ 的移动轴引起的平移变换矩阵。它们的计算方式如下:

$$T(R_i) = \begin{bmatrix} 1 & & & x_i \\ & 1 & & y_i \\ & & 1 & z_i \\ & & & 1 \end{bmatrix}$$

$$R(R_i, \theta_j) = A_i + B_i \cos\theta_j + C_i \sin\theta_j \tag{4.29}$$

其中:

$$A_i = \begin{bmatrix} x_i^2 & x_i y_i & x_i z_i & 0 \\ x_i y_i & y_i^2 & y_i z_i & 0 \\ x_i z_i & y_i z_i & z_i^2 & 0 \\ 0 & 0 & 0 & 1 \end{bmatrix};$$

$$B_i = \begin{bmatrix} 1 - x_i^2 & -x_i y_i & -x_i z_i & 0 \\ -x_i y_i & 1 - y_i^2 & -y_i z_i & 0 \\ -x_i z_i & -y_i z_i & 1 - z_i^2 & 0 \\ 0 & 0 & 0 & 1 \end{bmatrix};$$

$$C_i = \begin{bmatrix} 0 & -z_i & y_i & 0 \\ z_i & 0 & -x_i & 0 \\ -y_i & x_i & 0 & 0 \\ 0 & 0 & 0 & 1 \end{bmatrix};$$

$$T(R_i, R_s) = \begin{bmatrix} 1 & 0 & 0 & x_i X \\ 0 & 1 & 0 & y_i Y \\ 0 & 0 & 1 & z_i Z \\ 0 & 0 & 0 & 1 \end{bmatrix}$$

上式中 $x_i$、$y_i$、$z_i$ 是 $R_i$ 向量在该坐标系中的坐标分量, $X$、$Y$、$Z$ 是沿 $R_i$ 的平移坐标分量,即机床移动轴的移动量。在式(4.29)中,若旋转轴在刀具(砂轮)坐标系中,则 $\theta$ 表示刀具(砂轮)转动,根据相对运动的原理,若旋转轴在工件坐标系中,则工件的转动为 $-\theta$。在刀位文件中若

某时刻的刀位点为 $\boldsymbol{P}(p_x, p_y, p_z)$，刀位矢量为 $\boldsymbol{U}(u_x, u_y, u_z)$，设机床各个运动轴运动点位分别为 $X$、$Y$、$Z$、$\alpha$、$\beta$，则有方程：

$$\begin{bmatrix} p_x \\ p_y \\ p_z \\ 1 \end{bmatrix} = M \begin{bmatrix} 0 \\ 0 \\ 0 \\ 1 \end{bmatrix} \tag{4.30}$$

$$\begin{bmatrix} u_x \\ u_y \\ u_z \\ 0 \end{bmatrix} = M \begin{bmatrix} 0 \\ 0 \\ 1 \\ 0 \end{bmatrix} \tag{4.31}$$

由于任意一种类型的五坐标机床，其刀位矢量只与旋转坐标系运动量有关。所以又有如下方程式成立：

$$\begin{bmatrix} u_x \\ u_y \\ u_z \\ 0 \end{bmatrix} = \boldsymbol{R}(\boldsymbol{R}_1, \alpha) \boldsymbol{R}(\boldsymbol{R}_3 \beta) \begin{bmatrix} 0 \\ 0 \\ 1 \\ 0 \end{bmatrix} \tag{4.32}$$

又有：

$$\begin{aligned} \boldsymbol{R}(\boldsymbol{R}_1, \alpha) \boldsymbol{R}(\boldsymbol{R}_3 \beta) &= (\boldsymbol{A}_1 + \boldsymbol{B}_1 \cos\alpha + \boldsymbol{C}_1 \sin\alpha)(\boldsymbol{A}_2 + \boldsymbol{B}_2 \cos\beta + \boldsymbol{C}_2 \sin\beta) \\ &= \boldsymbol{A}_1\boldsymbol{A}_2 + \boldsymbol{A}_1\boldsymbol{B}_2 \cos\beta + \boldsymbol{A}_1\boldsymbol{C}_2 \sin\beta + \boldsymbol{B}_1\boldsymbol{A}_2 \cos\alpha + \boldsymbol{B}_1\boldsymbol{B}_2 \cos\alpha\cos\beta \\ &\quad + \boldsymbol{B}_1\boldsymbol{C}_2 \cos\alpha\sin\beta + \boldsymbol{C}_1\boldsymbol{A}_2 \sin\alpha + \boldsymbol{C}_1\boldsymbol{B}_2 \sin\alpha\cos\beta + \boldsymbol{C}_1\boldsymbol{C}_2 \sin\alpha\sin\beta \end{aligned} \tag{4.33}$$

由式(4.33)可以看出式(4.32)是一关于 $\alpha$、$\beta$ 的方程组，进一步整理得：

$$\begin{bmatrix} u_x \\ u_y \\ u_z \end{bmatrix} = \begin{bmatrix} a_1 \sin\alpha + a_2 \cos\alpha + a_3 \sin\beta + a_4 \cos\beta + a_5 \sin\alpha\sin\beta + a_6 \sin\alpha\cos\beta + a_7 \cos\alpha\sin\beta + a_8 \cos\alpha\cos\beta + a_9 \\ b_1 \sin\alpha + b_2 \cos\alpha + b_3 \sin\beta + b_4 \cos\beta + b_5 \sin\alpha\sin\beta + b_6 \sin\alpha\cos\beta + b_7 \cos\alpha\sin\beta + b_8 \cos\alpha\cos\beta + b_9 \\ c_1 \sin\alpha + c_2 \cos\alpha + c_3 \sin\beta + c_4 \cos\beta + c_5 \sin\alpha\sin\beta + c_6 \sin\alpha\cos\beta + c_7 \cos\alpha\sin\beta + c_8 \cos\alpha\cos\beta + c_9 \end{bmatrix} \tag{4.34}$$

式(4.34)即为任意两旋转轴的通用运动模型，由于 $A_1$、$A_2$、$B_1$、$B_2$、$C_1$、$C_2$ 是由机床结构及工件和砂轮安装并对刀后的具体位置信息确定，即 $A_1$、$A_2$、$B_1$、$B_2$、$C_1$、$C_2$ 是工艺系统的初始值，是已知的，则参数 $a_1 \sim a_9$、$b_1 \sim b_9$、$c_1 \sim c_9$ 可由 $A_1$、$A_2$、$B_1$、$B_2$、$C_1$、$C_2$ 计算出来。从上式可以看出，若视 $\sin\alpha$、$\sin\beta$、$\cos\alpha$、$\cos\beta$ 为未知数的话，则上述方程就是一个恰定方程组，有无穷多解，须引入如下两个附加约束条件，使之成为超定方程。

因此，得到机床的移动轴的通用运动方程如下：

$$\begin{bmatrix} p_x \\ p_y \\ p_z \end{bmatrix} = \begin{bmatrix} a_1 X + a_2 Y + a_3 Z + a_4 \\ b_1 X + b_2 Y + b_3 Z + b_4 \\ c_1 X + c_2 Y + c_3 Z + c_4 \end{bmatrix} \tag{4.35}$$

由式(4.34)计算出 $\sin\alpha$、$\sin\beta$、$\cos\alpha$、$\cos\beta$ 值后，则式(4.35)的参数 $a_1 \sim a_4$、$b_1 \sim b_4$、$c_1 \sim c_4$ 也

可由机床的结构、工件和砂轮的安装及对刀信息计算出来,则由式(4.35)可解得机床移动轴的位移位置信息。

至此,可依据上述通用后置处理模型,根据刀位文件中刀位数据顺利地解析计算出机床各运动轴对应的位移数据,进而根据磨削加工工艺实例参数中加工进给速度的确定,采用位移对时间求导的方法,很快可计算出机床各运动轴对应的速度数据。

**5.数控加工程序进给速度 $F$ 的计算模型**

在数控加工过程中,机床各轴均做直线插补运动,为了有效保证零件加工表面精度,在数控编程时,往往根据工件表面曲率的大小和加工精度给定各段走刀步长。这样,随着工件表面曲率的变化,必然使得机床各轴的插补运动速度发生变化。另外,随着机床运动轴调速要求的出现,各联动轴的运动速度均需发生变化,如何实现运动轴的调速,需对数控程序中 F 指令值的计算进行讨论。

数控加工系统通常都是采用 G 指令进行加工程序编码,程序中的进给速度由 F 指令进行具体定义。在多轴数控加工中,一般通过 G93 和 G94 这两个指令来设置联动加工中的刀具的进给速度,从而实现加工速度的控制。

1)G93 指令编程

当 G93 指令设置为有效时,进给速度 F 地址值指令代表执行该程序段所需时间量。将 F 指令的数值除以 10,再将结果取倒数,即为刀具加工完该程序段所确定的加工距离所耗费的时间(单位为 min)。由此可以得出 F 地址数值的计算如下:

$$F = \frac{10}{\Delta S} f \tag{4.36}$$

式中: $f$ ——刀具实际进给速度值;

$\Delta S$ ——该程序段刀具的切削加工走刀的理论长度,例如对于三个直线移动轴的联动加工而言, $\Delta S$ 为三个直线移动轴在联动时间内的位移矢量和,即

$$\Delta S = \sqrt{(\Delta X)^2 + (\Delta Y)^2 + (\Delta Z)^2} \tag{4.37}$$

式中: $\Delta X$ 、 $\Delta Y$ 、 $\Delta Z$ ——该程序段中三个直线轴方向上的增量。

对于拥有回转轴的联动加工,则表示当量位移,此时 $\Delta S$ 中包含了回转轴的角位移,则此时 $\Delta S$ 中值既含有直线位移分量又含有角位移分量,各分量的单位分别为 mm 和°,显然,其对应的速度单位分别为 mm/min 和°/min。在多轴联动加工中(例如五轴联动),其当量位移按下式计算:

$$\Delta S = \sqrt{(\Delta X)^2 + (\Delta Y)^2 + (\Delta Z)^2 + (\Delta A)^2 + (\Delta C)^2} \tag{4.38}$$

式中: $\Delta X$ 、 $\Delta Y$ 、 $\Delta Z$ ——移动轴的位移量;

$\Delta A$ 、 $\Delta C$ ——回转轴的位移量。

依此思路,可以把 $\Delta S$ 的计算进一步推广到任意多轴联动加工中去,其计算方式如下:

$$\Delta S = \sqrt{\sum (\Delta W_i)^2 + \sum (\Delta U_i)^2} \tag{4.39}$$

式中: $\Delta W$ ——移动轴;

$\Delta U$——回转轴。

2)G94 指令编程

当采用 G94 指令编程时,F 指令定义的进给速度是指当量进给速度,即单位时间内全部联动轴的当量位移。则有

$$F = \Delta S / \Delta t \tag{4.40}$$

在联动数控加工的程序段中,各轴位移的增量是已经确定了的,在加工运动中,数控控制系统根据 F 值和各联动轴的理论位移量,把完成该程序段加工所需的时间计算出来,然后数控控制系统控制各运动轴在这个时间内以匀速运动来完成程序段的加工。在工件坐标系中,刀具实际上要走过的位移量,即刀具在刀具走刀轨迹上的位移增量为

$$\Delta s = \sqrt{(\Delta x)^2 + (\Delta y)^2 + (\Delta z)^2} = f \cdot \Delta t \tag{4.41}$$

式中:$\Delta s$——刀具实际位移量,也可认为是轨迹曲线上的弧长;

$\Delta x$、$\Delta y$、$\Delta z$——刀具在工件坐标系的三个坐标轴上的分位移量。

由式(4.40)和式(4.41)即可得到 F 与 f 的关系如下:

$$F = \frac{\Delta S}{\Delta s} f = \frac{\sqrt{\sum (\Delta W)^2 + \sum (\Delta U)^2}}{\sqrt{(\Delta x)^2 + (\Delta y)^2 + (\Delta z)^2}} \cdot f \tag{4.42}$$

式(4.42)就是在多轴联动加工编程中,程序指令定义进给速度 F 与加工时刀具实际进给速度的关系模型,在数控加工编程时,程序指令中不能直接使用刀具的实际进给速度值作为程序进给速度值。

**6. 数控加工自动编程功能模块的实现**

根据零件的工艺问题定义,自动编程模块先提取出各部位的完整轮廓型线,以该型线作为加工的刀触点轨迹,结合机床刀具(砂轮)的实际参数,再实时地生成对应的刀具(砂轮)刀位轨迹曲线,再结合零件几何结构的定义以及对刀情况的具体确定,系统自动规划出整个零件数控加工的走刀轨迹。然后,自动编程系统根据工艺方案求解系统输出的工艺结果数据,结合具体机床的运动轴定义,把走刀轨迹数据转换为机床各运动轴的运动数据,其数据被写入工艺仿真数据文件(.sim),该运动数据先经过工艺系统的虚拟加工仿真,若满足工艺性要求即可输出为实际的 NC 程序代码,若不满足要求,则回头重新进行修改及优化处理。

为扩大自动编程功能的 NC 系统适应面,在自动生成 NC 代码时采用 dll 动态链接库开发技术,对于不同类型及型号的 NC 控制系统,开发对应的 NC 代码生成插件,由用户根据实际情况选择使用。所有的 NC 代码生成模块接口都定义成统一的形式,以方便主控程序调用,针对别的不同品牌的数控系统,只要开发出对应的 NC 代码生成插件,不同的 NC 代码生成插件拥有各自不同的 NC 指令系统,这样可以把标准中间数据文件这种中间数据输出为任何一种对应的 NC 系统的加工代码指令,实现了不同数控系统的加工程序输出,适用不同的数控系统的加工。

数控加工自动编程模块的详细功能执行流程如图 4.27 所示。

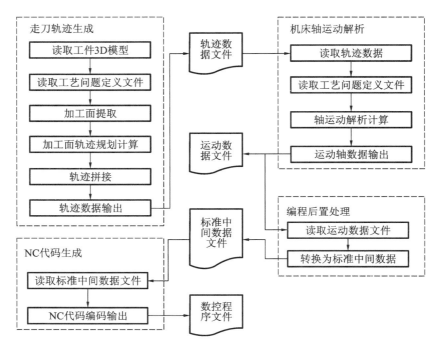

**图 4.27　数控自动编程模块详细功能执行流程**

# 习　　题

1. 信息具有哪几种性质?

2. 概要设计可分为哪几类?

3. 简要概述数据系统开发流程并画出流程图。

4. 数据库系统的结构所经历的两个阶段分别具有什么特点?

5. 采用三层浏览器/服务器(B/S)结构的数据库具有哪些特点?

6. 数据库的发展呈现出哪几个方向?

7. ES 与传统计算机系统截然不同的特点有哪些?

8. KBMS 与 DBMS 有哪些区别?

9. 切削数据库有哪些需求分析? 各种需求分析具体包括什么?

10. 切削智能数据库中,进行权重分配的主要方法是什么? 各有什么特点?

11. 实例修改存在的主要问题有哪些?

12. 切削智能数据库解决方案部分的修改按什么顺序进行?

13. 规则推理的使用原则是什么?

14. 请简要概述什么是 BP 神经网络?

15. 目前国外成功应用于工业生产的大型磨削工艺数据库有哪些?

16. 磨削加工面临的关键问题有哪些?

17. 已建立的磨削数据库存在的缺陷有哪些？

18. 凸轮轴磨削智能数据库的主要功能是什么？

19. 凸轮轴数控磨削加工过程中的各种有关信息分为四类变量，分别是哪些？其主要作用是？

20. 凸轮轴数控磨削工艺智能应用系统总体主要由哪几部分组成？

21. 凸轮轴数控磨削加工需要哪些实体设备？

22. 数控加工自动编程中切削用量是否合理的标准是什么？

23. 简述数控加工自动编程的主要加工对象。

24. 数控加工自动编程关键技术有哪些？

25. 为什么要对运动轴进行运动解析？

# 第 5 章　制造过程的智能监测、诊断、预测与控制

## 5.1　概述

随着科学技术的发展和多品种小批量自动化生产要求的产生,制造过程的智能监测、诊断、预测和控制已越来越受到人们的重视,并已在一些工厂中得到实际应用。为确保制造系统可靠高效地运行,必须利用监测系统对其运行过程进行实时监测,以及时发现运行中的故障,并对故障进行诊断、预测和控制。

监测系统质量的好坏,直接关系到制造过程能否正常运行。因而,监测已成为现代制造过程中不可缺少的重要环节之一,也是世界范围内广泛研究的热门技术课题。在我国,有许多单位开展了这方面的研究工作。

随着科技的发展及时代的需要,对机械设备的运行要求如精度、效率、智能化等越来越高,导致其结构也越来越复杂,零件数目也越来越多,零部件之间的联系也更加紧密。随之也就增加了故障发生的潜在可能性和故障种类的复杂多样性。一旦制造过程中的某个环节发生故障,就可能导致整个系统不能正常工作乃至破坏。轻则生产停工,造成经济上重大损失,重则出现机毁人亡的严重后果。

传统的诊断技术虽然在工程中的应用比较广,产生了巨大的经济效益,但它们并不能完全满足复杂工程实际的诊断需求。随着传感器和计算机存储技术的发展,针对设备本身的特点,传统的诊断技术分别与神经网络、专家系统和模糊数学等新兴智能学科相结合,出现了以传统诊断技术为基础,以人工智能为核心的智能诊断技术。与传统的诊断技术不同,智能诊断技术致力于研究诊断对象的知识获取和诊断模型的建立,并能有效提高大型复杂系统的诊断效率。

作为探讨事物未来发展状况的预测工作越来越引起人们的重视,预测技术得到不断发展。预测研究的领域在不断扩大,研究方法也在逐渐完善。预测科学成为一门发展迅速、应用广泛的新学科。随着人类社会的日趋复杂化,预测的问题越来越复杂,各种各样不同的因素均会对预测结果造成一定的影响,没有任何一种方法可以获得绝对准确的预测结果。但是,可以引入专家系统、神经网络等人工智能技术,结合合理的分析和处理,不断提高预测的可信性和有效性。

随着人工智能和计算机技术的发展,已经有可能把自动控制和人工智能以及系统科学中一些有关学科分支如系统工程、系统学、运筹学、信息论结合起来,建立一种适用于复杂系统的控制理论和技术。智能控制正是在这种条件下产生的。它是自动控制技术的最新发展阶段,也是用计算机模拟人类智能进行控制的研究领域。

智能控制是在无人干预的情况下能自主地驱动智能机器实现控制目标的自动控制技术。控制理论发展至今已有 100 多年的历史,经历了"经典控制理论"和"现代控制理论"的发展阶段,已进入"大系统理论"和"智能控制理论"阶段。智能控制理论的研究和应用是现代控制理

论在深度和广度上的拓展。20 世纪 80 年代以来,信息技术、计算机技术的快速发展及其他相关学科的发展和相互渗透,也推动了控制科学与工程研究的不断深入,控制系统向智能控制系统的发展已成为一种趋势。

智能控制与传统的或常规的控制有密切的关系,不是相互排斥的。常规控制往往包含在智能控制之中,智能控制也利用常规控制的方法来解决"低级"的控制问题,力图扩充常规控制方法并建立一系列新的理论与方法来解决更具有挑战性的复杂控制问题。

当今是信息化时代,在制造过程现代化的过程中,已大量涌现以计算机为核心的监测和控制相结合的实用系统。伴随着这种系统的发展,一些先进技术,如信号传感技术、数据处理技术及微机控制技术正在飞速发展。

电子测量仪器、自动化仪表、自动化测试系统、数据采集和控制系统在过去是分属于各学科和领域各自独立发展的。由于制造过程自动化的需求,它们在发展中相互靠近,功能相互覆盖,差异缩小,其综合的目的是为了提高人们对制造过程全面的监测和控制等多方面的能力。与此同时也对监测、控制技术本身提出了高技术的要求,如高灵敏度、高精度、高分辨率、高速响应、高可靠性、高稳定性及高度自动化智能化等。

# 5.2　智能监测

制造过程的智能监测主要是利用传感器对制造系统的力、温度、振动、磨损、变形以及设备运行状态等过程参数进行有效的测量与识别。传统的监测技术是利用传感器将被测量转换为易于观测的信息,通过显示装置给出待测量的量化信息。其特点是被测量与测试系统的输出有确定的函数关系,一般为单值对应;信息的转换和处理多采用硬件处理;传感器对环境变化引起的参量变化适应性不强,多参量多维等新型测量要求难以满足。智能监测包含测量、检验、信息处理、判断决策和故障诊断等多种内容,是监测设备模仿人类智能,将计算机技术、信息技术和人工智能等相结合而发展的监测技术,测量过程软件化,测量速度快、精度高、灵活性高,含智能反馈和控制子系统,能实现多参数监测和数据融合。

## 5.2.1　传感器

从广义来说,传感器是能够感受规定的被测量并按照一定规律转换成可用输出信号的器件或装置。从狭义来说,传感器是能够将外界的非电信号,按一定规律转换成电信号输出的器件或装置。

传感器位于被测对象之中,在测试设备的前端位置,是构成监测系统的主要窗口,为系统提供赖以进行处理和决策控制所必需的原始信息。对于一个以计算机为核心的监测系统来说,计算机如人的"大脑",而传感器则像人的"五官",人要耳聪目明,系统也必须感觉灵敏、精确无误。传感器在监测系统中的位置如图 5.1 所示,它是联系非电子部件与电子部件的桥梁,是实现制造过程的智能监测、诊断与控制的重要环节。

当今信息传输、信息处理与信息控制技术相当发达并已通用化。某个具体过程、物态的动态监测或控制能否实现,可归结为能否找到一些恰当的传感器可真实地、迅速地、全面地反映该物态或过程的特征,并把它变换成便于识别、传输、接收、处理和控制的信号。若可以做到,

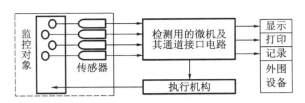

图 5.1　传感器在监测系统中的位置

那么一般来说能够实现智能监测和控制;反之,只能说人们暂时不能实现对它的识别与控制,有待于进一步开发出更合适的新型传感器后再作考虑。所以传感器是决定能否实现制造过程智能化的关键,是新产品、新设备开发的首要问题。

传感器是直接感受被测量的一次仪表,处于整个测量系统的最前方,在它之后的电子测量电路称为二次仪表。由于微机中引入信息处理、自校正等功能,二次仪表常以高保真度再现传感器的输出,但却无法增添新的检测信息或者消除传感器所带来的错误信息,所以获取信息的质与量往往一次性地由传感器的特性决定。或者说,传感器很大程度上影响和决定了系统的性能,因此在设计研制某一系统时,不仅首先要寻求到合适的传感器,而且要选择出更为优异的及成本低廉的传感器。此外,同一传感器由于使用方法不同,接口方法各异,调整补偿的措施不同,也会使传感器的性能指标发生很大变化。

传感器用来直接感知被测物理量,把它们转换成便于在通道间传输或处理的电信号。更明确地说,传感器应具有三方面的能力:一是要能感知被测量(大多数是非电量);二是变换,仅把被测量转换为电气参数,而同时存在的其他物理量的变化将不受影响或影响极小,即只转换被测参数;三是要能形成便于通道接收和传输的电信号。因而一个完整的传感器,应由敏感元件、变换元件和检测电路三部分构成。对于有源传感器,还需加上电源,其结构框图如图 5.2所示。敏感元件直接感受被测量,并输出与被测量有确定关系的物理量信号。变换元件将敏感元件输出的物理量信号,转换为电信号。检测电路负责对变换元件输出的电信号进行放大调制。变换元件和检测电路一般需要辅助电源供电。

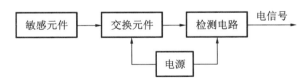

图 5.2　传感器的一般组成

这种组成形式带有普遍性,但也不是所有的传感器结构都要由三个部件联合构成,在信号直接变换的情况下,敏感元件和变换元件合为一体。如热敏电阻,它可以直接感知温度并变换成相应电阻的变化,通过检测电路就可以产生电压信号输出。

从传感器的发展过程看,最初仅是测量热工和电工量,逐步发展到机械量、状态量、成分量、生物量,目前已发展到可以检测人的五官感觉,甚至可检测到人的五官感觉不到的微观量;并且又从单参数的检测发展到多个参数的扫描检测,从单维数据到二维图像、三维物体识别,甚至四维数据的识别。传感器的品质,也从廉价的简单传感器、结构型传感器、物性传感器发展到现今的智能传感器及整机一体化的集成传感器等。为了从五花八门的传感器中选择出最适用的传感器,对它们进行分类是必要的。

传感器的分类方法很多,从传感器的应用和使用的角度看,了解下面几种分类法是有益的。

**1. 按传感器检测参数分类**

传感器按要求检测的参数的类型来分类,这样涉及的面很广,仅根据一些常用的过程参数归纳于表 5.1 中。

表 5.1　被测参量传感器分类

| 参　　量 | 传　　感　　器 |
| --- | --- |
| 几何尺寸 | 厚度传感器,CCD 图像传感器等 |
| 速度 | 转速传感器,角速度传感器,线速度传感器等 |
| 加速度 | 加速度传感器,振动传感器,角加速度传感器等 |
| 力 | 应变传感器,压力传感器,扭矩传感器,张力传感器等 |
| 流量 | 流量传感器,流速传感器,液位传感器,液压传感器等 |
| 化学量 | 成分传感器,pH 传感器,湿度、密度传感器等 |
| 光和放射性 | 等光传感器,光纤传感器,射线传感器等 |
| 温度和热 | 热敏传感器,高温传感器,红外传感器等 |
| 磁 | 霍尔传感器,磁敏电阻等 |
| 气体、温度等 | 气敏传感器,温敏传感器等 |

**2. 按传感方法分类**

传感方法一般基于某种物理效应或材料的特性使传感器完成能量变换,从而引起某个参量发生变化,形成与被测量成比例的输出,传感器按传感方法的不同可归纳为以下几种类型。

1)能量变换传感器

能量从被测系统提取,转换为一种与它等价的电的形式(中间也有能量的损失)。这类传感器如电磁感应式压电晶体、热电偶、光电池等,一般无需外加电源。

2)阻抗控制传感器

由被测物理量变化引起相应的电路参数的变化(如电阻变化、电容变化、电感变化等),从而可以通过检测电路形成电流和电压变化的输出。这类传感器如热敏电阻、湿敏电阻、光敏电阻等,要外加电源才能形成检测的电信号输出。

3)平衡反馈传感器

具有反馈的特性,而这种反馈特性是输入物理量和一个与它对抗的电量相平衡的效应,指示出达到平衡所需的势值就给出了被测物理量的值。

**3. 按传感器输出电信号形式分类**

传感器的输入量大多数是随时间作连续变化的物理量,其输出量也以模拟电量形式居多。近年来由于数字技术发展,以微机为基础的系统增多,从提高检测精度着眼,直接数字式传感器、频率变化式传感器、脉冲参数变换式传感器也有发展。因而从输出电信号形式又可分为以下几类。

1）开关式传感器

开关式传感器工作特性为：当输入物理量高于某一阈值时，传感器处于接通状态，以低电平（或高电平）输出；当输入物理量低于某一阈值时，传感器工作在另一种开断状态，输出高电平（或低电平），所以输出是以高、低电平形式变化，例如限位开关传感器。

2）数字式传感器

它又可分为直接数字传感器、频率式传感器和脉冲传感器。直接数字传感器输出经过编码的数字量，例如光电编码盘；频率式传感器输出的信号反映频率变化，可以直接用数字频率计来测量；脉冲式传感器，输出信息反映在脉冲的个数或参数的变化上。数字式传感器共同的特点是精度较高且便于与微机接口连接。

3）模拟式传感器

模拟式传感器输出的量以各种连续量的形式出现，可以是电压、电流、电阻、电容、电感等。连续变化量与数字系统连接，需通过模拟通道的转接。

**4. 按传感器物性材料或其他方式分类**

近年来传感技术的发展非常迅速，从结构型传感器发展到材料型物性传感器，又发展到带有信息处理的智能型传感器及整机化集成传感器，各种新型传感器层出不穷。从国内外发展的总过程看，传感技术有两种发展趋势：一方面是大力发展各式各样的廉价传感器以适应消费领域，如家用电器、汽车运输等的需要；另一方面则是面向可靠性高、抗干扰能力强、高精度、高速度，并且有大量附加功能的第一流传感器方向发展。

## 5.2.2 智能传感器

当前已出现了多功能一体化的传感器系统，发展了以完善传感器为中心的广义传感器，而集成传感器和智能传感器就是发展中的一个重要方面。

智能传感器是一种带有微处理器的敏感探头，它是兼有信息检测和信息处理功能的传感器。它以集成化为基础，将敏感检测、信息处理及微机集成在一块芯片上，或者装在一个外壳里。从制造技术而言，这是一种采用高技术的硅集成电路传感器。有的智能传感器甚至还包括了参数的调整过程控制和过程优化等更加复杂的检测控制系统。智能传感器的智能作用，可归纳为以下几个方面。

1）提高传感器的性能

智能传感器通过微机信息处理和集成工艺技术，可以实现自动校正和补偿。例如对传感器的线性度、重复性、分散性及老化效应自动校正；对集成于一片的多个传感元件零位自动补偿；自动选择合适滤波参数，消除干扰与噪声；自动计算期望值、平均值和相关值；还可以根据传感器模型作动态的校正，以实现高精度、高速度、高灵敏度范围的检测，甚至可以实现无差测量。

2）自检与自诊断

自检是通过合适的测试信号或监测程序来确定传感器是否完成自身的任务。自诊断即在传感器损坏前，在做正常测量的间隔，通过检测一些特征量，并将其与被保护存储起来的状态、参数及期望值进行对比，以判断与分析其是否接近损坏。可按照一定顺序对关键部件进行检测,以确保测量的高可靠性。

　　3)多功能化

　　智能传感器为了对工况做出优化处理,需要同时检测多个量以便做出相关分析与处理。将多个传感元件甚至相应的检测与信息处理电路都集成在一块芯片上,功能将大大超过仅检测某一个物理量的普通传感器。因此,智能传感器扩大功能的一个方面是形成多元传感系统。扩大功能的另一方面是使智能传感器可对多个测量值作静动态处理、运算,进而实现简单的调节与控制算法。

　　目前已有产品能做到在一块智能传感器芯片上检测 8 个参数,例如某一对气体样品进行分析的智能传感器,其中集成化多元传感器阵列如图 5.3 所示。该传感器采用自动分时顺序扫描方式检测各种气体成分 $x_1 \sim x_i$ 浓度值 $A_1 \sim A_i$ 并存储。该系统考虑到每一个半导体气敏传感元件对所有的气体成分都有不同程度的敏感,这样使用 $n$ 个不同的气敏元件组成传感器阵列 $a_{in}$,就可以得到 $n$ 个传感元件的信号谱 $S_1 \sim S_n$,每个信号谱中包括 $i$ 条信息。最后由微机进行模式识别,从一系列信号谱中得到气体成分的浓度值 $A_1 \sim A_i$。这样测得的 $A_1 \sim A_i$ 值较使用多个分立的传感器测得的值更接近实际值,从而可消除各种检测元件存在的相互影响,并充分发挥微机分析综合的智能作用。

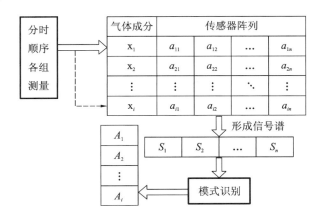

图 5.3　集成化多元传感器阵列

　　图 5.4 所示为美国霍尼维尔公司推出的 DSTJ3000 差压静压、温度三维测试和调整系统的智能传感器的结构框图。该传感器内有差压、静压、温度三类敏感元件并集成在同一 N 型硅片上,还带有多路转换、传感脉冲宽度调制器、微处理器和模拟输出及数字输出等部件,并具有对信号远距离传输和调整的能力,也具备智能传感器一些基本的智能特征,如自诊断、自补偿、自校准等。

　　智能传感器按照其结构可以分为模块化智能传感器、混合式智能传感器和集成式智能传感器三种。模块式智能传感器是一种初级的智能传感器,由许多互相独立的模块组成,集成度低、体积大。混合式智能传感器将传感器、微处理器和信号处理电路布置在不同芯片上,应用广泛。集成式智能传感器是将一个或多个敏感元件与微处理器、信号处理电路集成在同一硅片上,其智能化程度随着集成化密度的增加而不断提高。

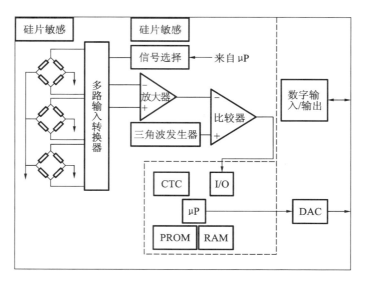

**图 5.4　DSTJ3000 智能传感器结构框图**

## 5.2.3　信号处理与特征提取

信号处理技术在智能监测中起着重要的作用。传感器信号不仅包括与被测对象有关的信息,还必然包括噪声、系统参数变化引起的信息。同时,原始信号包含的信息量巨大,必须通过信号处理手段对其进行有效的简化才能为后续环节所用,因此,原始信号不能直接用来表征被测对象状态的变化,必须进行特征分析和提取。常用的特征分析方法有时域分析、频域分析和时频域分析。

当前时频域分析方法,如小波分析技术,包括离散小波及其衍生类,获得越来越广泛的应用。然而值得一提的是,复杂的监测方法,同时也可能涉及大量的信号搜集和处理工作,相应的计算时间也较长,某些情况下并不适合于在线应用,特别是对于实时性要求较高的场合。而简单的方法其优点在于运算速度快,实时性好,但有时提取出的特征与被测对象状态的相关性较弱,信息提取能力有限。

**1. 时域特征**

直接采用原始信号(图形形式)来进行监测,信息处理量极大,故并不适合。通常采用时域统计特征,如均值、均方根、方差、偏态系数、峰值、脉冲因子等。不同传感器信号的时域统计特性表现不同,具体应根据实际监测效果来选择应用。

均方根 RMS 值因其易于计算、易于理解,在监测领域应用广泛。RMS 值包含信号的能量信息,同时也不可避免地会引入噪声,同时也易受加工条件变化的影响。

**2. 频域特征**

频域特征是信号经频谱分析得到的特征,通过快速傅里叶变换获得。信号的频域特征有幅值谱、相位谱、功率谱、幅值谱密度、能量谱密度、功率谱密度等。

信号的敏感频段能量是经常采用的频域特征。如随刀具磨损加剧,切削力信号的主频段能量变化趋势明显,同样声发射信号及振动信号也都存在特征频段,频段能量随刀具磨损加剧而单调变化。对分解得到的敏感频段信号进行进一步处理,提取其类时域特征,如 RMS 值、均值等来提取有效特征量。

**3. 时频域特征**

1)小波分析

传统加工过程监控系统采用的信号处理技术多集中于时域、频域,近十多年来信号处理技术向时频分析和智能技术方向发展,尤其是时频分析成为信号分析的主流方向,时频分析主要包括维格尔分布技术和小波分析技术。小波技术是当前信号处理最具影响的方法,小波变换是突变信号和非平稳信号多分辨分析的数学工具,其主要优点在于:线性变换,不产生畸变,能在时域和频域同时对信号进行局部分析。另外小波分析运算速度快,虽然理论深,但算法简单,运算速度较之 FFT 算法也更具优势。

2)提升小波

Swelden 提出了一种不依赖于傅里叶变换的新的小波构造方案——提升小波(lifting scheme)。利用该方法构建的小波可称为第二代小波,其构建方法不同于第一代小波,摆脱了对傅里叶变换的依赖。其复杂度只有原来卷积方法的一半左右,逐渐成为计算离散小波变换的主流方法。同时已经证明了提升法可以实现所有的第一代小波变换。

**4. 分形维数**

1973 年,Mandelbrot 首次提出了分形几何理论,突破了维数只能是整数的概念,因此维数是连续函数。分形几何学在处理问题时,将面对的对象看成是分形维数,由于分形理论是基于一种尺度来探讨复杂的问题,因此它为非平稳信号处理提供了新的分析方法。

## 5.2.4　智能监测技术

制造过程中加工状态恶化的发生,使得加工过程无法连续进行。因此,研究有效的加工状态监测技术成为实现生产自动化的最为重要的一项课题,对提高加工质量、保证加工设备完整性具有重要的意义。

在诸多加工状态监测目标中,刀具磨损对于不间断生产的实现至关重要。很多加工监测系统必须对刀具状态进行监测,以执行高效的换刀策略,保证整个生产过程处于合适的切削状态。如果监测系统无法使正常的加工状态得以保证,其后果就是产品表面质量恶化,尺寸精度降低,甚至造成加工机床故障。刀具磨损不仅直接影响零件的表面质量和尺寸完整性,而且与加工振动密切相关。可靠的刀具监测系统可以减少由换刀引起的停车时间,从而使得生产过程连续性更好,更高效。同时,监测传感器获得加工过程信息还存在多方面的用途,包括换刀策略的制定、加工工艺优化、在线刀具误差补偿和避免刀具的灾难性破坏。

制造过程中的监测技术研究起源于 20 世纪 50 年代,随着计算机技术的发展,该研究领域极为活跃,尤其是智能技术的盛行,更是为该领域的研究提供了许多理论方法。同时,该方向的研究也推动了传感器技术、模式识别技术、信号处理技术和智能技术的发展。

加工监控包含众多方面,其主要方面可概括如图 5.5 所示。而具体到刀具磨损监测,其实际上是一个模式识别过程。一个刀具监测系统由研究对象(具体某类型加工过程)、传感器信号采集、信号处理、特征提取及选择、模式识别等模块组成,如图 5.6 所示。监测系统的传感器模块包括传感器的选择与安装、信号的预处理(放大、滤波等)和信号采集;信号处理模块通过时域、频域或者时频域信号分析技术对传感器信号进行处理,分析出与刀具磨损密切相关的特征;特征提取和选择模块包括信号特征的计算,利用合适的数学方法选择能够反映刀具状态变化的敏感特征;模式识别模块主要通过建立信号特征和刀具磨损之间的数学模型,实现对刀具状态的分类或刀具磨损量的精确计算。

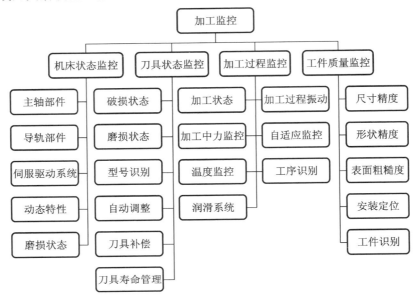

图 5.5　加工监控包括的主要方面

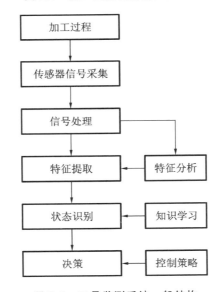

图 5.6　刀具监测系统一般结构

设计一个监测系统,首先必须确定研究的对象,如车刀的磨损监测、钻头的磨损监测或铣刀的磨损监测等;其次决定监测系统的实际应用范围。理想情况下,人们总是希望一个监测系统对任意加工条件下(包括工件改变、刀具改变和加工要素改变)的刀具磨损状态都能准确检测。监测系统的基本思路在于:将从传感器信号中提取出的特征量,加上具体加工条件作为一个方面,而将加工状态作为另一方面,对于两方面之间存在的非线性相关关系采用各种数学方法和工具进行建模分析。

**1. 基于模型的监测方法**

基于加工系统的数学模型,并根据模型参数的变化或系统响应的变化来监测刀具状态,称为基于模型的监测方法。基于模型监测方法必须建立加工过程的动态模型,如 AR 模型、状态空间模型、回归方程等,系统可以通过模型来表述。这种建模方法属于灰箱方法。

依据传感器采集源信号的不同,加工状态监测可以划分为直接监测法和间接监测法。

1) 直接监测方法

直接式传感器直接测量刀具磨损区域的实际尺寸或直接测定刀具刀刃状态。常用的方法主要有接触法、放射线法和光学检测法。直接检测刀具磨损的传感器有接触探测传感器、光学显微镜、高速摄像机等。直接监测法优点在于可直接、准确地获得刀具状态,排除间接推导过程的不直接和不明确,但实时检测实施较困难。其测量必须打断加工过程的连续进行,从而导致停机时间增加,监测成本提高。

(1)机器视觉光学检测法:通过光学传感器获得刀具磨损区域的图形,并利用图像处理技术得到刀具的磨损状态。该类方法一般都利用磨损区相比于非磨损区具有高的反射率来获得各种表征磨损量的形态参数。大多数研究针对后刀面磨损测量,仅有极少数研究同时涉及后刀面磨损与前刀面凹槽磨损测量。后刀面磨损区可通过 CCD 摄像直接获得,而凹槽磨损涉及深度值的测量,须通过阵列化光学投影进行,通过平行排列投射激光产生的扭曲变形来获得凹槽深度值。利用 CCD 工业摄像机同时监测刀具前刀面和后刀面的磨损,进行全面的刀具磨损识别。

(2)视频检测法:基于计算机视觉技术对刀具的视频图像内容进行分析,提取场景中的关键信息,产生高层的语义理解。视频检测需要借助处理器芯片的强大计算能力,对视频画面中的海量数据进行高速分析,过滤用户不关心的信息,仅为监控者提供有用的关键信息。

(3)放射线检测方法:预先在刀具后刀面放置少量放射性物质,并通过定期测量转移到切屑上的放射性物质来评估刀具材料的损失。此方法需要周期性放射性测试,因此不能用于实时监控,并且具有放射性污染。

(4)接触检测法:接触传感器通过检测刀刃与工件之间的距离变化来获得刀具磨损状态。距离值可通过电子触头微分尺或者气动探针测量。加工机床热膨胀、工件变形和振动,以及切削力引起的刀具偏离等因素,均易对测量精度产生影响。该方法缺点是只能在停机时进行检测,不能用于实时监测。德国 Malot 公司利用该方法研制的刀具破损监测装置,能够成功监测刀具的破损。

(5)电阻测量法:刀具磨损发生时,刀具和工件之间接触面积增加,其结果是连接区的电阻值减小。因此通过检测通过连接区的电流变化可以监测刀具的状态。但是接触电阻也容易受到温度、切削力和机床操作中产生的电磁扰动的影响。

2) 间接监测方法

间接监测方法通过监测与刀具磨损或破损具有相关性的传感器信号,间接获得刀具磨损状态。信号亦容易受到"非磨损"现象的影响。间接测量方法可连续监测加工过程,更适宜于在线监测应用。间接传感器主要包括有:测力仪、振动传感器、声发射传感器、扭矩传感器、电流功率传感器等,如图 5.7 所示。

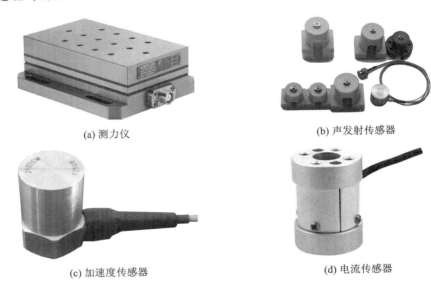

(a) 测力仪        (b) 声发射传感器

(c) 加速度传感器        (d) 电流传感器

**图 5.7　间接监测常用传感器**

(1)切削力监测法:切削力信号最为直接地反映刀具状态的变化,与刀具磨损和破损状态的关系密切。切削力监测技术在刀具磨损监测研究领域应用最为广泛,也是最为成熟的一种方法。然而,切削力作为监测信号的缺点也很明显。首先是测量切削力所使用的测力仪成本高昂,且一般体积较大,其安装对于切削过程所造成的限制和干扰较大,甚至有些加工情况下无法安装。其次是切削力信号对于加工条件的变化相当敏感。工件材料特性密度、硬度和延展性,刀具几何参数和切削黏结等都会对其产生较大的影响。当工件材料不均匀时,切削力信号将出现剧烈的跳动,导致其与刀具磨损的相关性减弱。

(2)基于声发射的监测法:声发射信号反映的是金属材料内部晶格的变化,因此包含与刀具磨损密切相关的信息,对刀具磨损和破损有较好的预报特性。声发射技术也成为另一种被广泛应用于监测领域的最具潜力的新型监测技术。声发射是一种物理现象,是指固体材料在变形、破裂和相位改变时迅速释放应变能而产生一种弹性应力波。研究表明,在金属切削过程中,工件材料的塑性变形、切屑的塑性变形、切屑与刀具表面摩擦、刀具后刀面与已加工表面的摩擦、第一剪切区和第二剪切区的塑性变形、刀具破损和切屑的破裂等现象都会引起声发射现象。声发射作为加工过程中的基本物理现象,与刀具材料、工件材料、刀具参数、工件参数等密切相关。和其他监测方法相比,声发射信号的频率很高,一般在 50 kHz 以上,能够避开加工过程中振动。

目前采用的声发射传感器主要是压电晶体式,体积小,重量轻,因此其安装相较测力仪容易许多。但实际应用中,声发射传感器的安装方式和安装位置都会对采集到的信号产生很大影响。

(3)基于振动加速度的监测法:加工中振动会产生噪声,影响工件表面质量,严重时会出现切削颤振,导致切削过程无法进行。测量振动信号的传感器是加速度传感器。加速度传感器亦多为压电式,设计与制造技术臻于成熟,且安装相对简便,但是安装位置不同对信号也会产生不同的影响。

(4)基于声音的监测法:身处加工现场的熟练工人可以通过倾听机器运转所发出的声音来判断刀具磨损。对切削的声学特性的研究也发现,不同的刀具磨损状态,切削的声辐射也有所不同。与其他监测信号相比,切削声信号的获取比较容易,传感器安装比较简单,对切削加工过程几乎不产生影响,且设备成本相对低廉。

(5)基于电流和功率的监测法:刀具磨损时,由于切削力增大,造成切削功率和扭矩增加,使得机床电动机电流增大,负载功率也随之增大,因此可采用监测电流或功率方法识别刀具磨损状态的变化。电流监测法和功率监测法具有安装简易,测量信号简便,成本低,不受加工条件限制,不干扰加工过程等优点,因此成为广泛采用的一种监测方法。一些公司也开发了基于功率监测的设备。限制其发展的关键技术在于分辨率和响应慢的问题,尤其在精加工时,进给量和切削深度的改变对机床电动机电流和功率的改变影响很小,识别精度无法提高严重影响其应用的范围。此外,导轨的误差和传动系统的精度也会造成电动机电流和功率的改变。

(6)基于温度的监测法:由金属切削机理可知,随着刀具磨损量的增加,切削温度明显升高,温度升高的同时也会加速刀具的磨损,因此刀具磨损和温度变化密切相关,这一因素可以用作监测刀具状态。传统测量温度的传感器是热电偶,然而在实际加工中几乎没有一种工件允许在其内部埋置热电偶,且其热惯性大,响应慢,因此不适合在线监测。利用红外线辐射方法可以间接检测切削温度,该方法是将红外辐射感温器对准切削区,由它接收切削区红外辐射强度的变化。由于切削区的红外辐射强度与切削区的温度有直接联系,这样红外辐射温度计的读数将反映切削区温度的变化,这样就可以间接测量刀具的磨损和破损程度。该方法的原理很完善,但在实际加工中,因为切屑经常缠绕刀具,或因为工件等挡住切削区,可能无法顺利获得切削区的切削温度。另外在使用切削液时该方法的使用更受限制。

(7)多传感器融合监测法:传感器技术作为监测系统的信息摄入主体与监测系统的性能息息相关。单一传感器所提供的信息是局部的,并且容错性和冗余性差,限制了监测系统性能的拓展。刀具失效的同时会引起多种相关信号的变化,而每一种信号不单反映刀具切削状态,也包含了其他方面如切削条件、切削环境等信息,因此单纯只用一种传感器检出的信号作为刀具状态评价的根据,显然缺乏精确性和可靠性,反映在监控中往往会出现刀具失效时漏报和误报现象。

多传感器信息融合技术是指充分合理地选择多种传感器,提取对象的有效信息,充分利用多传感器资源,通过对它们的合理支配和使用,把多个传感器在时间或空间上的冗余信息或互补信息依据某种准则进行组合,以获得被测对象的一致性解释或描述,使该信息系统由此获得比其各组成部分的子集所构成的系统具有更优越的性能。各种传感器对不同种类的加工故障具有的敏感性程度不同,经过集成和融合的传感器信息具有较好的冗余性和互补性,因此在监测系统中采用多传感器融合技术是必要,同时也是可行的。与单一传感器相比,多传感器融合在信息的可靠性、多维性、冗余性以及容错能力等方面表现出明显优势。刀具监测系统多采用并联式融合机构,在融合方法上多采用模糊模式识别、聚类分析、人工神经网络等方法。目前一般采用如下几种信号融合:力-功率、力-AE-振动、力-振动-AE-电流等传感器组合,有的多达五个传感器五种信息的融合。

信息融合可以在不同的信息层次出现,如数据融合、特征融合和决策融合。由于数据融合缺乏一致性检验准则,因此数据合成主要作为单一特征进行门限检测,而很难建立监测模型,在刀具磨损监测系统几乎没有应用。特征融合在刀具磨损监测技术中应用最为广泛,其实质是把特征分类成为有意义的组合模式识别过程,如采用神经网络进行特征融合。决策融合属于最高层次的融合,其输出是一联合决策结果,能够有效反映对象各个侧面的不同类型信息。

**2. 智能监测方法**

许多信号无法确定其系统模型,此时采用传统的建模方法无法获得准确的结果,必须引入人工智能技术,采用黑箱处理方法,即忽略复杂的过程分析,仅对系统的输入和输出进行观测,建立其等价模型。为提高加工状态监测的准确性、可靠性、灵敏度和实时性,无论是传感器技术、信号处理方法,还是决策手段,都必须向着智能化方向发展,使监测系统具有信息集成、自校正、自学习、自决策、自适应以及自诊断等功能。

近年来,人工智能技术发展迅速。将相关技术引入到加工监测中来,增强其自学习自适应的能力,提高加工状态监测的可靠性和适应性,这也为状态监测系统的研究提供了新的可能与取得突破的契机。可用于监测应用的人工智能技术主要包括人工神经网络、专家系统、模糊逻辑模式识别等,同时遗传算法、群组处理技术等也有应用。

# 5.3 智能诊断

## 5.3.1 智能诊断的定义

智能诊断主要是针对设备故障的诊断,其研究的直接目的是为了提高诊断的精度和速度、降低误报率和漏报率、确定故障发生的准确时间和部位,并估计出故障的大小和趋势。围绕这些根本目的而进行的故障诊断技术研究方兴未艾;同时,随着近十年来人工智能技术的迅速发展,特别是知识工程、专家系统、模糊逻辑和神经网络在诊断领域中的进一步应用,迫使人们对智能诊断问题进行更加深入与系统的研究,形成了一系列研究热点,也取得了一系列研究成果。

故障诊断是指应用现代测试分析手段和智能诊断理论方法,对运行中的设备所出现故障的机理、原因、部位和故障程度进行识别和诊断,并根据诊断结论,进一步确定设备的维护方案或预防措施。智能诊断的实施过程可归纳为状态检测、信息采集、信息处理、故障识别与分析、故障诊断决策或预测等。其目的是为了尽量避免故障的发生、降低维修成本、为制定合理的检修制度提供决策依据,从而最大限度地提高设备的使用效率。

智能故障诊断(intelligent fault diagnosis,IFD)以人类思维的信息加工和认识过程为研究基础,通过有效地获取、传递、处理、共享诊断信息,以智能化的诊断推理和灵活的诊断策略对监控对象的运行状态及故障作出正确判断与决策。智能诊断的主要优势在于从人类认知并改造客观世界的方法出发,寻找诊断推理与维护决策行为的共性,利用机器学习方法来实现诊断维护过程。智能诊断模型的构造与应用符合诊断知识的实际应用过程,为提高现代复杂工程技术系统的可靠性开辟了一条新的途径。

绝对安全可靠的机械设备是不存在的,因此要求机械设备在运转过程中不出现故障是不现实的。开展智能诊断技术的研究,可以极大地提高工业企业的竞争能力及可持续发展能力,具有重要的现实意义。

1)防止事故发生,保证人身和设备安全

防止事故发生,保证人身和设备安全是开展机械故障诊断工作的直接目的和基本任务之一。每年都会有很多关于机械设备故障产生严重后果的报道,它们不仅造成了重大的经济损失,甚至还导致了重大人员伤亡,并产生恶劣的社会影响。因此,积极开展机械故障诊断技术的研究对现代工业的安全生产具有重要的意义。

2)推动目前工业企业维修制度的变革

工业企业的维修体制大致可分为三个阶段:①事后维修阶段,是指当设备发生故障后再进行维修,即"坏了再修"。②预防维修阶段,是以预防故障发生或在进一步引起损坏之前发现故障为目的的一切计划维修工作。因此,预防维修是以状态检测为基础,并有计划地修理,更换零件和或大修。③预知维修阶段,也称为视情维修或主动维修。预知维修不同于事后维修和预防维修,它着眼于机械设备的具体技术状况,对设备的工作状况进行密切追踪监测,仅在必要时才进行维修。

目前国内外工业企业大多仍然采取预防性维修策略,该计划性维修策略很难解决实际生产过程中出现的维修不足或维修过剩问题。如果维修不足,一旦机械设备发生故障,往往会造成重大损失。对于现代机械设备,特别是大型关键设备,在运行过程中往往不允许频繁地停机进行解体检查,如果维修过剩同样会给企业带来巨大的经济损失。因此,积极开展机械故障诊断技术的研究,对改革现行的预防维修制度,并逐步实现预知维修制度具有极为重要的现实意义。

3)提高经济效益

现代设备管理是以追求最大限度降低设备使用寿命周期成本,最大限度提高生产经济效益为目的的管理,开展机械故障诊断技术的研究可以减少可能发生的事故损失,并合理安排检修周期,避免不必要的维修花费。因此,积极开展机械故障诊断技术的研究,对提高工业企业的经济效益、增强工业企业的市场竞争力具有重大的意义。

## 5.3.2　智能诊断的发展

机械故障是指机械系统偏离正常功能,也指机械系统或部件功能失效。机械系统关键部件的失效,往往导致系统整体功能丧失。机械系统的故障现象大部分具有随机性,具体表现为不同时刻的观测数据不可重复,表征设备工况的特征值在一定范围内波动。机械设备故障还具有多层次性,很难找出故障与现象之间一一对应的因果关系。针对机械故障的特点和识别方法,机械故障诊断学主要研究某一机械设备在运行过程中动态性能的变化规律及其运行状态的识别方法。机械故障诊断从机械故障的共性出发,研究并总结诊断对象的发展规律,就其原理与方法而言,可用于解决机械设备的故障诊断问题,也可用于非机械的动态系统识别问题。

设备维护与故障诊断是提升制造业运营管理水平和生产效率的有效手段。随着机械系统复杂性和自动化程度的提高,传统的设备维护技术(如停机检修、维护看板等)已经难以满足制造企业的需求。为了降低设备维护成本并提高设备故障诊断效率,各种先进的诊断维护思想不断涌现,如远程诊断、预防维护、预知维护、状态维护以及 e-维护等。

计算机网络技术扩大了信息共享的范围,也使得诊断专家通过网络远程实施故障诊断成为可能。而在生产现场为了避免设备突发故障造成的停机,可以根据事先测定的时间间隔对设备或部件进行更换,这种维护方式被称为预防维护(prevention maintenance,PM)。预防维护的间隔时间一般根据设备规模或寿命来确定,其维修计划的制定需要综合维修成本、生产计划以及生产目标等各方面因素。因此,本质上来说预防维护是一类定时的计划维护模式。随着设备运行状况定量分析和故障实时诊断技术的提高,设备诊断维护已经从以往的设备巡检、现场诊断并定时维修的方式逐步过渡到以设备运行实时状态为基准的模式。以实时的状态监测为支撑,出现了针对设备性能状况与劣化趋势的诊断维护与决策模式,即预知维护(predictive maintenance,PdM)。其中,状态维护(condition-based maintenance,CBM)是应用得最广泛的一种预知维护方式,其前提是实时准确地掌握设备的劣化状况,并在设备真正需要维修的必要时刻实施,即强调故障诊断实时性与设备维护必要性。另外,从设备管理与维护评估的角度出发,提出了 e-维护(e-maintenance)的概念。e-维护综合了信息处理、决策支持、通信协作等功能,实现了设备状态的智能预测。尽管 e-维护也属于预知维护的范畴,但其建立分布式智能处理机制与协同维护模式的思想值得借鉴。这些诊断维护方法的出发点主要针对某一类型的设备或单一类别的故障,在某些应用场景中能够发挥其独特作用。但对于大型复杂设备或多个故障交互情况,往往缺乏普适性与实用性。

随着人工智能技术的迅速发展,特别是知识管理、机器学习、神经网络在机械故障诊断领域的进一步应用,利用智能方法构建的故障诊断与预测模型成为了研究热点。人工智能领域的大量研究成果给机械故障诊断领域带来了新的思路,该领域的重心逐渐朝着诊断维护的智能化偏移。

### 5.3.3 智能诊断系统的一般结构

智能诊断系统的一般结构主要由 6 个功能模块组成,如图 5.8 所示。人机接口模块是整个系统的控制与协调机构;知识库和数据库管理模块的功能是对诊断必需的知识和数据进行

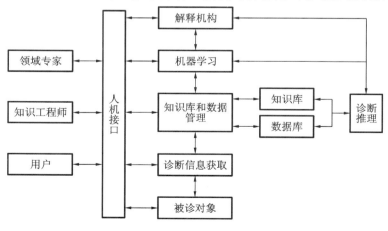

图 5.8 智能诊断系统的一般结构

建立、增加、删除、修改、检查等操作;诊断推理模块是诊断系统的核心,负责运用诊断信息和相关知识完成诊断任务;诊断信息获取模块通过主动和交互等方式获取有价值的诊断信息;解释机构的任务是向用户提供诊断咨询及诊断推理过程的中间结果,帮助用户了解诊断对象及诊断过程;机器学习模块用于完善系统的知识库,提高系统的诊断能力。

### 5.3.4 故障诊断的方法

目前,故障诊断方法一般可以分成如下三大类:基于解析模型的故障诊断方法、基于信号处理的方法以及基于知识的故障诊断方法。按照一定原则,每一大类又可细分为若干具体的故障诊断方法。

**1. 基于解析模型的故障诊断方法**

基于解析模型的故障诊断方法需要建立被诊断对象的精确数学模型,按照参变量的选取,又可以分为参数估计方法和状态估计方法,它们之间具有一定的联系。但是对于非线性系统而言,由于很难建立精确的数学模型,因此参数估计方法与状态估计方法的应用受到很大的限制,仅在某些特殊的非线性系统有所应用,而通常仅适用于线性系统。

1)状态估计方法

被诊断过程的状态直接反映了设备的工作状况,通过检测出的设备状态结合合适的数学模型即可进行故障诊断。其主要流程为检测被诊断过程的状态,并构成残差序列,各种故障信息即包含于残差序列中;然后由该序列建立相应的数学模型,运用统计检验法即可将故障信息由数学模型中检测出来,并完成进一步的分离、估计和决策工作。状态估计的方法通常有状态观测器及滤波器。

采用状态估计方法的前提条件通常有:①被诊断过程的状态结构及参数可知;②噪声的统计特性可知;③系统是可观测的;④解析方程应该具有一定的精度;⑤许多场合下还需要将数学模型线性化,并假设其中的干扰为白噪声。

2)过程参数估计方法

基于过程参数估计的故障诊断方法与基于状态估计的故障诊断方法不同,该方法不需要构造残差序列,而是依据参数变化的统计特征来检测设备的故障状况,而后再进行故障的分离、估计和分类。由于能够建立故障与过程参数之间的精确映射关系,该方法比基于状态估计的方法更适合于故障识别。最小二乘法因其简单实用,是过程参数估计方法中的主要数学工具。

可应用过程参数估计方法的前提条件是:①需要建立精确的数学模型;②需要有效的参数估计方法;③被控制过程的充分激励;④选择合适的过程参数;⑤选择有效的统计决策工具。

建立待检设备的解析模型,能够深入了解研究对象的动态特性,从而获得精确的故障诊断结论。但在实际测故障诊断中,待检设备一般具有不确定性或非线性的特点,建立精确的解析模型十分困难,上述方法难以奏效。

**2. 基于信号处理的故障诊断方法**

基于信号处理的故障诊断方法利用设备的输出在幅值、相位、频率及相关性上与故障源存在的对应关系,确定设备的故障原因,解决非线性设备的解析模型难以获取的问题。目前常用的有时域特征参数和波形分析方法、时差域方法、时序分析方法、幅值域方法、包络域方法、频域谱分析方法、时频分析方法等。

现代机械设备,其输出信号或种类繁多,或难以检测,信号提取过程中经常出现信息冗余或信息缺失的现象。特别是对于复杂诊断对象,其输出信号一般还具有不确定性,导致基于信号处理的故障诊断方法应用受限。

### 3. 基于知识的故障诊断方法

基于知识的方法与基于信号处理的方法类似,同样不需要建立精确的解析模型。但是该方法克服了后者的缺点,引入了诊断对象的许多信息,特别是应该被充分利用的专家故障诊断知识等,所以该方法是一种应用前景广阔的方法。目前常用的基于知识的故障诊断方法如下。

1)基于专家系统的故障诊断方法

基于专家系统的故障诊断方法是故障诊断领域中极为重要的发展方向之一,也是研究成果最多、应用领域最广的一种智能故障诊断方法。它大致有如下三类应用:基于浅知识领域专家的经验知识的故障诊断系统、基于深知识诊断对象的模型知识的故障诊断系统以及浅知识与深知识相结合的混合故障诊断系统。

(1)基于浅知识的故障诊断系统:知识一般是指领域专家的经验知识。基于浅知识的故障诊断系统通过产生式推理获取故障诊断结论,即通过搜索一个故障原因集合,使之能与给定的故障征兆包括存在的和缺席的集合匹配程度最高。基于浅知识的故障诊断系统具有知识表达直观、形式统一、模块性强、推理速度快等优点,但也具有一定的局限性,例如在诊断知识不完备的情况下,对没有考虑到的问题系统容易陷入困境,对诊断结果的解释能力贫弱等。

(2)基于深知识的故障诊断系统:知识一般是指诊断对象的结构、机理和功能等原理性知识,即具有明确科学依据的知识。基于深知识的故障诊断系统要求诊断对象的基础环节都具有明确的输入/输出对应关系,诊断时首先比对诊断对象实际输出与期望输出间的差异,生成造成差异的原因集合,然后根据诊断对象的原理性知识以及其他特定约束关系,采用适当的搜索算法,最终找出可能的故障源。该方法具有知识完备、易于获取且维护简便等优点。但由于搜索空间庞大,其推理速度较慢。

(3)浅知识与深知识相结合的混合故障诊断系统:无论是单独利用浅知识还是深知识,对于复杂机械设备而言,都难以很好地完成故障诊断任务。只有将两者有机地结合起来,才能使故障诊断系统的性能得到优化。因此,在开发故障诊断专家系统时,强调不仅仅要利用诊断对象的结构、功能、原理等知识,还要重视领域专家的经验知识,即需要侧重于浅知识与深知识的综合表达及运用。

2)基于案例的故障诊断方法

基于案例的故障诊断方法是通过对已有成功案例的借鉴,来解决当前的故障诊断问题,其主要内容包括案例的表达及索引、案例的检索、案例的修订、案例的学习及反馈等。通常,基于案例的故障诊断方法的诊断流程如下:首先对诊断对象进行分析,并提取特征;然后由案例库中检索出与提取特征拟合度最高的案例,并用于解决当前的故障诊断问题;结合实际情况(成功或失败),判断是否对得到的诊断结果进行修订,最终获得一个满意的诊断结论。

对于故障诊断过程难以用规则形式进行描述,却能够以案例形式表达,特别是案例积累丰富的情况下,该方法较为适用。然而,基于案例的故障诊断方法也具有一定的局限性:无法描述案例之间的逻辑关系;对海量案例库进行检索十分耗时;案例的提取特征及其权重难以确定;案例修订时的一致性要求难以满足;有时很难给出诊断结果的完善解释。

3)基于神经网络的故障诊断方法

基于神经网络的故障诊断方法不需要建立诊断对象的精确解析模型,对于复杂故障诊断问题能够实现大规模并行处理,并具有很强的自适应学习能力。目前在许多设备上得到了广泛的应用,如化工装置、核反应堆装置、汽轮机、发动机和电动机等。

但是由于神经网络从故障范例中学到的知识只是一些分布权重,而不是类似于领域专家逻辑思维的产生式规则,因此,其上的故障诊断推理过程很难进行解释,缺乏透明度。

4)基于模糊数学的故障诊断方法

对于故障诊断对象的故障状态具有模糊性的诊断问题,基于模糊数学的故障诊断方法是有效的解决手段。该方法同样不需要建立诊断对象的精确解析模型,而是利用模糊规则和隶属函数,通过模糊推理完成故障诊断过程。但是,对于复杂的故障诊断系统,要建立完备、准确的模糊规则及相应的隶属函数十分困难,非常费时耗力。即使建立了规模庞大的模糊规则及隶属函数集合,也很难找出模糊规则之间的逻辑关系,有时还会出现模糊规则"组合爆炸"的现象。另外,对于具有强耦合性特点的复杂非线性故障诊断对象,获取的隶属函数形态通常并不规则,需经规则化处理转变为规范的隶属函数形态,其间的信息损失容易导致故障诊断结果出现偏差,难以令人满意。

## 5.3.5　智能诊断的理论技术

### 1. 多种知识表示方法的结合技术

在一个实际的诊断系统中,往往需要多种方式的组合才能表达清楚诊断知识,这就存在着多种表达方式之间的信息传递、信息转换、知识组织的维护与理解等问题,这些问题曾经一直影响着对诊断对象的描述与表达。近年在面向对象程序设计技术的基础上,发展起来了一种称为面向对象的知识表示方法,为这一问题的解决提供了一条很有价值的途径。面向对象的知识表示中,对象的基本结构如图 5.9 所示。对象的表达由四类槽组成。关系槽表示对象与其他对象之间的静态关系;属性槽表示对象的静态数据或数据结构,一个属性槽可以通过多个侧面来描述其特性;方法槽用来存放对象中的方法,方法名用于区分不同的方法;规则槽用来存放产生式规则集。

图 5.9　对象的基本结构

在面向对象的知识表示方法中,传统的知识表示方法如规则、框架、语义网络等可以被集中在统一的对象库中,而且这种表示方法可以对诊断对象的结构模型进行比较好的描述,在不强求知识分解成特定知识表示结构的前提下,以对象作为知识分割实体,明显要比按一定结构强求知识的分割来得自然、贴切。另外,知识对象的封装特点,对于知识库的维护和修正提供了极大的便利。随着面向对象程序设计技术的发展,面向对象的知识表示方法一定会在智能诊断系统中得到广泛的应用。

**2. 经验知识与原理知识的紧密结合技术**

在复杂设备智能诊断系统中,只有将领域问题的基本原理与专家的经验知识相结合才能更好地解决诊断问题。这就要求在建造知识库时不仅要重视浅知识的表达和处理,也要重视深知识的地位和作用。图 5.10 就是深浅知识结合使用的一种模型。在该模型中,深知识和浅知识各自用最适合的方法表示,并构成两种不同类型的知识库(分别称为"原理专家"和"经验专家"),两个知识库各有一个推理机,这样它们在各自的权力范围内自成一个专家系统。这两个系统通过协调机制模块构成一个诊断特定问题的完整的智能系统。

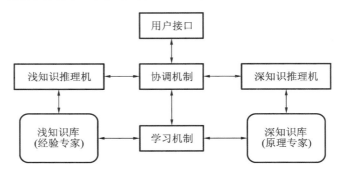

**图 5.10　深浅知识结合使用的模型**

在诊断问题求解时,浅知识与深知识进行相互作用,什么类型的知识在诊断过程中起控制作用可能每时每刻都在发生变化。从一个知识源获得的信息很容易通过协调机制结构转化为另一个知识源的信息。当"经验专家"工作时,"原理专家"在一旁"观望",一旦"经验专家"的求解能力下降,或者诊断失败,即刻就由"原理专家"携带着从"经验专家"那里获得的所有诊断信息开始工作。如果问题已知,"经验专家"常先用于诊断,这样找出问题的解是迅速的,因为其知识的根据是表面的启发式论据,即使没有理解它的含义,也能快速求解问题。如果求解失败,由于"经验专家"提供了大量有价值的信息,使得"原理专家"能更有效地求解。总之,快速求解依靠"经验专家",而完整、良好的解释依靠"原理专家",如此交替使用是非常有效的。

**3. 混合智能诊断技术**

目前,将多种不同的智能诊断技术结合起来的混合诊断系统是智能诊断研究的一个发展趋势。结合方式主要是基于规则的专家系统与神经网络的结合,CBR 与基于规则系统和神经网络的结合,模糊逻辑、神经网络与专家系统的结合等。其中模糊逻辑、神经网络与专家系统结合的诊断模型是最具发展前景的,也是目前人工智能领域的研究热点之一。这方面的研究刚开始,例如,模糊逻辑与神经网络的组合机理、组合后的实现算法、便于神经网络处理的模糊知识的表达方式等。

混合智能诊断系统的发展有如下趋势:由基于规则的系统到基于混合模型的系统、由领域专家提供知识到机器学习、由非实时诊断到实时诊断、由单一推理控制策略到混合推理控制策略等。智能诊断系统在机器学习、诊断实时性等方面的性能改善是决定其有效性和广泛应用性的关键。

**4. 数据库技术与人工智能技术相互渗透**

数据库技术与人工智能技术是计算机科学的两大重要领域,越来越多的研究成果表明,这两种技术的相互渗透将会给智能诊断系统带来更广阔的应用前景。人工智能技术多年来曲折发展,虽然成果累累,但比起数据库系统却相形见绌。其主要原因在于缺乏像数据库系统那样较为成熟的理论基础和实用技术。人工智能技术的进一步应用和发展越来越表明,结合数据技术可以克服人工智能不可跨越的障碍,这也是智能系统成功的关键。

对于智能诊断系统来说,知识库一般比较庞大,因此可以借鉴数据库关于信息存储、共享、并发控制和故障恢复技术,改善诊断系统的性能。如数据库的基本范例(输入、检索、更新等)可作为新的知识库范例,数据库的基本目标(共享性、独立性、分布性)可作为新的知识库基本目标,数据库的三级表示与设计方法可用作新的知识库设计方法等。

**5. 基于 Internet 的远程协作智能诊断技术**

远程协作智能诊断系统的网络结构如图 5.11 所示。基于 Internet 的设备故障远程协作诊断是将设备诊断技术与计算机网络技术相结合,用若干台计算机作为服务器,在企业的关键设备上建立状态监测点,采集设备状态数据,在技术力量较强的科研院所建立分析诊断中心,为企业提供远程技术支持和保障。跨地域远程协作诊断的特点是测试数据、分析方法和诊断知识的网络共享,因此必须使传统诊断技术的核心部分即信号采集、信号分析和诊断专家系

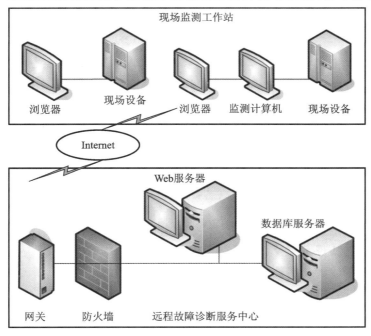

图 5.11　远程故障诊断系统的网络结构图

统,能够在网络上远程运行。实现这一步要重点研究和解决如下几方面的问题:远程信号采集与分析,实时检测数据的远程传输,基于 Web 数据库的开放式诊断专家系统设计,通用标准(包括测试数据标准、诊断分析方法标准和共享软件设计标准)制订。

### 5.3.6　基于物联网的智能诊断系统

基于物联网技术在机床关键机械部位部署温度和振动传感器,通过无线通信方式进行数据汇聚,汇聚节点对数据进行初步处理,完成对数据的平滑、去噪和滤波,汇聚节点通过以太网将处理后的数据发送到控制中心,控制中心的诊断与预警软件对数据进行时频域分析(提取特征数据),将特征数据送入神经网络进行学习,产生故障的诊断和预警信息存入数据库,操作人员和管理人员通过 Web 页面和手机 App 实现对故障信息和运行信息的实时监管。

根据系统的功能需求和运行需求,智能诊断与分析系统设计了三层结构,第一层为采集通信层,该层由振动采集装置、温度采集装置和汇聚节点构成,其中采集装置负责完成相关信号的采集和发送,汇聚节点完成数据的滤波、去噪、平滑等工作,实现对数据的前期处理。第二层为数据处理层,该层运行在故障诊断与预警服务器上,该层完成对数据的特征提取和时频域分析,将分析后的数据输入神经网络形成故障诊断结果和预警信息。第三层为 Web 服务层,为用户提供机床故障数据和诊断预警信息监管的功能。

机床智能诊断与预警系统整体运行结构如图 5.12 所示。

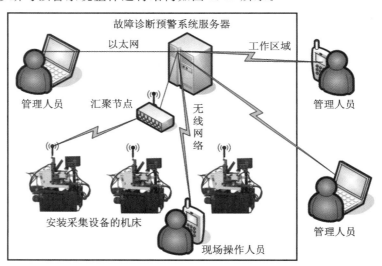

**图 5.12　智能诊断与预警系统整体运行结构图**

诊断与预警系统的三层结构分布在运行结构中,实现对运行结构的支持。下面对每一层功能进行具体设计与实现。

**1. 采集通信层的设计与实现**

采集通信层完成数据的采集、通信与前期处理工作,从硬件结构上设计了两部分,数据采集工作由装有无线通信芯片和相关传感器的采集装置构成,数据汇聚和前期处理工作由汇聚节点完成。

采集装置将部署在机床的机械设备上,所以采集装置需要具有体积小、耐用性高的特点,为了实现温度数据和振动数据的实时精确采集,在采集装置上使用了接触式贴片温度传感器和加速度传感器,这些采集装置分别部署在主轴、丝杠等位置,实现温度和振动数据的采集。这些数据采集完成后,采集节点通过无线通信芯片发送给汇聚节点,一个加工车间内多个机床的数据发送给同一个汇聚节点,由汇聚节点通过以太网完成数据的传送。这种汇聚方式充分发挥了汇聚节点的处理能力和通信能力,分散了系统的整体处理负担。

汇聚节点是完成数据前期处理和通信工作的装置,为了实现数据的高效、准确处理,浮点运算能力和操作系统通信协议的引入,提高了汇聚节点的处理能力和通信能力。在汇聚节点中设计了两道线程,第一道为数据接收线程,该线程将接收到的数据存储在消息队列中,第二道为处理和发送线程,该线程读取消息队列中数据,处理后发送给控制中心。

这种工作方式为异步工作方式,其重点是根据系统的通信量和处理能力进行消息队列长度和访问方法的设计。其中采用了消息队列和空闲队列两种队列,其中队列长度总和为 30 字节,同时设计了可变长控制方法,通过可变长参数设置可以改变队列的长度。这种方法提高了队列资源的利用率,减少了嵌入式系统内存的使用量,为运算和存储提供了更多的可用空间。

通过汇聚节点进行平滑、去噪和滤波后,将数据通过以太网发送给控制中心,由故障诊断与预警系统服务器软件进行接收和处理。

**2. 数据处理层的设计与实现**

数据处理层完成对数据特征点的提取和采用神经网络进行故障诊断信息和预警信息的输出功能。数据处理层运行于故障诊断与预警服务器上,通过对接收到的数据进行时域和频域的分析,完成对故障特征数据的提取。

在机床的机械故障中通过统计方法可以进行故障的判断,通过统计得出标准常态数据,然后通过当前数据与标准常态数据进行对比,对故障特征进行判断和预警。其关键问题是在于对运算中使用的阈值和权重进行校正,其中采用了神经网络的修正方法,首先将根据统计和经验预设定阈值和权重,然后输入标准的样本,通过神经网络运算后计算出标准误差,观察该误差精度是否满足使用需求,不满足则进行阈值和权重的修正,再次运行后计算标准误差,直到所产生的误差精度满足使用需求,这时的阈值和权重将被系统作为标准参数使用。

为了能准确地获取机械故障的特征值,其中采用了时域和频域的分析方法,在时频域特征中选取了对机械故障敏感的信号,如峰值、均方值、均方差值、峰值因子、峭度和频率方差等特征进行分析和处理,这些数据将被作为输入数据进入设定好阈值和权重的神经网络进行分析,根据分析产生输出数据,作为故障诊断和预警数据。

**3. Web 服务层的设计与实现**

Web 服务层是为用户提供数据显示和数据分析的服务程序,在本功能中设计了 B/S 访问模式,用户可以通过网页的方式实现对系统的使用,同时针对手机用户开发了手机 App 应用程序,通过 App 程序用户可以在手机上完成对机床故障诊断和预警系统的使用。

Web 服务层采用了 MVC 三层模型结构,为了实现数据的实时刷新采用了 ajax 技术,在三层模型中,model 层主要完成数据库的访问操作,其中包括对数据库的查询、修改等操作,在view 层设计了实时诊断与预警功能、数据查询功能和趋势分析功能。其中实时诊断与预警功能完成对系统分析的结果数据的实时显示,数据处理层完成对数据的分析和处理,形成了故障分析的结论数据,其中包括故障数据和故障预警数据。

# 5.4 智能预测

认识事物的发展变化规律,利用规律的必然性,是进行科学预测所应遵循的总原则。预测的各种技术和方法实质上就是寻求研究对象发展变化中所隐含的规律。智能预测是在预测的客观性和准确性要求更高的条件下产生的,它使预测工作建立在更加客观、智能化程度更高的基础上。

## 5.4.1 预测的基本概念

### 1.预测的定义

预测是根据过去和现在的已知因素,运用已有的知识、经验和方法,对特定对象未来发展的趋势或状态做出科学的分析、估计和推断,并对预测结果进行评价的过程。预测是一种行为,表现为一个过程,同时也表现为行为的某种结果。

预测是一种科学活动,是由预测前提、预测方法和预测结果的科学性决定的。预测前提的科学性包括三层含义:①预测必须以客观事实为依据,即以反映这些事实的历史与现实的资料和数据为依据进行推断;②作为预测依据的事实资料与数据,还必须通过抽象上升到规律性的认识,并以这种规律性的认识作为预测的指导;③预测必须以正确反映客观规律的某些成熟的科学理论做指导。预测方法的科学性包括两层含义:①各种预测方法是在预测实践经验基础上总结出来,并获得理论证明与实践检验的科学方法,包括预测对象所处学科领域的方法以及数学的、统计学的方法;②预测方法的应用不是随意的,它必须依据预测对象的特点合理选择和正确运用。预测结果的科学性包括两层含义:①预测结果是由已认识的客观对象发展的规律性和事实资料为依据,采用定性与定量相结合的科学方法做出的科学推断并用科学的方式加以表述;②预测结果在允许的误差范围内可以验证预测对象已经发生的事实,同时在条件不变的情况下,能够经受实践的检验。

### 2.预测的可能性

"察古知今,察往知来"是古人经验的总结,它反映了未来与现实及历史之间存在连续性。这种连续性便是人们预测未来的依据之一。对一个具有稳定性的系统来说,系统运行的轨迹必然具有连续性,系统过去和现在的行为必然影响到未来。系统结构越稳定,规模越大,运行时间越长,这种连续性表现得越明显。

"城门失火,殃及池鱼",这则古训就告诉人们,事物彼此之间相互关联、相互影响,具有相关性。对事物间相互关联、相互影响程度的分析,通常称为相关分析。通过分析相关事物的依存关系和相互影响程度,可揭示相关事物的变化规律。利用相关事物一方的变化趋势预测另一方的未来状态,或者搞清楚相关事物之间的相互影响程度,可以预测它们未来变化的趋势。这些都是预测常用的基本原理。

"举一反三,触类旁通",这句成语则阐释了不同事物的发展过程具有相似性。利用相似性进行类推预测,常常会取得出人意料的良好效果。它借助于某类事物的属性及相关知识,通过比较与分析,找出它与另一类事物的某种相似性,从而预测后者的发展趋势。类比方法实际上是从已知领域过渡到未知领域的探索,是一种重要的创造性方法。类比物之间的相似特征越多,类比越可靠。

**3. 预测的不准确性**

预测方法多种多样，但是没有一种方法能保证获得绝对准确的预测结果。造成预测不准确的原因有以下几个方面。

①预测的准确性与预测对象变化的速度及其复杂性成反向变化。只有在一个静止的系统中、一个规则不变的状态下，才能准确地预测未来。

②人的认识能力是有限的，人的理性尚不能看清楚其行为的所有结果，对很多事物不能既知其然，又知其所以然。在这种情况下，人们想要把握其变化规律几乎是不可能的。

③预测活动本身也是"干扰"未来。

以上多种原因的存在，会在一定程度上造成预测结果不准确。既然如此，如何评价预测的结果呢？

对预测结果的评价主要看其是否可信、有效。是否可信，至少要考虑如下几个方面。

①预测结果应该是历史与现实的合理延伸。

②预测结果应具有可检验性。它隐含着预测资料的来源及其真实性、预测模型的合理性、预测结果的逻辑性都可检验。

③预测结果的可信程度还与预测的时间跨度、预测对象的复杂程度、预测结果的详细程度等有关，同时还与预测机构或预测者的权威性有关。

预测的有效性是指预测结果能否为决策者提供可靠的未来信息，以使决策者做出正确决策。能被决策者采用的预测是有效的预测。现实中对预测结果的评价通常是以有效性为标准的，而有效性暗含着决策者认为预测结果是可信的，同时也暗含着决策者主观上认为预测是准确的。

**4. 预测的基本原理**

*1）系统性原理*

预测的系统性原理，是指预测必须坚持以系统的观点为指导，采用系统分析方法，实现预测的系统目标。系统是相互联系、相互依存、相互制约、相互作用的诸事物及其发展过程所形成的统一体。预测工作中体现系统本质特性的观点应包括以下三方面：一是全面地、整体地看问题。例如，在预测中必须全面准确地分析各变量之间的相互影响，从系统整体出发建立变量之间的关系与模型。二是联系地、连贯地看问题。在预测中，必须注意预测对象各层次之间的联系，预测对象与环境之间的联系，预测对象内部与外部各要素之间的彼此联系，预测对象各发展阶段之间的联系等。三是发展地、动态地看问题。预测是对预测对象未来发展趋势的判断，没有发展变化，就不需要预测。预测必须根据预测对象系统的过去和现在推断未来，从而正确地反映发展观与动态观。

系统都有结构、有层次。预测对象系统的内部结构与层次及其相互关系，是系统按照一定规律运动的内在根据；外部环境因素与系统的相互关系，则是决定系统按照一定规律运动的外在条件。在预测工作中，通过对内在根据与外在条件的分析，便能较好地认识和把握预测对象的运动规律，进而依据这种规律性的认识对预测对象系统的未来状态和趋势做出科学的推测与判断。在预测工作中采用系统分析方法要求做到：①通过对预测对象的系统分析，确定影响其变化的变量及其关系，建立符合实际的逻辑模型与数学模型；②通过对预测对象的系统分析，系统地提出预测问题，确定预测的目标体系；③通过对预测对象的系统分析，正确地选择预测方法,并通过各种预测方法的综合运用,使预测尽可能地符合实际;④通过对预测对象的系统分析,按照预测对象的特点组织预测工作,并对预测方案进行验证和跟踪研究,为决策的实施提供及时的反馈。

2)连贯性原理

事物的发展变化与其过去的行为总有或多或少的联系,过去的行为影响现在也影响未来,这种现象称之为"连贯现象"。连贯性也叫连续性、惯性等。连贯性的强弱取决于事物本身的动力和外界因素的强度。连贯性越强,越不易受外界因素的干扰,其延续性越强。

在实际的运用过程中,应注意以下两方面的问题:一是连贯性的形成需要有足够长的历史,且历史发展数据所显示的变动趋势具有规律性;二是对预测对象演变规律起作用的客观条件必须保持在适度的变动范围之内,否则该规律的作用将随条件变化中断,连贯性失效。

3)类推原理

许多特性相近的客观事物,它们的变化也有相似之处。通过寻找并分析类似事物相似的规律,根据已知的某事物的发展变化特征,推断具有近似特性的预测对象的未来状态,就是所谓的类推原理。

利用类推原理进行预测,首要条件是两个事物之间的发展变化具有类似性,否则就不能进行类推。类似并不等于相似,再加上时间、地点、范围以及其他许多条件的不同,常常会使两个事物的发展变化产生较大的差距。

在有可能利用事物之间的相似性进行类推预测时,两个事物的发展过程之间必定有一个时间差距。时间会使许多条件发生变化,也给了人们总结经验和教训的机会,使人们有可能根据变化了的条件去探索后发展事物在哪些方面还保持着与先发展事物相似的特征,在哪些方面已不再相似,等等,从而做出较为准确的预测。当由局部类推整体时,应注意局部的特征能否反映整体的特征,是否具有代表性。类推是从已知领域过渡到未知领域的探索,是一种重要的创造性方法。

4)相关性原理

任何事物的发展变化都不是孤立的,而是在与其他事物的发展变化相互联系、相互影响的过程中确定其轨迹的。这种事物发展变化过程中的相互联系就是相关性。从时间关系来看,相关事物的联系分为同步相关和异步相关两类。

相关性最主要的表现形式是因果关系。因果关系具有时间上的相随性:作为原因的某一现象发生,作为结果的另一现象必然发生;原因在前,结果在后。因果关系往往呈现出多种多样的情况,有单因单果、单因多果、多因单果、多因多果,还有互为因果以及因果链等。在预测中运用因果性原理,必须科学分析,确定相关事物之间因果联系的具体形式,找出其关键因素,适当进行简化,据此建立合适的预测模型。

5)概率推断原理

由于受到社会、经济、科技等因素的影响,预测对象的未来状态带有随机性。在预测中,常采用概率统计方法求出随机事件出现各种状态的概率,然后根据概率推断原理去推测对象的未来状态。所谓概率推断原理,就是当被推断的预测结果能以较大概率出现时,则认为该结果成立。

掌握预测的基本原理,可以建立正确的思维程序。这对于预测人员开拓思路,合理选择和灵活运用预测方法都是十分必要的。然而,预测对象的发展不可能是过去状态的简单延续,预测事件也不可能是已知类似事件的机械再现。相似不等于相同。因此,在预测过程中,还应对客观情况进行具体、细致的分析,以求提高预测结果的准确程度。

**5. 预测的常用方法**

预测常用方法通常分为定性分析预测法与定量分析预测法两大类。

(1)定性分析预测法也称为经验判断预测法,它是指预测者根据历史与现实的观察资料,依赖个人或集体的经验与智慧,对未来的发展状态和变化趋势做出判断的预测方法。常用的有专家意见法、个人判断法、专家会议法、头脑风暴法、德尔菲法、相关类推法、对比类推法、比例类推法等。

(2)定量分析预测法是依据调查研究所得的数据资料,运用统计方法和数学模型,近似地揭示预测对象及其影响因素的数量变动关系,建立对应的预测模型,据此对预测目标做出定量测算的预测方法。常用的有时间序列分析预测法和因果分析预测法。

## 5.4.2 智能预测的基本原理

人工智能是人类智能的模拟,由计算机来表示和执行。将专家系统、人工神经网络、模糊逻辑和进化算法等人工智能理论和技术引入预测模型来完成预测,这就是智能预测的基本原理。智能预测的核心是基于知识的推理,做出预测决断。

智能预测由预测者、预测对象/目标、预测依据、智能预测方法、预测模型和预测结果六个基本要素组成,如图 5.13 所示。预测者针对预测对象/目标,根据预测依据,利用智能预测方法建立预测模型并进行预测,进而得到预测结果,通过分析判断预测结果是否满意来完善预测依据,并达成预测目标。其中预测依据是指关于预测对象/目标已有的知识、经验。

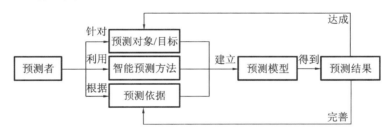

**图 5.13 智能预测的原理结构图**

智能预测作为一个过程,一般包括以下几个步骤。

1)确定预测目标

预测是为决策服务的,所以要根据决策的需要来确定预测对象、预测结果达到的精确度,确定是定性预测还是定量预测以及完成预测的期限等。

2)收集、整理有关资料

根据预测目标的具体要求去收集资料,所收集的资料通常包括以下三类。

(1)预测对象本身发展的历史资料。

(2)对预测对象发展变化有影响作用的各相关因素的历史资料。

(3)形成上述资料的历史背景、影响因素在预测期间内可能表现的状况。

对收集到的资料还要进行分析、加工和整理,判别资料的真实程度和可用性,去掉那些不够真实的、无用的资料。

3)选择智能预测方法

预测基础方法与人工智能理论和技术的种类很多,不同的方法有不同的适用范围、不同的前提条件和不同的要求。对特定的预测对象,可能有多种方法可用;而有的预测对象因为受到人、财、物、时间等因素的限制,只能用一种或少数几种方法。实际中应根据计划、决策的需要,结合预测工作的条件、环境,以经济、方便、精度足够为原则去选择智能预测方法。

4)建立预测模型

预测模型是对预测对象发展变化的客观规律的近似模拟。预测结果是否有效,取决于模型对预测对象未来发展规律近似的真实程度。对数学模型,要求出其模型形式和参数值。

5)评价预测模型

由于预测模型是用历史资料建立的,它们能否比较真实地反映预测对象未来发展的规律是需要讨论的。评价预测模型就是评价模型能否真实地反映预测对象的未来发展规律。如果评价结果是该模型不能真实地反映预测对象的未来发展状况,则重建模型;如能真实地反映,则可进入下一步。

6)利用模型进行预测

根据收集到的有关资料,利用经过评价的模型,计算或推测出预测对象的未来结果。

7)分析预测结果

利用模型得到的预测结果有时并不一定与事物发展的实际结果相符。这是由于所建立的模型是对实际情况的近似模拟,有的模型模拟效果可能好些,有的可能差些;同时,在计算和推测过程中也难免会产生误差,再加上预测是在前述的假设条件下进行的,所以预测结果与实际结果难免会发生偏差。因此,每次得到预测结果之后,都应对其加以分析和评价。通常是根据常识和经验,检查、判断预测结果是否合理,与实际结果之间是否存在较大偏差,以及未来条件的变化会对实际结果产生多大的影响,等等,以确定预测结果是否可信,并想出一些办法对预测结果加以修正,使之更接近于实际。此外,在条件允许的情况下,可以采用多种方法进行预测,再经过比较或综合,确定一个可信的预测结果。

上面介绍的步骤是智能预测的一般步骤,有些时候可能需对某些步骤进行细化,有些时候也可能将其中几个步骤归并。

## 5.4.3  制造质量智能预测的应用举例

实际生产中产品制造质量与设计质量,两者之间总是存在一定的差异。即使同一工人利用相同设备与工艺加工同一材质产品,最终经过同一检测设备检验,同一批次产品的质量仍然存在波动现象。复杂制造过程可被视为一个高阶质量动态系统,明确的、不确定的多种因素混杂在一起,并在工序间不断地传递、累积或放大,进一步增加了质量波动的不确定性。

制造质量预测控制基本原理是以制造过程质量变量为输入、质量特性指标为输出,建立制造质量预测模型,通过对当前输入、历史输入输出对未来输出进行预测,根据预测值与目标值之间的偏差进行反馈调整,将质量损失降到最低,甚至避免损失产生。

现代制造过程具有多工序、强耦合的非线性特性,质量预测模型在某时刻的输出不仅与当前时刻的输入有关,而且与当前时刻之前的输入和输出有关,同时也受到该时刻不可测干扰或噪声的影响。质量预测建模的输入量通常是通过检测手段获取,若忽略不可测干扰或噪声的影响,选取递推多步的预测方式更具可行性。通过选择合适网络结构、网络层次、隐层单元数等,理论上神经网络具备能够以任意精度逼近连续非线性函数的特性,使模型预测输出尽可能逼近实际输出,实现预测控制核心目标。

Elman 神经网络是一种反馈网络,它充分考虑网络输入有系统输出、控制输入的延迟,在前馈网络基础上,新增关联层存储内部状态,实现自反馈的递归记忆。与 BP 网络和 RBF 网络相比,Elman 网络既有前馈连接又有自反馈连接,克服了前馈网络不具备动态特性的缺点。应用 Elman 神经网络,可以容易实现上面提到的神经网络模型的递推多步预测思想。但 Elman 神经网络用于高阶系统建模又有一定限制,因此在 Elman 网络结构自反馈因子 $\alpha$ 基础上,同步引入反馈因子 $\beta$、$\gamma$,将输出层同时反馈到隐含层和输入层,形成类似"全闭环"的反馈结构,建立一个 OHIF(output-hidden-input feedback)Elman 神经网络结构,增强 Elman 神经网络对复杂非线性过程的逼近能力,提高预测精度。针对 OHIF Elman 神经网络结构关联层影响网络收敛性的问题,进一步引入列文伯格-马夸尔特(Levenberg-Marquardt,LM)法与共轭梯度分解法(conjugate gradient decomposition,CGD)加快收敛速度;针对 OHIF Elman 网络隐含层中应用 Sigmoid 函数,权值矩阵阶数增加、难以建立出网络规模与可逼近分辨尺度的定量关系的问题,建立一种紧致型小波 OHIF Elman 网络(见图 5.14),该方法充分利用小波神经网络权系数的线性分布及学习目标函数的凸性,可避免局部最优非线性优化问题,增强 Elman 网络的泛化能力。

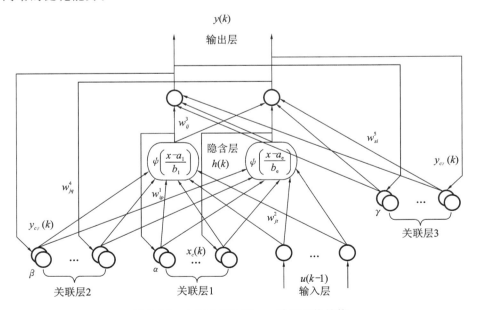

**图 5.14　小波 OHIF Elman 神经网络结构**

针对某发动机重要零部件活塞环氮化关键工序,根据主元特征提取结果,发现氮化温度、氮化时间、催化剂为输入主元质量特征,并以氮化层硬度为输出质量指标,采用小波 OHIF Elman 神经网络建立渗氮硬化质量智能预测模型。选取某活塞环氮化生产线的 111 组现场数据,将前 100 组数据作为训练样本,后 11 组数据作为测试样本,其预测准确度为 94.2%;该智能质量预测方法在活塞环制造企业实施后优等品率由原来的 75% 提高到实施后的 87% 以上。

# 5.5 智能控制

控制理论发展至今已有 100 多年的历史,经历了"经典控制理论"和"现代控制理论"的发展阶段。经典控制理论研究的对象是单变量常系数线性系统,且只适用于单输入单输出控制系统。现代控制理论研究的对象是多变量常系数线性系统。经典控制理论的数学模型一般采用传递函数表示,是基于被控对象精确模型的控制方式,适于解决线性、时不变性等相对简单的控制问题。现代控制理论的数学模型主要是状态空间描述法。对于不确定系统、高度非线性系统、复杂任务控制要求的复杂系统,采用数学工具或计算机仿真技术的传统控制理论难以解决此类系统的控制问题。然而,人们在生产实践中看到,许多复杂生产过程难以实现的目标控制,可以通过熟练的操作工、技术人员或专家的操作获得满意的效果。那么,如何有效地将熟练的操作工、技术人员或专家的经验知识和控制理论结合起来去解决复杂系统的控制问题就是智能控制原理研究的目标所在。

## 5.5.1 智能控制的定义

粗略地说,智能控制是一种将智能理论应用于控制领域的模型描述、系统分析、控制设计与实现的控制方法。它首先是一种控制方法,是一种具有智能行为与特征的控制方法。迄今为止,对智能控制还没有一个统一的定义,下面通过对典型智能系统的剖析,来定义智能控制与智能控制系统。

**例 1 智能机器人**

智能机器人是指具有类似人的感知和认知能力,并能在复杂环境中达到复杂目标的机器人。也就是说,该类机器人对所处的复杂环境具有如视觉、听觉、触觉等多种感知、识别与认知能力,能够在正确解释与理解用户(主人)下达的任务目标的基础上,自主地制定及适应性调整动作序列规划并执行之。如已投入应用的具有视觉与图像处理功能的装配机器人、保洁机器人均属于智能机器人。

**例 2 无人驾驶汽车**

无人驾驶汽车是指具有能感知和识别环境与路况,根据交通地图及指定的目的地,自主地作出并能及时调整其安全与快速的驾驶策略的智能汽车驾驶系统的汽车。美国每年举办世界各国均可参赛的无人驾驶汽车比赛,国防科技大学也研制了我国首辆无人驾驶汽车。

**例 3 智能制造系统**

智能制造系统是由具有一定自主性和合作性的智能制造单元组成的人-机一体化智能系统。它在制造过程中能以一种高度柔性与集成的方式,借助计算机模拟人类专家的智力活动,完成从市场订单、产品设计、工艺设计、计划与调度、加工制造、检验、仓储,一直到销售及售后服务的制造活动全过程,并在此过程中具有自学习、自适应与自我维护能力。该类系统有现代制造系统、计算机集成制造系统等。

#### 例 4　模糊控制洗衣机

普通微电脑洗衣机采用的是量化的固定程序,一经设定,便不能更改。模糊控制洗衣机则是在模糊控制策略下,模仿人的思维自主地"分析"与"判断",其操作程序可以随环境变化进行自主的适应性调整的智能化全自动洗衣机。在保证洗净度的前提下,以最大限度地减少衣物的磨损和水的消耗为目标,模糊洗衣机根据从负载量、水位、水温、布质、水质等物理与化学量的传感器中得到的数据,自动地制定、实时调整并执行最佳洗涤程序。

从这四个典型的智能控制系统,可归纳出智能控制系统的特征如下。

**1. 控制对象与环境的复杂性**

智能控制系统的被控对象呈现复杂的、多样的动力学特性,一般不再局限于单机单变量的优化控制问题,而是具有大型化、分散化、网络化以及层次化等特征的整个系统与生产加工过程的优化控制问题。同时,复杂性还体现在被控对象所处的环境复杂。其环境处于未知、变化或难以用传统工具描述与感知中,所获取的模型与信息具有不完整、不确定的特征,因此要求控制系统有较好的学习与适应能力,有较强的鲁棒性,能充分利用人的经验与系统拟人的智能,能在复杂环境中自主地做出合理有效的行为。

**2. 目标任务的综合性**

智能控制系统接受的目标任务呈现综合化特征,并且具有较高的层次性。如无人驾驶系统的目标任务是到达指定的目的地,目标综合且具有较高层次性,并大多为定性的描述,不再分别对单个设备、系统、过程去指定具体的、量化的目标。因此,要求控制系统具有较好的理解能力和逻辑分析能力,能根据综合与高层目标推演、分解出单个被控设备、系统、过程的子目标。并具有较好的综合与反馈协调机制,使得各被控设备、系统、过程能有机地成为一个整体,以达到控制目标,从而寻求整个控制系统在巨大的不确定环境中获得整体的优化。

**3. 自主性**

所谓自主性是指在无外来指挥与干预的情况下,系统能在不确定环境中作出适当反应的性能。智能控制系统的自主性体现在智能控制系统的感知、思维、决策和行为具有自主性。人的作用主要体现在智能控制系统的研发和设计中。一旦智能控制系统投入使用,人则成为智能控制系统咨询与讨论的伙伴。

**4. 智能性**

智能控制系统的智能性表现为在智能理论的指导下系统具有拟人的思维和行为控制方式,能充分利用人的经验,在不完整和不确定的环境下充分理解目标与环境,具有较强的学习与适应能力。

因此,智能控制可定义如下:智能控制是能够在复杂变化的环境下根据不完整和不确定的信息,模拟人的思维方式使复杂系统自主达到高层综合目标的控制方法。

## 5.5.2　智能控制系统的结构与功能

智能控制系统典型的原理结构如图 5.15 所示,可由六部分组成,包括执行器、传感器、感知信息处理单元、规划与控制单元、认知单元和通信接口。执行器是系统的输出,对外界对象发生作用。一个智能系统可以有许多甚至成千上万个执行器,为了完成给定的目标和任务,必须对它们进行协调。执行器有电动机、定位器、阀门、电磁线圈、变送器等。传感器产生智能系统的输入,它可以是关节位置传感器、力传感器、视觉传感器、距离传感器、触觉传感器等。传感器用来监测外部环境和系统本身的状态。传感器向感知信息处理单元提供输入。感知信息处理单元将传感器输入的原始信息加以处理,并与内部环境模型产生的期望值进行比较。感知信息处理单元在时间和空间上综合观测值与期望值之间的异同,以检测发生的事件,识别环境的特征、对象和关系。认知单元主要用来接收和储存信息、知识、经验和数据,对它们进行分析、推理,并作出行动的决策,送至规划和控制部分。通信接口除建立人机之间的联系外,还建立系统各模块之间的联系。规划与控制是整个系统的核心,它根据给定的任务要求、反馈的信息以及经验知识,进行自动搜索、推理决策、动作规划,最终产生具体的控制作用。广义对象包括通常意义下的控制对象和外部环境。

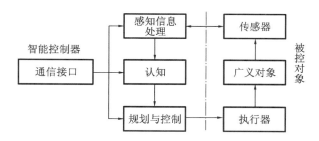

**图 5.15　智能控制系统典型的原理结构图**

从功能和行为上分析,智能控制系统应该具备以下一个或多个功能。

(1)自适应(self-adaptation)功能:与传统的自适应控制相比,这里所说的自适应功能具有更广泛的含义,它包括更高层次的适应性。所谓的智能行为实质上是一种从输入到输出的映射关系,它可以看成是不依赖于模型的自适应估计,因此具有很好的适应性能。即使是在系统的某一部分出现故障时,系统也能正常工作。

(2)自学习(self-recognition)功能:一个系统,如能对一个过程或其环境的未知特征所固有的信息进行学习,并将得到的经验用于进一步估计、分类、决策或控制,从而使系统的性能得以改善,那么便称该系统具有自学习功能。

(3)自组织(self-organization)功能:对于复杂的任务和多传感信息具有自行组织和协调的功能。该组织行为还表现为系统具有相应的主动性和灵活性,即智能控制器可以在任务要求的范围内自行决策,自主采取行动;而当出现多目标冲突时,各控制器可在一定限制条件下自行解决这些冲突。

(4)自诊断(self-diagnosis)功能:对于智能控制系统表现为系统自身的故障检测能力。

(5)自修复(self-repairing)功能:是指当智能控制系统检测到自身部件的故障行为时,系统将自动启动相关程序替换故障模块,甚至可以通过自身对程序和模块的修复,实现控制系统在无人干预下恢复正常的能力。

## 5.5.3　智能控制系统的形式

智能控制研究的主要问题为智能控制系统基本结构和机理,建模方法与知识表示,智能控制系统分析与设计,智能算法与控制算法,自组织、自学习系统的结构和方法。

根据所承担的任务、被控对象与控制系统结构的复杂性以及智能的作用,智能控制系统可以分为直接智能控制系统、监督学习智能控制系统、递阶智能控制系统和多智能体控制系统等四种主要形式。由这四种基本系统构建了面向工业生产、交通运输、日常家居生活等领域丰富多彩的实际智能控制系统。

**1. 直接智能控制系统**

对于某些设备控制中的单机系统、流程工业中的单回路等实际被控对象,虽然该系统规模小,但该系统的机理复杂,导致系统的动力学模型呈现非线性、不确定性等复杂性;甚至采用传统数学模型难以描述与分析,以致传统的控制系统设计方法难以施展。针对这类底层被控对象的直接控制问题,出现了以模糊控制器、专家控制器为代表的直接智能控制系统。在直接智能控制系统中,智能控制器通过对系统的输出或状态变量的监测反馈,基于智能理论和智能控制方法求解相应的控制律/控制量,向系统提供控制信号,并直接对被控对象产生作用,如图5.16所示。

**图 5.16 直接智能控制系统结构图**

在图5.16所示的直接智能控制系统中,智能控制器采用不同的智能监测方法,就形成各式智能控制器及智能控制系统,如模糊控制器、专家控制器、神经网络控制器、仿人智能控制器等。这些不同的直接智能控制方法,主要从不同的侧面、不同的角度模拟人的智能的各种属性,如人认识及语言表达上的模糊性、专家的经验推理与逻辑推理、大脑神经网络的感知与决策等。针对实际控制问题,这些智能控制方法可以独立承担任务。也可以由几种方法和机制结合在一起集成混合控制,如在模糊控制、专家控制中融入学习控制、神经网络控制的系统结构与策略来完成任务。

1)模糊控制器

1965年,扎德首次提出用"隶属函数"的概念定量描述事物模糊性的模糊集合理论,并提出了模糊集的概念。这个概念试图用连续变量测量对象在某类集合中的占有程度,而不像传统集合那样,只有"属于"和"不属于"两种状态。模糊集的思想反映了现实世界所存在的客观不确定性与人们在认识和语言描述中出现的不确定性。模糊集合的模糊性是针对在所划分的类别与类别之间无明显的隶属到不隶属的转折而提出的。事实上,客观世界的许多事物,说它们属于某一类或不同于某一类都不存在明显的分界线。

对于用传统控制理论无法建模、分析和控制的复杂对象,有经验的操作者或专家却能利用对被控对象和控制过程的模糊认识和丰富经验,取得比较好的控制效果。因此人们希望把这种经验指导下的行为过程总结成一些规则,并根据这些规则设计控制器,从而模仿人的控制经验而不用依赖控制对象模型。

所谓模糊控制,就是在用模糊逻辑的观点充分认识被控对象的动力学特征所建立的模糊模型和专家经验的基础上,归纳出一组模拟专家控制经验的模糊规则,并运用模糊控制器近似推理,实现用机器去模拟人控制系统的一种方法。模糊控制是基于模糊集理论的新颖控制方法,它有三个基本组成部分:模糊化、模糊决策、精确化计算。模糊控制的工作过程简单地可描述为:首先将信息模糊化,然后经模糊推理规则得到模糊控制输出,再将模糊指令进行精确化计算最终输出控制值。由于模糊控制不需要精确的数学模型,因此它是解决不确定性系统控制的一种有效途径。

1973 年,马丹尼提出如图 5.17 所示的基本模糊控制器,并成功地应用于蒸汽锅炉的控制系统。模糊控制系统的实际运行过程:首先,基于模糊逻辑与模糊隶属度函数对系统的设定值和反馈量二者的差及其相关的量进行模糊化,得到其模糊量;然后,模糊推理机将模糊量与模糊规则表中的模糊规则不断进行搜索、匹配与推理,寻求适用的模糊规则集;最后,基于适用模糊规则集综合计算处理并反模糊化求得控制量。

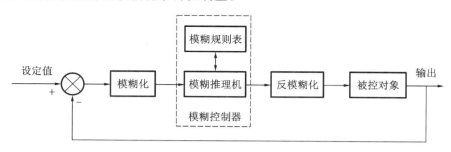

**图 5.17 模糊控制系统结构图**

从诞生至今的 40 余年间,模糊控制得到迅速发展,并成功走向实际工程应用。模糊控制的诞生是对传统线性控制方法的极大补充,并与 PID 调节、BangBang 控制和自适应调节一起构成实际工程系统经典的控制方法。当然,模糊控制方法本身还存在不足,模糊控制对信息进行简单的模糊处理会导致被控系统控制精度的降低和动态品质变差,为了提高系统的精度就必然要增加量化等级,从而导致规则的迅速增多,因此影响规则库的最佳生成,且增加系统复杂性和推理时间。

2)专家控制器

专家控制器是指以面向控制问题的专家系统作为控制器构建的智能控制系统,它有机地结合了人类专家的控制经验、控制知识和 AI 求解技术,能有效地模拟专家的控制知识与经验,求解复杂困难的控制问题,其基本结构如图 5.18 所示。

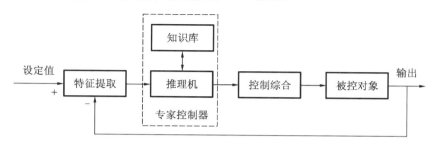

**图 5.18 专家控制系统结构图**

专家控制系统的基本原理:基于对系统的动力学特性、控制行为和专家的控制经验的理解,剖析出与被控系统、环境与检测信号相关的特征及其特征提取的计算方法,建立这些特征与控制策略的关系的知识,构建控制策略求解的相关控制知识库。

专家控制系统的实际运行过程:首先,基于特征提取方法对系统的设定值和反馈量进行计算,提取特征;然后,专家控制器基于提取的特征量与控制知识库中的知识进行搜索、匹配与推理,寻求适用的控制规则集;最后,控制综合环节总结出适宜的控制量。

由不同的定义特征,产生不同的专家控制器,如奥斯特隆姆的专家控制器、周其鉴等人的仿人智能控制器等。仿人智能控制器根据对控制系统动态过程的深刻理解,定义了诸如调节误差与其变化量、超调量、调节误差过零点次数等特征,以及对特征进行量化处理与计算的特征提取方法,总结出系统当前特征与系统的理想动态过程关系的控制策略。系统实际运行时,仿人智能控制器就可以根据系统设定值和反馈量提取特征,基于搜索、匹配和推理就可以得到理想的控制策略。实践表明仿人智能控制器具有非线性控制的特征,能大大改善控制系统的超调量和调节时间。

3)神经网络控制器

在现代自动控制领域,存在许多难以建模和分析、设计的非线性系统,对控制精度的要求也越来越高,因此需要新的控制系统具有自适应能力、良好的鲁棒性和实时性、计算简单、柔性结构和自组织并行离散分布处理等智能信息处理的能力,这使得基于 ANN 模型和学习算法的新型控制系统结构——神经网络控制系统产生。所谓神经网络控制系统,即利用 ANN 进行有效的信息融合达到运动学、动力模型和环境模型间的有机结合,并运用 ANN 模型及学习算法对被控对象进行建模与系统辨识、构造控制器及控制系统。

图 5.19 所示的是神经网络控制系统的基本结构图。神经网络控制器以 ANN 作为构建被控对象模型和控制器的工具,利用所设计 ANN 的学习结构和学习算法,使 ANN 获得对被控对象的"好"的控制策略的知识,从而作为控制器对被控对象实施控制。

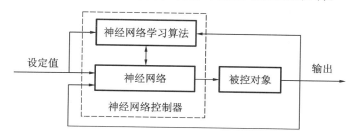

**图 5.19　神经网络控制系统结构图**

**2. 监督学习智能控制系统**

在复杂的被控系统和环境中,存在着多工况、多工作点、动力学特性变化、环境变化、故障多等复杂因素,当这些变化超过控制器本身的鲁棒性规定的稳定性和品质指标的裕量时,控制系统将不能稳定工作,品质指标也将恶化。对于此类复杂控制问题,需要在直接控制器之上设置对多工况和多工作点进行监控、对系统特性变化进行学习与自适应、对故障进行诊断、对系统进行系统重构、承担监控与自适应的环节,以调整直接控制器的设定任务或控制器的结构与参数。这类对直接控制器具有监督和自适应功能的系统,称为监督学习控制系统。传统控制理论中,自适应控制与故障系统的控制器重构即属于这类的监督学习控制方法。监督学习控制系统中,直接控制器或监督学习环节是基于智能理论和方法设计与实现的控制系统,即为监督学习智能控制系统,也称为间接智能控制系统。

根据智能理论的作用层级,监督学习智能控制系统可分为如图 5.20 和图 5.21 所示的两种类型。

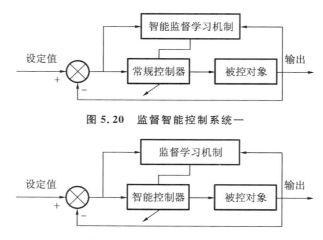

图 5.20  监督智能控制系统一

图 5.21  监督智能控制系统二

系统一的控制器为常规控制器,其监督学习级为基于智能理论与方法,承担监控、自适应与自学习,或故障诊断与控制系统重构任务的智能控制器,如模糊 PID 控制等。系统二的间接控制器为智能控制器,其监督学习级可以为基于常规优化与控制方法的监控与自学习、自适应系统,也可以为智能系统,如自适应模糊控制、模糊神经网络控制。

图 5.22 所示的是具有在线学习功能的专家控制系统的基本结构。系统中的知识自动获取环节,根据收集到的大量有关当前状态、使用过的控制规则等信息,结合系统的控制目标,运用数据挖掘或其他知识获取工具,挖掘出有意义、有效的新控制规则,以对知识库进行增删、维护与更新,实现具有在线学习功能的智能控制。

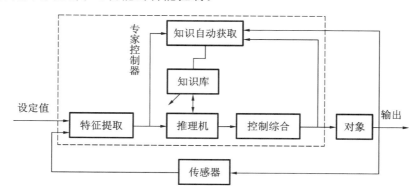

图 5.22  具有在线学习能力的专家控制系统结构

**3. 递阶智能控制系统**

对于规模巨大且复杂的被控系统和环境,单一直接控制系统和监督学习控制系统难以承担整个系统中多部件、多设备、多生产流程的组织管理、计划调度、分解与协调、生产过程监控、工艺与设备控制,所以各部分不能有机地结合达到整体优化与控制,不能共同完成系统的管、监、控一体的综合自动化。

递阶智能控制是在自适应控制和自组织控制等监督学习控制系统的基础上,由萨里迪斯提出的智能控制理论。递阶智能控制系统主要由三个智能控制级组成,按智能控制的高低分为组织级、协调级、执行级,并且这三级遵循"伴随智能递降、精确性递增"原则。递阶智能控制系统的三级控制结构,非常适合于以智能机器人系统、工业生产系统、智能交通系统为代表的大型、复杂被控对象系统的综合自动化与控制,能实现工业生产系统的组织管理、计划调度、分解与协调、生产过程监控以及工艺与设备控制的管、监、控一体的综合自动化。

1)递阶智能控制系统的一般结构

递阶智能控制系统是由三个基本层级递阶构成的,其层级交互结构如图 5.23 所示。图5.23 中:$f_E$ 为自执行级至协调级的在线反馈;$f_C$ 为自协调级至组织级的离线反馈信号;$C$ 为定性的用户输入指令集(任务命令),在许多情况下它为自然语言;$U$ 为经解释器解释用户指令后的任务指令集。

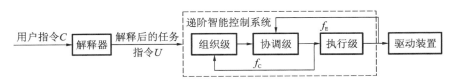

**图 5.23　递阶智能控制系统的递阶结构**

这一递阶智能控制系统可视为一个整体,它把定性的用户指令变换为一个驱动底层设备的物理操作序列。系统的输出是通过一组控制被控对象的驱动装置的指令来实现的。一旦收到用户指令,系统就基于用户指令、被控系统的结构和机理、对系统及其环境的感知信息开始运行。感知系统与环境的传感器提供工作空间环境和每个子系统状况的监控信息,对于机器人系统,子系统状况主要有位置、速度和加速度等。智能控制系统融合这些信息,并作出最佳决策。

图 5.23 所示的三级递阶结构具有自左向右和自右向左的知识(信息)处理能力。自右向左的知识流取决于选取信息的集合,这些信息包括从简单的底层执行级反馈到最高层组织级的积累知识。反馈信息是智能控制系统中学习所必需的,也是选择替代动作所需要的。

(1)组织级:组织级代表系统的主导思想,功能在于翻译定性的命令和其他输入。它将操作员的自然语言翻译成机器语言,进行组织决策和规划任务,并直接干预底层的操作,即通过人-机接口和用户进行交互,理解并解析用户的命令,作出达到目标的动作规划、执行最高决策的控制功能,监测并指导协调级和执行级的所有行为,其智能程度最高。由于组织级需要很好地理解并解释用户的任务,其动作规划的解空间大,因此主要由 AI 起控制作用。组织级的主体为规划与决策的专家系统,处理高层信息用于机器推理、规划、决策、学习,如图 5.24 所示。

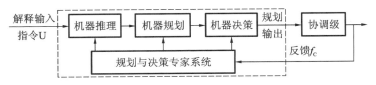

**图 5.24　组织级的结构框图**

(2)协调级:协调级是上(组织级)下(执行级)级间的接口,功能在于根据执行级送来的测量数据和组织级送来的指令产生合适的协调作用。协调级用来协调执行级的动作,它不需要精确的模型,但需要具备学习功能以便在再现的控制环境中改善性能,并能接收上一级的模糊指令和符号语言。主要进行任务分解与协调,它由 AI 和运筹学共同起作用。协调级由协调与调度优化的专家系统和多个协调器组成,其结构如图 5.25 所示。每个协调器根据各子系统的各种因素的特定关系执行协调,如多机械手、足的运动协调,力的协调,视觉协调等。协调与调度优化的专家系统处理整个系统的调度与协调的优化。

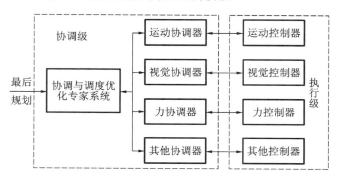

图 5.25　协调级和执行级的结构框图

(3)执行级:执行级是智能控制系统的最低层级,功能在于获得不确定的参数值或监督系统参数的变化,直接控制与驱动硬件设备完成指定的动作。执行级一般需要比较准确的模型,以实现具有一定精度要求的控制任务。由于底层设备的动力学复杂程度低、刚度好,由传统控制方法辅之直接智能控制方法可以实现对相关过程和装置的直接控制,因此执行级的控制具有很高的精度,但其智能程度较低。

2)系统精确性与智能程度的关系

萨里迪斯指出,智能系统的精确性随智能降低而提高,他深刻揭示了系统精确性与智能程度的关系,即所谓的 IPDI 原理,并可由概率公式表示为

$$P(\text{MI},\text{DB}) = P(R) \tag{5.1}$$

式中,$P$ 为概率;MI 为进行问题求解的机器智能;DB 为与执行任务有关的数据库,代表任务的复杂性;$R$ 为通过图 5.30 所示的递阶智能控制系统的知识流量。在这里,知识流量为已知数据库和进行问题求解的机器智能 MI 方法求解(推理)产生的新的结果(知识)。假定机器智能 MI 独立于数据库 DB,式(5.1)可以表示为如下信息熵:

$$H(\text{MI}) + H(\text{DB}) = H(R) \tag{5.2}$$

式中:$H$ 为信息熵函数;$R$ 为知识流量。

对于如图 5.23 所示的递阶智能控制系统,在系统的每一个层级,求解问题所需的知识总量(知识流量)是不变的,即不管在哪个层级,求解并完成该控制系统的目标任务的知识流量 R 是不变的,只不过是求解策略(动作规划)在每个层级体现的形式不一样,有的体现为高层任务目标,有的体现为一系列的动作规划,有的体现为各驱动装置的驱动命令,但其内涵是一致的。因此,式(5.4)表明对于某些层级,如果其数据库 DB 的信息丰富,则精确性高,即 DB 的信息熵大,则所需的问题求解的机器智能 MI 的智能程度要低,即 MI 的信息熵小;反之,如果其数据库 DB 的信息贫乏,则精确性低,即 DB 的信息熵小,则所需的问题求解的机器智能 MI 的智

能程度要高,即 MI 的信息熵大。这就是萨里迪斯的 IPDI 原理,即智能控制系统的精确性随智能程度降低而提高的原理。该原理适用于递阶系统的单个层级和多个层级。在多层情况下,知识流量 R 在信息理论意义上代表系统的工作能力。

**4. 多智能体控制系统**

目前的社会系统与工业系统正向大型、复杂、动态和开放的方向转变,传统的单个设备、单个系统及单个个体在许多关键问题上遇到了严重的挑战。多智能体系统理论为解决这些挑战提供了一条最佳途径,如在工业领域广泛出现的多机器人、多计算机应用系统等都是多智能体控制系统。

所谓智能体,即可以独立通过其传感器感知环境,并通过其自身努力改变环境的智能系统,如生物个体、智能机器人、智能控制器等都为典型的智能体。多智能体系统即为具有相互合作、协调与协商等作用的多个不同智能体组成的系统。如多机器人系统,是由多个不同目的、不同任务的智能机器人所组成的,它们共同合作,完成复杂任务。在工业控制领域,目前广泛采用的集散控制系统由分散的、具有一定自主性的单个控制系统,通过一定的共享、通信、协调机制共同实现系统的整体控制与优化,亦为典型的多智能体系统。

与传统的采用多层和集中结构的智能控制系统结构相比,采用多智能体技术建立的分布式控制结构的系统有着明显的优点,如模块化好、知识库分散、容错性强和冗余度高、集成能力强、可扩展性强等。因而,采用多智能体系统的体系结构及技术正在成为多机器人系统、多机系统发展的必然趋势。

## 5.5.4　智能控制方法的特点

传统的控制理论主要涉及对与伺服机构有关的系统或装置进行操作与数学运算,而 AI 所关心的主要与符号运算及逻辑推理有关。源自控制理论与 AI 结合的智能控制方法也具有自己的特点,并可归纳如下。

**1. 混杂系统与混合知识表示**

智能控制研究的对象结构复杂,具有不同运动与变化过程的各过程有机地集成于一个系统内的特点。例如,在机械制造加工中,机械加工过程的调度系统以一个加工、装配、运输过程的开始与完成来描述系统的进程(事件驱动),而加工设备的传动系统则以一个连续变量随时间运动变化来描述系统的进程(时间驱动)。再如,在无人驾驶系统和智能机器人的基于图像处理与理解的机器视觉系统中,感知的是几近连续分布与连续变化的像素信息,通过模式识别与图像理解变换成的模式与符号,去分析被控对象及对控制行为进行决策,其控制过程又驱动一个连续变化的传动系统。现代大型加工制造系统、过程生产系统、交通运输系统等都呈现这样的混杂过程,其模型描述与控制知识表示也因此成为基于传统数学方法与 AI 中非数学的广义模型。

**2. 复杂性**

智能控制的复杂性体现为被控系统的复杂性、环境的复杂性、目标任务的复杂性、知识表示与获取的复杂性。被控系统的复杂性体现在其系统规模大且结构复杂,其动力学还出现诸如非线性、不确定性、事件驱动与符号逻辑空间等复杂动力学问题。

### 3. 结构性和递阶层次性

智能控制系统具有良好的结构性,其各个系统一般是具有一定独立自主行为的子系统,其系统结构呈现模块化。在多智能体系统中,各智能体本身就是一个具有自主性的智能系统,各智能体按照一定的通信、共享、合作与协调的机制和协议,共同执行与完成复杂任务。

智能控制系统还将复杂的、大型的优化控制问题按一定层次分解为多层递阶结构,各层分别独立承担组织、计划、任务分解、直接控制与驱动等任务,有独立的决策机构与协调机构。上下层之间不仅有自上而下的组织(下达指令)、协调功能,还有自上而下的信息反馈功能。一般,层次越高,问题的解空间越大,所获取的信息不确定性也越大,越需要智能理论与方法的支持,越需要具有拟人的思维和行为的能力。智能控制的核心主要在高层,在承担组织、计划、任务分解及协调的结构层中。

### 4. 适应性、自学习与自组织

适应性、自学习与自组织是智能控制系统的"智能"和"自主"能力的重要体现。适应性是指智能控制系统具有较好的主动适应来自系统本身、外部环境或控制目标变化的能力。系统通过对当前控制策略下系统状态与期望的控制目标的差距的考量,对系统本身行为变化、环境因素变化的监测,主动地修正自己的系统结构、控制策略以及行为机制,以适应这些变化并达到期望的控制目标。

自学习是指智能控制系统自动获取有关被控对象及环境的未知特征和相关知识的能力。通过学习获取的知识,系统可以不断地改进自己决策与协调的策略,使系统逐步走向最优。

自组织能力是指智能控制系统具有高度柔性去组织与协助多个任务重构。当各任务的目标发生冲突时,系统能做出合理的决策。

## 5.5.5 智能控制的应用领域

智能控制的应用领域非常广泛,从实验室到工业现场、从家用电器到火箭制导、从制造业到采矿业、从飞行器到武器、从轧钢机到邮件处理机、从工业机器人到康复假肢等,都有智能控制的用武之地。下面简单介绍智能控制应用的几个主要领域。

1)智能机器人规划与控制

机器人学的主要研究方向之一是机器人运动的规划与控制。机器人在获得一个指定的任务之后,首先根据对环境的感知,做出满足该任务要求的运动规划;然后,由控制系统来控制执行系统执行规划,该控制系统足以使机器人适当地完成所期望的运动。目前,该领域已从单机器人的规划与控制发展到多机器人的规划、协调与控制。

2)生产过程的智能控制

化工、炼油、轧钢、材料加工、造纸和核反应等工业领域许多连续生产线,其生产过程需要监测和控制,以保证高性能和高可靠性。对于基于严格数学模型的传统控制方法无法应对的某些复杂被控对象,目前已成功地应用了有效的智能控制策略,如炼铁高炉的 ANN 模型及优化控制、旋转水泥窑的模糊控制、加热炉的模糊 PID 控制与仿人智能控制、智能 pH 值过程控制、工业锅炉的递阶智能控制以及核反应器的专家控制等。工业锅炉的递阶智能控制可作为这方面的典型,图 5.26 所示的是该混合控制系统方框图。从图中可知,其控制模式包括专家控制、多模式控制和自校正 PID 控制。

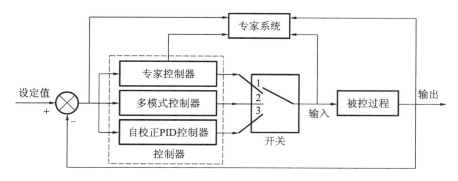

**图 5.26 工业锅炉智能控制的混合控制框图**

3）制造系统的智能控制

计算机集成制造系统(CIMS)是近三十年制造领域发展最为迅速的先进制造系统,它是在信息技术、自动化技术与制造技术的基础上,通过计算机技术把分散在产品设计与制造过程中的、各种孤立的自动化子系统有机地集成起来,形成适用于多品种、小批量生产,实现整体效益的集成化和智能化制造系统。在多品种、小批量生产,制造工艺与工序复杂的条件下,制造过程与调度变得极为复杂,其解空间也非常大。此外,制造系统为离散事件动态系统,其系统进程多以加工事件开始或完成来记录,并采用符号逻辑操作和变迁来描述。因此,模型的复杂性、环境的不确定性以及系统软硬件的复杂性,向当代控制工程师们设计和实现有效的集成控制系统提出了挑战。

智能控制能很好地结合传统控制方法与符号逻辑为基础的离散事件动态系统的控制问题,进行制造系统的管、监、控的综合自动化。基于递阶智能控制的思想提出的制造系统的智能控制系统结构如图 5.27 所示。

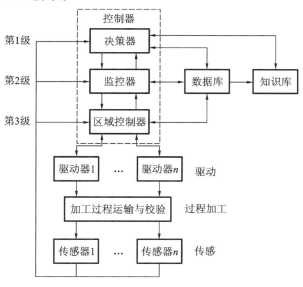

**图 5.27 基于加工系统智能控制结构**

4）智能交通系统与无人驾驶

自 1980 年以来，智能控制被应用于交通工程与载运工具的驾驶中，高速公路、铁路与航空运输的管理监控，城市交通信号控制，飞机、轮船与汽车的自动驾驶等，形成智能交通系统与无人驾驶系统等。

所谓智能交通系统，就是把卫星技术、信息技术、通信技术、控制技术和计算机技术结合在一起的运输（交通）自动引导、调度和控制系统，它包括机场、车站客流疏导系统，城市交通智能调度系统，高速公路智能调度系统，运营车辆调度管理系统，机动车自动控制系统等。智能交通系统通过人、车、路的和谐、密切配合，提高交通运输效率，缓解交通阻塞，提高路网通过能力，减少交通事故，降低能源消耗，减轻环境污染。

5）智能家电与智能家居

智能家电指利用智能控制理论与方法控制的家用电器，如市场上已经出现的模糊洗衣机、模糊电饭煲等。未来智能家电将主要朝多种智能化、自适应优化和网络化三个方向发展。多种智能化是家用电器尽可能在其特有的功能中模拟多种人的智能思维或智能活动的功能。自适应优化是家用电器根据自身状态和外界环境自动优化工作方式和过程的能力，这种能力使得家用电器在其生命周期都能处于最有效率、最节省能源和最好品质的状态。网络化的家用电器可以由用户实现远程控制，在家用电器之间也可以实现互操作。

所谓智能家居，就是通过家居智能管理系统的设施来实现家庭安全、舒适、信息交互与通信的能力。家居智能化系统由家庭安全防范、家庭设备自动化和家庭通信三个方面组成。

6）生物医学系统的智能控制

从 20 世纪 70 年代起，以模糊控制、神经网络控制为代表的智能控制技术成功地应用于各种生物医学系统，加以神经信号控制的假肢、基于平均动脉血压（MAP）的麻醉深度模糊控制等。

图 5.28 所示的为一个基于肌肉神经信号控制的假肢控制系统结构图。系统首先从人的肢体残端处的神经，以及与肢体运动有关的胸部、背部等处肌肉群采集指挥肢体运动时发出的微弱神经信号，经过信号分析解释各肢体及关节运动的指令；然后，通过与反馈信号比较，经智能控制器发出各肢体及关节运动的驱动器的驱动命令，从而实现以神经信号控制假肢的功能。

**图 5.28 神经信号控制的假肢控制系统**

7）智能仪器

随着微电子技术、微机技术、AI 技术和计算机通信技术的迅速发展，自动化仪器正朝着智能化、系统化、模块化和机电一体的方向发展，微机或微处理机在仪器中的广泛应用，已成为仪器的核心组成部件之一。这类仪器能够实现信息的记忆、判断、处理、执行，以及测控过程的操作、监测和诊断，被称为"智能仪器"。

比较高级的智能仪器具有多功能、高性能、自动操作、对外接口、"硬件软化"和自动测试与自动诊断等功能。例如，一种由连接器、用户接口、比较器和专家系统组成的系统，与心电图测试仪一起构成的心电图分析咨询系统,就已获得成功应用。

# 5.6　典型示范案例

## 5.6.1　西安陕鼓动力股份有限公司(动力装备智能化服务)

### 1. 基本情况

西安陕鼓动力股份有限公司(以下简称"陕鼓动力")属于陕西鼓风机(集团)有限公司的控股公司,公司成立于 1999 年。陕鼓动力主要生产离心压缩机、轴流压缩机、能量回收透平装置(TRT)、离心鼓风机、通风机等五大类 80 多个系列近 2000 个规格的透平机械产品,已广泛应用于化工、石油、冶金、空分、电力、城建、环保、制药和国防等国民经济支柱产业领域。

面对新的形势和需求,陕鼓动力已开始积极从制造迈向智造。一方面,大力开拓整机、关键零部件制造,为客户提供系统解决方案;另一方面,积极实施产品全生命周期的健康管理,公司的"动力装备全生命周期智能设计制造及云服务项目"入选工信部 2015 年智能制造专项项目,将通过大数据挖掘及专业软件的应用提升在役设备的服务深度与广度,支持相应生态圈及产业价值链的共赢发展。

### 2. 做法与经验

1)动力装备智能云服务平台

2003 年,陕鼓动力首先在产品试车台上应用了在线监测和故障诊断系统并获得成功;2005 年,陕鼓提出了"两个转变"的发展战略,开始了从装备制造业向装备服务业的重大转型。自此,陕鼓动力在新出厂动力装备上均配套安装了这样的监测诊断系统。陕鼓云服务总貌如图 5.29 所示。

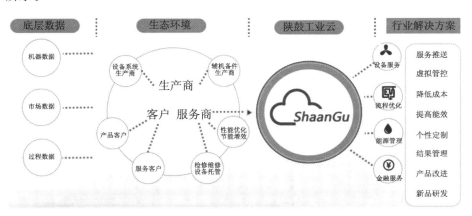

图 5.29　陕鼓云服务总貌图

2011 年,凭借对互联网技术和动力装备产业的深入研究和企业综合实力,陕鼓动力成功申报国家 863 计划项目——"装备全生命周期 MRO 核心软件行业应用",建设了包括网络化远程诊断、备件预测和零库存管理、IETM 电子交互式文档管理系统等在内的网络化诊断与服务平台,将产品监测诊断与运行服务支持集成为一体,提供一套面向制造服务业具有核心竞争力的智能动力装备产品全生命周期监测与服务支持的系统解决方案。

2014 年,陕鼓动力针对流程工业用户及装备服务企业,积极开展有关云服务的需求调查与技术储备。同时,注重与全球企事业单位及院校单位的资源整合、技术共享和信息共享,努力打造以动力装备服务业务为核心的产业价值链和生态圈,推出了动力装备运行维护与健康管理智能云服务平台项目,至此开始了动力装备智能云服务平台的新时代。

到目前为止,陕鼓动力已监测超过 200 家用户约 600 套大型动力装备在线运行数据(其中包括不能远程在线监测的约 300 套装备),已积累约 20 TB 现场数据。通过对动力装备远程监测、故障诊断、网络化状态管理、云服务需求调研与技术储备,提高陕鼓售后服务的反应速度和质量,跨出了机组制造企业"发展服务经济,提高服务信息化"的重要一步,并已形成特有远程诊断服务技术及服务模式。

2)基于全生命周期运行与维护信息驱动的复杂动力装备可持续改进的制造服务及系统保障体系

针对我国复杂动力装备目前在可持续改进制造服务模式不清晰及系统保障存在碎片化和集成智能度不足的问题,开展以动力装备全生命周期监测诊断技术、维修备件服务支持技术、托管服务支持系统集成技术为基础的面向全生命周期的复杂动力装备运行与维护数字化制造服务平台构建及业务服务创新方面研究工作,提出基于全生命周期运行与维护信息驱动的复杂动力装备可持续改进的制造服务及系统保障体系的新思路和模式,将监测诊断与运行服务有机地集成为一体,满足动力装备不同层面的用户需求。

基于全生命周期运行与维护信息驱动的复杂动力装备可持续改进的制造服务模式及保障服务体系总体架构图如图 5.30 所示。由图可知,围绕动力装备的全生命周期 MRO 服务,提出了基于 CDP 三重循环及闭环控制的制造服务模式及保障体系结构(如图 5.30 所示,目前已

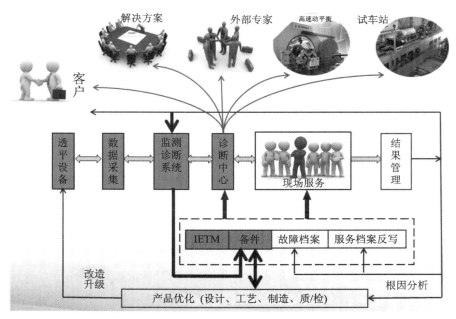

**图 5.30　企业网络服务平台智能服务架构图**

实现增值服务——虚线框内的服务)。

针对 C 循环(基于故障闭环方面),完成对动力装备数据智能采集、监测诊断系统构建、融合装备出厂前高速动平衡信息、试车信息;集成装备领域专家运行维护经验和外部专家信息构建动力装备远程维护和运营中心。

针对 D 循环,完成以远程维护和运行中心数据为驱动,针对动力装备的现场服务;提供融合设计、制造及运行全信息,实现快速平衡服务支持、数字化维修手册支持与远程可视化维修服务支持。

以上已完成的透平设备服务保障体系可实现基于网络制造服务平台提出面向动力装备远程监测诊断、运行状态分析评估和专用备件零库存等服务,实现基于预知维修决策与数字化支持的设备检维修服务。

下一步将结合大数据分析与云服务架构,进一步细化、提升各服务模块具体内容,最终实现面向动力装备的故障预示与健康管理智能云服务平台的构建,达到动力装备行业制造维护服务的典型应用示范目标。

后期云服务平台规划实施内容包括:实现大数据挖掘云服务,支撑云计算、云存储、云模型和诊断技术云服务超市等具体业务,建立完善云服务平台基础。并在此基础上,提供监测诊断、维修备件、性能优化托管等三项运维云服务,涉及基于用户产品运行可靠性的寿命预测服务、基于海量案例推理的动力装备产品健康状态可视化服务、基于云计算的动力装备运行效率优化服务、基于"互联网+"的远程轴系动平衡服务、大数据支持下 IETM 数字化维护支持服务、基于生产协同保障的重大专用备件共享零等待服务、诊断超市服务等多项云服务业务,全面提升动力装备运维云服务水平。利用三年周期,建设完成以西安陕鼓动力股份有限公司为旋转动力装备服务运营管理为主体的动力装备运维云服务平台。

3)动力装备运行维护与健康管理智能云服务平台

"动力装备全生命周期智能设计制造及云服务项目"的预期目标为构建动力装备运行维护与健康管理智能云服务平台,实现动力装备行业智能制造云服务的典型应用示范。在该智能制造云服务平台中,实现基于大数据挖掘的云服务,以保障云服务平台的基础运行,其中包括面向动力装备的大数据挖掘技术研究、面向动力装备的异步异构海量数据建模与管理技术、基于用户产品运行可靠性的寿命预测服务、基于云计算的动力装备运行效率优化服务等多项支撑云计算、云存储、云模型和诊断技术云服务超市的关键技术研发。

**3. 主要成效**

"动力装备全生命周期智能设计制造及云服务项目"的预期实现成果体现在以下几个方面:①缩短动力装备应用企业产品停机时间 20%以上;②节约动力装备应用企业设备维修成本 10%;③缩小备件资金占用额度或减少备件资金的服务转化额 20%;④新增动力装备制造服务业务收入 10%;⑤云服务平台中增加配备网络化监测系统的动力装备应用企业 20%,年新增接入服务平台机组 80 台套以上。

## 5.6.2　三一集团有限公司(工程机械运维服务)

**1. 基本情况**

三一集团有限公司(以下简称"三一")是一家总部设于中国湖南长沙的跨国集团,公司创建于 1989 年,是中国最大、全球第五的工程机械制造商,同时也是世界最大的混凝土机械制造商。三一主业是以"工程机械"为主体的装备制造业企业,其中混凝土、挖掘机、桩工、履带起重机、移动港口、路面机械为中国第一品牌。作为工程机械行业唯一一家智能制造试点示范企业,三一依靠数字驱动的智能制造与服务,铺设"智造之路",构建了协同研发、数字制造的核心能力,输出智能产品,并为客户提供极致的智慧服务平台。

**2. 做法与经验**

三一针对离散制造行业多品种、小批量的特点,针对零部件多且加工过程复杂导致的生产过程管理难题和客户对产品个性化定制日益强烈的需求,以三一的工程机械产品为样板,以自主与安全可控为原则,依托数字化车间实现产品混装+流水模式的数字化制造,并以物联网智能终端为基础的智能服务,实现产品全生命周期以及端到端流程打通,引领离散制造行业产品全生命周期的数字化制造与服务的发展方向,并以此示范,向离散行业其他企业推广,如图5.31所示。

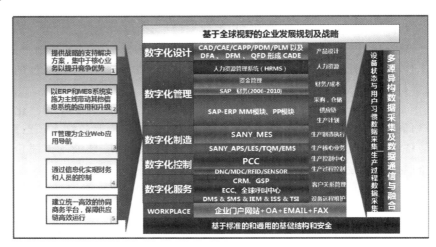

**图 5.31 贯穿整个数字化制造的业务架构体系**

1)面向全生命周期的工程机械状态监测与运维服务支持系统

以三一业务现状和信息系统为基础,构建工程机械运维服务模式与核心业务模型,以及面向全生命周期的工程机械运维服务支持系统框架;实现多源信息融合的工程机械状态监测与故障远程诊断;设计面向全生命周期的工程机械状态监测与运维服务支持系统——智能服务管理云平台,并借助 3G/4G、GPS、GIS、RFID、SMS 等技术,配合嵌入式智能终端、车载终端、智能手机等硬件设施,构造设备数据采集与分析机制、智能调度机制、服务订单管理机制、业绩可视化报表、关重件追溯等核心构件,构建客户服务管理系统、产品资料管理系统、智能设备管理系统、全球客户门户四大基础平台,如图 5.32 所示。

2)广泛采用大数据技术

使用大数据基础架构 Hadoop,搭建并行数据处理和海量结构化数据存储技术平台,提供海量数据汇集、存储、监控和分析功能。基于大数据存储与分析平台,进行设备故障、服务、配件需求的预测,为主动服务提供技术支撑,延长设备使用寿命,降低故障率。

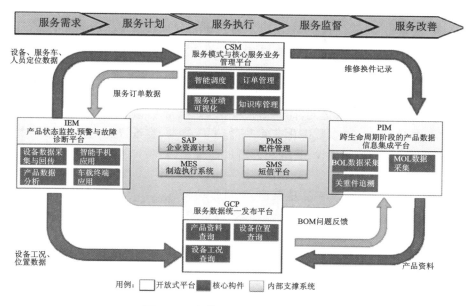

图 5.32 智慧服务平台系统关系图

基于大数据研究成果,对企业控制中心(enterprise control center,ECC)系统升级,实现大数据的存储、分析和应用,有效监控和优化工程机械运行工况、运行路径等参数与指标,提前预测预防故障与问题,智能调度内外部服务资源,为客户提供智慧型服务,如图 5.33 所示。

图 5.33 大数据应用范围

## 3. 主要成效

三一以"中国制造 2025"为纲领,在数字化车间、智能装备、智能服务三个方面的总体规划、技术架构、业务模式、集成模型等方面进行有益的探索和应用示范,为工程机械行业开展类似应用提供了一个很好的范式,不仅有助于工程机械行业通过信息化的手段和先进的物联网技术来加速产品的升级迭代,而且促进行业通过开展数字化车间/智能工厂的应用实践来完成企业创新发展,更是为我国装备制造业由生产型制造向服务型制造转型提供了新思路。

近年来,全球经济下行,但三一依然凭借智能化打下的深厚基础,2014年实现营业收入773亿元,实现利润33亿元,其中国际销售120亿元,各项主要经营业绩指标稳居行业第一。2015年上半年,实现了集团工业总产值404.5亿元,同比仅下降1.5%,工业销售产值为391.6亿元,其中出口交货值为28.8亿元,同比增长29%,跑赢行业,跑赢大势。

为配合"一带一路"建设,以数字化车间/智能工厂技术、装备智能化技术、服务智能化技术来提升制造业生产效率、品牌建设、管理和制造过程控制,对生产型制造向服务型转型具有推动促进作用,对于制造业产业升级,产业结构调整,全面提升我国制造业的综合竞争力具有重要意义,而仅在工程机械领域实施智能制造,则可带动超过180亿的产业价值。

未来,三一将更多利用大数据技术、云计算、虚拟整合、3D打印、机器人等技术,提升公司智能制造及运营能力。三一具有海量、高增长率和多样化的信息资产,掌握这些数据将带给公司更强的决策力、洞察发现力和流程优化能力;云计算将帮助提升企业运营的响应速度、灵活性和扩展能力,获得市场差异化优势;虚拟整合将有效降低制造过程成本;3D打印技术已在部分研发产品的建模中得到使用。目前已驶入深水区的流程信息化变革将实现企业流程再造,通过卓越运营,支撑公司全球化发展的需要。

# 习　　题

1. 简述传感器的一般组成与分类。

2. 简述智能传感器的定义与分类。

3. 常用的特征分析方法有哪些?

4. 典型的监测方法有哪些?

5. 简述智能故障诊断的定义与意义。

6. 智能诊断系统由哪几部分组成? 每个部分的功能是什么?

7. 典型的故障诊断方法有哪些?

8. 智能诊断的理论技术有哪些?

9. 简述预测的定义、基本原理。

10. 简述智能预测的一般步骤。

11. 智能控制系统由哪几部分组成? 每个部分的功能是什么?

12. 典型的智能控制方法有哪些?

# 第6章  智能制造系统

## 6.1  智能制造系统体系架构

### 6.1.1  总体要求

国家智能制造标准体系按照"三步法"原则建设完成。第一步,通过研究各类智能制造应用系统,提取其共性抽象特征,构建由生命周期、系统层级和智能特征组成的三维智能制造系统架构,从而明确智能制造对象和边界,识别智能制造现有和缺失的标准,认识现有标准间的交叉重叠关系;第二步,在深入分析标准化需求的基础上,综合智能制造系统架构各维度的逻辑关系,将智能制造系统架构的生命周期维度和系统层级维度组成的平面自上而下依次映射到智能功能维度的五个层级,形成智能装备、智能工厂、智能服务、智能赋能技术、工业网络等五类关键技术标准,与基础共性标准和行业应用标准共同构成智能制造标准体系结构;第三步,对智能制造标准体系结构分解细化,进而建立智能制造标准体系框架,指导智能制造标准体系建设及相关标准立项工作。

### 6.1.2  智能制造系统架构

智能制造系统架构从生命周期、系统层级和智能特征三个维度对智能制造所涉及的活动、装备、特征等内容进行描述,主要用于明确智能制造的标准化需求、对象和范围,指导国家智能制造标准体系建设。智能制造系统架构如图6.1所示。

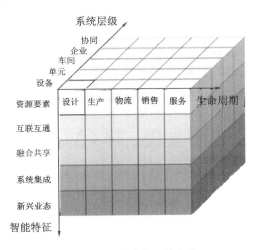

图 6.1  智能制造系统架构

**1. 生命周期**

生命周期是指从产品原型研发开始到产品回收再制造的各个阶段,包括设计、生产、物流、销售、服务等一系列相互联系的价值创造活动。生命周期的各项活动可进行迭代优化,具有可持续性发展等特点,不同行业的生命周期的构成不尽相同。

(1)设计是指根据企业的所有约束条件以及所选择的技术来对需求进行构造、仿真、验证、优化等研发活动过程。

(2)生产是指通过劳动创造所需要的物质资料的过程。

(3)物流是指物品从供应地向接收地的实体流动过程。

(4)销售是指产品或商品等从企业转移到客户手中的经营活动。

(5)服务是指提供者与客户接触过程中所产生的一系列活动的过程及其结果,包括回收等。

**2. 系统层级**

系统层级是指与企业生产活动相关的组织结构的层级划分,包括设备层、单元层、车间层、企业层和协同层。

(1)设备层是指企业利用传感器、仪器仪表、机器、装置等,实现实际物理流程并感知和操控物理流程的层级。

(2)单元层是指用于工厂内处理信息、实现监测和控制物理流程的层级;

(3)车间层是实现面向工厂或车间的生产管理的层级。

(4)企业层是实现面向企业经营管理的层级。

(5)协同层是企业实现其内部和外部信息互联和共享过程的层级。

**3. 智能功能**

智能特征是指基于新一代信息通信技术使制造活动具有自感知、自学习、自决策、自执行、自适应等一个或多个功能的层级划分,包括资源要素、互联互通、融合共享、系统集成和新兴业态等五层智能化要求。

(1)资源要素是指企业对生产时所需要使用的资源或工具及其数字化模型所在的层级。

(2)互联互通是指通过有线、无线等通信技术,实现装备之间、装备与控制系统之间,企业之间相互连接及信息交换功能的层级。

(3)融合共享是指在互联互通的基础上,利用云计算、大数据等新一代信息通信技术,在保障信息安全的前提下,实现信息协同共享的层级。

(4)系统集成是指企业实现智能装备到智能生产单元、智能生产线、数字化车间、智能工厂,乃至智能制造系统集成过程的层级。

(5)新兴业态是企业为形成新型产业形态进行企业间价值链整合的层级。

智能制造的关键是实现贯穿企业设备层、单元层、车间层、工厂层、协同层不同层面的纵向集成,跨资源要素、互联互通、融合共享、系统集成和新兴业态不同级别的横向集成,以及覆盖设计、生产、物流、销售、服务的端到端集成。

**4. 示例解析**

为更好的解读和理解系统架构,以工业机器人、计算机辅助设计(CAD)和工业网络为例,分别从不同方面诠释其在系统架构中所处的位置。

（1）工业机器人位于智能制造系统架构生命周期的生产和物流环节、系统层级的设备层级和单元层级，以及智能特征的资源要素，如图 6.2 所示。

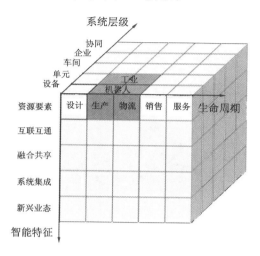

**图 6.2　工业机器人在架构中的位置**

（2）CAD 位于智能制造系统架构生命周期维度的设计环节、系统层级的企业层，以及智能特征维度的融合共享。目前，CAD 正逐渐从传统的桌面软件向云服务平台过渡。下一步，结合 CAD 的云端化、基于模型定义（MBD）以及基于模型生产（MBM）等技术发展趋势，将制定新的 CAD 标准。CAD 在智能制造系统架构中的位置相应会发生变化，如图 6.3 所示。

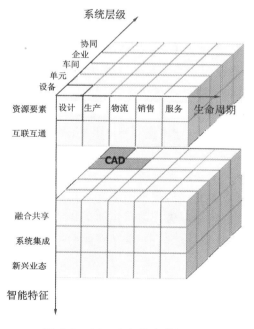

**图 6.3　CAD 在架构中的位置**

（3）工业网络主要对应生命周期维度的全过程，系统层级维度的设备、单元、车间和企业，以及智能特征维度的互联互通，如图 6.4 所示。

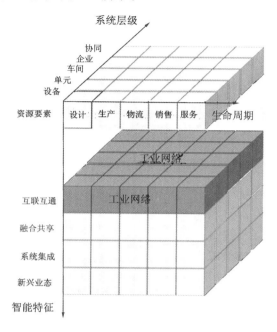

图 6.4　工业网络在架构中的位置

## 6.1.3　智能制造系统级别

　　国家智能制造标准体系建设，从生命周期、系统层级、智能功能 3 个维度统筹考虑，并归纳为"智能＋制造"两个维度来解释智能制造的核心组成，进一步将其分解形成设计、生产、物流、销售、服务、资源要素、互联互通、系统集成、信息融合、新兴业态等 10 大类核心能力要素，并对每一类核心要素分解为 27 个域和 5 个成熟度等级，如图 6.5 所示。对相关域按照从低到高的顺序，划分为已规划级、规范级、集成级、优化级、引领级 5 个等级，并规定了相应的要求，如图 6.6 所示。第一级为已规划级，达到的要求是实现业务流程和初步的信息化；第二级为规范级，达到的要求是重要制造环节实现标准化和数字化；第三级是集成级，达到的要求是重要制造环节间实现内外部协同；第四级是优化级，达到的要求是能够利用知识或模型进行业务优化；第五级是引领级，达到的要求是实现预测、预警、自适应，体现人工智能的广泛应用。智能制造成熟度模型可以帮助制造企业评估智能制造发展现状、找到差距，并为下一步实施改进提供路径和方法。该模型为智能制造解决方案提供商提供思路和标准参考，也可作为产业主管部门了解智能制造发展现状、出台扶持政策、推动智能制造发展的工具。

## 6.1.4　智能制造系统层次

　　智能制造系统是指应用智能制造技术、达成全面或部分智能化的制造过程或组织，按其规模与功能可分为智能机床、智能加工单元、智能生产线、智能车间、智能工厂、智能制造联盟等层级。

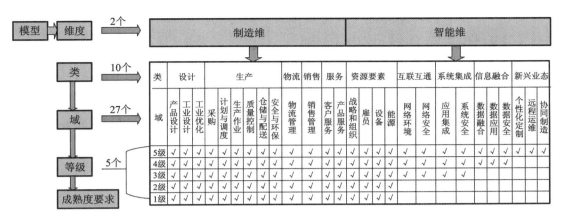

图 6.5　智能制造系统架构模型

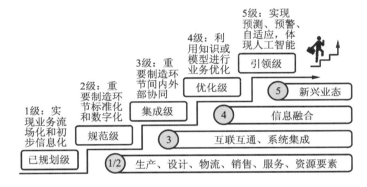

图 6.6　智能制造系统 5 个等级

智能制造的载体是制造系统,如图 6.7 所示,制造系统从微观到宏观有不同的层次,比如制造装备、制造车间、制造企业和企业生态系统等。制造系统的构成包括产品、制造资源(机器、生产线、人等)、各种过程活动(设计、制造、管理、服务等)以及运行与管理模式。

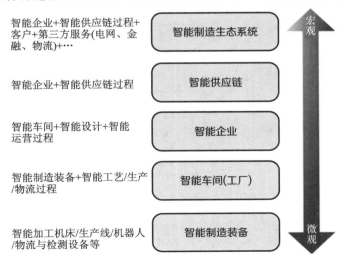

图 6.7　智能制造系统的层次

# 6.2 智能制造系统调度控制

## 6.2.1 调度控制在制造系统管理控制中的地位

调度控制属于制造系统执行层的管理控制,其根本任务是完成战术层下达的生产作业计划。计划是一种理想,属于静态的范畴;调度则是对理想的实施,具有动态的含义。

制造系统调度就是在一定时间内,通过可用共享资源的分配和生产任务的排序,来满足某些指定的性能指标。具体来说,就是针对某项可以分解的工作,在一定约束条件下,合理安排其组成部分所占用的资源、加工时间及先后顺序,以获得产品制造时间或者成本等最优。

生产调度是制造过程的重要环节,通过合理的调度方案,将提高设备利用率,减少能耗和物耗,降低库存和减少成本,从而提高制造系统的操作最优性,为制造企业带来显著的经济效益,提高其市场竞争力。

图 6.8 是 ISA-95 国际标准为制造执行系统制定的生产业务管理活动模型。包括 8 项管理活动:产品定义管理、生产资源管理、详细的生产计划、生产调度、生产执行管理、生产数据采集、产品跟踪、生产完工情况分析。生产调度在整个生产业务管理活动模型中处于中间环节,连接着各项生产活动。生产调度的职责是按照详细生产计划,实时进行生产派工,监督生产执行进度、物料、设备、质量等信息,做出科学的作业调度,合理地组织企业的生产活动,保证生产计划的实现;根据实际执行情况,修正生产作业计划,更新并下发生产指令;对生产过程文档、现场交接班、现场数据反馈收集、生产工人的管理等。

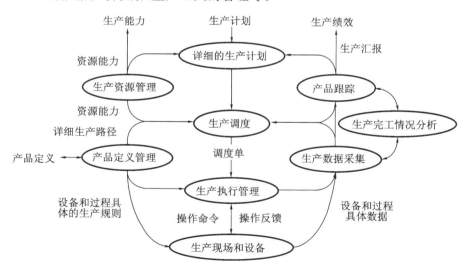

图 6.8 生产业务管理活动模型

在离散生产环境下,制造系统中零部件繁多、物流复杂、现场状态瞬息万变,因此,没有好的调度,再优的生产计划也难以产生好的生产效益。由此可见,调度控制在现代制造系统的管理控制中具有非常重要的地位。

## 6.2.2　调度控制问题

制造系统的调度控制问题是指如何控制工件的投放和在系统中的流动以及资源的使用,最好地完成给定的生产作业计划。调度控制问题可分解为若干子问题,子问题的多少取决于制造系统底层制造过程的类型和具体结构。对于柔性制造系统(FMS),CIMS 等自动化程度较高的制造系统,调度控制子问题一般包括以下几类:

(1)工件投放控制;

(2)工作站输入控制;

(3)工件流动路径控制;

(4)刀具调度控制;

(5)程序与数据的调度控制;

(6)运输调度控制。

解决调度控制问题的方法和系统可分为两大类,即静态调度和动态调度。所谓动态调度是指调度控制系统能对外部输入信息、制造过程状态和系统环境的动态变化做出实时响应的调度控制方法和系统。如果达不到此要求,则只能称为静态调度。

从控制理论的角度看,调度控制系统的基本结构如图 6.9 所示。该系统是一个基于状态反馈的自动控制系统。调度控制器的输入信息 R 为来自上级的生产作业计划、设计要求和工艺规程,反馈信息 X 为生产现场的实际状态。调度控制器根据输入信息和反馈信息进行实时决策,产生控制信息 U(即调度控制指令)。制造过程在调度控制指令的控制下运行,克服外界扰动 D 的影响,生产出满足输入信息要求的产品 C。

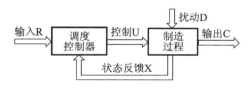

**图 6.9　调度控制系统的基本结构**

解决调度控制问题的难点主要体现在以下几点。

①现代制造系统中的调度控制属于实时闭环控制,对信息处理与计算求解的实时性要求很高;

②被控对象是特殊的非线性动力学系统——离散事件动态系统(DEDS),难以建模;

③没有根据被控对象设计调度控制器的有效理论方法;

④系统处于具有强烈随机扰动的环境中,扰动 D(如原材料、毛坯供应突变,能源供应异常变化,资金周转出现意外情况等)对系统运行的影响极大。

目前虽然还难以对制造系统的调度控制问题,特别是对动态调度控制问题全面求出最优解,但经过大量学术研究和生产实践,已经找到一些在某些特殊情况下求解最优解的方法。此外,对于一般性的调度控制问题,亦找到许多求其可行解的方法。其中,具有代表性的有以下几种:

①基于排序理论的调度方法,如流水排序方法、非流水排序方法等;

②基于规则的调度方法,如启发式规则调度方法、规则动态切换调度方法等;

③基于离散事件系统仿真的调度方法;

④基于人工智能的调度方法,如模糊控制方法、专家系统方法、自学习控制方法等。

## 6.2.3　流水排序调度方法

### 1.基本原理与方法

在某些情况下,通过采用成组技术等方法对被加工工件(作业)进行分批处理,可使同一批工件具有相同或相似的工艺路线。此时,由于每个工件均需以相同的顺序通过制造系统中的设备进行加工,因此其调度问题可归结为流水排序调度问题,可通过流水排序方法予以解决。

所谓流水排序,其问题可描述为:设有 $n$ 个工件和 $m$ 台设备,每个工件均需按相同的顺序通过这 $m$ 台设备进行加工。要求以某种性能指标最优(如制造总工期最短等)为目标,求出 $n$ 个工件进入系统的顺序。

基于流水排序的调度方法(简称流水排序调度方法),是一种静态调度方法,其实施过程是先通过作业排序得到调度表,然后按调度表控制生产过程运行。如果生产过程中出现异常情况(如工件的实际加工时间与计划加工时间相差太大,造成设备负荷不均匀、工件等待队列过长等),则需重新排序,再按新排出的调度表继续控制生产过程运行。

实现流水排序调度的关键是流水排序算法。目前在该领域的研究已取得较大进展,研究出多种类型的排序算法,概括起来可分为以下几类:

①单机排序算法;

②两机排序算法;

③三机排序算法;

④$m$ 机排序算法。

### 2.$n$ 作业单机排序

1)性能指标

为实现最优作业排序,以作业平均通过时间(mean flow time,MFT)最短作为性能指标。MFT 的计算公式为

$$\text{MFT} = \frac{\sum_{i=1}^{n} c_i}{n} = \frac{\sum_{i=1}^{n} \omega_i + \sum_{i=1}^{n} t_i}{n} \tag{6.1}$$

式中:$c_i$——$i$ 作业的完工时间,$c_i = \omega_i + t_i$;

$\omega_i, t_i$——$i$ 作业的等待和加工时间。

2)实现 MFT 最短的调度方法

下面将以图 6.10 所示的作业排队加工过程来证明按最短加工时间(shortest processing time,SPT)优先原则排序可使 MFT 最短。SPT 优先原则的含义是具有最短加工时间的作业优先加工(处理)。

证明:由图 6.10 可知

第 2 作业的等待时间:$\omega_2 = t_1$

第 3 作业的等待时间：$\omega_3 = t_1 + t_2$

第 4 作业的等待时间：$\omega_4 = t_1 + t_2 + t_3$

$\vdots$

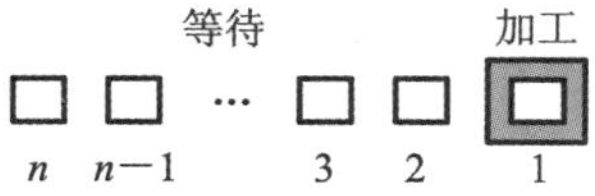

图 6.10　作业排队加工过程

第 $n$ 作业的等待时间：$\omega_n = t_1 + t_2 + \cdots + t_n$

总等待时间：

$$
\begin{aligned}
\sum_{i=1}^{n} \omega_i &= t_1 + (t_1 + t_2) + (t_1 + t_2 + t_3) + \cdots + (t_1 + t_2 + \cdots + t_{n-1}) \\
&= (n-1)t_1 + (n-2)t_2 + \cdots + 2t_{n-2} + t_{n-1}
\end{aligned} \tag{6.2}
$$

由式(6.2)可见，加工时间前的权重系数 $n-1, n-2, \cdots, 2, 1$ 由大到小递减，说明越是排在前面的作业，其加工时间对总等待时间的贡献越大，因此将加工时间最短的作业排在最前面，即按照 SPT 原则排序，可使总等待时间最短。

又因为总加工时间 $\sum_{i=1}^{n} t_i = $ 常数，所以，总等待时间最短，即可保证总通过时间最短，从而使平均通过时间最短。

3）推论

MFT 最小可保证作业平均延误时间(mean lateness, ML)最小。

证明：第 $i$ 作业的延误时间(+延误, -提前)为

$$
L_i = c_i - d_i \tag{6.3}
$$

式中：$d_i$——第 $i$ 作业的交付时间。

$n$ 作业的平均延误时间为

$$
\begin{aligned}
\mathrm{ML} &= \frac{1}{n} \sum_{i=1}^{n} L_i = \frac{1}{n} \sum_{i=1}^{n} (c_i - d_i) \\
&= \frac{1}{n} \sum_{i=1}^{n} c_i - \frac{1}{n} \sum_{i=1}^{n} d_i \\
&= \mathrm{MFT} - d
\end{aligned} \tag{6.4}
$$

式中：$d = \frac{1}{n} \sum_{i=1}^{n} d_i$——平均交付时间。

因为平均交付时间 $d$ 为常数，所以 MFT 最小，ML 也最小。

## 6.2.4　非流水排序调度方法

非流水排序调度方法的基本原理与流水排序调度方法相同，亦是先通过作业排序得到调度表，然后按调度表控制生产过程运行，如果运行过程中出现异常情况，则需重新排序，再按新排出的调度表继续控制生产过程运行。因此，实现非流水排序调度的关键是求解非流水排序问题。

非流水排序问题可描述为：给定 $n$ 个工件，每个工件以不同的顺序和时间通过 $m$ 台机器进行加工。要求以某种性能指标最优（如制造总工期最短等）为目标，求出这些工件在 $m$ 台机床上的最优加工顺序。

非流水排序问题的求解比流水排序的难度大大增加，到目前为止还没有找到一种普遍适用的最优化求解方法。本节将介绍一种两作业 $m$ 机非流水排序的图解方法，然后对非流水排

序问题存在的困难进行讨论。

**1.两作业 $m$ 机非流水排序(图解法)**

1)基本原理

两作业在 $m$ 台机器上的加工,每一作业都需按照自己的工艺路线进行,每一工序使用 $m$ 台机器中的某一台完成该工序的加工任务。如果没有出现两作业在同一时间段需使用同一机器的情况,即没有资源竞争情况出现,两作业将沿各自的路线顺利进行,其作业进程的推进轨迹将是无停顿的直线轨迹。这种情况下,如果将两作业的推进轨迹合成起来即为二维空间中一条与水平线成夹角的直线轨迹,如图 6.11 所示。图中线后有一段水平直线是因为作业 $J_2$ 结束后作业 $J_1$ 仍在继续所形成的合成轨迹。

在作业推进过程中,如果出现在同一时间段两作业需使用同一机器的情况,两作业之一必须让步,即让自己的推进过程停下来,让另一作业先使用该机器。于是停顿作业的推进轨迹上将出现停顿点,例如图 6.12 中横轴上的圆点就是作业 $J_1$ 出现折线。显然,含有折线的合成轨迹的总长度比不含折线的合成轨迹要长。这意味着作业推进的总时间将延长。由此可知,为使完成两作业的总工期最短,应使合成轨迹的总长度最短。因此,为求出最优排序,应先找出所有可能的合成轨迹(如图 6.12 中的实线轨迹和虚线轨迹),然后计算每条轨迹的总长度,最后以总长度最短为目标选出最优合成轨迹。该轨迹对应的排序即为最优排序。

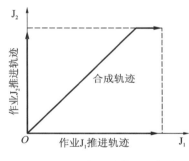

图 6.11 无冲突时的作业轨迹

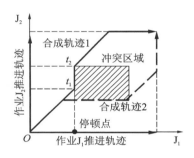

图 6.12 有冲突时的作业轨迹

2)求解步骤

根据上述原理,可将两作业 $m$ 机非流水排序图解法的求解步骤归纳如下。

(1)画直角坐标系,其横轴表示 $J_1$ 的加工工序和时间,纵轴表示 $J_2$ 的加工工序和时间。

(2)将两作业需占用同一机器的时间用方框标出,表示不可行区。

(3)用水平线、垂直线和 $45°$ 线 3 种线段表示两作业推进过程的合成轨迹。水平线表示 $J_1$ 加工、$J_2$ 等待,垂直线表示 $J_2$ 加工、$J_1$ 等待,$45°$ 线表示 $J_1$、$J_2$ 同时加工。为使制造总工期最短,应使 $45°$ 线段占的比例最大。通过本步应找出所有可能的合成轨迹,例如图 6.12 中就存在两条合成轨迹,分别以实线和虚线表示。

(4)以轨迹总长度最短为目标,通过直观对比和计算,从第(3)步确定的候选合成轨迹中找出最优合成轨迹。

(5)求解最优合成轨迹上的时间转折点,得到调度表。

3）应用举例

**例 6.1**　已知两作业在 6 台机器上加工的工序、工时数据如表 6.1 所示,求使制造总工期最短的最优排序。

表 6.1　加工工序、工时数据

| 作业 $J_1$ | 工序 | $M_3$ | $M_1$ | $M_5$ | $M_4$ | $M_6$ | $M_2$ |
|---|---|---|---|---|---|---|---|
| | 工时 | 10 | 16 | 20 | 26 | 25 | 8 |
| 作业 $J_2$ | 工序 | $M_2$ | $M_1$ | $M_5$ | $M_6$ | $M_3$ | $M_4$ |
| | 工时 | 15 | 11 | 26 | 14 | 10 | 12 |

**解**　图解排序过程如下:

首先按照上述求解步骤的第(1)、(2)、(3)步,找出有可能成为最优合成轨迹的候选轨迹,如图 6.13 所示。然后,以轨迹总长度最短为目标,通过直观对比和计算,从候选轨迹中找出最优合成轨迹,如图 6.14 所示。最后,求解最优轨迹上的时间转折点,结果见图 6.14 和表 6.2 所示,据此生成调度表如表 6.3 所示。

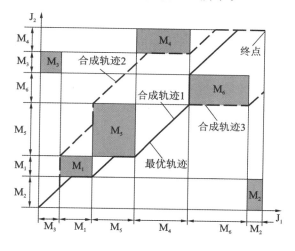

图 6.13　图解排序与最优轨迹

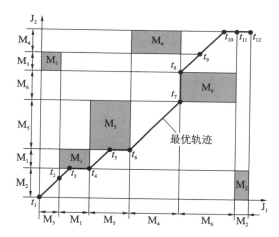

图 6.14　最优轨迹时间点分布

表 6.2　时间表

| 时间 | $t_1$ | $t_2$ | $t_3$ | $t_4$ | $t_5$ | $t_6$ | $t_7$ | $t_8$ | $t_9$ | $t_{10}$ | $t_{11}$ | $t_{12}$ |
|---|---|---|---|---|---|---|---|---|---|---|---|---|
| 计算 | 0 | $t_1+T_{13}$ 0+10 | $t_1+T_{22}$ 0+15 | $t_2+T_{11}$ 10+16 | $t_4+T_{21}$ 26+11 | $t_4+T_{15}$ 26+20 | $t_6+T_{25}$ 46+26 | $t_7+T_{26}$ 72+14 | $t_7+T_{23}$ 86+10 | $t_8+T_{23}$ 86+10 | $t_9+T_{24}$ 96+12 | $t_8+T_{16}$ 86+25 | $t_{11}+T_{12}$ 111+8 |
| 结果 | 0 | 10 | 15 | 26 | 37 | 46 | 72 | 86 | 96 | 108 | 111 | 119 |

注:表 6.2 中 $T_{ij}$ 表示作业 $i$ 在机器 $j$ 的加工时间,可从表 6.1 中获取。

表 6.3　调度表

| 作业 $J_1$ | 工序 | $M_3$ | $M_1$ | $M_5$ | $M_4$ | $M_6$ | $M_2$ |
|---|---|---|---|---|---|---|---|
| | 工时 | $t_1 \sim t_2$ | $t_2 \sim t_4$ | $t_4 \sim t_6$ | $t_6 \sim t_7$ | $t_8 \sim t_{11}$ | $t_{11} \sim t_{12}$ |
| 作业 $J_2$ | 工序 | $M_2$ | $M_1$ | $M_5$ | $M_6$ | $M_3$ | $M_4$ |
| | 工时 | $t_1 \sim t_3$ | $t_4 \sim t_5$ | $t_6 \sim t_7$ | $t_7 \sim t_8$ | $t_8 \sim t_9$ | $t_9 \sim t_{10}$ |

**2. $n$ 作业 $m$ 机非流水排序存在的问题**

关于非流水排序问题,以上仅给出了两作业 $m$ 机排序的图解法,对于更复杂的非流水排序问题,目前还没有求其最优解的有效方法。枚举法虽然能找出最优解,但由于计算量巨大而难以实现。

用枚举法确定最佳作业排序看似容易,只要列出所有的排序,然后再从中挑出最好的就可以了,但实际上这个问题相当困难,主要是由于随着作业数量和机器数量的增加,排序的计算量将非常大。对于作业数 $n$ 和机器数 $m$ 较少排序问题,借助于计算机利用一定的数学算法编制程序勉强能求解。但对于 $n$ 和 $m$ 较大的非流水排序,即使用超级计算机求解,也往往会因计算量爆炸而难以实现。这是因为 $n$ 作业 $m$ 机非流水排序有 $(n!)^m$ 个方案,计算量是惊人的!例如,以 $n=10, m=5$ 为例,共有 $(10!)^5 = 6.29 \times 10^{32}$ 个排序方案,即便是使用高速计算机进行计算,全部检查完每一个排序,所用时间也是相当漫长的。如果再考虑其他约束条件,如机器状态、人力资源、厂房场地等,所需时间就无法想象了。

因此在实际应用中,对于较大规模的以 $n \times m$ 排序问题,要求其最优解是不可能的。到目前为止,几乎所有的研究都是应用仿真技术、启发式算法或人工智能方法等进行的。

面对上述问题,我们将进一步讨论其他调度方法。

## 6.2.5　基于规则的调度方法

**1. 基本原理**

基于规则的调度方法(以下简称为规则调度方法)的基本原理是:针对特定的制造系统设计或选用一定的调度规则,系统运行时,调度控制器根据这些规则和制造过程的某些易于计算的参数(如加工时间、交付期、队列长度、机床负荷等)确定每一步的操作(如选择 1 个新零件投入系统、从工作站队列中选择下一个零件进行加工等),由此实现对生产过程的调度控制。

**2. 调度规则**

实现规则调度方法的前提是必须有适用的规则,由此推动了对调度规则的研究。目前研究出的调度规则已达 100 多种。这些规则概括起来可分为 4 类,即简单优先规则、组合优先规则、加权优先规则和启发式规则。

1)简单优先规则

简单优先规则是一类直接根据系统状态和参数确定下一步操作的调度规则。这类规则的典型代表有以下几种。

(1)先进先出(first in first out,FIFO)规则:根据零件到达工作站的先后顺序来执行加工作业,先来的先进行加工。

（2）最短加工时间（shortest processing time，SPT）规则：优先选择具有最短加工时间的零件进行处理。SPT 规则是经常使用的规则，它可以获得最少的在制品、最短的平均工作完成时间以及最短的平均工作延迟时间。

（3）最早到期日（earliest due date，EDD）规则：根据订单交货期的先后顺序安排加工，即优先选择具有最早交付期的零件进行处理。这种方法在作业时间相同时往往效果较好。

（4）最少作业数（fewest operation，FO）规则：根据剩余作业数来安排加工顺序，剩余作业数越少的零件越先加工。这是考虑到较少的作业数意味着有较少的等待时间。因此使用该规则可使平均在制品少、制造提前和平均延迟时间较少。

（5）下一队列工作量（work in next queue，WINQ）规则：优先选择下一队列工作量最少的零件进行处理。所谓下一队列工作量是指零件下一工序加工处的总工作量（加工和排队零件工作量之和）。

（6）剩余松弛时间（slack time remained，STR）规则：剩余松弛时间越短的越先加工。剩余松弛时间是将在交货期前所剩余的时间减去剩余的总加工时间所得的差值。

该规则考虑的是：剩余松弛时间值越小，越有可能拖期，故 STR 最短的任务应最先进行加工。

2）组合优先规则

组合优先规则是根据某些参数（如队列长度等）交替运用两种或两种以上简单优先规则对零件进行处理的复合规则。例如，FIFO/SPT 就是 FIFO 规则和 SPT 规则的组合，即：当零件在队列中等待时间小于某一设定值时，按 SPT 规则选择零件进行处理；若零件等待时间超过该设定值，则按 FIFO 规则选择零件进行处理。

3）加权优先规则

加权优先规则是通过引入加权系数对简单优先规则和组合优先规则进行综合运用而构成的复合规则。例如，SPT＋WINQ 规则就是一个加权规则。其含义是，对 SPT 和 WINQ 分别赋予加权系数，进行调度控制时，先计算零件处理时间与下一队列工作量，然后对其求加权和，最后选择加权和最小的零件进行处理。

4）启发式规则

启发式规则是一类更复杂的调度规则，它将考虑较多的因素并涉及人类智能的非数学方面。例如，Alternate Operation 规则的一条启发式调度规则，其决策过程如下：如果按某种简单规则选择了一个零件而使得其他零件出现"临界"状态（如出现负的松弛时间），则观察这种选择的效果；如果某些零件被影响，则重新选择。

一些研究结果表明，组合优先规则、加权优先规则和启发式规则比起简单优先规则来有较好的性能。例如，组合优先规则 FIFO/SPT 可以在不增加平均通过时间的情况下有效减小通过时间方差。

**3. 规则调度方法的优缺点分析**

①优点：计算量小，实时性好，易于实施。

②问题：该方法不是一种全局最优化方法。一种规则只适应特定的局部环境，没有任何一种规则在任何系统环境下的各种性能上都优于其他规则。

例如,SLACK 规则虽然能使调度控制获得较好的交付期性能(如延期时间最小),但却不能保证设备负荷平衡度、队列长度等其他性能指标最优。这样,当设备负荷不平衡造成设备忙闲不均而影响到生产进度时,便会反过来影响交付时间。同样,由于制造系统中缓冲容量是有限的,如果队列长度指标恶化,很容易造成系统堵塞,反过来也会影响交付时间。

因此,基于规则的调度方法难以适用于更广泛的系统环境,更难以适用于动态变化的系统环境。

**4. 规则动态切换调度控制系统**

由以上讨论可知,静态、固定地应用调度规则不易获得好的调度效果,为此应根据制造系统的实际状态,动态地应用多种调度规则来实现调度控制。由此构成的调度控制系统称为规则动态切换调度控制系统。下面介绍这类系统的实现方法。

1)系统原理

规则动态切换调度控制系统的实现原理是:根据制造系统的实际情况,确定适当调度规则集,并设计规则动态选择逻辑和相关的计算决策装置。系统运行时,根据实际状态,动态选择规则集中的规则,通过实时决策实现调度控制。

2)实现框图

规则动态切换调度控制系统的实现框图如图 6.15 所示。其中,$R_1, R_2, \cdots, R_r$ 为调度规则集中的 $r$ 条调度规则。动态选择模块是一个逻辑运算装置,可根据输入指令和系统状态,动态选择规则集中的某一条规则。计算决策模块的作用是根据被选中规则计算每一候选调度方案对应的性能准则值,然后根据准则值的大小做出选择调度方案的决策,并向制造过程发出相应的调度控制指令。

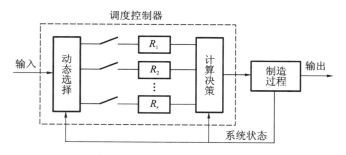

**图 6.15 规则动态切换调度控制系统的实现框图**

# 6.2.6 基于仿真的调度方法

**1. 基本原理**

基于仿真的调度方法的基本原理如图 6.16 所示。图中计算机仿真系统的作用是用离散事件仿真模型模拟实际的制造系统的运行过程,分析不同调度控制方案的效果,并从多种可选择的控制方案中选择出最佳控制方案,然后以这种最佳控制方案实施对制造系统的控制。基于仿真的调度方法是一种以仿真作为制造系统控制决策的决策支持系统、辅助调度控制器进行决策优化、实现制造系统优化控制的方法。

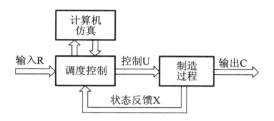

**图 6.16　基于仿真的调度方法的基本原理**

基于仿真的调度控制系统的运行过程为：当调度控制器接收到来自上级的输入信息（作业计划等）和来自生产现场的状态反馈信息后，通过初始决策确定若干候选调度方案，然后将各方案送往计算机仿真系统进行仿真，最后由调度控制器对仿真结果进行分析，做出方案选择决策，并据此生成调度控制指令来控制制造过程运行。

**2. 关键问题**

1）仿真建模

建立能准确描述实际系统的仿真模型是实现仿真调度方法的前提。常用的仿真模型有物理模型、解析模型和逻辑模型。物理模型主要用于物理仿真，由于这种方法需要较大的硬件投资且灵活性小，所以应用较少。解析模型的研究目前还不够成熟，在调度控制仿真中应用也较少，一般多用于制造系统的规划仿真。目前在调度控制仿真中所用的模型主要是逻辑模型。这类模型的典型代表有 Petri 网模型、活动循环图（ACD）模型等。其中 ACD 模型由于便于描述制造系统的底层活动，在制造系统调度仿真中得到较多应用。

2）实验设计

基于仿真的调度方法的实质是通过多次仿真实验，从可选择的调度控制方案中做出最佳控制方案选择决策的方法。由于可供选择的方案往往很多，如果用穷举法一个一个地进行实验，势必要耗费大量机时，而且这也是制造系统控制的实时性要求所不容许的。因此，如何安排实验（即进行实验设计），以最少的实验次数从可选方案中选择出最佳方案，便成为仿真控制方法的另一重要问题。目前常用的仿真实验设计与结果分析方法有回归分析方法、扰动分析方法和正交设计方法等。

3）仿真运行

为使仿真模型能在计算机上运行，必须将仿真模型及其运行过程用有效的算法和计算机程序表示出来。对于活动循环图模型来说，可以采用基于最小时钟原则的三阶段离散事件仿真算法。在仿真语言和编程方面，目前可用于制造系统仿真的语言有通用语言（如 C 语言等）、专用仿真语言、仿真软件包等。通用语言的特点是灵活性大，但编程工作量大。专用仿真语言的特点是系统描述容易，编程简单，但柔性不如通用语言大。仿真软件包的特点是使用方便，但柔性小，软件投资较大。

4）控制决策

控制决策是实现仿真调度方法的最后一环。该环节的任务是对仿真结果进行分析，比较各调度方案的优劣，从中做出最佳选择，并据此生成调度控制指令，通过执行系统（如过程控制系统）控制生产过程的运行。

为使控制决策更有效、更准确,目前一些实际系统中多由人机结合的方式来完成这一任务。

基于仿真的调度方法虽然可在一定程度上解决制造系统的调度控制问题,如静态调度问题,但还存在一些不足之处。问题之一是,该方法的实时性不太理想,这是由于仿真的调度方法需经过一定数量的仿真实验,才能确定最佳方案,而完成这些实验将耗费相当多的时间,从而使控制系统无暇顾及生产现场状态的实时变化,也就难以对变化做出快速响应。另一问题是,面向实时控制的仿真建模是一个相当复杂的工作,建立一个可用于制造系统动态调度仿真的模型往往需要花较长的时间去解决系统动态行为的精确描述问题,而在某些变结构制造系统中,为实现自适应调度控制,需要对系统进行实时动态建模,其难度将更大。

## 6.2.7　智能调度方法

为解决排序调度方法、规则调度方法、仿真调度方法等存在的问题,基于人工智能的调度控制方法(简称智能调度方法)得到广泛研究和应用。下面介绍几种典型方法。

**1. 规则智能切换控制方法**

1)基本原理

规则智能切换控制方法是一种将规则调度方法与人工智能技术相结合而产生的一种智能调度方法。其基本原理是根据制造系统的实际情况,确定适当的调度规则集。系统运行时,根据生产过程的实际状态,通过专家系统动态选择规则集中的规则进行调度控制。

2)调度控制系统组成

规则智能切换调度控制系统的实现框图如图 6.17 所示。可以认为,该系统是对 6.3.4 节介绍的规则动态切换调度控制系统的一种升级。其主要不同之处是,以基于人工智能原理的规则选择专家系统替代了规则动态切换调度控制系统中的动态选择逻辑。动态选择逻辑只具有简单的逻辑判断功能,复杂情况下不易得到好的控制效果。此外,动态选择逻辑的功能是在设计阶段确定的,在系统运行阶段难以对其进行改进。而规则选择专家系统的功能是由其中的知识和推理机构确定的,可以模仿人的智能,对复杂情况的处理能力明显优于前者。此外,通过改变知识库中的知识,即可提高规则选择专家系统的功能和性能。因此,规则智能切换调度控制系统具有很强的柔性和可扩展性。

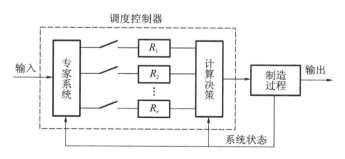

**图 6.17　规则智能切换调度控制系统的实现框图**

3)规则选择专家系统

规则选择专家系统是规则智能切换调度控制系统的核心,其基本结构如图 6.18 所示。其中,输入处理模块的功能是对来自上级的输入信息(作业计划等)和来自生产现场的状态反馈信息进行处理,将其转换为便于调度推理机使用的内部形式。调度知识库是规则选择专家系统的关键部件,其中存放着各种类型的调度控制知识。这些知识可以来自有经验的调度人员,也可以通过理论分析和实验研究获得。调度推理机是该系统的核心,它利用知识库中的知识,在数据库的配合下根据输入信息进行推理,做出调度规则选择决策。输出处理模块的作用是将决策结果转换为规则切换控制指令,以实现对调度规则的动态选择和切换控制。

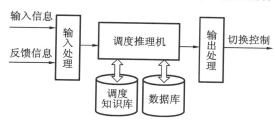

**图 6.18　规则选择专家系统的基本结构**

### 2. 规则动态组合控制方法

上述规则智能切换控制方法虽然可以动态应用多种调度规则对生产过程进行调度控制,但它一个时刻只能使用一条规则进行决策,只能考虑某一方面的性能,难以同时顾及其他方面。因此,该方法难以满足制造系统对综合性能的要求。本节介绍的规则动态组合控制方法为解决这一问题提供了新的途径。该方法的基本思想是通过动态加权调制,同时选取多条调度规则并行进行决策,从而可更加全面考虑系统的实际状态,有利于实现兼顾各方面要求、使总体性能更优的调度控制。同时,通过该方法可将有限的调度规则转换为无限的调度策略。由于这样的调度策略是连续可调的,因此便于通过模糊控制等方法实现规则数量化控制。

1)基本原理

规则动态组合控制方法的实现原理如下。

设针对系统运行状况选出的用于某一决策点的调度规则为 $R_1, R_2, \cdots, R_r$,这 $r$ 条基本规则所对应的性能准则分别为 $P_1(t), P_2(t), \cdots, P_r(t)$,为实现规则动态组合,引入动态综合性能准则

$$J(t) = U_1(t)P_1(t) + U_2(t)P_2(t) + \cdots + U_r(t)P_r(t) \tag{6.5}$$

式中:$U_1(t), U_2(t), \cdots, U_r(t)$——随时间 $t$ 变化的动态加权系数。

若 $t$ 时刻在该决策点上对事件序列的控制有 $n$ 个候选方案 $S_1, S_2, \cdots, S_n$,则这 $n$ 个候选方案所对应的综合性能准则可表示为

$$
\begin{bmatrix} J_1(t) \\ J_2(t) \\ \vdots \\ J_n(t) \end{bmatrix} =
\begin{bmatrix}
P_{11}(t) & P_{12}(t) & \cdots & P_{1r}(t) \\
P_{21}(t) & P_{22}(t) & \cdots & P_{2r}(t) \\
\vdots & \vdots & & \vdots \\
P_{n1}(t) & P_{n2}(t) & \cdots & P_{nr}(t)
\end{bmatrix}
\begin{bmatrix} U_1(t) \\ U_2(t) \\ \vdots \\ U_r(t) \end{bmatrix}
\tag{6.6}
$$

最佳方案应是取最小值的 $J$ 所对应的方案,即若

$$J_i(t) = \min\{J_1(t), J_2(t), \cdots, J_n(t)\}, \quad i \in \{1, 2, \cdots, n\} \tag{6.7}$$

则最佳方案为 $S_i$。

显然,通过上述过程使 $r$ 条调度规则组成了一种新的调度策略(与 $r$ 条规则中的每一条都不相同),它的决策效果取决于两方面因素:一是它所包含的每条规则;二是赋予每条规则的权利。因此针对系统状态的动态变化实时赋予每条规则不同的加权系数,将可做出最有利于系统实际情况的决策,从而实现有利于全局优化的动态调度控制。

2)调度控制器结构

规则动态组合调度控制器的基本结构如图 6.19 所示。其中,规则动态组合控制模块是该控制器的核心,它由基于模糊数学方法构成的模糊推理机、模糊控制知识库等组成。其作用是根据系统输入信息和状态反馈信息,进行模糊推理,产生加权控制信息 $U_1, U_2, \cdots, U_r$。$P_1(t)$,$P_2(t), \cdots, P_r(t)$ 为性能准则计算模块,其任务是根据系统当前状态计算 $r$ 条规则的性能准则值。带"×"号的矩形块为加权调制模块,其作用是根据加权控制信息对各规则的贡献进行控制。决策控制模块的作用是根据综合性能准则值,对选择最优方案进行综合决策,并根据决策结果向制造过程发出调度控制信息。

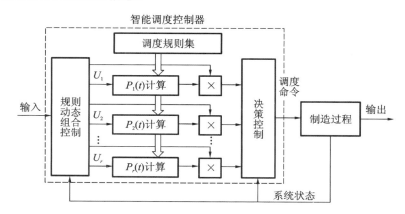

**图 6.19　规则动态组合调度控制器的基本结构**

### 3. 多点协调智能调度控制方法

1)问题的提出

在现代制造系统,特别是自动化制造系统中,为实现底层制造过程的动态调度控制,往往涉及多个控制点,如工件投放控制、工作站输入控制、工件流动路径控制、运输装置控制等。为实现总体优化,这些控制点的决策必须统一协调进行。为此需采用具有多点协调控制功能的调度控制系统。下面对这类系统的组成和工作原理做简要介绍。

2)控制系统组成

基于多点协调调度控制方法所构成的多点协调调度控制系统由智能调度控制器和被控对象(制造过程)两大部分组成,如图 6.20 所示。其中,具有多点协调调度控制功能的智能调度控制器是该系统的核心。该控制器的基本结构如图 6.20 中虚线框部分所示。其中,控制知识库和调度规则库是该控制器最重要的组成环节,其中存放着各种类型的调度控制知识和调度规则。工件投放控制、流动路径控制、运输装置控制等 $m$ 个子控制模块,是完成各决策点调度控制的子任务控制器。智能协调控制模块是协调各子任务控制器工作的核心模块。执行控制模块是实施调度命令、具体控制制造过程运行的模块。

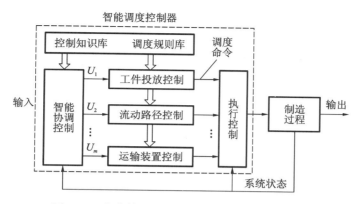

**图 6.20　多点协调智能调度控制系统的基本结构**

3) 系统工作原理

该系统的工作原理如下:当调度控制器接收到来自上级的输入信息(作业计划等)和来自生产现场的状态反馈信息后,首先由智能协调控制模块产生控制各子控制模块的协调控制信息 $U_1, U_2, \cdots, U_m$,然后各子控制模块根据协调控制信息的要求和相关的输入和反馈信息对自己管辖范围内的调度控制问题进行决策,并产生相应的调度控制命令。最后由执行控制模块将调度命令转换为现场设备(如工件存储装置、交换装置、运输装置等)的具体控制信息,并通过现场总线网络实施对制造过程运行的控制。

**4. 自学习调度控制方法**

(1)常规智能调度方法存在的问题。以上介绍的几种智能调度控制方法属于基于静态知识的智能调度控制方法,其基本结构可概括为如图 6.21 所示。图中静态知识库的含义是,库中的知识是系统运行前装进去的,系统运行过程中不能靠自身来动态改变。显然,这类系统的性能从将知识装入知识库那一时刻起就已经确定下来,因此为保证系统具有好的调度控制性能,必须解决如何获取知识并保证知识的有效性这一关键问题。虽然调度控制知识可以从有经验的调度人员那里获得,也可以通过理论分析和实验研究获得,但实施过程中往往遇到一些困难。例如,有丰富经验能承担复杂制造系统动态调度任务的高水平调度人员是极其缺乏的,并且要将其所掌握的知识总结出来也是一个相当费时费力的工作。此外,调度人员的知识是有局限性的,有些知识在他所工作的企业很有效,但换一个环境后未必仍能保持好的效果。实际工作中还发现,走通过理论分析和实验研究获取调度控制知识的途径也是相当困难的。因此,如何有效解决智能调度控制系统中的知识获取问题,便成为提高这类系统性能必须解决的关键问题。

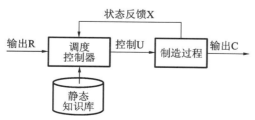

**图 6.21　基于静态知识的调度控制系统**

（2）自学习调度控制系统的组成。解决知识获取问题的一条有效途径就是学习,特别是通过系统自己在运行过程中不断进行自学习。基于这一思想,可构成一种具有自学习功能的智能调度控制系统。自学习调度控制系统的基本结构如图 6.22 所示。该系统与图 6.21 系统的最大不同点在于增加了以自学习机构为核心的自学习控制环。在自学习闭环控制下,可对知识库中的知识进行动态校正和创成,从而将静态知识库变为动态知识库。这样,随着动态知识库中知识的不断更新和优化,系统的调度控制性能也将得以不断提高。

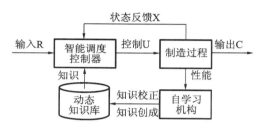

**图 6.22　自学习调度控制系统的基本结构**

（3）知识校正原理。为实现自学习调度控制,需进行知识校正,使其不断完善。知识校正原理如图 6.23 所示。图中由知识控制器与知识使用过程(被控对象)等组成一闭环控制系统。该系统按照反馈控制原理工作,知识控制器将根据被控量的期望值与实际值之间的偏差来产生控制作用,对被控过程进行控制,使被控量的实际值趋于期望值。确切地说,这里的被控量是系统的性能指标,控制作用表现为对知识的校正,被控过程为知识的使用过程。因该系统为一基于偏差调节的自动控制系统,知识控制器将以系统期望性能与实际性能间的偏差最小为目标函数,不断对知识库中的知识进行校正。因此,在该系统的控制下,经过一定时间,最终将使知识库中的知识趋于完善。

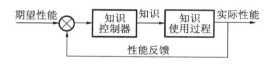

**图 6.23　知识校正原理**

**5. 仿真自学习调度控制方法**

前面介绍的自学习调度控制系统是以实际的制造系统环境实现自学习控制的。这种学习系统存在的问题是学习周期长,且在学习的初始阶段制造系统效益往往得不到充分发挥。为了提高自学习控制的效果,可进一步将仿真系统与自学习调度控制系统相结合,构成仿真自学习调度控制系统,其基本结构如图 6.24 所示。

该系统的基本原理是通过计算机仿真对自学习控制系统进行训练,从而加速自学习过程,使自学习控制系统在较短时间内达到较好的控制效果。

要达到上述目的,该系统须由两个自学习子系统组成。

（1）由调度控制器 1、实际制造过程、自学习机构 1 和动态知识库组成的以实际制造过程为控制对象的自学习控制系统(简称实际系统)。

（2）由调度控制器 2、虚拟制造过程、自学习机构 2 和动态知识库组成的以虚拟制造过程为控制对象的自学习控制系统(简称仿真系统)。

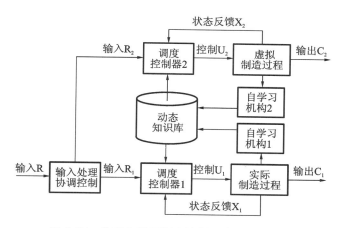

**图 6.24　仿真自学习调度控制系统的基本结构**

仿真自学习调度控制系统可以工作于两种模式,即独立模式和关联模式。

当系统运行于独立模式时,先启动上面的仿真系统,下面的实际系统暂不工作。仿真系统启动后,在调度控制器 2 的控制下,整个系统以高于实际系统若干倍的速度运行,从而对动态知识库中的知识进行快速优化。当仿真系统运行一段时间后,系统进行切换,转为实际系统运行。由于此时知识库中的知识已是精炼过的知识,实际系统就可缩短用于初始自学习的时间,从而提高系统的效益。

系统以关联模式运行时,让实际系统与仿真系统同时工作。由于仿真系统的运行速度比实际系统要快得多,因此,发生在仿真系统中的自学习过程也较实际系统快得多。这样由于仿真自学习的超前运行,相对于实际系统,仿真系统对知识库中的知识校正与创成将是一种预见性的知识更新,即提前为实际系统实现智能控制做好了知识准备。而实际系统中的自学习机构所产生的自学习作用,则是对仿真自学习作用的一种补充。通过这两个自学习环的控制,系统性能的提高将更快、更好。

# 6.3　智能制造系统供应链管理

## 6.3.1　制造业供应链管理概念

IT 技术的发展推动了经济的全球化进程。及时生产、敏捷制造等制造模式的出现,需要更加先进的管理模式与之相适应。传统企业组织中的采购、生产、分销、零售等看似是一个整体,却是缺乏系统性和开放性的企业运作模式,很难适应新的制造模式发展的需要。"供应链"的形成跨越了企业边界,从建立合作制造伙伴关系的思维出发,从全局角度考虑产品的市场竞争力,使供应链从一种单纯的管理工具上升为一种综合性的方法体系,这就是供应链管理思想提出的背景。

### 1. 制造业供应链

制造业是指对原材料(采掘业的产品及农产品)进行加工或再加工,以及对零部件装配的工业部门的总称。制造业的划分主要有消费品制造业和资本品制造业、轻工业和重型制造业、民品制造业和军品制造业、传统制造业和现代制造业等。随着经济全球化和信息技术的发展，企业经营环境发生了翻天覆地的变化，单个制造企业感到很难应对复杂和动态变化的竞争市场环境，任何制造企业都不可能在价值链中的所有环节取得绝对的竞争优势。制造企业开始注重与它们的上、下游企业建立和改善长期的合作伙伴关系，以降低交易成本，供应链就这样产生了。

1)制造业供应链的内涵

供应链目前尚未形成统一的定义，其概念是由美国哈佛商学院教授迈克尔·波特在 20 世纪 80 年代初期提出的价值链理论基础上进一步发展而来的。多年来，许多研究者从不同的角度出发给出了不同的定义。早期的观点认为供应链是制造企业中的一个内部过程，重视企业的自身利益；随着企业经营的进一步发展，供应链的概念范围扩大到了企业的外部环境；现代供应链的概念更加注重围绕核心企业的网链关系。时至今日，世界上对供应链概念有各种各样的描述，美国供应链协会给出供应链的定义是："供应链，它包括涉及生产与交付最终产品和服务的一切努力，从供应商的供应商到客户的客户。"我国 2001 年发布的《物流术语》国家标准（GB/T 18354—2001）中将供应链定义为：生产及流通过程中，涉及将产品或服务提供给最终用户活动的上游与下游企业所形成的网链结构。在制造业领域，我国学者将供应链定义为：围绕核心企业，通过对物流、信息流、资金流的控制，从采购原材料开始，制造成中间产品以及最终产品，最后由销售网络把产品送到消费者手中的将供应商、制造商、分销商、零售商直到最终顾客连成一个整体的网链结构模式。通过分析供应链的定义，我们认为供应链的概念主要包括以下几个方面的内容：

①供应链参与者——供应商、制造商、分销商、零售商、最终顾客等；

②供应链活动——原材料采购、运输、加工制造、送达最终用户；

③供应链的三种流——物料流、资金流和信息流。

2)制造业供应链的结构

供应链不仅是一条资金链、信息链、物料链，而且还是一条增值链。物料在供应链上因加工、运输等活动增加其价值，给链上成员企业都带来了收益。而且在 20 世纪 90 年代全球制造、全球竞争加剧的环境下，这样的一条链应该是一个围绕核心企业的网链，而不仅仅是一个简单地从供应商到最终用户的链结构。

制造业供应链的网链结构如图 6.25 所示，其中，矩形表示加盟的节点企业，带方向的箭线表示物流、资金流和信息流。

从供应链的结构模型可以看出，供应链由所有加盟的节点企业组成，各节点企业在市场需求拉动下，通过供应链的职能分工与合作，以物流、资金流为媒介实现整个制造业供应链的持续增值。值得说明的是，在供应链结构模型图中的任何一家加盟企业都可以被看成是一个供应链结构体，都具有供、产、销体系。例如，某一个供应商可能既是以某个核心企业形成的供应链的供应商，同时也有自己的供应链结构。

3)制造业供应链的特征

供应链的结构决定了它具有以下主要特征。

(1)动态性。供应链管理因企业战略和快速适应市场需求变化的需要，供应链网链结构中

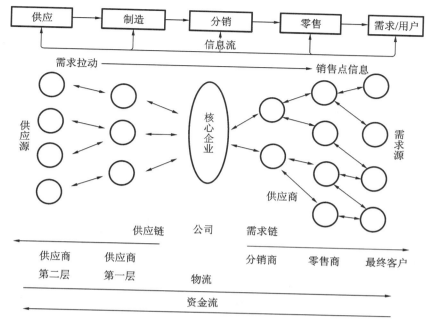

**图 6.25　制造业供应链网链结构**

的加盟节点企业需要动态的更新,并通过信息流和物流而连接起来,这就使得供应链具有明显的动态性。

（2）复杂性。因为供应链节点企业组成的层次不同,供应链往往由多个不同类型的企业构成,所以供应链结构模式比单个企业的结构模式更为复杂。

（3）面向用户。供应链的形成、运作都是围绕一定的市场需求而发生,并且在供应链的运作过程中,用户的需求拉动是供应链中物流、资金流以及信息流流动的动力源。

（4）跨地域性。供应链网链结构中的节点成员企业超越了空间的限制,在业务上紧密合作,在信息流和物流的推动下,创造了更多的供应链整体效益。最终,世界各地的供应商、制造商和分销商连接为一体,形成全球供应链体系。

（5）交叉性。某一节点企业可以分属两个不同供应链的成员,多个供应链形成交叉结构,增加了协调管理的复杂度。

（6）领先科技的综合体。制造业供应链所涉及的技术十分广泛,供应链必将发展成为一个集管理与人工智能等技术于一身的多学科、多领域的领先科技综合体。

4）制造业供应链的分类

依照性质和功能的不同,供应链可以分为以下几种。

（1）平衡的供应链和倾斜的供应链。根据供应链容量与用户需求的关系划分。一般来说,一个供应链具有相对稳定的设备容量和产能,而顾客需求处于不断变化中。当供应链的容量能满足顾客需求时,供应链就处于平衡状态;当市场变化加剧,造成库存成本等增加以致整个供应链成本增加时,供应链就不是在最优状态下运作,而是处于倾斜状态。

（2）动态的供应链和稳定的供应链。根据供应链存在的稳定性划分,基于相对稳定的市场需求而组成的供应链稳定性较强;基于相对频繁变化的市场需求而组成的供应链动态性较高。

271

(3)产品供应链和企业供应链。产品供应链是与某一特定产品或服务相关的供应链,如一个汽车生产商的供应商网络就可能包括上千家企业,为其供应从钢材等原材料到变速器等复杂装配件的产品。企业供应链管理是由单个公司提出的含有多个产品的供应链管理。该企业在整个供应链中处于核心地位,不仅考虑与链上其他成员的合作,也较多地关注企业多种产品在原料采购、生产、分销、零售等环节的优化配置,并拥有主导权。

(4)反应性供应链和有效性供应链。根据供应链的功能模式划分。反应性供应链主要体现供应链的市场中介功能,即把产品分配到满足用户需求的市场,能够对未预知的需求做出快速响应等。有效性供应链主要体现供应链的物理功能,即以最低的成本将原材料转化成零部件、中间件、半成品、产品等。

**2. 制造业供应链管理**

制造业是国民经济的基础,也是一个国家综合国力的体现。"未来的竞争将不是企业间的竞争,而是供应链之间的竞争。"这一新理念已成为当今业界讨论的热门话题。制造企业要想在全球化背景下的竞争中脱颖而出,就必须在供应链管理的先进理念指导下,与供应链上、下游企业之间建立战略伙伴关系。而供应链管理又是在今后对供应链能力的不断认知与开拓中形成的。因此,研究现代制造业供应链管理具有重要意义,它是提高制造企业市场争夺力和竞争力的必然选择。

1)制造业供应链管理内涵

"供应链管理(supply chain management,SCM)"的概念始于 20 世纪 80 年代。它包括管理供应与需求;原材料、备品备件的采购、制造与装配;物件的存放及库存查询;订单的录入与管理;渠道分销及最终交付用户。该定义描述了 SCM 的四个基本流程:计划、采购、制造和配送(见图 6.26),并强调了 SCM 的范围,表明 SCM 是一种跨企业、跨企业多种职能和多个部门的管理活动。

经过深入研究分析,可以认为供应链管理是指对从供应商的供应商直到顾客的顾客整个网链结构上发生的物流、信息流和资金流等进行合理的计划、组织、协调和控制的一种现代管理模式。它以实现战略合作伙伴间的一体化管理,合作伙伴在最短的时间内以最低的成本为客户提供最大价值的服务为目标,通过以一个企业为核心企业而形成"链"上各个企业之间的合作与分工,这种管理模式以客户需求为中心,运用信息技术、人工智能技术以及管理技术等多种现代科学技术进行管理,从而提高整个供应链运行的效率、效益及附加价值,为整个供应链上的所有加盟企业节点带来巨大的经济效益。根据上面的概念,给出供应链管理的原理如图 6.27 所示。

2)传统制造业供应链管理特点

传统的供应链管理是仅局限于点到点集成的一种行业内部互联,即通过通信介质将预先指定的供应商、分销商、零售商和客户依次联系起来。于是造成供应链管理成本高,效率低,灵活性差,并且总线型的管理会由于某个环节的问题而导致整个链路的瘫痪,具体来说有以下缺点。

(1)在理论方法上的局限性。传统供应链管理不是基于运筹学中的数学规划理论和约束理论,因此,它所采用的理论模型过于简单,无法适应当今复杂多变的市场环境,模拟整个供应链的运作流程。

(2)在业务处理上的局限性。在业务处理上,计划的不完善和不准确是传统管理信息化的

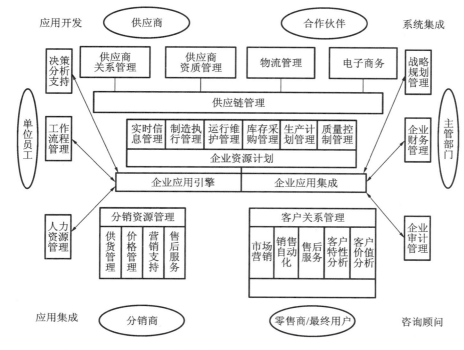

**图 6.26　供应链管理职能关系**

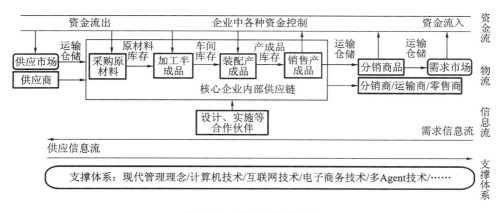

**图 6.27　供应链管理原理**

主要缺陷之一。由于传统供应链管理的计划管理模型是 MRP、MRPⅡ、ERP,这些模型是按照物料、产品和工艺加工流程逐级推演方法来计算物料的需求、补充订单等,因此,无法应对定制化生产的订单和具有复杂工序的生产环境。此外,传统供应链管理缺少业务伙伴关系管理、决策支持、业务协同管理等功能,无法实现供应链上企业与企业间的协同运作和企业间的资源优化配置。

(3)在管理范围上的局限性。首先,传统的供应链管理仅面向单一企业内部,只能对企业内部的资源与业务进行管理,不具备协调企业间资源的能力,无法承担企业间的协同运作。其次,面对复杂和多变的市场需求,就要求系统具有快速响应和决策的能力,而传统供应链管理由于缺少对用户需求的可预见性以致其难以对实际需求与自己的资源供给的匹配情况做出快速响应。最后,传统供应链管理缺少优化和决策支持能力,无法实现业务优化和科学决策。

3)基于信息技术的制造业供应链管理特点

基于信息技术的制造业供应链管理具有以下特点:

(1)生产的敏捷性。敏捷制造是先进制造技术和组织结构的具体结合形式,其基本思想是通过动态联盟(即虚拟企业)、先进的制造技术和高素质的人员进行全面集成,从而形成一个对环境变化能做出有效敏捷反应、竞争力强的制造系统,以使资源得到最充分利用,取得良好的企业效益和社会效益。敏捷制造是不断采用最新的标准化和专业化的网络及专业手段,在信息集成和共享的基础上,以分布式结构动态联合各类组织,构成优化的敏捷制造环境,快速高效地实现企业内部资源合理集成及符合用户要求的产品的生产。

(2)信息的统一标准与共享。为了减少供应链上的冗余环节,在"链"上传递的信息就必须要有统一的标准,以提高信息的及时性与准确性,最终提高供应链运转的效率。而信息共享则在供应链正常运转中担负着重要的责任,无论是操作层面还是战略层面,都离不开信息的高效共享。此外,由于供应链的协同也要基于信息共享,因此改进整个供应链的及时性、流动速度和信息精度,被认为是提高供应链绩效的必要措施。没有全面集成信息的能力,缺乏实用性,是传统供应链取得实效的主要障碍。

(3)管理网络化。网络技术推进了供应链"横向一体化"的模式的发展。"横向一体化"形成了一条从供应商到制造商再到分销商、零售商的贯穿所有企业的"链"。这条链上的节点企业必须达到同步、协调运行,才有可能使链上的所有企业都受益。供应链管理利用现代信息技术,改造和集成业务流程,与供应商,以及客户建立协同的业务伙伴联盟等,大大提高了企业的竞争力,使企业在复杂的市场环境下立于不败之地。

4)制造业供应链管理模型分类

由于从供应链全局的角度来看,没有模型能够描述供应链管理流程的所有方面,所以供应链管理模型就可以按照不同的角度划分成不同的类型。

①按供应链涉及的区域不同划分,供应链模型可以分为国际模型和国家模型。国际供应链模型则是指供应商、制造商或销售商分布在多个国家;国家供应链模型是指供应链涉及的供应商、制造商和销售商都集中在一个国家内。与国际模型相比,国家模型简单得多,需要考虑的因素较少。

②按建模方式不同分类,可将供应链管理模型分为描述性模型(预测模型、成本类型、资源利用及仿真模型)和标准模型(优化与数学规划模型)。这种分类方法清晰地阐述了描述性模型和标准模型各自的作用及其相互关系,即开发准确的描述性模型是必需的,但对于有效决策是不够的,应与优化模型结合起来确定企业的规划与决策。与其类似,供应链优化模型还可以被分为对策论模型、排队论模型、网络流模型和策略评价模型等。

对策论模型主要用于研究供应商与制造商之间、制造商与分销商之间的相互协调,如研究制造商和分销商之间的协调,确定制造商和分销商各自的对策,确定订货时间、订货批量、产品价格等,使它们都能获得比原来更好的收益。

排队论模型主要用于研究生产企业在平稳生产状态下的情况,如各个车间或设备的输出率等,并对资源进行优化配置,如合理安排人员的加工任务、合理安排各个设备的加工任务等,以达到提高生产效率的目标。

网络流模型主要用于研究供应链中成员的选择、布局以及供应链的协调问题。网络提供了一种描述供应链结构的方法,用网络流模型来表示一个供应链有其独特的优点,它能很方便地表示供应链中各种活动的先后次序。

策略评价模型主要用于研究供应链在不确定状态下的协调与管理问题。对跨国企业而言,经常会受到不确定因素的影响,如政府政策改变、技术进步或汇率波动等。企业会采取各种策略对此做出反应,如调整供应链中成员的数量、采用不同的生产技术等。策略评价模型提供了一种对采取的措施和策略进行评价的方法。策略评价模型一般是随机动态规划模型,目标是使各个时期的期望费用总和最小或总收益最大。

## 6.3.2　供应链管理信息系统

在市场经济条件下,伴随着市场竞争的加剧,企业竞争更加激烈。然而制造业的竞争已经不再是企业和企业间的竞争,而是供应链与供应链之间的竞争。制造业供应链涉及采购、制造、分销、零售等诸多环节,都会受到市场的影响。面向大型制造企业内部的管理信息系统已远远不能满足制造业供应链管理的要求,管理信息集成必须向大型制造企业的上、下游两个方向延伸。而管理信息系统的总体规划,更不能仅仅局限于大型制造企业内部,而必须站在制造业供应链管理的高度来考虑,构建制造业供应链管理信息系统。对制造业供应链来说,为了快速响应市场环境的变化,随时捕捉复杂多变的情况,在制造业供应链成员之间高效共享信息,掌握市场变化的趋势,就必须借助于制造业供应链管理信息系统这一强有力的工具。

在供应链环境下,信息系统可以说是企业组织的神经系统,它改进了对资金流、信息流和物流的集成管理,因此信息系统对供应链管理具有十分重要的应用价值。供应链管理的对象是人、财、物,供应链管理的过程是产、供、销,都涉及企业内外各个部门,如企业内部包括原料仓库、生产车间、成品仓库、运输部、销售部、财务部等,企业外部包括原材料供应商、分销商、协作伙伴、客户等。可想而知企业供应链如果没有信息系统的支持,那么供应链管理就没有办法进行。信息系统既对企业内部进行管理同时又对企业间进行管理,它通过对企业内外的"信息流"的管理,来实现对供应链的管理。

### 1. 信息系统的演变

信息系统早在供应链的概念被提出之前就已经存在,随着信息技术和供应链管理思想的发展,信息系统也不断地演变(见图 6.28)。

(1)传统信息系统。传统信息系统是各个传统供应链系统应用的兴起和发展阶段。功能从无到有、从弱到强,从最开始仅用于数据的记录、保存和简单处理的电子数据处理(EDP)、简单业务处理(TP)的系统到有独立功能的狭义的管理信息系统(MIS)、业务信息系统,如人事系统、财务系统、仓库系统等功能性的信息系统,都是在这个阶段产生的,目前这些系统中有些成为了支持供应链信息管理的系统。

电子订货系统(electronic ordering system,EOS)是指将批发、零售商场所发生的订货数据输入计算机,即刻通过计算机通信网络连接的方式将资料传送至总公司、批发商、商品供货商或制造商处。因此,EOS 能处理从新商品资料的说明直到会计结算等所有商品交易过程中的作业,可以说 EOS 涵盖了整个商流。在寸土寸金的情况下,零售业已没有许多空间用于存放货物,在要求供货商及时补足售出商品的数量且不能有缺货的前提下,更必须采用 EOS 系

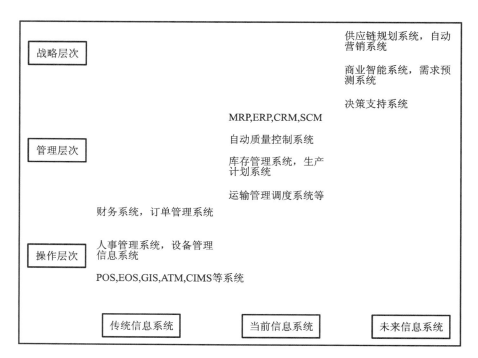

**图 6.28 供应链中信息系统的演变**

统。EDI/EOS 涵盖了许多先进的管理手段,因此在国际上广泛使用,并且越来越受到商业界的青睐。

销售时点信息系统(point of sale,POS)是指通过自动读取设备在销售商品时直接读取商品销售信息,之后通过计算机系统和通信网络传送到有关部门进行分析加工以提高营运效率的系统。POS 系统最早被应用于零售业,之后逐渐扩展至其他如旅馆、金融等服务性行业,使用 POS 信息系统的范围也从企业内部扩展到整个供应链。

GIS 是 20 世纪 60 年代开始迅速发展起来的地理学研究成果,是多种学科领域交叉的产物。它以地理空间数据为基础,采用地理模型分析方法,适时地提供多种空间的和动态的地理信息,是一种为地理研究和地理决策服务的计算机系统。GIS 的基本功能是将表格型数据转换成地理图形来显示,然后对显示结果进行浏览、操纵及分析。其显示范围可以从洲际地图到非常详细的街区地图,显示对象包括销售情况、运输路线等内容。

(2)当前信息系统。本阶段中的信息系统是由上一阶段的各个拥有独立功能的信息系统整合起来后发展起来的,性能大大加强,处理能力和管理水平也大为提高。在综合管理层面上,整合后的信息系统极大地推动了现代供应链管理水平的发展。这一阶段中最典型的信息系统是集成各种功能的制造资源计划(MRP)、客户关系管理系统(CRM)和企业资源规划系统(ERP)。

①MRP(制造资源计划)。MRP(manufacturing resource planning)一般称为 MRP Ⅱ,它是一种先进的企业管理思想和方法。从整体优化的角度出发,对企业的各种制造资源和产、供、销、存、财等各个环节实行合理的计划、组织、控制和调整,使之在生产经营的过程中协调有序,从而在实现连续均衡生产的同时,最大限度地降低物料库存,消除无效劳动和资源浪费。

目前已有多种此类软件投入使用。

②CRM(客户关系管理)。CRM(customer relationship management)是以客户管理为目标的一种管理方式。随着企业从产品为核心竞争方式转化为服务竞争的方式,客户对企业越来越重要,因此有必要把客户管理作为一种单独的管理模式提出来。客户关系管理并不只是针对销售端的最终客户,也包括供应商的关系管理。

③ERP(企业资源规划)。ERP(enterprise resource planning)的概念是 20 世纪 90 年代初由美国著名的 IT 分析公司 GarterGroup 公司提出来的,认为 ERP 系统是"一套将财务、分销、制造和其他业务功能合理集成的应用软件系统"。这一概念包含了三个层次的内容:ERP 是一整套的管理思想;ERP 是整合了企业管理理念、业务流程、基础数据、人力、物力、计算机软硬件于一体的资源信息管理系统;ERP 是综合应用了 C/S 体系、关系数据库管理系统(RDBMS)、面向对象技术(OOT)、图形用户界面(GUI)、SQI. 结构化查询语言、第四代语言/计算机辅助软件工程、网络通信等信息产业成果的软件产品。ERP 信息系统的引入,极大地提高了企业管理的有序性,基于数字信息的企业决策也比以前更加科学。

另外值得说明的是,如果从信息系统方面考虑,SCM、MRP、ERP、CRM 这几者的基础信息是一致的。例如,ERP 和 SCM 的核心企业库存,CRM 和 SCM 的客户、供应商信息,MRP、SCM、ERP 的产品目录等。

(3)未来信息系统。未来的供应链管理信息系统的发展方向有两大特点:一是智能性,自动地完成业务处理和分析,为企业提供决策支持;二是集成性,多种功能集成管理,实现一体化运行。从现在看来,这个阶段较突出的有商业智能系统(BI)、需求预测系统(DPS)、供应链规划系统(SCP)、决策支持系统(DSS)等战略规划层面上的信息系统。

**2. 信息系统应用层次**

信息系统在供应链中的应用具有层次结构,各种信息系统的应用层次如图 6.29 所示。

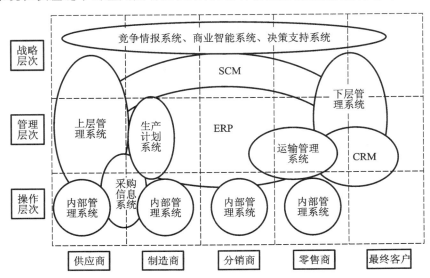

**图 6.29　供应链中各种信息系统的应用层次**

整个供应链在横向上可以分为供应商、制造商、分销商、零售商和最终客户五个组成部分,每个部分对信息处理的要求不同,有各自的特点。例如,对零售商来说,做好客户关系管理和客户需求预测则更为重要;而对制造商来说,生产计划和生产执行情况是它们所关心的。在纵向上,整个供应链又可以分为战略、管理和操作三个层次。其中,操作层次要求各种具体独立的业务信息的收集与处理;管理层次则要求对操作层次所收集到的信息进行统一的整合与协调;战略层次需要对下层的信息进行筛选、统计或添加,提炼出能支持管理人员作出战略决策的信息。

在操作层次上,供应链的各个组成部分的信息系统主要着眼于其内部管理和业务操作信息系统的建设,其中包括财务系统、人事管理系统、设施设备管理系统、仓库管理信息系统、订单处理系统等。

在管理层面上,最主要、最核心的信息系统是企业资源规划系统和供应链管理系统。在一定意义上,供应链管理系统之中包含了企业资源规划系统。供应商、制造商、分销商和零售商都应用到这两个大系统,只是不同的角色应用 ERP 和 SCM 的重点和程度不同。

供应链纵向的最高层次是战略层次,这个层次的信息系统以计划和战略决策为重点,有较高的分析能力。它们能与原有的信息系统,以及 ERP 和 SCM 相集成,利用从这些系统中得到的信息加以分析,为供应链管理人员的决策提供支持。但是现阶段,由于信息技术等一些限制,这类系统还不完善,多数还停留在低级和中级的计划决策阶段。这个层次的信息系统有供应链规划系统、竞争情报系统、商业智能系统、决策支持系统等。它们在垂直方向上一般来说要高于前两者。

### 6.3.3 智能供应链管理

现代供应链管理的范围由企业内部的协调分工到企业间的协作与联盟,最后发展到以价值链协同和互联化为特点的现代供应链管理阶段(见图 6.30)。

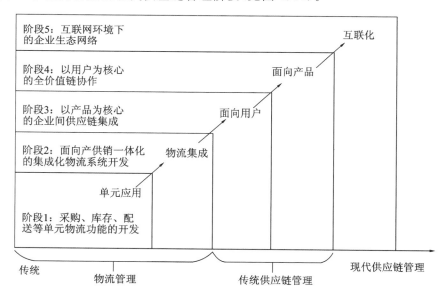

图 6.30 供应链管理发展趋势

### 1. 智能化供应链管理

以互联化为特征的现代供应链管理是经济和技术发展的必然结果。在互联网环境下,为了应对动态、复杂的市场和技术环境,供应链管理必须具备敏捷性、柔性、鲁棒性、协同性等一系列特性。而实现这些特性的基础在于建立一个智能化的供应链管理系统。智能化是实现供应链管理敏捷化、柔性化、自动化、集成化的关键所在,是供应链管理的必然要求,是现代供应链管理的基本特性。

智能化供应链管理是指面向价值链全生命周期的客户需求的智能化满足过程,包括智能化的供应链网络设计、智能供应链与物流业务决策,以及智能化信息处理等几个方面的内容。通过供应链管理的智能化,为供方提供最大化的利润,为需方提供最佳的服务,同时也消耗最少的自然资源和社会资源,最大限度地保护好生态环境。

智能供应链管理是企业业务环境及技术环境双轮驱动的结果。经济全球化、需求个性化、业务环境的复杂化以及先进信息技术的采用是智能供应链管理产生的 4 大驱动力。

智能供应链以增强企业对动态、不确定的市场环境的适应能力为导向,以供应链战略、战术及业务层优化为基本着眼点,借助先进的管理及信息技术,实现供应链网络的智能化管理、供应链业务的智能决策与优化,以达到柔性、敏捷性的目标。智能供应链管理的核心业务目标主要在于成本控制、可视化、风险管理、客户协作及全球化协作这 5 个方面。客户希望通过实施智能供应链管理,在这 5 个方面取得明显的成效。

### 2. 智能化供应链管理特征

互联网、物联网、智能计算技术的飞速发展极大地促进了智能供应链与物流管理的进步。互联网环境下的智能供应链应具有下列 3 个关键特性。

(1)物联化。以前由人工创建的供应链信息将逐步由传感器、RFID 标签、仪表、执行器、GPS 和其他设备和系统来生成。在可视性方面,供应链不仅可以"预测"更多事件,还能见证事件发生时的状况。由于像集装箱、货车、产品和部件之类的对象都可以依靠 GPS 等设备实时跟踪信息,供应链不再像过去那样完全依赖人工来完成跟踪和监控工作。设备上的仪表板将显示计划、承诺、供应源、预计库存和消费者需求的实时状态信息。

(2)互联化。智慧的供应链将实现前所未有的交互能力,一般情况下,不仅可以与客户、供应商和 IT 系统实现交互,而且还可以与正在监控的对象甚至是在供应链中流动的对象之间实现交互。除了创建更全面的供应链外,这种广泛的互联性还便于实现大规模的协作。全球供应链网络有助于全局规划和决策制订。

(3)智能化。为协助管理者进行交易评估,智能系统将衡量各种约束和选择条件,这样决策者便可模拟各种行动过程。智慧的供应链还可以自主学习,无须人工干预就可以自行做出某些决策。如当异常事件发生时它可以重新配置供应链网络;可以通过虚拟交换获得相应权限,进而根据需要使用诸如生产设备、配送设施和运输船队等有形资产。使用这种智能不仅可以进行实时决策,而且还可以预测未来的情况。通过建模和模拟技术,智慧的供应链将从过去的"感应-响应"模式转变为"预测-执行"模式。

### 6.3.4 制造业供应链管理系统技术

**1.供应链管理系统体系**

供应链管理要求制造业供应链上各节点成员企业的信息系统能够协同工作,实现制造业供应链上信息的无缝连接。构筑面向制造业供应链管理的信息系统平台,能够为各节点成员企业实现信息系统的集成与协同运转提供基础,促进对供应链的有效管理和整体优化。

1)体系结构

制造业供应链管理系统体系结构如图 6.31 所示,具体由以下部分构成:

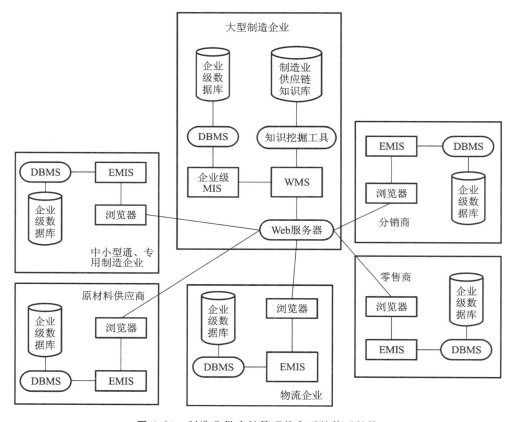

**图 6.31 制造业供应链管理信息系统体系结构**

(1)企业级数据库。存储制造业供应链各节点企业的本地数据,包括原材料信息、生产信息和产品信息等,是制造业供应链分布式数据库的一部分。

(2)数据库管理系统(DBMS)。DBMS(database management system)负责制造业供应链各节点企业的本地数据的管理,包括数据库的建立、原始数据输入等。

(3)企业级管理信息系统(EMIS)。EMIS(enterprise management information system)负责制造业供应链中各节点企业内部各项业务活动的具体处理。主要包括业务数据查询、输入、存储、维护等,它是分布式制造业供应链管理信息系统的一部分。

(4)制造业供应链知识库。存储制造业供应链的公共知识和供应链中成员企业之间的合作协议,支持制造业供应链的工作流执行。

(5)知识挖掘工具。以制造业供应链知识库中的大量知识为基础,自动发现潜在的商业知识,并以这些知识为基础作出预测。知识挖掘工具发现的新知识可以用于指导制造业供应链各节点企业的业务处理,也可以立即被补充到制造业供应链知识库中。

(6)浏览器。浏览器是众多的原材料供应商、中小型专用件制造企业、中小型通用件制造企业、分销商、零售商、物流企业的 EMIS 相互之间,以及与大型制造企业管理信息系统交互的界面。

(7)工作流管理系统(workflow management system,WMS)。WMS 是制造业供应链管理信息系统的关键部分,负责商业过程的建模、实施与监控。基于制造业供应链中各节点企业的命令,工作流管理程序按存储在知识库中的规则形成工作流,并利用工作流来协调完成制造业供应链中各节点企业级管理信息系统之间的通信。

(8)Web 服务器。当众多的原材料供应商、中小型专用件制造企业、中小型通用件制造企业、分销商、零售商及物流商的 Web 浏览器连到大型制造企业的 Web 服务器上并请求文件时,Web 服务器将处理该请求,当需要用到制造业供应链知识库中的知识时,通过知识挖掘工具访问制造业供应链知识库,并将文件发送到浏览器上,附带的信息会告诉浏览器如何查看该文件。

2)功能结构

以上对现代制造业供应链管理的结构分析表明,供应链管理结构的基本功能应主要包括供应管理、生产作业、物流控制、需求预测与计划管理、战略性供应商和用户合作伙伴管理、企业间资金流管理和基于 Intranet/Internet 的供应链交互信息管理等。

如图 6.32 所示,供应链管理信息系统作为制造业供应链管理信息化进程中的支持平台,承担着信息获取、供应链的发起与组织、采购管理、库存与仓库管理、生产管理、供应商管理、销售商管理、财务与资产管理、人力资源管理、供应链决策管理等责任,其目的在于降低总体交易成本、提高企业用户服务水平,并寻求两个目标之间的平衡。

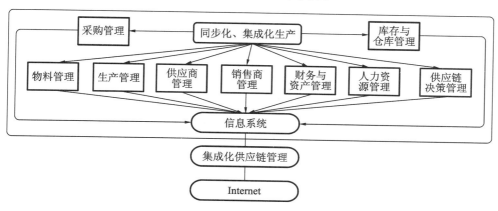

**图 6.32　供应链管理的基本功能结构**

(1)采购管理。采购管理子系统支持从采购计划、采购订单、到货接收和供货质量跟踪的采购处理的全过程。

（2）物料管理。物料管理子系统是一个无时段的综合物料计划编制工具，帮助用户编制最经济的详细生产计划、车间计划、采购计划和配套计划。

（3）库存与仓库管理。本子系统为企业更有效地计划和管理库存提供一个强有力的工具，帮助企业控制库存水平，加速资金周转，保证生产物料配套供应，提高库存管理的精确性。

（4）供应商管理。制造业供应链管理信息系统对供应链中众多的原材料供应商、中小型专用件制造企业、中小型通用件制造企业的供应能力及其提供的原材料、专用件和通用件的价格、质量、及时交货率等进行评价，对原材料供应商、专用件制造企业、通用件制造企业进行动态管理。供应商管理子系统将数据挖掘、电子商务等信息技术紧密集成在一起，为企业产品的策略性设计、资源的策略性获取、物品内容的统一管理、合同的有效洽谈等过程提供了一个优化的解决方案。

（5）生产管理。生产管理子系统是用于产品级生产计划的编制工具。

（6）销售商管理。制造业供应链管理信息系统对制造业供应链众多的分销商、零售商的营销能力、资信、财务状况等进行评价，对分销商、零售商进行筛选与评估。

（7）财务与资产管理。制造业供应链管理信息系统对现金流进行跟踪，及时进行制造业供应链成员企业之间的资金结算，管理固定资产的新置、折旧与更新换代。财务与资产管理子系统一般包括总账处理模块、应收账款模块、应付账款模块、银行对账模块、财务报表管理模块、工资核算模块、往来核算模块、固定资产核算模块、项目管理模块等。

（8）人力资源管理。人力资源管理子系统用于建立、维护雇员基本信息、工作情况联机跟踪并进行统计查询和分析，以合理利用人力资源。

（9）供应链决策管理。供应链决策管理子系统按照决策者的需求建立数据仓库模型，采用联机分析处理等技术进行决策信息的查询、分类、报告，为企业高层管理者决策并监督企业执行提供数据和报表，实现从企业基础数据到决策信息的自然转变。供应链决策管理子系统包括：数据仓库建模和管理工具模块、数据抽取工具模块、多维数据访问中间件、Web 联机分析工具模块、报告制作工具模块、权限管理模块、商业智能应用模块。

3）智能化供应链管理技术体系

智能供应链管理技术体系涉及智能供应链管理与运作技术、智能决策与优化技术及智能信息处理技术 3 个方面的内容（见图 6.33）。

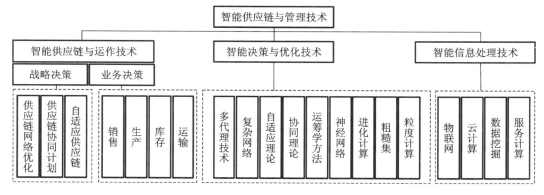

图 6.33　智能供应链管理技术体系

（1）智能供应链管理与运作技术主要基于供应链运作管理理论，对供应链与物流管理的各阶段中的核心业务活动进行决策和优化，涉及战略决策和业务决策两个层面，比如供应商智能选择以及供应链网络智能设计、全局协调与预测控制、智能库存、销售、生产等业务。

（2）智能决策与优化技术主要对应用于智能供应链管理的各种系统理论、智能技术和决策方法进行研究，包括人工智能技术、复杂系统理论、智能计算理论、仿真技术、运筹学理论等内容。

（3）智能信息处理技术主要包括供应链与物流信息的智能感知、采集、处理及分析技术。随着物联网、云计算等新一代信息技术的快速发展，智能信息处理技术已经成为供应链管理系统发展的核心驱动力。

**2. 供应链管理系统技术**

在 21 世纪，企业管理的核心是供应链的管理，而供应链的管理则必然是围绕信息管理来进行的。最近几年，技术创新成为企业供应链管理改革的最主要形式，而信息技术的发展直接影响供应链管理改革的成败。不管是电子数据交换（EDI）、Internet/Intranet 技术、通信技术、数据库技术，还是自动识别技术，信息技术的革新都已经成为企业供应链管理结构模式变化的主要途径。可见，在现代制造企业中，有效的供应链管理离不开信息技术提供支持。在信息社会中，为了在市场竞争中获得更有利的竞争地位，企业要树立"人才是企业的支柱，信息是企业的生命"的经营理念。下面将主要介绍供应链管理系统中的信息支撑技术。

1）新兴技术提供数字化支持

供应链管理为了降低运行成本、优化业务流程，主要使用的支持技术有全球定位系统、射频技术、电子数据交换技术及条形码技术。

（1）全球定位系统（GPS）。GPS 具有海、陆、空全方位实时三维导航与定位能力，它以全天候、高精度、自动化、高效率等特点，用于汽车自定位、跟踪调度；也可用于铁路运输管理，可实现列车、货车追踪管理；另外还可用于军事物流等。

（2）射频技术（RF）。RF（radio frequency）的基本原理是电磁理论。射频识别卡具有读写能力，可携带大量数据，且有智能，难以伪造。RF 适用于物料跟踪和货架识别等要求非接触数据采集和交换的场所，由于 RF 卡具有读写能力，对于需要频繁改变数据信息的场所尤为适用。

（3）电子数据交换（EDI）。国际标准化组织（ISO）将 EDI 定义为"将商业或行政事务处理按照一个公认的标准，形成结构化的事务处理或信息数据格式，从计算机到计算机的数据传输"。在供应链管理的应用中，EDI 是供应链中节点企业信息集成的一种重要工具，它是在合作伙伴企业之间交互信息的有效技术手段。通过 EDI，可以快速获得信息，减少纸面作业，更好地沟通和通信，降低成本、提高生产率，并且能改善企业与客户的关系、提高对客户的响应、缩短订货周期，减少订货周期中的不确定性，增强企业的市场竞争力等。

（4）条形码技术。条形码是按规定的编码技术、符号及印刷标准，将文字、数字、图形等信息在标签、品牌等平面载体上印刷成光学反射差异的条、点、块状图形；这种图形可用于扫描、阅读、识别、解码并输入计算机。常见的条形码有两种：一种是国际通用的 EAN 商品条形码体系，适用于制造商、供应商和零售商共同使用，包括商品条形码（如 EAN-13、EAN-8 码等）、储运条形码（如 DUN-14、DUN-16 码等）；另一种是企业内部管理使用的条形码，包括 ITF、交又二五专用码、Code39 码、Code128 码等。为降低成本并提高生产力,目前几乎所有行业都采用了条形码技术。

2)Internet 提供网络化环境

企业通过优化其流通网络与分销渠道、加快库存周转来改进其供应链,关键是进行更好的集成,提高每个企业对整体供应链中即时信息的可见度。在动态的市场环境中,需要企业快速作出决策,对供应链网络中的信息流、物流和资金流进行有效调度,管理由控制转向协调,决策由集中转向分散。这就要求以全球化的信息和知识共享为基础。高效、集成的信息流可以使供应链中的每一个实体及时响应实际的客户需求,相应地调整实际的物流。

目前,Internet 提供网络环境,也成为电子交易的全面处理工具,整个市场的供应链被重组。基于 Intranet/Internet 的供应链管理信息系统将实现企业全球化的信息资源网络,可以更好地在信息时代实现企业内部与企业之间的信息集成。另外,企业资源计划与客户关系管理的集成把成本和盈利活动直接联系到一起。供应链管理与 ERP 的集成把生产制造和供销活动直接联系到一起。同时,供应链的优化目标也从利润最大化或成本最低变为使客户最满意,并实现服务创新。

3)电子商务提供市场化平台

供应链管理与客户关系管理(CRM)共同形成了电子商务的核心业务。电子商务的应用对供应链管理的影响可表现为:电子商务帮助企业拓展市场,拉近企业与客户之间的距离;电子商务促进企业合作,建立企业与客户之间的业务流程的无缝集成;电子商务为供应链管理提供了市场化平台,全面采用计算机和网络支持企业及其客户之间的交易活动,包括产品销售、支付等。

企业在供应链管理中,可以运用电子会议、电子营销、EDI、某些财务技术手段(如电子资金转账 EFT)等多种电子商务应用技术来改善对供应、生产、库存、销售的控制,与供应商、分销商、零售商和最终客户建立更便捷、更精确的电子化联络方式,实现信息共享和管理决策支持。图 6.34 给出了基于电子商务的供应链管理的组织模型。

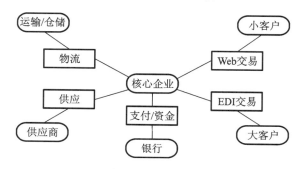

图 6.34　基于电子商务的供应链管理组织模型

4)多 Agent 技术提供智能化手段

多 Agent 系统(MAS)是指由多个 Agent 组成的,为了实现某一全局性目标,一组 Agent 通过计算机网络和通信网络相互连接起来的系统。其中每一个 Agent 的基本结构如图 6.35 所示,由执行模块、环境感知模块、信息处理模块、通信模块、决策与智能控制模块以及知识库和任务承诺表组成。执行模块、环境感知模块和通信模块负责与系统环境以及其他 Agent 进行交互,任务承诺表为该 Agent 所要完成的任务和功能。信息处理模块负责对接收到的信息进行初步处理和存储,决策与智能控制模块是赋予 Agent 智能的关键模块。它运用知识库中的知识对信息模块处理所得到的外部环境信息,以及其他 Agent 的通信信息进行深入分析、推理,为进一步从任务表中选择适当的任务供执行模块执行作出合理的决策。

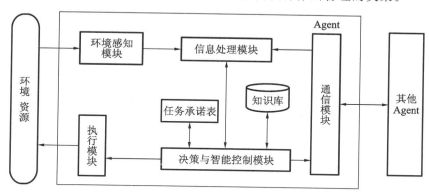

**图 6.35  Agent 的基本结构**

通过对图 6.35 的分析可知,MAS 中的各 Agent 必须相互协同才能完成共同的任务以实现系统的全局目标,代理的自治性和系统的协调机制使得 MAS 在描述复杂系统方面有下列特点。

(1)分布性。MAS 提供一个理想的机制来实施分布式计算系统,不仅在结构上是分布的,在逻辑上也是分布的,其中 Agent 具备特有的能力独立存在并处理其任务,能与其他 Agent 交流。

(2)合作性。在 MAS 中,Agent 知道如何去和其他实体或 Agent 交流,合作解决复杂问题。Agent 与其他 Agent 组织起来形成多 Agent 系统,各 Agent 分工合作达成统一并执行规划,共同完成单个 Agent 无法完成的任务。

(3)同步性。可代表其他实体如用户、系统资源或其他程序自主独立地运行,自己决策并维护自己的信息,并常常是事件或时间驱动的,用多 Agent 实施同步过程十分容易。

MAS 系统理论及实现方法在工程技术领域得到了广泛的应用。分布式控制系统、工厂作业环境、特征参数动态变化的系统、柔性制造系统等特别适于应用 MAS 理论建模并进行分析和开发。供应链中各个环节的不确定性以及市场竞争环境的瞬息万变,使得供应链的业务过程很难按照计划执行。近年来,多 Agent 技术在供应链管理中的应用研究开始受到各方的关注,并已经取得了一些局部的研究成果。具体来说,多 Agent 技术为分布式的供应链管理系统提供了一种智能途径,它把供应链网络中的各加盟企业间的协作与协商以及共同完成工作任务的各种活动描述为 Agent 间的自主作业活动。

5)基于复杂系统理论的适应性供应链系统

供应链网络是一个复杂系统,由许多自治的、具备自适应能力的企业组成,需要在动态、不确定环境以及局部信息条件下做出合理决策。与简化的、线性的传统系统理论相比,复杂性科学的研究对象是复杂系统,复杂性科学则提供了一个完全不同的世界观。因此,将复杂系统理论引入供应链管理,可以使人们对于供应链系统的特性、行为及演化规律有一个新的认识。

供应链系统作为一类典型的复杂适应系统,不能在一般系统论和牛顿科学范式基础上进行资源的优化配置和生产战略决策。供应链是一个合作共生系统和动态演进的学习系统,协商和妥协是供应链运作的"游戏规则",供应链系统的整体运行是帕累托(Pareto)最优,通过同步化策略,实现集成化供应链的协同运作。近年来,基于复杂适应理论对供应链系统的非线性、多样性及自适应等特性的研究是供应链管理领域的一个新的方向。

复杂适应系统(CAS)理论包括微观和宏观两个方面。在微观上,CAS 理论的最基本概念是具有适应能力和主动的个体,简称主体,这种主体在与环境的交互作用中遵循一般的"刺激-反应"模型,所谓的适应能力表现在它能够根据行为的效果修改自己的行为规则,以便更好地在客观环境中生存。在宏观上,由这样的主体组成的系统,将在主体之间以及主体与环境的相互作用中发展,表现出宏观系统中的分化、涌现等种种复杂的演化过程。供应链适应性主要体现在三个方面:战略决策的自适应;组织架构的自适应;市场环境的自适应。

6)物联网技术在智能化供应链管理中的应用

要真正实现智能物流,就必须实现供应链企业间的信息分享和互动。企业之间的核心纽带就是物品,以物品状态信息作为流动主体的物联网技术,正是构建覆盖供应链的全程智能物流配送的关键。

物联网技术体系范围极广,包括:具备"内在智能"的传感器、移动终端、智能电网、工业系统、楼控系统、家庭智能设施、视频监控系统等;"外在使能"的物体,如贴上 RFID 条形码标签的各种资产,携带无线终端的个人与车辆等"智能化物件或动物"或"智能尘埃";通过各种无线和/或有线的长距离和/或短距离通信网络实现互联互通(M2M)、应用大集成及基于云计算的 SaaS 营运等模式;在内网、专网和互联网环境下,采用适当的信息安全保障机制,提供安全可控乃至个性化的实时在线监测、定位追溯、报警联动、调度指挥、预案管理、远程控制、安全防范、远程维保、在线升级、统计报表、决策支持、领导桌面等管理和服务功能,实现对"万物"的"高效、节能、安全、环保"的"管、控、营"一体化。在物联网技术体系中,EPC 技术与 RFID 技术是关键。

从整个供应链来看,EPC(electronic product code,产品电子代码)系统和 RFID 技术能使供应链的透明度大大提高,物品在供应链的任何地方都被实时追踪。安装在工厂配送中心、仓库及商品货架上的读写器能够自动记录物品在整个供应链的流动,从生产线到最终的消费者全程记录。

7)基于云计算的供应链与物流管理信息协同平台

供应链信息的共享与交互是实现智能供应链与物流管理的基础。传统供应链的信息交换是基于电子数据交换(EDI)点对点的交换模式,没有一个公共的交换平台,各个节点企业只能通过 EDI 相互交换信息。一旦信息交换需要在整个供应链上实现,或者供应链的上下游需要接入不同的节点企业,如制造企业需要对接多个供应商、批发企业需要对接多个零售商,就会大大增加信息交换与共享的复杂程度。因此,基于传统的 EDI 技术,供应链内全局信息共享是无法快速地、推送式地实现的。

基于云计算的技术架构则能够很好地实现信息共享。由于供应链部署在云平台上,因此,可以基于云平台实现供应链伙伴间信息系统的协同,实现运营数据、市场数据等信息的实时共享和交流,从而实现供应链伙伴之间更加快速、"透明"的信息共享与交互。云计算系统中运用了许多技术,其中以标准化技术、虚拟化技术、数据管理技术、平台管理技术在供应链信息协同中最为关键。

基于云计算的供应链与物流管理信息协同平台是一种新型的计算模式。以供应链管理盟主为核心与云计算服务提供商组成一个对供应链企业各成员信息管理负责的信息中心。信息中心是整个体系中的信息采集中心、加工中心和调配中心。供应链中除盟主外的成员企业分别与信息中心互联。

8)基于数据挖掘技术的供应链智能化分析与预测

数据挖掘是从大量的、不完全的、有噪声的、模糊的及随机的实际数据中,挖掘出有效的、新颖的、潜在有用的、最终能理解的模式的过程。数据挖掘技术来源于人工智能、机器学习、统计学 3 大领域,涉及数据库技术、模式识别、知识系统等众多学科,可分为关联、分类、聚类等多种类的技术任务,操作流程包含数据清理、数据集成、数据选择、数据变换、数据挖掘、模式评估和知识表示。

随着物联网等信息技术在供应链管理运行中的应用,供应链业务所产生的数据量将爆炸性地增长。数据挖掘在供应链决策支持中扮演着越来越重要的角色,已成功应用于采购、生产、库存等业务的分析预测,以及客户行为分析和供应商管理等多个方面。

# 6.4　智能运维系统

## 6.4.1　智能运维概述

随着测试技术、信息技术和决策理论的快速发展,在航空、航天、通信和工业应用等各个领域的工程系统日趋复杂,系统的综合化、智能化程度不断提高,研制、生产尤其是维护和保障的成本也越来越高。同时,由于组成环节和影响因素的增加,产品发生故障和功能失效的概率逐渐加大,因此,高端装备的智能运维和健康管理逐渐成为研究者关注的焦点。

维护是指为保持或恢复产品处于能执行规定功能的状态所进行的所有技术和管理,包括监督的活动。在工业生产中,对设备实施维护能够使设备安全运行,降低突发事故的可能性,避免人员伤亡和设备损失。据统计,制造业中的维护费用通常占总生产成本的 15% 以上,缸体行业中的维护费用有的甚至高达 40%。在军事领域,维护费用的比例也很高。据统计,大约 30% 的维护成本是由低效率的维护方式引起的。维护计划已经成为企业运行计划的重要组成部分。

维护的发展经历了事后维护、定期维护、视情维护与故障预测和健康管理等几个阶段。事后维护是 20 世纪 40 年代以前的主要维护策略,它是当设备失效后才对设备进行维护。第二次世界大战后,人们逐渐认识到仅仅进行事后维护的成本很高。在设备的使用和维护过程中,传统上常常采用定期维护的策略来维持设备可靠性和预防重大事故。一方面,由于机械设备在先天上存在一定程度的个体差异,甚至有一些设备具有一些难以发现的潜在缺陷,极高的设计可靠性与制造可靠性标准并不能避免个体设备的故障发生;另一方面,由于在使用过程中机械设备所经历的运行工况、外部环境及突发因素千差万别,运行时间与故障发生的相关性越来越小,定期维护的策略并不能非常有效地维护设备的健康。许多设计可靠性极高的设备在远低于预期寿命的时间内,仍然会突发地出现一些难以预测的故障,而另一些设备在仍然可以健康可靠运行之时就遭受了维护甚至更换,总体上讲"欠维修"与"过维修"的问题在设备的运行维护中非常突出。视情维护过程中,通常需要做两种决策优化:维护(更新)时机决策和状态监测间隔期决策。相应的优化目标包括维护时间期望值最小、维护费用期望值最小、可靠性期望值最大等。系统级决策优化过程中常常需要兼顾多个优化目标,由于不能同时达到最优解,造成决策优化顾此失彼,因此,多目标决策优化成为视情维修研究的重点。

基于复杂系统可靠性、安全性和经济性的考虑,以预测技术为核心的故障预测和健康管理(prognostics and health management, PHM)技术始于 20 世纪 70 年代中期。PHM 技术从外部测试、机内测试、状态监测和故障诊断发展而来,涉及故障预测和健康管理两方面内容。故障预测是根据系统历史和当前的监测数据诊断、预测其当前和将来的健康状态、性能衰退与故障发生的方法;健康管理是根据诊断、评估、预测的结果等信息,可用的维修资源和设备使用要求等知识,对任务、维修与保障等活动做出适当规划、决策、计划与协调的能力。PHM 技术代表了一种理念的转变,是装备管理从事后处置、被动维护,到定期检查、主动防护,再到事先预测、综合管理不断深入的结果,旨在实现从基于传感器的诊断向基于智能系统的预测转变,从忽略对象性能退化的控制调节向考虑对象性能退化的控制调节转变,从静态任务规划向动态任务规划转变,从定期维护到视情维护转变,从被动保障到自主保障转变。PHM 技术作为实现装备视情维护、自主式保障等新思想、新方案的关键技术,受到了学术界和工业界的高度重视,在机械、电子、航空、航天、船舶、汽车、石化、冶金和电力等多个行业领域得到了广泛的应用。

智能运维是建立在 PHM 基础上的一种新的维护方式。它包含完善的自检和自诊断能力,包括对大型装备进行实时监督和故障报警,并能实施远程故障集中报警和维护信息的综合管理分析。借助智能运维,可以减少维护保障费用,提高设备可靠性和安全性,降低失效事件发生的风险,进一步减少维护损失,延长设备使用寿命,在对安全性和可靠性要求较高的领域有着至关重要的作用。在智能运维策略下,管理人员可以根据预测信息来判断失效何时发生,从而可以安排人员在系统失效发生前某个合适的时机,对系统实施维护以避免重大事故发生,同时还可以减少备件存储数量,降低存储费用。智能运维的最终目标是减少对人员因素的依赖,逐步信任机器,实现机器的自判、自断和自决。智能运维技术已经成为新运维演化的一个开端,可以预见在更高效和更多的平台实践之后,智能运维还将为整个设备管理领域注入更多新鲜活力。

## 6.4.2　智能运维体系结构

### 1. PHM 的体系结构

PHM 较为典型的体系架构是 OSA-CBM(open system architecture for condition-based maintenance)系统,是美国国防部组织相关研究机构和大学建立的一套开放式体系结构,该体系结构是 PHM 研究领域内的重要参考。OSA-CBM 体系结构作为 PHM 体系结构的典范,是面向一般对象的单维度七模块的功能体系结构;该体系结构重点考虑了中期任务规划和长期维护决策,而对基于装备性能退化的短期管理功能考虑不足。

OSA-CBM 体系结构如图 6.36 所示,该体系结构将 PHM 的功能划分为七个层次,主要包括数据获取、特征提取、状态监测、健康评估、故障预测、维修决策和人机接口。

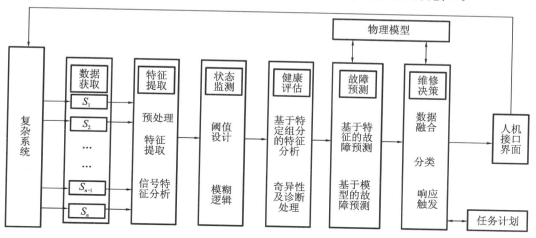

**图 6.36　OSA-CBM 体系结构**

(1)数据获取:分析 PHM 的数据需求,选择合适的传感器(如应变片、红外传感器和霍尔传感器)在恰当的位置测量所需的物理量(如压力、温度和电流),并按照定义的数字信号格式输出数据。

(2)特征提取:对单/多维度信号提取特征,主要涉及滤波、求均值、谱分析、主分量分析(PCA)和线性判别分析(LDA)等常规信号处理、降维方法,旨在获得能表征被管理对象性能的特征。

(3)状态监测:对实际提取的特征与不同运行条件下的先验特征进行比对,对超出了预先设定阈值的提取特征,产生报警信号。涉及阈值判别、模糊逻辑等方法。

(4)健康评估:健康评估的首要功能是判定对象当前的状态是否退化,若发生了退化则需要生成新的监测条件和阈值,健康评估需要考虑对象的健康历史、运行状态和负载情况等。涉及数据层、特征层、模型层融合等方法。

(5)故障预测:故障预测的首要功能是在考虑未来载荷情况下根据当前健康状态推测未来,进而预报未来某时刻的健康状态,或者在给定载荷曲线的条件下预测剩余使用寿命,可以看作是对未来状态的评估。涉及跟踪算法、一定置信区间下的 RUL 预测算法。

(6)维修决策:根据健康评估和故障预测提供的信息,以任务完成、费用最小等为目标,对维修时间、空间做出优化决策,进而制定出维护计划(如降低航速、减小载荷)、修理计划(如增加润滑油、降低供油量)、更换保障需求(作为自主保障的输入条件)。该功能需要考虑运行历史、维修历史,以及当前任务曲线、关键部件状态、资源等约束。涉及多目标优化算法、分配算法和动态规划等方法。

(7)人机接口:人机接口的首要功能是集成可视化,集成状态监测、健康评估、故障预测和维修决策等功能产生的信息并可视化,产生报警信息后具备控制对象停机的能力,还具有根据健康评估和故障预测的结果调节动力装备控制参数的功能。人机接口通常和 PHM 其他的多个功能具有数据接口。需要考虑是单机实施还是组网协同,是基于 Windows 还是嵌入式,是串行还是并行处理等。

**2. 智能运维决策模型**

智能运维利用装备监测数据进行维修决策,通过采取某一概率预测模型,基于设备当前运行信息,实现对装备未来健康状况的有效估计,并获得装备在某一时间的故障率、可靠度函数或剩余寿命分布函数。利用决策目标(维修成本、传统可靠性和运行可靠性等)和决策变量(维修间隔和维修等级等)之间的关系建立维修决策模型,如图6.37所示。利用最新的传感器检测、信号处理和大数据分析技术,针对装备的各项参数以及运行过程中的振动、位移和温度等参数进行实时在线/离线检测,并自动判别装备性能退化趋势,设定预防维护的最佳时机,以改善设备的状态,延缓设备的退化,降低突发性失效发生的可能性,进一步减少维护损失,延长设备使用寿命。

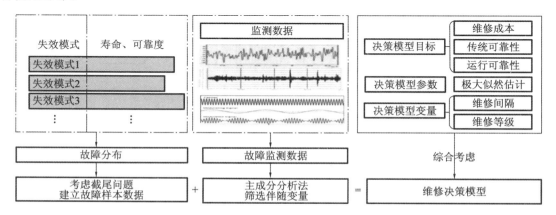

图6.37　基于状态监测的维修决策模型

## 6.4.3　智能运维系统

从企业资产管理的角度,智能运维(PHM)系统贯穿产品的整个生命周期,可以用于降低系统维护成本、改进维修决策,并为产品设计和验证流程提供使用情况的反馈。随着PHM的工业化发展,形成了不同形式的PHM系统。根据应用的不同,PHM平台可以分为单机版、嵌入式和云端平台。

1)单机版PHM系统

单机版PHM系统是当前最普遍的PHM系统,如图6.38所示。它可以提供较高的计算能力、高数据存储量和分析能力,并可以运用于不同的健康管理目的。在单机版PHM平台中,个人电脑是主要的硬件资源。当多个PHM系统需要交互时,系统管理模块负责协调不同的PHM系统的通信和同步。所有的数据都会被送到个人电脑进行处理。对一个加工厂来说,一台加工中心适合采用单机版PHM系统。考虑到加工设备的复杂性,需要运用复杂的预测算法来捕捉机械部件的退化特征,跟踪可以反映系统退化和失效严重的事件而不打断机器加工过程。一般来讲,单机版PHM系统需要高频采样的传感器,并且需要较高的计算能力以满足处理和分析大量数据工作的要求。

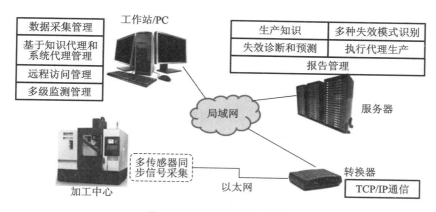

图 6.38　单机版 PHM 平台

2）嵌入式 PHM 系统

单机版 PHM 系统不能提供故障诊断和预测的反馈给过程控制系统，所以需要合理利用可编程控制器同步触发外部数据采集。如果将故障诊断和预测系统嵌入商业化的控制器中，在控制循环中，故障预测的代理将会在产品失效前自动报告事件和调整参数。这将会使 系统更加可控并可以减少生产线当宕机时间。如图 6.39 所示为嵌入式 PHM 平台的基本结构。在嵌入式平台实施 PHM，计算能力和内存需要重点考虑。基于知识的代理已经存在于 PHM 模型中，执行代理实时计算连续信号并提供健康信息。系统代理基于检测到的健康信息对控制系统进行反馈。

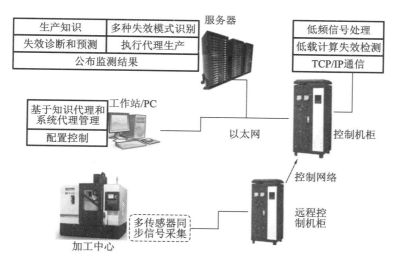

图 6.39　嵌入式 PHM 平台

3）云端 PHM 平台

尽管不同的工业领域都采用 PHM 来减少机器宕机时间，避免机器失效，优化维护策略，但在实施 PHM 过程中，由于需求、期望和资源的限制，依然有很多的挑战。比如不同的 PHM 任务需要不同的计算能力和不同的平台。所以，大多数工业领域都有 IT 基础设施来支持分

**291**

布式的监测系统。云计算可以用来管理、分派和提供一个更安全更容易的方式来存储大量数据文件并同时提供快速的数据连接。云端 PHM 平台基于服务导向架构分布式计算、网格化计算和可视化进行集成。云端 PHM 平台部署策略需要三个主要成分：①机器界面代理；②云端应用平台；③用户服务界面。云端 PHM 平台基本框架如图 6.40 所示。机器界面代理用来对处于不同位置和云端的机器进行通信，并采集机器状态数据传递给云端应用平台。机器界面代理可以是嵌入式的也可以是单机版的，由部署的限制和喜好决定。在云端应用平台，开发者可以开发 PHM APP，不同的用户可以使用分享应用来分析自己的数据。数据处理和 PHM 算法在云端应用平台中被分置于不同的模块中。在任何一台虚拟机中，这些模块都可以被唤醒和协作来生成合适的工作流以满足最小配置要求。最后，PHM 应用的结果会通过用户服务界面反馈给用户来减少运营成本或者提供给设计师来改进设计。用户也可以用他们自己的设备通过用户服务界面登录云端应用平台来访问授权数据、信息。

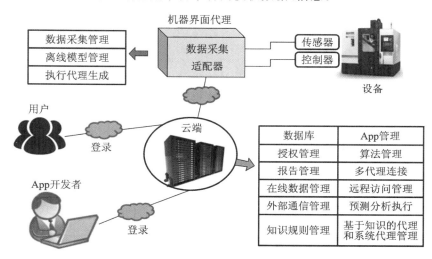

图 6.40　云端 PHM 平台

4）智能运维系统平台

传统的装备远程在线监测和故障诊断系统存在如下问题：不同设备或不同生产区域的系统所使用的服务器、计算机等互相独立，资源不能或难以共享，且计算能力几乎不能满足智能决策计算的需求。基于云计算技术（包括分布式计算技术、计算资源虚拟化技术等）、大数据分析技术，建立智能运维系统平台将成为解决以上问题的装备运维新技术。参考工业和信息化部信息化和软件服务业司相关报告，智能运维平台的架构如图 6.41 所示。平台分为数据层、服务层（IaaS 云服务承载层）和应用层。数据层通过设备的集散控制系统、制造执行系统（MES）等系统的软件接口读取设备相关运行的工艺数据，从传感器、二次仪表、无线物联网节点、具有边缘计算能力的智能数据采集器、便携式采集设备等，将感知的设备运行的状态数据、原料数据、环境数据发送至服务层。服务层的数据转换器（物联网网关）、中间服务器等将数据依据设备的数字化模型（包括基于机理的模型、数据驱动模型）进行解析、处理、分析，形成智能运维信息转发至应用层。应用层建立 Web 端、App 端、CS 端 App 界面，与用户进行交互，为用户提供信息和服务。上述架构反映的智能运维系统平台的本质是服务＝模型＋数据。显而易见,核心就是设备的数字化模型,参考工业和信息化部信息化和软件服务业司相关报告,智能运维平台的核心数字化模型如图 6.42 所示。

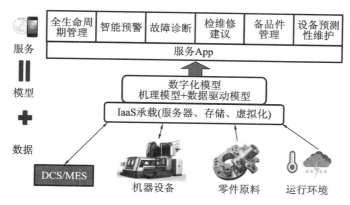

图 6.41　智能运维平台架构

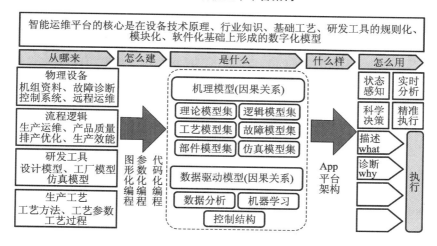

图 6.42　智能运维平台的核心数字化模型

　　智能运维平台的核心是在设备技术原理、行业知识、基础工艺、研发工具规则化、模块化、软件化基础上形成的数字化模型。数字模型的编程方式可以是代码化的,如采用 C++、Java 等编程语言,也可以是图形化的,如采用 MATLAB 的 Simulink 模型,还可以是参数化的,如采用 Ansys 的参数化模型建立。数字模型分为强调因果关系(实际也是基于因果关系建立)的机理模型,和强调相关关系的数据驱动模型。典型的机理模型有理论模型(如描述旋转机械动力学规律的转子动力学模型、描述流体动力学规律的流体力学模型等)、逻辑模型(如由 IF-Else 组成)、部件模型(如零部件的三维有限元模型)、工艺模型(如石化企业工艺流程的模型)、故障模型(如机械设备故障树模型)、仿真模型(如用于进行机械结构模态分析的仿真模型)等。典型的数据驱动模型可以用于异常判别(二分类问题)、故障识别(多分类问题),有支持向量机、贝叶斯模型、神经网络模型、控制结构模型(如自适应控制模型)等。这些数字模型以软件程序形式存在于平台上。数字模型的应用结果是以其产生的信息、结论来对设备运维的"执行"产生影响,数字模型产生的结果是描述被运维对象发生了什么、诊断为什么发生、预测将要发生什么、决策应采取什么措施。数字模型的目标是状态感知、实时分析、科学决策、精准执行。

### 6.4.4 典型行业的智能运维应用

随着我国工业经济持续增长,各行业的智能运维都得到了很大的发展,相关的健康管理与故障诊断技术作为实现智能运维的关键手段,对提高工程装备的可靠性、安全性与经济性有着重要意义。国内外工业界的众多公司与研究机构在健康管理系统与故障诊断技术开发中给予持续关注,并投入大量人力物力。智能运维与健康管理技术、健康监测系统的研发不仅与使用目的相关,也与工业装备类型、特点与使用要求密不可分。以下介绍五大重要典型工业领域装备的智能运维的发展。

**1. 机床加工过程智能运维发展**

机械制造加工产业是国家工业发展的基础,在实际机械加工过程中,数控机床健康状态对生产加工过程具有很大的影响,轻则影响产品加工质量,重则造成停机、停产,甚至造成生产事故。通过对数控机床进行高效的健康检测,一方面可以实现对数控机床健康状态的快速、批量检测,对整个车间数控机床的健康状态进行可视化的管理,为制定车间生产计划和维护修理计划提供强有力的数据支持;另一方面可以持续提高产品质量和生产效率,为企业创造更多的效益。

**2. 石化装备智能运维发展**

石化行业是我国国民经济的重要支柱之一。透平压缩机组、大型往复压缩机以及遍及化工流程中的机泵群是石化关键设备的代表,通常在复杂、严酷的环境下长期服役,一旦发生故障可能导致系统停机、生产中断,甚至会出现恶性生产事故。石化关键设备故障智能诊断作为智能运维的核心关键之一,是判断系统是否发生了故障、故障位置、故障损坏程度、故障类型的有效途径,也是故障溯源的基础。

**3. 船舶装备智能运维发展**

以海洋运输装备制造业在智能船舶方面的创新已成为当前研发的热点和前沿。由于船舶运行的特殊性,对船舶装备智能运维技术的需求非常迫切,利用传感器、通信、物联网和互联网等技术手段,自动感知和获得船舶自身、海洋环境、物流和港口等方面的信息和数据,并基于计算机技术、自动控制技术和大数据处理分析技术,在船舶航行、管理、维护保养和货物运输等方面实现智能化运行的船舶,以使船舶更加安全、更加环保、更加经济和更加可靠。

**4. 高铁装备智能运维发展**

高铁装备是中国高端制造业崛起的重要标志,高铁车辆属于典型复杂机电系统,以分布式、网络化方式集成了机、电、气和热等多个物理领域的部件,导致故障表现方式高度复杂化。由于缺乏有效技术装备和智能运维系统,我国铁路部门普遍沿用不计成本的定期维修方式。新时期将基于列车运行状态、重要部件等实时参数和设计数据等非实时参数,对高铁故障早期特征、部件寿命预测展开研究应用,实现高铁高效、准确、低成本的运行维护。

**5. 航天航空装备智能运维发展**

健康管理系统是先进航天航空装备的重要标志,也是构建新型维修保障体制的核心技术,同时也在深刻地改变着先进航天航空装备的运行和维修保障模式,它可用于对关键部件状态进行实时监测,对运行过程中系统部件尤其是发动机的运行信息以及异常事件进行记录和存储,通过影响发动机的状态监测方法、维修方式以及维修保障,最大化提升装备的安全性、完好率,最小化降低维修保障费用以及运行危险性,进而减少维修保障费用,提高维修效率。

# 6.5　智能制造服务系统

## 6.5.1　制造服务的概念

制造服务是向产品生产过程和使用过程所提供的各种形式服务的总称。制造服务的主体是产品生产企业和第三方服务商。服务对象包括产品生产企业和产品最终消费者,一般称为客户(也可称用户)。狭义客户是指产品的用户,广义客户包括供应商。制造服务的概念是针对产品生产企业向服务业拓展的需要而提出的。

从制造服务的性质来看,制造服务包括与产品关联的生产性服务和生活性服务。

生产性服务是向生产企业提供的各种形式服务的总称,其目的是保持商品生产过程的连续性,促进技术进步、产业升级,提高生产过程不同阶段的生产效率和运行效率提供保障。生产性服务中一些与产品不直接关联的服务,如企业的财务优化服务、资产管理服务、法律咨询服务等,不属于本书的制造服务讨论范围。

生活性服务是面向终端消费者的各种文化和生活方面的服务,包括餐饮服务、家庭服务、医疗服务、交通服务、通信服务、教育服务、文化娱乐服务、居住服务、旅游服务和其他服务等十大类别。生活性服务又称消费性服务。生活性服务中也有许多服务与产品不直接关联,如文艺演出服务、旅游服务、法律咨询服务、餐饮服务等,不属于制造服务。

从制造服务的主体来看,制造服务包括制造企业的与产品关联的能力服务和产品服务、第三方的与产品关联的服务。

能力服务是制造服务的子集(制造企业提供设计和制造服务)。服务的主体是制造企业,服务的阶段是售前阶段。产品服务和能力服务覆盖了产品全生命周期。

产品服务也是制造服务的子集(制造企业基于自己产品的延伸服务)。服务的主体是制造企业,服务的阶段主要是产品售后阶段。

图 6.43 是与制造服务定义相关的一些概念间的关系。

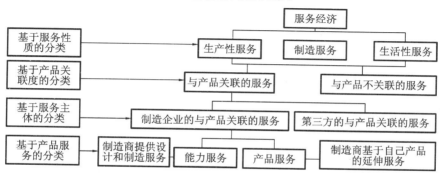

**图 6.43　与制造服务定义相关的一些基本概念的关系**

## 6.5.2 智能制造服务的需求

智能制造服务是信息化与制造服务化融合的高级形式,是制造服务发展的主要方向之一。智能制造服务是信息技术拉动与用户需求驱动的产物。

信息技术的发展使服务越来越便利,并使过去许多不可能的服务成为可能,如基于网络和知识的各种智能制造服务。

用户需求的变化需要企业提供更快捷、更方便的个性化服务,而信息技术为企业开展用户服务提供了强大的工具,其优势主要表现在及时、互动和个性化等方面。制造服务将信息化作为提供服务的平台和工具,借助于信息化手段把服务向业务链的前端和后端延伸,扩大了服务范围,拓展了服务群体,并且能够快速获得用户的反馈信息,不断优化服务内容,持续改进服务质量。制造服务信息化必然朝智能化方向发展。信息化技术主要从以下两方面支持智能制造服务。

(1)信息技术提高产品的智能水平,使产品具有自主的智能服务功能。如汽车自动倒车停位服务系统可以帮助用户方便地将汽车精确停位,汽车租赁和共享服务系统可以帮助用户快速租赁和共享所需要的汽车。

(2)信息技术提高服务的智能水平,许多服务可以通过软件自动实现。如服装自动匹配和三维展示系统可以根据用户的历史数据,快速帮助用户找到自己喜欢的服装,并可进行虚拟穿戴,动态展示。

智能制造服务的需求如下。

(1)满足用户在产品协同设计阶段的需求。①通过智能服务软件和人机交互界面,支持产品用户与企业协同创新,以便获得用户自己真正需要的产品。②提供基于虚拟现实技术的智能服务软件,帮助产品用户通过网络参与设计,体验成就感。

(2)满足合作伙伴在产品协同设计阶段的需求。①通过智能服务软件和人机交互界面,支持合作伙伴与企业协同创新,提高创新设计效率。②提供基于虚拟现实技术的智能服务软件,帮助合作伙伴通过网络参与设计,加强合作伙伴与企业的相互沟通。

(3)满足供应商在产品协同设计和制造阶段的需求。①通过网络零件库系统,支持供应商发布自己生产的零部件的3D模型,以便整机厂设计师快速选择已有零部件的3D模型组装成新的产品,在进行仿真分析后,向供应商采购相应的零部件,最终形成分工专业化、产品模块化、标准化的协同设计和制造生态系统。②提供智能设计制造集成软件,支持供应商参与产品并行设计和制造。③提供智能服务软件,帮助企业对供应商的制造过程进行远程监控。

(4)满足用户在产品使用阶段的需求。①用智能代理、智能服务、智能机器人代替用户更多的体力和脑力工作。②通过智能服务软件和人机交互界面,使复杂产品操作和维护简单化。③通过智能服务,支持产品租赁、共享等基于大数据的服务。④通过智能服务,为用户使用的产品提供远程监控和故障诊断服务,确保其安全可靠、高效率运行。

(5)满足企业用户服务的需求。①开展智能制造服务,为用户提供独特的服务,使竞争对手难以模仿。②通过基于大数据的制造服务,掌控服务链,争取更多盈利空间。③利用对自己产品的专业知识开展智能制造服务,获得增值收益。④利用基于大数据的制造服务,建立企业与用户之间的长期合作关系,提高保护用户利益的能力,争取和锁定用户。

（6）满足环境保护的需求。①通过基于大数据和云计算平台的制造服务,帮助制造企业对其产品全生命周期负责,使企业更全面和深入地考虑和控制产品对环境的影响。②通过环境数据监控平台,帮助制造企业监控其制造过程和供应链,并提供翔实的环境数据,以便用户、政府有关部门监督。③通过环境数据监控平台,帮助制造企业监控其产品运行过程的能耗和污染情况,以便及时采取措施实现节能减排。

由于制造服务面向产品整个生命周期,面向无数高度分散的用户,具有信息量大、过程和环境复杂、个性化强、对知识和信息利用水平要求高等特点。因此,智能化是制造服务的主要发展趋势。当前制造服务主要停留在信息化阶段,有些服务已经有智能化的特征。

## 6.5.3　智能制造服务的关键技术

### 1. 智能信息采集技术

智能制造服务要求实时采集制造服务过程中产生的大量信息,通过对信息的分析,可为用户提供更精准的服务。智能信息采集技术包括传感器技术、射频识别（RFID）技术、快速测量技术等。

### 2. 智能信息管理技术

#### 1）制造服务过程中的知识获取和有序化技术

智能制造服务需要大量知识,许多知识来自服务过程。要获取这些海量的、分散的、结构化程度差的、实时的知识,需要信息技术的支持。智能手机等可作为知识获取的硬件。

获取知识的目的在于重用。但来自服务过程的知识非常杂乱,充满大量无用的信息。解决问题的方法有：①依靠专门的委员会进行审查；②依靠广大员工进行知识评价。在知识评价的同时,也对员工的知识水平进行评价和排序,以此鼓励员工认真、积极参与知识发布和评价。

#### 2）产品生命周期的制造服务状态描述技术

制造服务状态描述技术利用信息技术,对几十年的产品状态数据进行管理。许多工业产品的生命周期可能有 10～50 年。在如此之长的生命周期内,产品有许多次的维护和维修,许多零部件被更换。这势必产生大量的产品状态数据,这些数据对于产品的维护和维修非常重要。依靠人工管理这么多的数据,难度很大。信息技术容易解决这一问题。另外,制造服务状态描述技术还要求制造服务状态模型在产品全生命周期中具有一致性、可追溯性、完整性等。

#### 3）可视化管理技术

可视化技术可以改善用户体验,使用户对复杂的数据有直观和生动的了解,帮助企业更有效率地开展制造服务,帮助用户更好地体验制造服务。

### 3. 智能信息处理技术

#### 1）面向智能制造服务的用户需求挖掘技术

在制造服务中,企业与用户的频繁接触,使企业掌握大量用户信息,并从中挖掘用户的真实需求,帮助企业提供更好的服务,开展产品创新。用户信息具有模糊、零乱、结构性差、量大等特点,需要相应的用户需求智能数据挖掘技术。通过对用户在基于网络的制造服务过程中的行为的记录、分析和挖掘,可以全面了解用户的需求。

2)智能产品服务集成技术

企业在开展产品服务时,要面对大量用户的个性化需求,并且要求服务快速、成本低。通过智能产品服务集成技术,不仅能提供单件产品的配送、安装和使用服务,还能提供产品之间的集成服务。智能产品服务集成技术还包括技术的标准化协同建设。

3)基于虚拟现实的用户体验技术

虚拟现实(virtual reality,VR)的概念是 20 世纪 80 年代初提出的,它是综合利用计算机图形系统以及各种显示和控制接口设备,在计算机上生成的可交互的三维环境中提供沉浸感觉的技术。虚拟现实技术利用计算机生成一种模拟环境,通过多种传感设备使用户"进入"该环境,实现用户与该环境的自然交互,同时该环境对用户的控制行为做出动态响应,并能为用户的行为所控制。运用该技术建立的模型世界可以是真实世界的仿真,也可以是抽象概念的建模。

**4. 产品智能维护服务技术**

产品智能维护服务技术包括远程智能诊断和维护服务技术、维修服务管理技术、预测性维护技术。

远程智能诊断与维护服务技术是指利用计算机技术、信息技术、传感器技术等对现代制造设备进行远距离的故障诊断与维护。维修服务管理技术主要是利用信息技术,特别是网络技术,对企业分散在全国乃至世界各地的用户处的服务人员进行管理和提供支持。预测性维护技术是指通过检测在线运行设备的状态来决定是否对该设备进行必要的维护。此外,产品智能维护服务技术还包括服务 Agent 技术、产品自诊断技术、产品自维护技术等。

## 6.5.4 智能制造服务模式

图 6.44 所示为智能制造服务模式的主要内容。这里将产品生命周期分为产品形成阶段、产品制造阶段和产品售后阶段,也可分为售前、售中和售后 3 个阶段。现有典型的智能制造服务模式有:大数据驱动的智能制造服务模式、物联网驱动的智能制造服务模式、基于互联网开放式智能制造服务模式和基于云计算平台的智能制造服务模式。

**1. 大数据驱动的智能制造服务模式**

大数据或称巨量资料,指的是所涉及的资料量规模巨大到无法通过目前主流的软件工具,在合理时间内达到撷取、管理、处理并整理成为帮助企业经营决策的信息。企业各种信息系统、电子商务平台等逐渐累积的大数据为制造服务的智能化提供信息基础。

按照大数据来源和类型不同,大数据驱动的智能制造服务模式有:基于行业网站交易数据的制造服务、基于电子商务大数据的制造服务、基于销售大数据的制造服务、基于产品运行和维修大数据的制造服务、基于全生命周期大数据驱动的复杂产品智能制造服务等模式。

基于行业网站交易数据的制造服务案例如浙江华瑞集团有限公司开发建设的"中国化纤信息网",该网站提供全国十二大化纤专业市场及其他化纤原料的当日行情,还对不同品种化

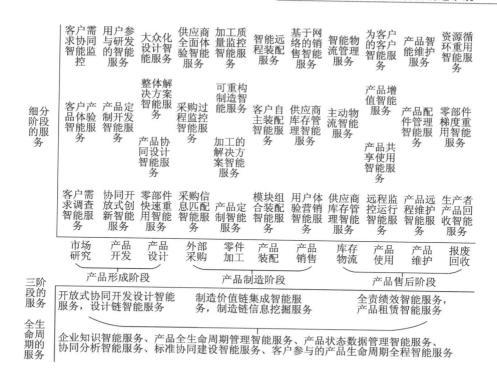

图 6.44 智能制造服务模式的主要内容

纤原料每周、月、年、跨年度的价格形成曲线,并做出趋势分析,还建立了中国化纤信息网化纤价格指数。该指数的建立主要依据各市场所在地及附近地区织物年产量及对化纤产品的年需求量、各市场所在地及附近地区当时的开机率等大数据,并根据时令、季节及市场炒作等因素调整各模型中的参数,能够及时、直观地反映了市场行情的综合信息,避免了因个别品种、厂家的价格波动引起错误预测,为企业的决策提供了巨大的支持。

基于电子商务大数据的制造服务案例如中国电子商务的巨头阿里巴巴集团下的淘宝网,每天有数以万计的交易在淘宝上进行,与此同时,相应的交易时间、商品价格、购买数量会被记录,更重要的是,这些信息可以与买方和卖方的年龄、性别、地址,甚至兴趣爱好等个人特征信息相匹配。运用匹配的数据,淘宝可以进行更优化的店铺排名和用户推荐;商家可以根据以往的销售信息和"淘宝指数"进行生产、库存决策,赚更多的钱;更多的消费者也能以更优惠的价格买到更心仪的商品。围绕淘宝,正在形成一个庞大的生态体系,包括传统制造业、网店掌柜、客服、第三方服务商、淘宝客、快递。图 6.45 为淘宝大数据的应用框架。

基于销售大数据的制造服务案例如沃尔玛基于销售大数据的制造服务。2011 年 4 月,沃尔玛以 3 亿美元高价收购了一家专长分类社群的网站 Kosmix。Kosmix 不仅能收集、分析网络上的海量资料(大数据)给企业,还能将这些信息个人化,提供采购建议给终端消费者。这意味着,沃尔玛使用的大数据模式,已经从"挖掘"顾客需求进展到能够"创造"消费需求。Kosmix 为沃尔玛打造的大数据系统称作"社交基因组",并将它连接到 Twitter、Facebook 等社交媒体。工程师每天从热门消息中推出与社会时事呼应的商品,创造消费需求。沃尔玛的大数据系统最重要的任务就是在做出每一次决定前,将执行成本降到最低,并且创造新的消费机会。

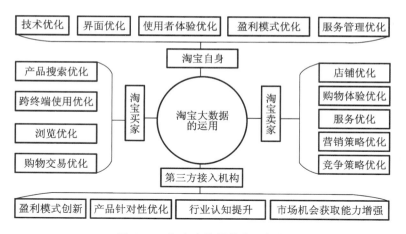

**图 6.45　淘宝大数据的应用框架**

**2. 物联网驱动的智能制造服务模式**

物联网是一种通过射频识别技术、红外感应器、蓝牙、无线传输等信息传感设备,按照约定协议,把事物与网络连接起来进行信息交换与通信,实现物与物、物与人的泛在连接,以达到事物与过程的智能化识别、跟踪、监控与管理的网络。

根据物联网的应用领域与场合不同,物联网驱动的智能制造服务模式分为供应链管理服务、物联网驱动的生产过程监控管理服务、物联网驱动的物流仓储管理服务、物联网驱动的智能家电服务、物联网驱动的文件管理服务、物联网驱动的食品监控服务等服务模式。

物联网驱动智能制造服务模式如富士施乐的文件管理服务。传统生产模式下的复印机行业的模式,制造商提供技术和暂时性的服务技术,在这个过程中赚取利润。虽然客户只是想要复印机的功能,但是他们必须购买复印机,购买复印机所需要的消耗品,监测机器的性能,安排服务,并且还得承担产品选取和产品回收等与所有权相关的责任。制造服务下的复印机行业模式,客户不再拥有产品的所有权,制造商提供的是"文件管理解决方案"。在使用过程中,制造商而不是客户负责选择提供合适的设备以及复印机的消耗物,此外制造商还要监控机器的性能、维修和对产品的回收。客户只为复印机的复印和印刷功能而向制造商支付费用。

**3. 基于互联网的开放式智能制造服务模式**

目前,越来越多的互联网平台实行开放策略,引进第三方服务和软件提供商。这对完善平台的功能,实现更好的用户体验非常重要。开放和共赢已成为互联网长远发展的趋势,过去几年,各大互联网巨头相继推出了开放平台,并汇集大量的第三方应用。如,创新 2.0 中的制造服务。

创新 2.0 是面向知识社会的下一代创新模式。传统的以技术发展为导向、科研人员为主体、实验室为载体的科技创新活动,正转向以用户为中心、以社会实践为舞台、以共同创新与开放创新为特点的用户参与的创新 2.0 模式。创新 2.0 应是从 Web 2.0 引申而来。Web 2.0 是要让所有的人都参与,全民织网,使用软件、机器的力量使这些信息更容易被需要的人找到和浏览。创新 2.0 也是让所有人都参与创新,利用各种技术手段,让知识和创新共享和扩散。如果说创新 1.0 是以技术为出发点,创新 2.0 就是以人为出发点,是以人为本的创新,以应用为本的创新。

**4. 基于云计算平台的智能制造服务模式**

近年来，一种新的服务化计算模式——云计算（cloud computing）兴起。云计算的理念是，由专业计算机和网络公司搭建计算机存储和计算服务中心，把资源虚拟化为"云"后集中存储起来，为用户提供服务。云计算为解决当前信息化制造存在的问题提供了新的思路和契机。

云制造融合了现有制造业信息化、云计算、物联网、语义 Web、高性能计算等技术，通过对现有网络化制造与服务技术进行延伸和变革，将各类制造资源和加工过程虚拟化、服务化，并进行集中的智能化管理和经营，实现智能化、多方共赢、普适化和高效的共享和协同，通过网络为产品全生命周期过程（包括产品加工前阶段（如论证、设计、加工、销售等）、制造中阶段（如使用、管理、维护等）和制造后阶段（如拆解、报废、回收等））提供可随时获取的、按需使用的、安全可靠的、优质廉价的服务。云制造运行原理如图 6.46 所示。

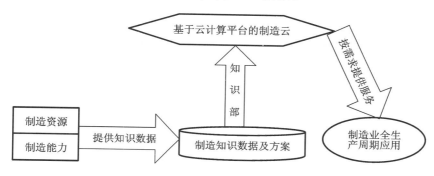

**图 6.46　云制造运行原理图**

以下以磨削加工智能决策云服务平台为例，阐述云服务平台的形式、架构及其实现。

1）智能决策云服务模式构建

云计算按服务模式可以分为 IaaS、PaaS 和 SaaS 三类。所构建的磨削加工智能决策云服务平台系统采用 SaaS 的服务模式，即通过内部互联网提供软件服务，将磨削工艺智能决策软件的研究成果，通过内部互联网进行服务共享，开发云平台系统前端交互网页，实现与用户的交互，通过前端交互页面调用服务器上的工艺软件功能，将工艺软件的各个模块变成服务提供给用户，实现数据与服务的共享。磨削工艺智能决策云服务平台的各个服务模块如图 6.47 所示。磨削工艺智能决策软件的基础数据库与知识库模块转变为磨削工艺方案智能磨削云服务平台的基础数据与经验知识浏览/下载服务，决策优化模块转变为决策优化服务。

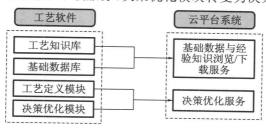

**图 6.47　磨削工艺智能决策云服务平台**

2)智能决策服务平台框架

为了满足磨削加工过程智能决策服务需求,首先将动态异构、重用困难的磨削加工数据资源和交互耦合的加工任务进行规范化、标准化地组织与描述;然后采用基于 C/S(即 Client/Server,客户端/服务器)架构开发面向云制造的工艺智能决策软件设计,其总体框架如图 6.48 所示。磨削工艺智能决策服务平台采用多层次架构,主要有以下五个层次。

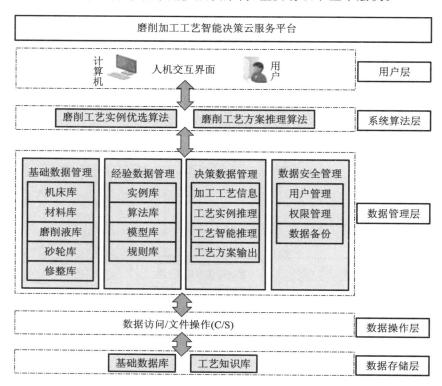

图 6.48　磨削工艺智能决策服务平台框架

① 数据存储层。数据存储层存储磨削工艺智能决策软件所需要的基础数据和工艺经验知识,主要通过以下三种途径采集:生产车间数据、文献资料数据和加工实验数据。采集的数据需通过审核才能存储于数据库中,以确保该数据准确性。

② 数据操作层。数据操作层采用数据访问技术对存储的数据进行调用,为数据管理层服务。

③ 数据管理层。数据管理层作为磨削工艺智能决策软件里的主要部分,显示了该软件的大部分功能,也成为软件设计关键之所在。该层包括基础数据管理、经验数据管理、决策数据管理和数据安全管理等。

④ 系统算法层。系统算法层作为磨削工艺智能决策软件里的重要部分,利用实例优选算法和工艺推理算法,为数据管理层中结果输出提供算法支持。

⑤ 用户层。用户层是数据库管理者或者企业技术人员使用工艺软件的界面,用户通过人机交互界面的形式对工艺软件进行操作。

3）智能决策云服务实现

磨削工艺智能决策云服务平台主要分为前端浏览器交互页面和后台服务器两个部分,该系统采用多层次架构,工艺软件安装在服务器上,前端浏览器的交互页面通过内部互联网调用服务器上工艺软件的各个模块,用户通过内部互联网访问浏览器交互页面,实现数据与服务的共享。如图 6.49 所示,系统架构主要有以下三个层次。

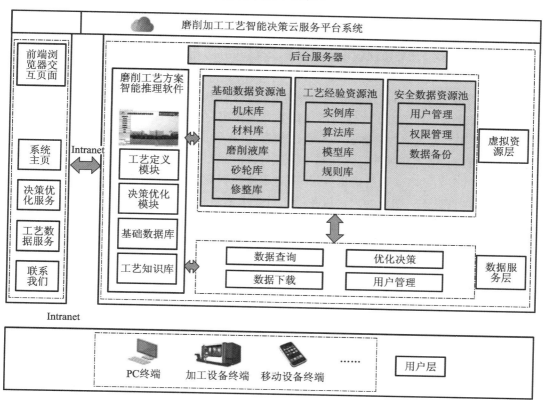

图 6.49　磨削工艺智能决策云服务平台总体框架

① 虚拟资源层。虚拟资源层存储磨削工艺智能决策云平台系统所需要的基础数据和工艺经验知识,将磨削工艺智能决策软件中基础数据库与工艺知识库内的数据,分类成基础数据资源池和工艺经验资源池,以虚拟的数字化形式进行封装并存储。

② 数据服务层。对虚拟资源层中的各类数据信息进行标准规范管理,并且可以调用磨削工艺智能决策软件中的相应模块进行服务。

③ 用户层。用户层是相关技术人员使用云平台的界面,本系统的设计用户可以以浏览器交互界面的形式对云平台系统进行操作,实现不同用户在不同终端对云平台系统发出各种请求及定制化服务。

**5. 智能制造服务模式发展方向**

智能制造服务模式主要有以下几个发展方向。

(1)面向产品全生命周期的智能服务。随着科技的进步,用户对产品全生命周期服务的需求越来越旺盛,而面向产品全生命周期的服务涉及的数据量大,供应商多。大数据的处理、众多供应商的协调、为分布在各地的客户的快速服务,这些都需要智能技术(如大数据智能处理技术、供应商智能协调技术、快速服务智能调度技术等)提供支持。面向产品全生命周期服务的典型应用有产品全生命周期管理智能服务、产品状态数据管理智能服务、全责绩效智能服务等。

(2)面向协同的智能制造服务。协同制造服务的智能体现在将众人的智慧集成在一起,充分发挥大家的积极性,特别是协同的积极性,形成巨大的合力。协同制造服务的典型案例有专利协同分析智能服务、标准协同建设智能服务、开放式协同开发设计智能服务、协同开放式创新智能服务、制造价值链集成智能服务等。

(3)基于数据挖掘和知识发现的制造服务。泛在网络(包括互联网、物联网、无线网)及企业各种信息系统的应用带来了大量有价值的数据和信息,但目前这些数据和信息大都还没有被真正挖掘应用。通过对这些数据和信息的挖掘,可以开展一些创新的智能制造服务,帮助企业提高设计、制造、销售和服务能力。基于信息集成的制造服务的典型应用有制造价值链信息挖掘智能服务、产品共享使用智能服务、采购过程监控智能服务、智能物流管理服务等。

(4)深度体验服务。随着客户对服务的质量要求越来越高,以及制造服务方面的竞争越来越激烈,企业要在制造服务方面取得竞争优势,需要向服务深化方向发展。为客户提供深度体验服务是重要方向之一。现在信息技术的发展使许多产品具有客户超前体验的可能性。深度体验服务除了人工智能技术、知识服务技术等以外,还需要快速原型、虚拟现实技术等技术的支持。深度体验服务的典型应用有客户产品体验智能服务、供应商全面体验智能服务等。

(5)客户自主服务。网络的发展使企业客户可以直接参加到企业的价值链过程中来,企业可以从客户的参与中获得客户的需求信息,更好地为客户提供定制的产品和方法。同时,客户通过自主服务可以快速获得自己需要的产品,还可以进行产品创新。企业需要为客户自主服务建立一个平台,使客户能够方便地进行自主服务。平台的发展方向是智能化、虚拟化、协同化。客户自主服务的典型应用有客户参与研发的智能服务、客户自主制造智能服务、客户自主装配智能服务、客户参与的产品生命周期全程智能服务等。

(6)向价值链两头拓展的制造服务。泛在网络的发展使得价值链的信息集成更加容易,向价值链两头拓展的制造服务也就更加容易。向价值链两头拓展的制造服务不仅有助于企业帮助自己的客户和供应商获得更好的发展环境,也使得企业自己获得更多、更全面的市场信息,开发出更好的产品。价值链集成的深度和广度使得制造服务出现了许多新的创新模式。向价值链两头拓展的制造服务的典型应用有设计链服务、为客户的客户的智能服务、为供应商的供应商的智能服务、整体解决方案智能服务、生产者产品智能回收服务等。

(7)远程智能服务。泛在网络和传感器技术的发展使企业越来越多地通过远程智能,开展产品维修、产品使用指导等服务。远程智能服务需要及时并全面地获取现场工况信息,需要专家系统的支持。远程智能服务的典型应用有智能远程装配服务、加工质量智能监控服务、采购过程智能监控服务、远程监控运行服务等。

# 习　　题

1. 简要阐述智能制造系统体系架构的组成。
2. 简要分析调度控制在制造系统管理控制中的地位。
3. 实现调度控制的方法有哪些? 各自有哪些优缺点?
4. 简要阐述供应链管理以及智能供应链管理的内涵。
5. 制造业供应链管理系统的体系结构是怎样的? 实现供应链管理的支撑技术有哪些?
6. 简要阐述智能运维的发展及其内涵。
7. 简要分析智能运维系统架构及核心技术。
8. 简要分析智能制造服务的概念及其关键技术。
9. 智能制造服务模式有哪些?

# 第7章 智能制造装备

## 7.1 概述

### 7.1.1 智能制造装备的内涵

制造装备是装备制造业的基础,作为为国民经济发展和国防建设提供技术装备的基础产业,是各行业产业升级、技术进步的重要保障,是国家综合实力和技术水平的集中体现。发展高端制造装备对带动我国产业结构优化升级、提升制造业核心竞争力具有重要的战略意义。智能制造装备是具有自感知、自学习、自决策、自执行、自适应等功能的制造装备,是制造装备的核心和前沿。它将传感器及智能诊断和决策软件集成到装备中,使制造工艺能适应制造环境和制造过程的变化。它是先进制造技术、信息技术和智能技术在装备产品上的集成和融合,先进性和智能性是其两大主要特征。智能制造装备是加快发展高端装备制造业的有力工具,其作用不仅体现在对航空航天、轨道交通、海洋工程等高端装备的支撑上,也体现在对其他制造装备通过配备传感与智能控制系统、机器人等技术实现产业的提升上。因此,智能制造装备是传统产业升级改造,实现生产过程智能化、自动化、精密化、绿色化的基本工具,是培育和发展战略性新兴产业的重要支撑。智能制造装备是未来先进制造技术发展的必然趋势,是实现我国从制造大国向制造强国转变的重要保障。我国基础制造行业的产值已位居世界前列,但能源消耗、材料利用、制造质量与国际先进水平差距较大,必须采用智能技术提升基础制造装备水平,突破智能基础制造装备的核心技术,形成智能基础制造装备的理论体系、关键技术和装备原型。

近年来,我国着力发展高档数控机床、工业机器人、增材制造装备、智能传感与控制装备、智能检测与装配装备、智能物流与仓储装备等几类关键智能制造装备。加快 3D 打印(增材制造)、高档数控机床、工业机器人等智能技术和装备的运用,是促进中国制造上水平,在新一轮产业变革中抢占领先优势的重要支撑。

### 7.1.2 发展智能制造装备产业的意义

在全球金融危机之后,美国、欧洲国家、日本都对制造业及制造技术给予了特别的关注。制造装备是国民经济及国家科技发展的基础性、战略性产业,是世界各国一直高度重视和关注的产业。大飞机、核电、载人航天、海洋工程、高铁等领域与国家重大专项均高度依赖制造装备的技术发展。没有制造装备作为支撑,飞机、航天、核电、激光核聚变、新能源汽车等战略性新兴产业难以完成产业化进程,而只能停留在战略性新兴技术或者战略性新兴产品阶段。装备制造将制造技术的研究成果集成、物化和固化,可以形成产业的战略性技术。

当前,我国制造业尚处于机械化、电气化、自动化、信息化并存时期,不同地区、不同行业、

306

(a) 高档数据机床与工业机器人　　　　　　(b) 工业级3D打印机

图 7.1　典型智能制造装备

不同企业发展不平衡,智能制造装备提升空间大,市场广阔。"一带一路"、京津冀协同发展、长江经济带建设、长江三角洲区域一体化、粤港澳大湾区、黄河流域生态保护和高质量发展等国家战略,大众创业、万众创新,不断激发出的经济发展活力和创造力,对智能制造装备提出更多新需求。社会治理服务新品质、国际竞争新高度、国防建设新需求,在生产装备技术水平、产品品质提升、重大技术装备自主可控等方面,对加快供给侧结构性改革、发展智能制造装备产业提出了更高要求。智能制造装备产业迎来重要的战略发展机遇期,我国将成为全球最大的智能制造装备需求国。

## 7.1.3　智能制造装备的特征与界定

智能制造装备的主要技术特征如下:①具备对装备运行状态和环境的实时感知、处理和分析能力;②具备根据装备运行状态变化的自主实时规划、控制和决策能力,装备本身具备工艺优化的智能化、知识化功能,采用软件和网络工具实现制造工艺的智能设计和实时规划;③具备对故障的自诊断自修复能力;④具备对自身性能劣化的主动分析和维护能力;⑤具备参与网络集成和网络协同能力。因此,要真正实现智能制造装备的技术特征,必须掌握如下一些关键核心技术。

**1. 装备运行状态和环境的传感与识别技术**

(1)研究高灵敏度、精度、可靠性和环境适应性的传感技术(如振动、负载、变形、温度、应力、压力、视觉环境等监测),新原理、新材料、新工艺的传感技术,微弱传感信号提取与处理技术,光学精密测量与分析仪器仪表技术。

(2)研究实时环境建模、图像理解和多源信息融合导航技术,力或负载实时感知和辨识技术,多传感器优化布置和感知系统组网配置技术。

**2. 智能编程技术与智能工艺规划**

(1)运用专家经验与计算智能的融合技术,提升智能规划和工艺决策的能力,建立规划与编程的智能推理和决策的方法,实现基于几何与物理多约束的轨迹规划和数控编程。

(2)建立面向典型行业的工艺数据库和知识库,完善机床、机器人及其生产线的模型库,根据运行过程中的监测信息,实现工艺参数和作业任务的多目标优化。

(3)深入研究各子系统之间的复杂界面行为和耦合关系,建立面向优化目标(效率、质量、成本等)的工艺系统模型与优化方法,实现加工和作业过程的仿真、分析、预测。

**3. 智能数控系统与智能伺服驱动技术**

(1)研究智能伺服控制技术、运动轴负载和运行过程的自动识别技术;实现控制参数自动匹配;实现各种误差在线补偿;实现面向控形和控性的智能加工和成形;研究基于智能材料和伺服智能控制的主动控制技术。

(2)单机系统和机群控制系统实现无缝链接,作业机群具备完善的信息通信功能、资源优化配置功能和智能调度功能,机群能高效协作施工,实现系统优化。

(3)完善机器人的视觉、感知和伺服功能,非结构环境中的智能诊断技术,实现生产线的智能控制与优化。

(4)运用人工智能与虚拟现实等智能化技术,实现语音控制和基于虚拟现实环境的智能操作,发展智能化人机交互技术。

**4. 性能预测和智能维护技术**

(1)突破在线和远程状态监测及故障诊断的关键技术,建立制造过程状况的参数表征体系及其与装备性能表征指标的映射关系。

(2)研究失效智能识别、自愈合调控与智能维护技术,完善失效特征提取方法和实时处理技术,建立表征装备性能、加工状态的最优特征集,最终实现对故障的自诊断自修复。

(3)实现重大装备的寿命测试和剩余寿命预测,对可靠性与精度保持性进行评估。

**5. 网络环境下的智能生产线**

(1)基于泛在网络的工厂内外环境智能感知技术,包括物流、环境和能量流的信息以及互联网和企业信息系统中的相关信息等。

(2)面向服务的信息系统智能集成技术。

# 7.2 高档数控机床

## 7.2.1 数控机床发展简介

机床经历了三个阶段的发展,如图7.2所示。第一阶段是电气化。19世纪30年代,电动机的发明使加工装备实现了驱动的电气化。第二阶段是数字化。20世纪中叶,计算机的诞生,实现了计算机和加工装备的良好结合,也就是现在广泛应用的数控机床和装备,通过数控程序可以实现机床的自动化操作和加工。但编程人员难以应付切削数据库、机床刀具特性及千变万化的工件材料、结构和加工过程失去稳定带来的加工精度和效率等问题,导致目前很多数控机床的能力发挥仅在10%左右。第三阶段是智能化。针对目前数控机床存在的以上技术问题,最近几年陆续出现了智能机床,它在数控机床的基础上集成了若干智能控制软件和模块,从而实现工艺的自动优化,装备的加工质量和效率有了显著提升,其本身的价值由于配备了相应软件和模块提升了30%~300%。

智能机床的出现,为未来装备制造业实现全盘生产自动化创造了条件。智能机床通过自动抑制振动、减少热变形、防止干涉、自动调节润滑油量、减少噪声等,可提高机床的加工精度、效率。对于进一步发展集成制造系统来说,单个机床自动化水平提高后,可以大大减少人在管理机床方面的工作量。

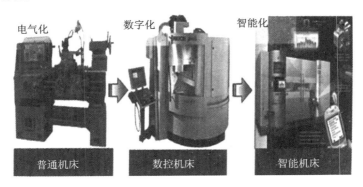

图 7.2　机床的发展

智能机床使人能有更多的精力和时间来解决机床以外的复杂问题,更能进一步发展智能机床和智能系统。数控系统的开发创新,对于机床智能化起到了极其重大的作用。它能够收容大量信息,对各种信息进行储存、分析、处理、判断、调节、优化、控制。智能机床还具有重要功能,如:工夹具数据库、对话型编程、刀具路径检验、工序加工时间分析、开工时间状况解析、实际加工负荷监视、加工导航、调节、优化,以及适应控制。

信息技术的发展及其与传统机床的融合,使机床朝着数字化、集成化和智能化的方向发展。数字化制造装备、数字化生产线、数字化工厂的应用空间将越来越大;而采用智能技术来实现多信息融合下的重构优化的智能决策、过程适应控制、误差补偿智能控制、复杂曲面加工运动轨迹优化控制、故障自诊断和智能维护以及信息集成等功能,将大大提升成形和加工精度、提高制造效率。数控机床需要加强信息方面的智能判断。

## 7.2.2　智能机床

### 1. 智能机床定义

对于智能机床目前还没有统一的定义,国内外各专家学者对此有不同的见解。

美国国家标准技术研究所(National Institute of Standards and Technology,NIST)下属的制造工程实验室(Manufacturing Engineering Laboratory,MEL)认为智能机床是具有如下功能的数控机床或加工中心:

①能够感知其自身的状态和加工能力并能够进行标定;

②能够监视和优化自身的加工行为;

③能够对所加工工件的质量进行评估;

④具有自学习的能力。

Mazak 公司对智能机床的定义是:机床能对自己进行监控,可自行分析众多与机床、加工状态、环境有关的信息及其他因素,然后自行采取应对措施来保证最优化的加工。

结合国内外在智能机床方面的研究成果,有学者给出了狭义和广义的智能机床定义如下。

狭义智能机床的定义:对其加工制造过程能够智能辅助决策、自动感知、智能监测、智能调节和智能维护的机床,从而支持加工制造过程的高效、优质和低耗的多目标优化运行。

广义智能机床的定义:以人为中心,由机器协助,通过自动感知、智能决策以及智能执行方式,将固体材料经由一动力源推动,以物理的、化学的或其他方法进行成形加工的机械;以一定方式将各类智能功能组合来支持所在制造系统高效、优质和低碳等多目标优化运行的加工机械。

狭义智能机床定义强调的是单机所具有的智能功能和对加工过程多目标优化的支持性,而广义智能机床定义强调的是在以人为中心、人机协调的宗旨下,机床以及一定方式组合的加工设备或生产线所具有的智能功能和对制造系统多目标优化运行的支持性。

**2. 智能机床技术特征**

智能机床的八个技术特征如图 7.3 所示。

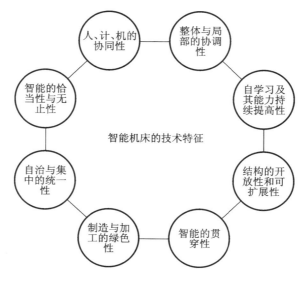

**图 7.3　智能机床的技术特征**

(1)人、计、机的协同性。人在生产活动中是非常活跃的和具有巨大灵活性的因素,智能机床的研究开发和应用应以人为中心,人、计算机和机械以及各类软件系统共处在一个系统中,互相独立,发挥着各自特长,取长补短,协同工作,从而使整个系统创造最佳效益。

(2)整体与局部的协调性。一方面,智能机床的各智能功能部件、数控系统、各类执行机构以及各类控制软件从局部上相互配合,协调完成各类工作,实现智能机床上的局部协调;另一方面,在局部协调的基础上,人和机床装备(包括软件和硬件)在包括人的头脑(智慧、经验和技能等)、智能计算机系统的知识库和一般数据库等构成信息库支撑下,实现智能机床整体上的协同。

(3)智能的恰当性与无止性。一方面,由于技术的限制以及人们对机床智能化水平的要求和认识的不同,机床本身的智能化水平的不同,机床在特定时期以及特定应用领域的智能化水平是一定的,只要能恰当地满足用户的需要就认为是智能机床;另一方面,随着技术的发展和人们对机床智能化的要求和认识的不断提高,从智能机床发展的角度来看,其智能化水平是无止境提高的。

(4)自学习及其能力持续提高性。现实的生产加工过程千差万别,智能机床的智能体现的重要方面之一是在不确定环境下,通过分析已有的案例和人脑的智慧的形式化表达,自学习相关控制和决策算法,并在实际工作中不断提升这种能力。

(5)自治与集中的统一性。一方面,根据加工任务以及自身具有集自主检测、智能诊断、自我优化加工行为、智能监控为一体的执行能力,智能机床可独立完成加工任务,出现故障时可自我修复,同时不断总结和分析发生在自己身上的各种事件和经验教训,不断提高自身的智能化水平;另一方面,为满足服务性制造的需要和更好地提高机床的智能化水平,智能机床应具有能集中管控的能力,以使机床不仅能通过自学习提高智能化水平,通过共享方式还能运用同类机床所获取到的经过提炼的知识来提高自己,同时,通过远程的监控和维护维修提高其利用率。

(6)结构的开放性和可扩展性。技术是不断发展的,客户的要求是不断变化的,机床的智能也是无止境的。为满足客户的需要和适应技术的发展,设计开发的智能机床在结构上应该是开放的,其各类接口系统(包括软硬件)对各供应商应是开放的,同时,随时可根据新的需要,配置各种功能部件和软件。

(7)制造与加工的绿色性。为满足低碳制造和可持续发展的需要,对于制造厂家,要求设计制造智能机床时保证其绿色性,同时保证生产出的产品本身是绿色的,对于用户,应保证其加工使用过程的绿色性。

(8)智能的贯穿性。在智能机床设计、制造、使用、再制造和报废的全生命周期过程中,应充分体现其智能性,实现其智能化的设计、智能化的制造、智能化的加工、智能化的再制造和智能化的报废。

**3. 智能机床功能特征**

对于不同的类型,智能机床就其功能本身千差万别,其智能功能应是恰当和无止境的,是在不断变化的,但从本质来说,其智能功能特征应具有一个中心三类基本功能所能概括的特征,如图 7.4 所示。

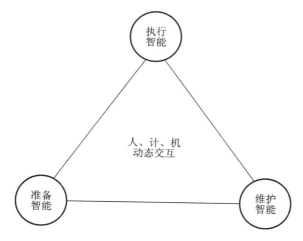

图 7.4  智能机床的功能特征

1)一个中心——以人为中心的人、计、机动态交互功能

在智能机床中,人、计算机与机床(机床机械和电气部分)之间及时信息传递与反馈、配合和结合是实现超过普通机床制造能力和智力的关键,因此,智能机床中的人、计、机动态交互功能是其重要功能特征之一。其动态交互功能应具有支撑三类基本功能完成的作用。

在智能机床中,人是一个最不确定的因素,需要采用语音提示、自然语言识别、人工智能、粗糙集和模糊集等理论和技术,建立一个具有超鲁棒性以及人、计、机高度耦合和融合的动态交互界面,保证机床高效、优质和低耗地运行。

2)三类基本功能

(1)执行智能功能。在加工任务执行时,应具有集自主检测、智能诊断、自我优化加工行为、远程智能监控为一体的执行能力。

(2)准备智能功能。在加工任务准备时,应具有在不确定变化环境中自主规划工艺参数、编制加工代码、确定控制逻辑等最佳行为策略能力。

(3)维护智能功能。在机床维护时,具有自主故障检测和智能维修维护以及远程智能维护的功能,同时具有自学习和共享学习的能力。

## 7.2.3　国内外发展现状

在数控机床领域,美国、德国、日本三国是当前世界数控机床生产、使用实力最强的国家,是世界数控机床技术发展、开拓的先驱。

美国政府高度重视数控机床的发展。美国国防部等部门不断提出机床的发展方向、科研任务并提供充足的经费,且网罗世界人才,特别讲究效率和创新,注重基础科研,因而在数控机床技术上不断有创新成果。美国以宇航尖端、汽车生产为重点,因此需求较多高性能、高档数控机床,几家著名机床公司如辛辛那提(Cincinnati,现为 MAG 下属企业)、Giddings & Lewis(MAG 下属企业)、哈挺(Hardinge)、格里森(Gleason)、哈斯(Haas)等公司长期以来均生产高精、高效、高自动化数控机床满足美国市场需求。由于美国结合汽车和轴承生产需求,充分发展了大量大批生产自动化所需的自动线,而且电子、计算机技术在世界上领先,因此其数控机床的主机设计、制造及数控系统基础扎实,且一贯重视科研和创新,故其高性能数控机床技术在世界也一直领先。

德国政府一贯重视机床工业的重要战略地位,认为机床工业是整个机器制造业中最重要、最活跃、最具创造力的部门,特别讲究"实际"与"实效"。德国坚持"以人为本",不断提高人员素质;注重科学试验,坚持理论与实际相结合、基础科研与应用技术科研并重,比美国偏重于高精尖和日本偏重于应用技术更高一筹;加强企业与大学科研部门之间的紧密合作,对用户产品、加工工艺、机床布局结构、数控机床的共性和特性问题进行深入的研究;在质量上精益求精。德国的数控机床质量及性能良好,先进实用,出口遍及世界,尤其是大型、重型、精密数控机床。此外,德国还重视数控机床主机配套件的先进实用性,其机、电、液、气、光、刀具、测量、数控系统等各种功能部件在质量、性能上居世界前列。如西门子公司的数控系统,均为世界闻名,竞相采用。全球知名的德国机床生产企业主要有:通快(Trumpf)、吉迈特(Gildemeister)、舒勒(Schuler)、格劳博(Grob)、埃马克(Emag)、因代克斯(Index)、恒轮(Heller)、斯来福临

(Körber Schleifring)等。

日本十分重视数控机床技术的研究和开发。日本在数控机床发展上采取"先仿后创"的战略,在机床部件配套方面学习德国,在数控技术和数控系统的开发研究方面学习美国,并改进和发展了两国的成果,取得了较好的效果。日本先生产量大而广的中档数控机床,大量出口,占据世界广大市场。日本生产的数控机床部分满足本国汽车工业和机械工业各部门的需求,绝大多数用于出口,占领广大世界市场,获取最大利润。目前日本的数控机床几乎遍及世界各个国家和地区,成为不可缺少的机械加工工具。日本政府重点扶植发那科(Fanuc)公司开发数控机床的数控系统,该公司开发的数控系统约占全球近一半的市场份额;其他厂家则重点研发机械加工部分,较为著名的生产企业有马扎克(Mazak)、天田(Amada)、捷太格特(Jtekt)、大隈(Okuma)、森精机(MoriSeiki)、牧野(Makino)等。

此外,欧盟地区科研力量雄厚,基础工业先进,欧盟地区机床工业发达,在世界机床行业竞争中保持领先地位。欧盟经济体是世界最大机床生产基地之一,欧洲机床工业合作委员会(CECIMO)有 15 个成员国,覆盖了绝大部分欧盟机床制造企业。欧盟下属的瑞士精密机床、意大利通用机床在世界享有很高声望,西班牙、法国、英国、奥地利和瑞典等的机床工业也具有一定地位。全球知名的机床生产企业主要有:瑞士阿奇夏米尔(Agie Charmilles);意大利柯马(Comau)、菲迪亚(Fidia)、萨克曼(Sachman Rambaudi);奥地利 WFL 车铣技术公司、Emco 公司;西班牙达诺巴特(Danobat)、尼古拉斯 · 克雷亚(Nicolas Correa)、阿德拉(Atera)机器制造商集团等。

2008 年底我国启动"高档数控机床与基础制造装备专项",对高档数控机床与基础制造装备主机、数控系统、功能部件、共性技术等进行了总体布局和任务分解。专项实施以来,在航空航天、汽车、船舶、发电设备等领域取得了阶段性成果。一是提升了创新能力,共性技术研究和创新平台建设稳步推进。重型锻压装备、部分机床主机性能接近国际先进水平。二是实现全产业链布局,数控系统等核心零部件取得明显突破。国产数控系统在功能、性能方面的差距已大幅缩小,滚珠丝杠、导轨、动力刀架等关键功能部件在精度、可靠性等关键指标上已接近国际先进水平。三是坚持需求导向,重点领域装备保障能力不断提升。航空航天领域典型产品所需关键制造装备的"有无问题"正逐步得到解决;汽车大型覆盖件自动冲压线全球市场占有率超过 30%,成功出口 9 条生产线。显著提升了汽车、船舶、发电设备等领域的制造技术水平,为大型核电、载人航天等国家重点工程提供了关键制造装备,有效支撑了国家重大战略任务顺利实施。

# 7.3　工业机器人

## 7.3.1　工业机器人发展简介

机器人作为新兴的智能制造的重要载体,被称作是"制造业皇冠上的明珠"。国际机器人联合会(International Federation of Robotics,IFR)将机器人定义如下:机器人是一种半自主或全自主工作的机器,它能完成有益于人类的工作,应用于生产过程的称为工业机器人,应用于特殊环境的称为专用机器人(特种机器人),应用于家庭或直接服务人称为(家政)服务机器人。根据对这种内涵广义的理解,机器人是自动化机器,而不应该理解为像人一样的机器。

国际标准化组织(International Organization for Standardization,ISO)对机器人的定义为:机器人是一种自动的、位置可控的、具有编程能力的多功能机械手,这种机械手具有几个轴,能够借助于可编程序操作处理各种材料、零件、工具和专用装置,以执行种种任务。按照ISO定义,工业机器人是面向工业领域的多关节机械手或多自由度的机器人,是自动执行工作的机器装置,是靠自身动力和控制能力来实现各种功能的一种机器;它接收人类的指令后,将按照设定的程序执行运动路径和作业。工业机器人的典型应用包括焊接、喷涂、组装、采集和放置(例如包装和码垛等)、产品检测和测试等。

根据美国2013年3月发布机器人发展路线图,具有一定智能的可移动、可作业的设备与装备称为机器人,如智能吸尘器(家电)、空中机器人(无人机)、智能割草机(农机)、智能家居(智能建筑与家具)、谷歌移动车辆(无人车)等都被认为是机器人。

现代工业机器人的发展开始于20世纪中期,依托计算机、自动化以及原子能的快速发展。为了满足大批量产品制造的迫切需求,并伴随着相关自动化技术的发展,数控机床于1952年诞生,数控机床的控制系统、伺服电动机、减速器等关键零部件为工业机器人的开发打下了坚实的基础;同时,在原子能等核辐射环境下的作业,迫切需要特殊环境作业机械臂代替人进行操作与处理,基于此种需求,1947年美国阿尔贡研究所研发了遥操作机械手,1948年接着研制了机械式的主从机械手。1954年美国的戴沃尔对工业机器人的概念进行了定义,并进行了专利申请。1962年美国的AMF公司推出的UNIMATE,是工业机器人较早的实用机型,其控制方式与数控机床类似,但在外形上由类似于人的手和臂。1965年,一种具有视觉传感器并能对简单积木进行识别、定位的机器人系统在美国麻省理工学院研制完成。1967年机械手研究协会在日本成立,并召开了首届日本机器人学术会议。1970年第一届国际工业机器人学术会议在美国举行,促进了机器人相关研究的发展。1970年以后,工业机器人的研究得到广泛、较快的发展。

1967年日本川崎重工业公司首先从美国引进机器人及技术,建立生产厂房,并于1968年试制出第一台日本产通用机械手机器人。经过短暂的摇篮阶段,日本的工业机器人很快进入实用阶段,并由汽车业逐步扩大到制造业其他领域。1980年被称为日本的"机器人普及元年",日本开始在各个领域推广使用机器人,这大大缓解了市场劳动力严重缺乏的社会矛盾。1980—1990年日本的工业机器人处于鼎盛时期。20世纪90年代,装配与物流搬运的工业机器人开始应用。

自从20世纪60年代以来,工业机器人在工业发达国家越来越多的领域得到了应用,尤其是在汽车生产线上得到了广泛应用,并在制造业中,如毛坯制造(冲压、压铸、锻造等)、机械加工、焊接、热处理、表面涂覆、打磨抛光、上下料、装配、检测及仓库堆垛等作业中得到应用,提高了加工效率与产品的一致性。作为先进制造业中典型的机电一体化数字化装备,工业机器人已经成为衡量一个国家制造业水平和科技水平的重要标志。

## 7.3.2 工业机器人基本组成结构

工业机器人是面向工业领域的多关节机械手或者多自由度机器人,它的出现是为了解放人工劳动力、提高企业生产效率。工业机器人的基本组成结构则是实现机器人功能的基础,下面一起来看一下工业机器人的结构组成。工业机器人、现代工业机器人大部分都是由三大部分六大系统组成。

**1. 机械部分**

机械部分是机器人的血肉组成部分,也就是我们常说的机器人本体部分。这部分主要可以分为两个系统。

1)驱动系统

要使机器人运行起来,需要在各个关节安装传感装置和传动装置,这就是驱动系统。它的作用是提供机器人各部分、各关节动作的原动力。驱动系统传动部分可以是液压传动系统、电动传动系统、气动传动系统,或者是几种系统结合起来的综合传动系统。

2)机械结构系统

工业机器人机械结构主要由四大部分构成:机身、臂部、腕部和手部。每一个部分具有若干个自由度,构成一个多自由度的机械系统。末端操作器是直接安装在手腕上的一个重要部件,它可以是多手指的手爪,也可以是喷漆枪或者焊具等作业工具。

**2. 感知部分**

感知部分就好比人类的五官,为机器人工作提供感觉,使机器人工作过程更加精确。这部分主要可以分为以下两个系统。

1)传感系统

传感系统由内部传感器模块和外部传感器模块组成,用于获取内部和外部环境状态中有意义的信息。智能传感器可以提高机器人的机动性、适应性和智能化的水准。对于一些特殊的信息,传感器的灵敏度甚至可以超越人类的感觉系统。

2)机器人-环境交互系统

机器人-环境交互系统是实现工业机器人与外部环境中的设备相互联系和协调的系统。工业机器人与外部设备集成为一个功能单元,如加工制造单元、焊接单元、装配单元等。也可以是多台机器人、多台机床设备或者多个零件存储装置集成为一个能执行复杂任务的功能单元。

**3. 控制部分**

控制部分相当于机器人的大脑,可以直接或者通过人工对机器人的动作进行控制,控制部分也可以分为以下两个系统。

1)人机交互系统

人机交互系统是使操作人员参与机器人控制并与机器人进行联系的装置,例如,计算机的标准终端、指令控制台、信息显示板、危险信号警报器、示教盒等。简单来说该系统可以分为两大部分:指令给定系统和信息显示装置。

2)控制系统

控制系统主要是根据机器人的作业指令程序以及从传感器反馈回来的信号来支配执行机构去完成规定的运动和功能的装置。根据控制原理,控制系统可以分为程序控制系统、适应性控制系统和人工智能控制系统三种。根据运动形式,控制系统可以分为点位控制系统和轨迹控制系统两大类。

通过这三大部分六大系统的协调作业,工业机器人成为一台高精密度的机械设备,具有工作精度高、稳定性强、工作速度快等特点,为企业提高生产效率和产品质量奠定了基础。

### 7.3.3　工业机器人核心关键技术

**1. 工业机器人灵巧操作技术**

工业机器人机械臂和机械手在制造业应用中模仿人手的灵巧操作,未来要在高精度高可靠性感知、规划和控制性方面开展关键技术研发,最终实现通过独立关节以及创新机构、传感器,达到人手级别的触觉感知。动力学性能超过人手的高复杂度机械手能够进行整只手的握取,并能承担工人在加工制造环境中的灵活性操作工作。

在工业机器人创新机构和高执行效力驱动器方面,通过改进机械装置和执行机构以提高工业机器人的精度、可重复性、分辨率等各项性能。进而,在与人类共存的环境中,工业机器人驱动器和执行机构的设计、材料的选择,需要考虑驱动安全性。创新机构包括外骨骼、智能假肢,需要高强度的自重/负载比、低排放执行器、人与机械之间自然的交互机构等。

**2. 工业机器人自主导航技术**

在由静态障碍物、车辆、行人和动物组成的非结构化环境中实现安全的自主导航,对于装配生产线上将原材料进行装卸处理的搬运机器人、原材料到成品的高效运输的 AGV 工业机器人,以及类似于入库存储和调配的后勤操作、采矿和建筑装备的工业机器人来说均为关键技术,需要进一步深入研发。

一个典型的应用为无人驾驶汽车的自主导航,通过研发实现在有清晰照明和路标的任意现代化城镇上行驶,并能够展示出其在安全性方面可以与有人驾驶车辆相提并论。自主车辆在一些领域甚至能比人类驾驶做得更好,比如自主导航通过矿区或者建筑区、倒车入库、并排停车以及紧急情况下的减速和停车。

**3. 工业机器人环境感知与传感技术**

未来将大大提高工厂的感知系统,以检测机器人及周围设备的任务进展情况,能够及时检测部件和产品组件的生产情况、估算出生产人员的情绪和身体状态,需要攻克高精度的触觉、力觉传感器和图像解析算法,重大的技术挑战包括非侵入式的生物传感器及表达人类行为和情绪的模型。通过高精度传感器构建用于装配任务和跟踪任务进度的物理模型,以减少自动化生产环节中的不确定性。

多品种小批量生产的工业机器人将更加智能,更加灵活,而且将可在非结构化环境中运行,并且这种环境中包含有人类/生产者参与,从而增加了对非结构化环境感知与自主导航的难度,需要攻克的关键技术包括 3D 环境感知的自动化,是在非结构环境中也可实现产品批量生产,适应机器人在加工车间中的典型非结构化环境。

**4. 工业机器人的人机交互技术**

未来工业机器人的研发中越来越强调新型人机合作的重要性,研究全浸入式图形化环境、三维全息环境建模、真实三维虚拟现实装置,以及力、温度、振动等多物理作用效应人机交互装置。为了实现机器人与人类生活行为环境以及人类自身和谐共处的目标,需要解决的关键问题包括:机器人本质安全问题,保障机器人与人、环境间的绝对安全共处;任务环境的自主适应问题,自主适应个体差异、任务及生产环境;多样化作业工具的操作问题,灵活使用各种执行器完成复杂操作;人-机高效协同问题,准确理解人的需求并主动协助。

在生产环境中,注重人类与机器人之间交互的安全性。根据终端用户的需求设计工业机器人系统以及相关产品和任务,将保证人机交互的自然,不仅是安全的而且效益更高。人和机器人的交互操作设计包括自然语言、手势、视觉和触觉技术等,也是未来机器人发展需要考虑的问题。工业机器人必须容易示教,而且人类易于学习如何操作。机器人系统应设立学习辅助功能用以实现机器人的使用、维护、学习和错误诊断/故障恢复等。

**5. 基于实时系统和高速通信总线的工业机器人开放式控制技术**

基于实时操作系统和高速通信总线的工业机器人开放式控制系统,采用基于模块化的机器人的分布式软件结构设计,实现机器人系统不同功能之间无缝连接,通过合理划分机器人模块,降低机器人系统集成难度,提高机器人控制系统软件体系实时性;攻克现有机器人开源软件与机器人操作系统兼容性、工业机器人模块化软硬件设计与接口规范及集成平台的软件评估与测试方法、工业机器人控制系统硬件和软件开放性等关键技术;综合考虑总线实时性要求,攻克工业机器人伺服通信总线,针对不同应用和不同性能的工业机器人对总线的要求,攻克总线通信协议、支持总线通信的分布式控制系统体系结构,支持典型多轴工业机器人控制系统及与工厂自动化设备的快速集成。

## 7.3.4 工业机器人典型应用案例

**1. 基于切削力控制的自主加工**

国外相关学者通过测量不同砂轮直径、进给速率和旋转速度加工的磨削法向力,来获得磨削深度,从而得到测量曲线,根据建立的这个磨削深度和磨削力的模型,控制机器人的磨削动作。

波音公司使用双目视觉定位系统确定模具的位置,并建立模具表面的曲面模型,使用摄像头识别待精整区域,通过一台固定于线性导轨上的机器人对工件进行精整作业。ABB公司通过力传感器检测砂轮和工件之间的法向接触力,基于力反馈控制技术施加垂直于加工表面的恒力;通过力矩传感器测量切削力,当施力过大时机器人自动减速运行,从而保证材料去除率恒定不变。如图7.5(a)所示为ABB轮船桨叶磨削机器人,它能够根据事先建立的工件表面材料去除模型控制砂轮推进力和进给速度。如图7.5(b)所示为安川公司去毛刺机器人,通过在机器人上加入力传感器,使磨削时接触轮和工件保持恒力接触,采用力传感器检测机器人末端和被加工物体表面之间的相对运动关系,结合力传感器获得的接触力信息,机器人能够自主完成金属表面抛光和去毛刺等加工任务。

(a) ABB轮船桨叶磨削机器人　　　　　(b) 安川公司去毛刺机器人

图 7.5　基于力控制的工业机器人

**2. 基于视觉的自主焊接技术**

采用视觉信息的机器人焊接系统能够帮助工业机器人弥补焊枪位置、夹具夹持位置和工件自身存在的位置偏差,提高焊接的精度和质量。国际一些著名的焊接设备制造厂商,如英国Meta 视觉系统公司(以下简称 Meta 公司)、加拿大 Servo-Robot 公司等,相继研发并推出了各自的基于视觉的智能焊接系统。图 7.6 是 Meta 公司的焊缝跟踪系统 SLPr 和 Servo-Robot 公司的焊缝跟踪系统 MINI-I/D。

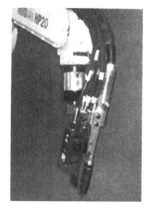

(a) Meta公司的SLPr　　　　　(b) Servo-Robot公司的MINI-I/D

图 7.6　国际知名焊接设备厂商的焊缝跟踪系统

这些企业生产的焊缝视觉系统可以与国际上著名品牌的机器人(如 ABB、库卡、安川、Fanuc)集成到一起,实现焊缝跟踪和柔性连接。自主焊接机器人技术已经应用到工业化生产过程中,图 7.7 中 Fanuc 的焊接机器人采用了激光视觉系统识别焊缝轨迹,引导机器人焊接操作;Sinergo 的焊接机器人依靠安装在机械臂上的电荷耦合器件(charge coupled device,CCD)摄像头识别焊缝。

**3. 基于视觉的工件检测**

机器视觉在感知、理解工作环境和工件信息的任务中具有信息量丰富、无接触感知、实时性好、检测对象广泛(包括可见光、红外线、超声波等)等明显优势。将视觉信息引入工业机器

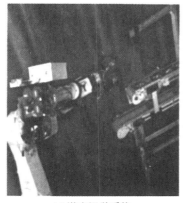

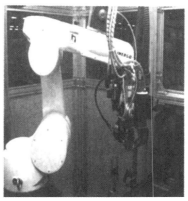

(a) 激光视觉系统　　　　　　　　　　　(b) 焊接过程

**图 7.7　基于视觉的工业机器人焊接系统**

人系统中,成为目前众多机器人公司的技术发展趋势。通过视觉信息,工业机器人能够自动识别、定位工件,这项技术可应用到汽车生产线的油漆车间聚氯乙烯(polyvinyl chloride,PVC)涂胶工位、冲压车间的冲压板自动导入工位、发动机气缸检测工位、车身喷涂和车后门车窗玻璃安装等过程。德国的 ISRA VISION 公司、倍加福公司、西门子公司等相继研制出了用于零件尺寸测量的视觉检测设备,主要应用于汽车零件、轴承的检测。通用汽车研究实验室开发了用于汽车零件检测的视觉原型系统,该系统对所有零件均使用相同的过程,通过对一个好零件与坏零件比较的结果来判断检测区域的指定缺陷。美国密歇根大学和 Perceptron 公司合作,成功研制了用于对汽车零部件、分总成和总成产品进行尺寸控制的自动视觉检测系统。英国 Rover 汽车公司则在 800 系列汽车车身轮廓尺寸检测上使用了视觉检测系统。图 7.8 为 ISRA VISION 公司的车身视觉测量系统。

(a) 视觉测量系统　　　　　　　　　　　(b) 测量与定位过程

**图 7.8　车身视觉测量系统**

### 4. 基于力的自主装配

通过力传感器,工业机器人能够感知机械臂与工件之间的接触力,实现高精度的装配。

目前,基于力的机器人控制技术是国外知名研究院校和主要机器人公司的研究重点之一。

瑞典的 ABB 公司研究了工业机器人对力的感觉能力和顺从性,并开发了基于力或位置混合控制的工业机器人平台,其中基于力控制的工业机器人汽车部件装配系统如图 7.9 所示。通过控制工业机器人末端操作器的接触力和力矩,工业机器人具有对接触信息做出反应的能力,这种基于力控制的工业机器人装配系统能够应用到汽车总成装配线中。日本的 Fanuc 公司研究了基于六维力信息的三维装配技术,在工业机器人力或力矩控制器的控制下实现零部件的装配,Fanuc 公司将该项技术应用到汽车发动机舱和地板前、后部的装配过程中。此外,美国卡内基梅隆大学、日本东京大学和德国宇航中心的研究人员也分别搭建了自主装配机器人平台。这些平台通过在工业机器人上安装力传感器和视觉传感器来识别、定位并抓取物体,采用视觉伺服控制和阻抗控制相结合,完成精密装配任务。

(a) 控制系统      (b) 操作过程

**图 7.9　ABB 公司基于力控制的工业机器人汽车部件装配系统**

# 7.4　3D 打印装备

## 7.4.1　3D 打印技术发展简介

3D 打印技术(3D printing)也称为增材制造技术,是相对于传统的机加工等"减材制造"技术而言的,是基于离散/堆积原理,通过计算机辅助设计(computer aided design,CAD)实现材料的逐渐累积来制造实体零件的技术。它利用计算机将成形零件的 3D 模型切成一系列一定厚度的"薄片",通过 3D 打印设备自下而上地制造出每一层"薄片"最后叠加成形出三维的实体零件。这种制造技术无需传统的刀具或模具,可以实现传统工艺难以或无法加工的复杂结构的制造,并且可以有效简化生产工序,缩短制造周期。相对于传统的材料去除(切削加工)技术,是一种"自下而上"的材料累加制造方法。

从广义来看,以设计数据为基础,将材料(包括液体、粉材、线材或块材等)自动化地累加起来成为实体结构的制造技术,都可视为 3D 打印(增材制造)技术。

自 20 世纪 80 年代美国出现第一台商用光固化成形机后,3D 打印技术得到了快速发展,其间也被称为"材料累加制造""快速原型""分层制造""实体自由制造""3D 打印技术"等,名称各异的叫法分别从不同侧面表达了该制造技术的特点。随着 3D 打印工艺和装备的成熟,新材料、新工艺的出现,该技术由快速原型阶段进入快速制造阶段,并逐渐进行普及推广,最显著地体现在高性能塑料和金属零件直接制造及桌面型 3D 打印技术方面。

3D 打印技术在消费电子产品、汽车、航天航空、医疗、军工、地理信息、艺术设计等各个领域都取得了广泛的应用。便于实现单件或小批量的快速制造这一技术特点决定了 3D 打印在产品创新中具有显著的作用。美国《时代》周刊将 3D 打印列为"美国十大增长最快的工业";英国《经济学人》杂志则认为它将"与其他数字化生产模式一起推动实现第三次工业革命",认为该技术改变未来生产与生活模式,实现社会化制造,每个人都可以成为一个工厂,它将改变制造商品的方式,并改变世界的经济格局,进而改变人类的生活方式。

## 7.4.2 常见的 3D 打印技术原理

**1. 立体光固化成形**(stereo lithography appearance,SLA)

立体光固化成形技术是用特定波长与强度的激光聚焦到光固化材料表面,使之由点到线、由线到面顺序凝固,完成一个层片的绘图作业,然后升降台在垂直方向移动一个层片的高度,再固化另一个层片,这样层层叠加构成一个三维实体。

SLA 是最早实用化的快速成形技术,原材料是液态光敏树脂。其工作原理如图 7.10 所示:将液态光敏树脂放入加工槽中,开始时工作台的高度与液面相差一个截面层的厚度,经过聚焦的激光按横截面的轮廓对光敏树脂表面进行扫描,被扫描到的光敏树脂会逐渐固化,这样就可以产生与横截面轮廓相同的固态的树脂工件。此时,工作台会下降一个截面层的高度,固化了的树脂工件就会被在加工槽中周围没有被激光照射过的还处于液态的光敏树脂所淹没,激光再开始按照下一层横截面的轮廓来进行扫描,新固化的树脂会粘在下面一层上,经过如此

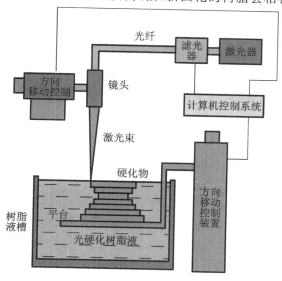

**图 7.10 SLA 成形原理**

循环往复,整个工件加工过程就完成了。然后将完成的工件再经打光、电镀、喷漆或着色处理即得到要求的产品。

这种技术可以制作结构复杂的零件,零件精度以及材料的利用率高,缺点是能用于成形的材料种类少,工艺成本高。

**2. 选择性激光烧结**(selective laser sintering,SLS)

选择性激光烧结技术是采用激光有选择地分层烧结固体粉末,并使烧结成形的固化层层层叠加生成所需形状的零件。其整个工艺过程包括 CAD 模型的建立及数据处理、铺粉、烧结以及后处理等。

SLS 工作原理如图 7.11 所示,整个工艺装置由粉末缸和成形缸组成,工作时粉末缸活塞(送粉活塞)上升,由铺粉辊将粉末在成形缸活塞(工作活塞)上均匀铺上一层,计算机根据原型的切片模型控制激光束的二维扫描轨迹,有选择地烧结固体粉末材料以形成零件的一个层面。粉末完成一层后,工作活塞下降一个层厚,铺粉系统铺上新粉。控制激光束再扫描烧结新层。如此循环往复,层层叠加,直到三维零件成形。最后,将未烧结的粉末回收到粉末缸中,并取出成形件。对于金属粉末激光烧结,在烧结之前,将整个工作台被加热至一定温度,可减少成形中的热变形,并利于层与层之间的结合。

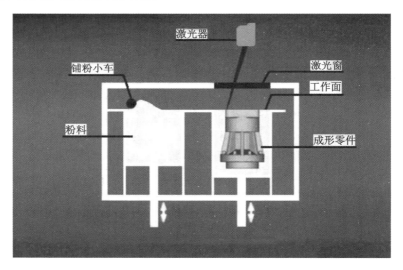

图 7.11　SLS 成形原理

通过这种技术可以成形出结构复杂、性能优异、表面质量良好的金属零件,但目前这种技术无法成形出大尺寸的零件。

**3. 分层实体制造**(laminated object manufacturing,LOM)

分层实体制造技术又称层叠成形,以片材(如纸片、塑料薄膜或复合材料)为原材料,激光切割系统按照计算机提取的横截面轮廓线数据,将背面涂有热熔胶的片材用激光切割出工件的内外轮廓。切割完一层后,送料机构将新的一层片材叠加上去,利用热黏压装置将已切割层黏合在一起,然后再进行切割,这样一层层地切割、黏合,最终成为三维工件,其工作原理如图 7.12 所示。LOM 常用材料是纸、金属箔、塑料膜、陶瓷膜等,此方法除了可以制造模具、模型外,还可以直接制造结构件或功能件。

这种技术成形速度较快,可以成形大尺寸的零件,但是材料浪费严重,表面质量差。

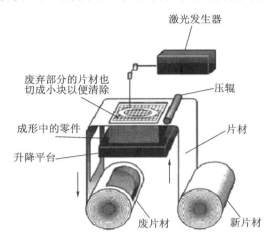

**图 7.12　LOM 成形原理**

**4.熔融沉积制造**(fused deposition modeling,FDM)

熔融沉积制造技术使用丝状材料(石蜡、金属、塑料、低熔点合金丝)为原料,利用电加热方式将丝材加热至略高于熔化温度(约比熔点高 1 ℃),在计算机的控制下,喷头作 $X$-$Y$ 平面运动,将熔融的材料涂覆在工作台上,冷却后形成工件的一层截面,一层成形后,喷头上移一层高度,进行下一层涂覆(也有文献中写的是工作台下降一个截面层的高度,然后喷头进行下一个横截面的打印),如此循环往复,热塑性丝状材料就会一层一层地在工作台上完成所需要横截面轮廓的喷涂打印,直至最后完成。其成形原理如图 7.13 所示。

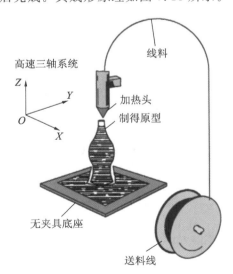

**图 7.13　FDM 成形原理**

FDM 工艺可选择多种材料进行加工,包括聚碳酸酯、工程塑料以及二者的混合材料等。这种技术是目前最常见的 3D 打印技术,技术成熟度高,成本较低,可以进行彩色打印。

**5. 金属直接成形**

直接制造金属零件以及金属部件,甚至是组装好的功能性金属制件产品,是制造业对增材制造技术提出的终极目标。早在 20 世纪 90 年代增材制造技术发展的初期,研究人员便已经尝试基于各种快速原型制造方法所制备的非金属原型,通过后续工艺实现了金属制件的制备。

与立体光固化成形、叠层制造、熔融沉积制造等快速原型制造技术相比,选择性激光烧结技术,由于其使用粉末材料的特点,为制备金属制件提供了一种最直接的可能。SLS 技术利用激光束扫描照射包覆黏合剂的金属粉末,获得具有金属骨架的零件原型,通过高温烧结、金属浸润、热等静压等后续处理,烧蚀黏合剂并填充其他液态金属材料,从而获得致密的金属零件。随着大功率激光器在快速成形技术中的逐步应用,SLS 技术随之发展成为激光选区熔化(selective laser melting,SLM)技术。SLM 技术利用高能量的激光束照射预先铺覆好的金属粉末材料,将其直接熔化并固化,成形获得金属制件。在 SLM 技术发展的同时,基于激光熔覆技术,逐渐形成了金属增材制造技术研究的另一重要分支——激光快速成形(laser rapid forming,LRF)技术或激光立体成形(laser solid forming,LSF)技术。该技术起源于美国 Sandia 国家实验室的激光近净成形技术(laser engineered net shaping,LENS),利用高能量激光束将与光束同轴喷射或侧向喷射的金属粉末直接熔化为液态,通过运动控制,将熔化后的液态金属按照预定的轨迹堆积凝固成形,获得从尺寸和形状上非常接近于最终零件的"近形"制件,并经过后续的小余量加工后以及必要的后处理获得最终的金属制件,其工作原理如图 7.14 所示。

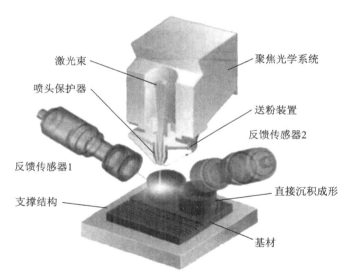

**图 7.14 激光近净成形技术原理**

基于 SLS 技术的 SLM 技术和基于 LENS 技术的 LRF 技术作为金属增材制造技术的两个主要研究热点,引领着当前金属增材制造技术的发展。相较于材料去除(或变形)的传统加工和常见的特种加工技术,由于具有极高的制造效率、材料利用率以及良好的成形性能等优势,从一开始便被应用于航空航天等高端制造领域的高性能金属材料和稀有金属材料的零部件制造。

## 7.4.3　国内外发展现状

美国是 3D 打印技术的主要发源地，在 3D 打印技术研发和产业应用方面，长期处于领先水平。美国两家最重要的 3D 打印机生产商——3D Systems 和 Stratasys 各自通过一系列并购，以及持续的高比例研发投入，不断巩固其行业主导地位，未来可能成为 3D 打印领域的"全能选手"。

在 20 世纪 90 年代，激光熔融沉积成形技术首先在美国发展起来。约翰霍普金斯大学、宾州大学和 MTS 公司通过对钛合金 3D 打印技术的研究，开发出一项以大功率 $CO_2$ 激光熔覆沉积成形技术为基础的"钛合金的柔性制造"技术，并于 1997 年成立了 AeroMet 公司。该公司在 2002—2005 年之间就通过 3D 打印技术制备了接头、内龙骨腹板、外挂架翼肋、推力拉梁、翼根吊环、带肋壁板等飞机零部件；美国 Sandia 国家实验室采用该技术开展了不锈钢、钛合金、高温合金等多种金属材料的 3D 打印研究，并成功实现了某卫星 TC4 钛合金零件毛坯的成形。成形过程所用时间相比传统方法明显缩短；2014 年 5 月，美海军在巴丹号航母上硬着舰了一架前起落架损坏的鹞式战机，三个月后，"美舰艇备战中心"称舰上人员已经通过 3D 打印技术修复了该飞机。美国政府高度重视 3D 打印，2012 年设立了"国家增材制造创新研究院"（NAMII），专门负责推动 3D 打印的基础研发、教育培训、技术转移。该机构由五个联邦政府部门（机构）联合出资支持，由美国国防制造与加工中心（NCDMM）主管，为美国传统制造业区域（俗称"铁锈地带"）附近数十所高校和企业提供合作平台。

德国主要围绕工业生产的需求发展 3D 打印技术，其 3D 打印机的发展路线与德国制造业的高质量标准、精细加工特点相吻合。同样是在 20 世纪 90 年代，德国 Fraunhofer 研究所提出了利用 SLM 打印金属材料的方法，并在 2002 年研究成功。随后多家公司推出了 SLM 设备，如 MCP 公司开发的 MCPRealizer 系统、EOS 公司开发的 EOSINTM 系统，RENISHAW 公司开发的 AM250 系统等。德国 EOS 等 3D 打印企业在金属激光烧结、微纳米级快速成形等方面，占有一定的优势，未来可能继续专注于高端 3D 打印机和特种打印材料的生产。

此外，英国、瑞典、意大利等国也有企业独立研发和生产 3D 打印机，未来可能获得国家层面的更大支持，突出低碳环保以及文化艺术等方面的优势，谋求更大的市场份额。

中国和日本都是较早开展 3D 打印研究、具有自主生产 3D 打印机能力的国家。亚洲现已成为全球制造业中心，推广运用 3D 打印的潜力巨大，且从事相关技术研发的高层次人才基础雄厚。近年来，3D 打印服务企业的业务规模增长较快。如果能确立较好的商业模式，形成完善的服务体系，加强技术创新，完善国产配套体系，将有望在国际市场取得更大的话语权。

20 世纪 90 年代，西北工业大学、北京航空航天大学等高校就开始了有关激光快速成形技术的研究。西北工业大学建立了激光快速成形系统，针对多种金属材料开展了工艺实验，近年来，西北工业大学团队采用 3D 打印技术打印了最大尺寸 3 m，重达 196 kg 的飞机钛合金左上缘条；北京航空航天大学同样在大尺寸钛合金零件的 3D 打印方面开展了深入的研究，在"十一五"期间，采用激光熔融沉积方法制备出了大型钛合金主承力结构件；华中科技大学在激光选区熔化和激光选区烧结方面开展了很多工作,对金属材料及高分子材料的 3D 打印进行了研究,并且开发了拥有自主知识产权的 SLM 设备——HRPM 系列粉末熔化成形设备;西安交通大学在生物医学用内置物的 3D 打印以及金属材料的激光熔融沉积成形方面开展了工作,完成了多例骨科 3D 打印个性化修复的临床案例,通过激光熔融沉积制备了发动机叶片原型,最薄处可达 0.8 mm,并具有定向晶组织结构。清华大学在国内也较早地开展了 3D 打印技术研究,研究领域主要是在电子束选区熔化(EBM)技术方面,并且研发了相关的 3D 打印设备。

国内除了高校之外,许多研究所也开展 3D 打印技术研究。西北有色金属研究总院在电子束选区熔化工艺及设备研发方面进行了研究,并开展了钛合金、TiAl 合金的电子束熔化成形工艺研究;中国航空工业集团公司北京航空制造工程研究所开展了电子束熔丝沉积成形的研究工作,并具备此类设备的研发能力,采用这种方法已经成形出 2100 mm×450 mm×300 mm 钛合金主承力结构件;中国航空工业集团公司北京航空材料研究院近年来开展了激光熔融沉积成形的系统研究,发挥了航材院材料、工艺、检测、失效分析等专业优势,成立了由多专业联合参与的 3D 打印研究与工程技术中心,旨在推动 3D 打印技术在航空、航天、生物医学等领域的快速应用,特别在金属基复合材料、梯度材料、超高温结构材料、航空关键件修复等方面开展了深入研究,部分成果已经获得应用。

目前,3D 打印机已经出现至少三类截然不同的技术路线:工业、家用和生物 3D 打印。工业 3D 打印机的特点是:加工尺寸大,产品质量高,加工材料种类丰富,主要是以激光烧结、固化、重熔等方式,打印各种金属、非金属和高性能合成材料。家用 3D 打印机的特点是:价格低、耗能小、便于搬运,使用相对专门化的材料(如特种塑料、树脂等),进行快捷、安全、可视的加工。生物 3D 打印是以活细胞、生物活性因子及生物材料的基本成形单元,设计制造具有生物活性的人工器官、植入物或细胞三维结构,在个性化诊断与治疗、定制式医疗器械、再生医学治疗、病理/药理研究、药物开发和生物制药等领域将会发挥十分重要的作用。

## 7.4.4 3D 打印技术发展的趋势与面临的挑战

### 1.3D 打印技术发展趋势

1)向日常消费品制造方向发展

3D 打印的设备称为 3D 打印机,其作为计算机一个外部输出设备来使用,可以直接将计算机中的三维图形输出为三维的彩色物体。在科学教育、工业造型、产品创意、工艺美术等方面有着广泛的应用前景和巨大的商业价值。

2)向功能零件制造发展

3D 打印技术可以直接制造复杂结构金属功能零件,制件力学性能可以达到锻件性能指标。进一步的发展方向是进一步提高精度和性能,同时向陶瓷零件的增材制造技术和复合材料的增材制造技术发展。

3)向智能化装备发展

目前增材制造设备在软件功能和后处理方面还有许多问题需要优化。例如:成形过程中需要加支撑,软件智能化和自动化需要进一步提高;制造过程中工艺参数与材料的匹配性需要智能化;加工完成后的粉料或支撑需要去除等问题。这些问题直接影响设备的使用和推广,设备智能化是走向普及的保证。

4)向组织与结构一体化制造发展

实现从微观组织到宏观结构的可控制造。例如在制造复合材料时,将复合材料组织设计制造与外形结构设计制造同步完成,在微观到宏观尺度上实现同步制造,实现结构体的"设计—材料—制造"一体化。支撑生物组织制造、复合材料等复杂结构零件的制造,给制造技术带来革命性发展。

**2. 面临的挑战**

虽然 3D 打印产业的发展前景十分广阔,但就目前而言,在技术和产业层面,还存在不少挑战和制约因素。

1)时间、能源等方面的边际成本制约 3D 打印的产业规模

未来人们的需求是"大批量个性化",需要在产品数量充足的前提下,尽可能地丰富产品种类,满足多样化、个性化需求。如果将目前的 3D 打印技术用于大批量产品的制造,消耗的时间、能源成本将明显高于传统制造方式。因此,3D 打印将和传统制造方式分别占据两个不同层面的市场。在未来相当长的时间内,3D 打印主要适用于"订单式"的个性化定制生产,满足多样化、个性化需求以及某些时效性强、门类特殊的细分市场需求,其优势在于单位产品的附加值较高。传统的批量生产模式,虽然利润率十分有限,但仍然在规模化生产方面占据优势地位,市场份额较大。

2)加工质量的不稳定性和精度不足阻碍其在制造业中的广泛应用

现阶段,用金属材料进行 3D 打印面临的最大挑战是质量稳定性和工艺过程的一致性。外部电压不稳、环境温度变化、材料成分变化、数字设计方案不合理、装备精密程度不够等因素,都有可能导致产品的内部组织和结构缺陷。组织和结构的缺陷一旦形成,往往难以检测和修复,会降低零部件的机械性能,影响使用寿命,甚至造成安全隐患。正因为在质量稳定性方面缺乏可靠的监测手段和实用经验,3D 打印目前还不适用于高端装备核心零部件的直接生产。

使用非金属材料进行 3D 打印,遇到的主要问题是产品尺寸精度和表面粗糙度不足。特别是采用熔融沉积制造、粉末喷射等原理的 3D 打印机,加工精度相对较低。产品加工完成后,还需要手工打磨、清洗等步骤。另外,在加工一些特殊结构时,需要生成辅助支撑结构,加工完成后还需手工去除并打磨,保持表面干净整洁。

3)可用材料种类的有限性影响 3D 打印技术的推广

虽然 3D 打印作为一种先进的生产方式,已在多个领域成功运用,但应用的范围仍然较为有限,尚不能成为主要的生产技术。其原因主要是:材料、工艺和设备一体化的技术特点,使得3D 打印材料的改变需要开发相应的工艺和装备,而现阶段市场提供的 3D 打印设备种类较少,能够加工的材料种类因而受到限制,许多工业用材料还没有相应的 3D 打印工艺设备提

供,影响了 3D 打印技术的推广。另外,在成形过程中,往往会产生较大的热应力,对于一些脆性材料易出现开裂和翘曲,需开发特殊的 3D 打印技术。

4)知识产权保护机制尚未建立,影响 3D 打印的创新发展

3D 打印是一种数字模型直接驱动的成形制造方式,产品的数字模型是 3D 打印技术普及应用的关键因素。而产品数字模型的构建需要设计人员大量的创造性活动,代表了设计者的创新及其知识贡献,因而建立合理的产品数字模型的知识产权保护机制至关重要。通过建立产品数字模型的知识产权保护机制,为产品的数字设计提供相应回报渠道,将有力推动 3D 打印产业发展。然而,现阶段 3D 打印软件和硬件的技术都没有纳入知识产权保护。为此,要建立知识产权保护机制,制定业内普遍认可和遵守的标准协议,构成一定的强制约束力。目前在全球范围内,此方面尚处于空白。

# 7.5 智能生产线

## 7.5.1 智能生产线简介

生产线是按对象原则组织起来,完成产品工艺过程的一种生产组织形式。随着产品制造精度、质量稳定性和生产柔性化的要求不断提高,制造生产线正在向着自动化、数字化和智能化的方向发展。生产线的自动化是通过机器代替人参与劳动过程来实现的;生产线的数字化主要解决制造数据的精确表达和数字量传递,实现生产过程的精确控制和流程的可追溯;智能化解决机器代替或辅助人类进行生产决策,实现生产过程的预测、自主控制和优化。智能生产线将先进工艺技术、先进管理理念集成融合到生产过程,实现基于知识的工艺和生产过程全面优化、基于模型的产品全过程数字化制造以及基于信息流物流集成的智能化生产管控,以提高车间/生产线运行效率,提升产品质量稳定性。

产品制造过程涉及物料、能源、软硬件设备、人员以及相关设计方法、加工工艺、生产调度、系统维护、管理规范等。生产线配备的工艺装备与生产的工艺要求相关,通常有加工设备、测量设备、仓储和物料运送设备,以及各种辅助设备和工具。自动化生产线需配备机床上下料装置、传送装置和储料装置以及相关控制系统。在人工智能技术的支持下,通过提升信息系统与物理制造过程的交互程度,形成智能化生产线系统,实现工艺和生产过程持续优化、信息实时采集和全面监控的柔性化可配置,是制造业未来发展趋势。

## 7.5.2 智能生产线的架构

与传统生产线相比,智能生产线的特点主要体现在感知、互联和智能三个方面。感知指对生产过程中的涉及的产品、工具、设备、人员互联互通,实现数据的整合与交换;智能指在大数据和人工智能的支持下,实现制造全流程的状态预知和优化。建设智能生产线需实现工艺的智能化设计、生产过程的智能化管理、物料的智能化储运、加工设备的智能化监控等。图 7.15 为智能生产线方案架构的示意图。智能生产线由三层架构组成,制造数据准备层实现基于仿

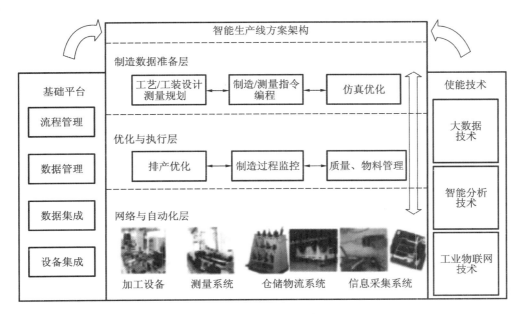

图 7.15　智能生产线方案架构

真优化和制造反馈的工艺设计和持续优化,主要针对制造过程的工艺、工装和检验等环节进行规划并形成制造执行指令。优化与执行层实现生产线生产管控,包括排产优化、制造过程监控与质量管理以及物料的储运管理。网络与自动化层实现生产线自动化和智能化设备的运行控制、互联互通以及制造信息的感知和采集。基础平台的核心是提供基础数据的一致性管理,各层级系统间数据集成及设备自动化集成。使能技术指支撑智能生产线建设和智能化运行的使能基础技术:工业物联网技术是构建智能生产线网络化运行环境的关键,基于该技术构建的工业物联网实现产品、设备、工具的互联互通,并提供网络化的信息感知和实时运行监控各种不同类型数据的感知和采集,并进行实时的监控;大数据技术用于对制造过程产生的海量制造数据的提取、归纳、分析,形成一套知识发现机制,指导制造工艺和生产过程的持续优化;智能分析技术基于工艺知识、管控规则分析,监控来自工艺、生产和设备层级的问题,进行预测、诊断和优化决策。

## 7.5.3　智能生产线关键技术

智能制造的核心是信息物理融合(CPS)技术,其中:"信息"指算法、3D 模型、仿真模型、工艺指令等能够通过网络访问和收集到的数据和信息;"物理"指在生产系统中的人、自动化模块、物料等物理工具和设施。智能制造的目的就是要为制造系统构建完整的生产与信息的回路,使得制造系统具有自我学习、自我诊断、自主决策等智能化的行为和能力。实施智能生产线,需要解决生产线规划、工艺优化、生产线智能管控、装备智能化和生产线的智能维护保障等关键技术。

**1. 生产线建模仿真技术**

生产线作为一种特殊的产品,也有自己的生命周期,包括设计规划、建设、运行维护和报废。其中生产线的设计规划直接关系到后续生产线的运行能效。在生产线规划时,应结合产品对象的工艺要求进行相关设备、物流及各种辅助设施的规划建模与模拟运行,对产品生产流程、每台设备的利用率、生产瓶颈等进行分析评估。生产线建模的细化程度、每道工序的时间估算、装夹等人力时间的计算以及物料工具的配送方式等都影响仿真评估的结果。

**2. 基于仿真计算和制造反馈的工艺设计技术**

如航空产品的加工和成形工艺复杂,工艺技术的改进及工艺参数的优化对于产品的制造精度和质量稳定性有决定性作用。在产品试制阶段进行工艺、工装、检验的规划设计时,大量工艺参数和变形补偿基于经验数据和工艺试验确定,造成研制周期长、成本高昂、质量稳定性差等问题。究其原因,一方面,产品制造工艺过程的几何仿真及物理仿真技术还不能满足工程应用;另一方面,没有对制造过程的历史经验数据进行系统分析和提炼,工艺经验数据库和决策规则不成体系、碎片化,不足以支持工艺的智能化设计过程。基于经验知识、仿真计算和制造反馈的工艺设计技术,可提高工艺设计的精细化程度,降低人为因素的影响,实现工艺设计过程的规范程度和设计效率,并形成持续改进的工艺优化机制。

**3. 生产线的智能化管控技术**

智能化生产线的运行具有柔性化、自适应、自决策等特点,生产线的智能化管控包括智能排产、物料工具的自动配送、制造指令的即时推送、制造过程数据的实时采集处理等。支持智能化生产的决策规则的定义、决策依据的准确实时采集是智能化生产线正常运行的基础;基于生产线资源占用情况、生产计划的执行反馈情况以及生产计划调整而进行的动态化生产调度排产是保证生产线正常运行的前提。对于自动化程度较高的生产线,生产过程中人机的协同,如物料的配送、装夹、工序检验等这些可能的人工环节与设备自动化生产环节的协同与集成是保证准时生产的关键,而生产环节的防错及质量保证措施,在线检测的智能化、检测数据的实时准确采集处理等措施可以有效提升生产效率和质量。生产线智能管控系统除了要实现生产线物料、人员、设备、工具的集成运行与信息流、物流的融合,还要实现与车间级信息系统、企业级信息系统的信息交互与集成。

**4. 工艺装备的智能化技术**

智能装备的特点是将专家的知识和经验融合到生产制造过程中。工艺装备不仅本身需要具备感知决策和精准执行能力,同时工艺装备的智能化集成应用水平也有着举足轻重的作用。深度感知是装备智能化的首要条件,基于感知信息的分析决策是体现装备智能化的关键,而支持分析决策过程的计算、推理、判断和人工智能技术、专家系统等密不可分;基于感知、决策、执行的闭环控制单元技术是信息物理系统的精髓。面向航空产品特定需求开发研制智能化工艺装备,需要在厘清应用环境、产品对象、工艺特点等的基础上,针对性地研究传感器部署方案、感知数据的采集方案、分析决策机制的架构方法、反馈执行的精准和即时性等。

**5. 生产线的维护保障技术**

先进的生产线维护保障技术是降低制造成本、增加效益的最直接、最有效的途径。对于集成度和产能要求更高的智能生产线,单点的故障和意外停机有可能导致生产线的整体瘫痪,所以智能化维护技术是未来发展制造服务业的重要方向。生产线的维护保障包括针对单台设备的在线监测、故障诊断与预警,也包括针对生产线的整体运行情况的统计、分析、优化等。与传统维护维修方法相比,智能维护是一种主动的按需监测维护模式,需要重点解决信息分析及性能衰减的智能预测及维护优化问题。因此,按需的远程监测维护机制和决策支持知识库是生产线维护保障的基础技术。开展生产线维护保障技术的研究,除了降低运行故障率,同时也可以对生产线上每台设备的使用效率生产线的瓶颈进行分析,达到提升生产线综合运行效率的目的。

### 7.5.4　典型应用案例

沈阳冰箱工厂是海尔第一个智能互联工厂。该工厂最典型的信息互联案例就是 U 壳智能配送线。该配送线颠覆传统的工装车运输方式,在行业内首次实现了在无人配送的情况下,点对点精准匹配生产和全自动即时配送。在这里,传统的 100 多米长的生产线被 4 条 18 米长的智能化生产线所替代,几百个零部件被优化成十几个主要模块,这些模块可根据用户不同需求进行快速任意组装。目前沈阳海尔冰箱互联工厂可支持 9 个平台 500 个型号的柔性大规模定制,人员配置减少 57%,单线产能提升了 80%,单位面积产出提升了 100%,订单交付周期降低了 47%,平均每 10 秒钟就能诞生一台冰箱,创下了全球冰箱行业的"吉尼斯"记录成为全球生产节拍最快的冰箱工厂。图 7.16 所示为海尔冰箱智能生产线。

**图 7.16　海尔冰箱智能生产线**

磁浮轨排是承载磁浮车辆运行的线路装备,车辆通过悬浮在轨排上方实现平稳运行。由我国自主研发设计的全球首条智能化磁浮轨排生产线在中国铁建重工长沙第二产业园建成。该生产线全长约 500 m,宽约 18 m,可实现轨排自动上下料、自动输送翻转、自动装夹定位、智能数控加工、在线智能检测、自动涂装以及柔性装配。具有制造工序集成化、生产数据信息化、控制系统智能化的特点,通过流水线串联和并联式生产,采用单机多刀头机械加工、数控弯曲等世界先进加工技术,降低了工人 70% 以上的劳动强度,生产质量稳定可控,合格率达 99%,加工效率大幅提高,年生产能力可达 80 km,填补了全球磁浮轨道设备智能化生产的空白。图7.17 所示为智能化磁浮轨排生产线。

图 7.17　智能化磁浮轨排生产线

# 7.6　智能工厂

## 7.6.1　智能工厂简介

智能工厂将智能设备与信息技术在工厂层级完美融合,涵盖企业的生产、质量、物流等环节,是智能制造的典型代表,主要解决工厂、车间和生产线以及产品的设计到制造实现的转换过程。智能工厂将设计规划从经验和手工方式,转化为计算机辅助数字仿真与优化的精确可靠的规划设计,在管理层有 EPR 系统实现企业层面针对质量管理、生产绩效、依从性、产品总谱和生命周期管理等提供业务分析报告;在控制层由 MES 系统实现对生产状态的实时掌控,快速处理制造过程中物料短缺、设备故障、人员缺勤等各种异常情形;在执行层面由工业机器人、数控机床和其他智能制造装备系统完成自动化生产流程。数字化智能工厂能够减少试生产和工艺规划时间,缩短生产准备期,提高规划质量,提高产品数据统一与变型生产效率,优化生产线的配置,降低设备人员投入,实现制造过程智能化与绿色化。

智能工厂由赛博空间中的虚拟数字工厂和物理系统中的实体工厂共同构成。其中,实体工厂部署有大量的车间、生产线、加工装备等,为制造过程提供硬件基础设施与制造资源,也是实际制造流程的最终载体;虚拟数字工厂则是在这些制造资源以及制造流程的数字化模型基础上,在实体工厂的生产之前,对整个制造流程进行全面的建模与验证。为了实现实体工厂与虚拟数字工厂之间的通信与融合,实体工厂的各制造单元中还配备有大量的智能元器件,用于制造过程中的工况感知与制造数据采集。在虚拟制造过程中,智能决策与管理系统对制造过程进行不断的迭代优化,使制造流程达到最优;在实际制造中,智能决策与管理系统则对制造过程进行实时的监控与调整,进而使得制造过程体现出自适应、自优化等智能化特征。

由上述可知,智能工厂的基本框架体系中包括智能决策与管理系统、企业虚拟制造平台、智能制造车间等关键组成部分,如图 7.18 所示。

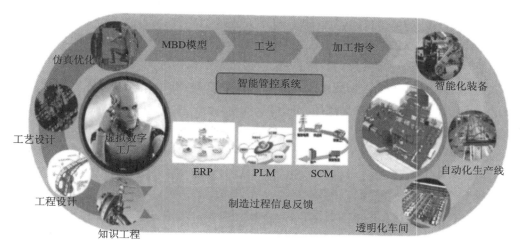

图 7.18　智能工厂基本架构

## 7.6.2　智能制造工厂的关键技术与特征

与传统的数字化工厂、自动化工厂相比,智能工厂具备以下几个突出特征。

### 1. 制造系统的集成化

作为一个高层级的智能制造系统,智能工厂表现出鲜明的系统工程属性,具有自循环特性的各技术环节与单元按照功能需求组成不同规模、不同层级的系统,系统内的所有元素均是相互关联的。在智能工厂中,制造系统的集成主要体现在以下方面。

首先是企业数字化平台的集成。在智能工厂中,产品设计、工艺设计、工装设计与制造、零部件加工与装配、检测等各制造环节均是数字化的,各环节所需的软件系统均集成在同一数字化平台中,使整个制造流程完全基于单一模型驱动,避免了在制造过程中因平台不统一而导致的数据转换等过程。

其次是虚拟工厂与真实制造现场的集成。基于全资源的虚拟制造工厂是智能工厂的重要组成部分,在产品生产之前,制造过程中所有的环节均在虚拟工厂中进行建模、仿真与验证。在制造过程中,虚拟工厂管控系统向制造现场传送制造指令,制造现场将加工数据实时反馈至管控系统,进而形成对制造过程的闭环管控。

**2. 决策过程的智能化**

传统的人机交互中,作为决策主体的人支配"机器"的行为,而智能制造中的"机器"因部分拥有、拥有或扩展人类智能的能力,使人与"机器"共同组成决策主体,在同一信息物理系统中实施交互,信息量和种类以及交流的方法更加丰富,从而使人机交互与融合达到前所未有的深度。

制造业自动化的本质是人类在设备加工动作执行之前,将制造指令、逻辑判断准则等预先转换为设备可识别的代码并将其输入到制造设备中。此时,制造设备可根据代码自动执行制造动作,从而节省了此前在制造机械化过程中人类的劳动。在此过程中,人是决策过程的唯一主体,制造设备仅仅是根据输入的指令自动地执行制造过程,并不具备如判断、思维等高级智能化的行为能力。在智能工厂中,"机器"具有不同程度的感知、分析与决策能力,它们与人共同构成决策主体。在"机器"的决策过程中,人类向制造设备输入决策规则,"机器"基于这些规则与制造数据自动执行决策过程,这样可将由人为因素造成的决策失误降至最低。与此同时,在决策过程中形成的知识可作为后续制造决策的原始依据,进而使决策知识库得到不断优化与拓展,从而不断提升智能制造系统的智能化水平。

**3. 加工过程的自动化**

车间与生产线中的智能加工单元是工厂中产品制造的最终落脚点,智能决策过程中形成的加工指令将全部在加工单元中得以实现。要想能够准确、高效地执行制造指令,智能制造单元必须具备数字化、自动化、柔性化等条件。首先,智能加工单元中的加工设备、检验设备、装夹设备、储运设备等均是基于单一数字化模型驱动的,这避免了传统加工中由于数据源不一致而带来的大量问题。其次,智能制造车间中的各种设备、物料等大量采用如条码、二维码、RFID等识别技术,使车间中的任何实体均具有唯一的身份标志,在物料装夹、储运等过程中,通过对这种身份的识别与匹配,实现物料、加工设备、刀具、工装等的自动装夹与传输。最后,智能制造设备中大量引入智能传感技术,通过在制造设备中嵌入各类智能传感器,实时采集加工过程中机床的温度、振动、噪声、应力等制造数据,并采用大数据分析技术来实时控制设备的运行参数,使设备在加工过程中始终处于最优的效能状态,实现设备的自适应加工。例如,传统制造车间中往往存在由于地基沉降而造成的机床加工精度损失,通过在机床底脚上引入位置与应力传感器,即可检测到不同时段地基的沉降程度,据此,通过对机床底角的调整即可弥补该精度损失。此外,通过对设备运行数据的采集与分析,还可总结在长期运行过程中,设备加工精度的衰减规律、设备运行性能的演变规律等,通过对设备运行过程中各因素间的耦合关系进行分析,可提前预判设备运行的异常,并实现对设备健康状态的监控与故障预警。

**4. 服务过程的主动化**

制造企业通过信息技术、网络化技术,根据用户的地理位置、产品运行状态等信息,为用户提供产品在线支持、实时维护、健康监测等智能化功能。这种服务与传统的被动服务不同,它能够通过对用户特征的分析,辨识用户的显性及隐性需求,主动为用户推送高价值的资讯与服务。此外,面向服务的制造将成为未来工厂建设中的一种趋势,集成广域服务资源的行业物联网将越来越智能化、专业化,企业对用户的服务将在很大程度上通过若干联盟企业间的并行协同实现。对用户而言,所体验到的服务的高效性与安全性也随之提升,这也是智能工厂服务过程的基本特点。

### 5. 智能决策与管理系统

智能决策与管理系统是智能工厂的管控核心,负责市场分析、经营计划、物料采购、产品制造以及订单交付等各环节的管理与决策。通过该系统,企业决策者能够掌握企业自身的生产能力、生产资源以及所生产的产品,能够调整产品的生产流程与工艺方法,并能够根据市场、客户需求等动态信息作出快速、智能的经营决策。

一般而言,智能决策与管理系统包含了企业资源计划(ERP)、产品全生命周期管理(PLM)、供应链管理(SCM)等一系列生产管理工具。在智能工厂中,这些系统工具的最突出特点在于:一方面能够向工厂管理者提供更加全面的生产数据以及更加有效的决策工具,相较于传统工厂,在解决企业产能、提升产品质量、降低生产成本等方面,能够发挥更加显著的作用;另一方面,这些系统工具掌握企业自身的生产能力、生产资源以及所生产的产品,能够调整产品的生产流程与工艺方法,并能够根据市场、客户需求等动态信息作出快速、智能的经营决策。

### 6. 企业数字化制造平台

企业数字化制造平台需要解决的问题是如何在信息空间中对企业的经营决策、生产计划、制造过程等全部运行流程进行建模与仿真,并对企业的决策与制造活动的执行进行监控与优化。这其中的关键因素包括以下两点。

(1)制造资源与流程的建模与仿真。在建模过程中,需要着重考虑智能制造资源的三个要素,即:实体、属性和活动。实体可通俗地理解为智能工厂中的具体对象。属性是在仿真过程中实体所具备的各项有效特性。智能工厂中各实体之间相互作用而引起实体的属性发生变化,这种变化通常可用状态的概念来描述。智能制造资源通常会由于外界变化而受到影响。这种对系统的活动结果产生影响的外界因素可理解为制造资源所处的环境。在对智能制造资源进行建模与仿真时,需要考虑其所处的环境,并明确制造资源及其所处环境之间的边界。

(2)建立虚拟平台与制造资源之间的关联。通过对制造现场实时数据的采集与传输,制造现场可向虚拟平台实时反馈生产状况。其中主要包括生产线、设备的运行状态,在制品的生产状态,过程中的质量状态,物料的供应状态等。在智能制造模式下,数据形式、种类、维度、精细程度等将是多元化的,因此,数据的采集、存储与反馈也需要与之相适应。在智能制造模式下,产品的设计、加工与装配等各环节与传统的制造模式均存在明显不同。因此,企业数字化制造平台必须适应这些变化,从而满足智能制造的应用需求。

在面向智能制造的产品设计方面,企业数字化制造平台应提供以下两方面的功能:首先,能够将用户对产品的需求以及研发人员对产品的构想建成虚拟的产品模型,完成产品的功能性能优化,通过仿真分析在产品正式生产之前保证产品的功能性能满足要求,减少研制后期的技术风险;其次,能够支持建立满足智能加工与装配标准规范的产品全三维数字化定义,使产品信息不仅能被制造工程师所理解,还能够被各种智能化系统所接收,并被无任何歧义地理解,从而能够完成各类工艺、工装的智能设计和调整,并驱动智能制造生产系统精确、高效、高质量地完成产品的加工与装配。

在智能加工与装配方面,传统制造中人、设备、加工资源等之间的信息交换并没有统一的标准,而数据交换的种类与方式通常是针对特定情况而专门定制的,这导致了制造过程中将出现大量的耦合,系统的灵活性受到极大的影响。例如,在数控程序编制过程中,工艺人员通常将加工程序指定到特定的机床中,由于不同机床所使用的数控系统不同,数控程序无法直接移植到其他机床中使用,若当前机床上被指定的零件过多,则容易出现被加工零件需要等待,而其他机床处于空闲状态的情况。

随着制造系统智能化程度的不断提升,智能加工与装配中的数据将是基于统一的模型,不再针对特定系统或特定设备,这些数据可被制造系统中的所有主体所识别,并能够通过自身的数据处理能力从中解析出具体的制造信息。例如,智能数控加工设备可能不再接收数控程序代码,而是直接接收具有加工信息的三维模型,根据模型中定义的被加工需求,设备将自动生成最优化的加工程序。这样的优势在于:一方面,工艺设计人员不再需要指定特定机床,因此加工工艺数据具有通用性;另一方面,在机床内部生成的加工程序是最适合当前设备的加工代码,进而可以实现真正的自适应加工。

**7. 智能制造车间**

智能制造车间及生产线是产品制造的物理空间,其中的智能制造单元及制造装备提供实际的加工能力。各智能制造单元间的协作与管控由智能管控及驱动系统实现。智能制造车间基本构成如图 7.19 所示。

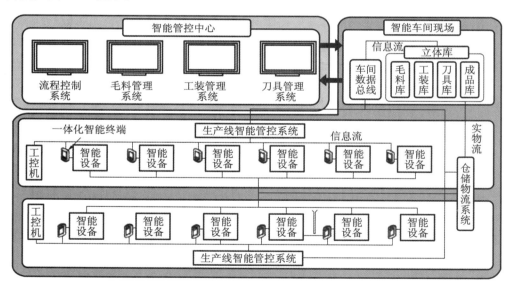

图 7.19　智能制造车间基本构成

# 7.6.3　典型应用案例

三一重工的 18 号厂房是总装车间(见图 7.20),有混凝土机械、路面机械、港口机械等多条装配线,该总装车间在生产车间建立"部件工作中心岛",即单元化生产,将每一类部件从生产到下线所有工艺集中在一个区域内,犹如在一个独立的"岛屿"内完成全部生产。这种组织方式,打破了传统流程化生产线呈直线布置的弊端,在保证结构件制造工艺不改变、生产人员不增加的情况下,实现了减少占地面积、提高生产效率、降低运行成本的目的。目前,三一重工已建成车间智能监控网络和刀具管理系统、公共制造资源定位与物料跟踪管理系统、计划/物流/质量管控系统、生产控制中心(PCC)中央控制系统等智能系统,还与其他单位共同研发了智能上下料机械手、基于 DNC 系统的车间设备智能监控网络、智能化立体仓库与 AGV 运输软硬件系统、基于 RFID 设备及无线传感网络的物料和资源跟踪定位系统、高级计划排程系统(APS)、制造执行系统(MES)、物流执行系统(LES)、在线质量检测系统(SPC)、生产控制中心管理决策系统等关键核心智能装置,实现了对制造资源跟踪、生产过程监控,计划、物流、质量集成化管控下的均衡化混流生产。

**图 7.20　三一重工智能车间**

美的公司车间总体设计、工艺流程及布局均已建立了数字化模型,采用 CAD、CAM 等进行模拟仿真,通过 ERP、PDM 等实现规划、生产、运营全流程数字化管理。生产车间(见图7.21)配置了数据采集系统和先进控制系统,生产工艺数据自动数采率达 90% 以上。此外,车间还采用三维计算机辅助设计、设计和工艺路线仿真、可靠性评价等先进技术,使得产品信息能够贯穿于设计、制造、质量、物流等环节,实现产品的全生命周期管理(PLM)。生产效率提升 70%,生产线人数下降 50%,人机比达到 4% 以上,产品合格率达到 99.9%,达到空调行业的领先水平。

德国 SICK 4.0 NOW Factory 智能工厂(见图 7.22)打破传统的流水线设计,工厂的主体是分布式布局的 12 台互联互通的模块式自动化生产单元,以定制化执行机构和夹具,配合智能传感器、机器人与机器视觉,分别完成 PCB 焊接、精密装配、光学检测、机械位置检测和激光打标等生产工序;以荧光带导引的 4 台 AGV 和操作工人密切配合,完成不同单元间的物料配送。生产流程可根据需求状况改变模块使用顺序。在生产订单之前,首先生产控制系统中根据客户要求在线配置所需的产品型号。生产系统从 ERP 系统获取客户订单的所有数据,以便对所需生产的型号进行配置。生产系统将信息发送给机器并不断地接收反馈信息。所有组成元素传感器、机器和人员都将通过远程控制方式进行组织和联网通信。

图 7.21　美的智能车间

图 7.22　德国 SICK 4.0 NOW Factory 智能车间

# 7.7　智能装配

## 7.7.1　智能装配简介

近年来,由于在毛坯制造和机械加工等方面的机械化、自动化程度提高较快,装配工作量在制造过程中所占的比重有扩大的趋势。因此,必须提高装配工作的技术水平和劳动生产率,才能适应整个机械工业的发展趋势,智能装配理念开始逐渐进入人们的视野。智能装配是指将产品装配过程中的零部件、工装夹具、机器设备、物流、人、系统等深度融合,借鉴高度智能化的人体神经系统原理,将智能化装配系统模型构建为与之相对应的物理-信息融合系统,逐次建立自动化装配单元、装配生产线/车间、智能检测与监控系统、信息获取与集成、信息处理与决策、知识积累与自适应控制等技术。形成智能化装配系统需要解决面向智能装配的一体化三维设计、智能装配工艺、虚拟装配、装配过程在线监测与监控、专用智能装配工艺装备的设计制造和智能装配制造执行等关键技术。

物联网、协作机器人、增材制造、预测性维护、机器视觉等新兴技术迅速兴起,为制造企业推进智能化装配建设提供了良好的技术支撑,同时我国汽车、家电、轨道交通、食品饮料、制药、装备制造、家居等行业对生产和装配线自动化、智能化改造的需求旺盛,国内智能化装配建设也取得了长足进展。

## 7.7.2　智能装配关键技术

### 1. 面向智能装配的数字化设计技术

面向智能装配的数字化设计技术包括基于知识的产品设计、工艺设计和工装设计等,将用户对产品的需求和研发人员对产品的构想建立成信息物理融合系统的虚拟产品模型,并考虑产品装配工艺分离面的划分,对产品的进行模块化设计。基于模型和知识开展产品的功能性能仿真分析与优化,保证产品的功能性能满足用户要求,使用户可以全过程参与减少技术风险。

### 2. 智能装配工艺技术

把机器学习、人工神经网络、Agent 系统、知识工程等人工智能领域的理论技术应用到产品装配工艺设计中,建立装配工艺知识库及其相应的索引与推理机制,并且开发具有一定智能的装配工艺设计系统,进而把装配工艺师的经验知识利用起来,以提高装配工艺设计的效率与水平,这也是缩短新机研制周期、降低研制成本的关键。

### 3. 虚拟装配技术

虚拟装配是一种将 CAD 技术、可视化技术、仿真技术、决策理论及装配和制造过程研究、虚拟现实技术等多种技术加以综合运用的技术。基于信息物理融合系统的模块化产品模型,建立产品装配过程的工艺模型和生产模型,在虚拟现实环境中对装配全过程进行仿真,虚拟展示现实生活中的各种过程、物件等,从感官和视觉上使人获得完全的如同真实的感受,在人机工效分析的基础上对装配全过程进行优化,保证装配全过程顺利实施。

### 4. 装配过程在线监测与监控技术

建立可覆盖产品装配全过程的数字化测量与监控网络,通过传感器、RFID、泛在物联工业网络等实时感知、监控、分析装配状态,并利用云计算、大数据等先进技术对收集到的海量数据进行系统分析,做出判断并下达相应指令,实现装配过程的描述、监控、跟踪和反馈。

### 5. 专用智能装配工艺装备的设计制造技术

产品装配过程的自动化、智能化必须借助专用智能化工艺装备来实现。首先要全面实施装配过程的机械化和自动化,大量采用智能机器人或设备替代人的重复性工作。在此基础上,通过嵌入式系统实现系统与设备、设备与设备、设备与人之间的互联互通,为实现智能化装配奠定基础。

### 6. 智能装配制造执行技术

装配是典型的离散制造过程,为提高其制造效率,需要对工艺、计划、生产、物流、质量等过程进行全面的数字化管控,智能装配制造执行系统(manufacture execution system,MES)是实现这一目标的基本手段。需要开展 MES 对装配知识的管理、人工智能算法与 MES 的融合、MES 对生产行为实时化、精细化管理以及生产管控指标体系的实时重构等技术,进而使得智能装配具有对装配环境和装配流程的自适应能力。

### 7.7.3 典型应用案例

三菱电机名古屋制作所采用人机配合的新型机器人装配产线(见图 7.23),在电磁开关生产插入活动触头、插入固定触头、组装后盖板、紧固端子螺钉、插入端子罩、试验这 6 道工序中分别使用机器人和各种 FA 设备,实现了从自动化到智能化的转变,提高了单位生产面积的产量,且换产几乎不需要花费时间和人力。不仅可以轻松实现小批量生产,而且还能够根据交货期灵活组织生产,有效提高交货期遵守率。

**图 7.23　三菱电机名古屋制作所的工厂机器人装配产线**

海尔佛山滚筒洗衣机互联工厂可以实现按订单配置、生产和装配,采用高柔性的自动无人生产线(见图 7.24),广泛应用精密装配机器人,视觉识别配合机器人,实现装配定位精度达到 0.01mm,实现精工制造品质 100% 保障,采用 MES 全程订单执行管理系统,通过 RFID 进行全程追溯,从一张铁皮变成一台洗衣机仅需 33 min,实现了机机互联、机物互联和人机互联。

**图 7.24　海尔互联工厂装配生产车间**

联想推出 AR 辅助装配(见图 7.25)解决方案提升了飞机制造过程中的精确性及作业效率,借助晨星 AR 眼镜及其后台技术,可以自动识别线缆,直观地在连接器上指示线缆对应的孔位,工人根据指示直接插入即可。原先需要 3 人同时工作,现缩减为 1 人,装配时间大幅缩短,装配准确性也大大提高,同时,整个装配过程通过视频自动记录在云端,方便后续查验。

图 7.25　联想 AR 辅助装配

# 7.8　智能物流

## 7.8.1　智能物流简介

　　智能物流是基于物联网技术全面应用的基础上,利用先进智能技术,完成智能运输、智能仓储、智能配送、智能包装、智能装卸搬运、智能流通加工和信息处理等基本活动,实现货物从供应地到接收地实体流动过程中物流服务最佳化、利润最大化、资源配置最优化和生态保护程度最大化的智能物流管理体系。与传统物流相比,智能物流信息化、集成化程度更高,运作模式趋于系统化、柔性化、智能化、可视化,在提升货物流通效率,降低物流成本,增加企业服务水平和利润等方面,显示出了巨大的优势。

　　智能物流利用集成智能化技术,使物流系统能模仿人的智能,具有思维、感知、学习、推理判断和自行解决物流中某些问题的能力。智能物流最显著的特点是可以减员增效,准确高效,可以使得产品质量和产量同步提升;另外就是可以帮助企业转型升级,从大规模的制造转向小规模的批量化定制。这些都与智能物流的发展密切相关。智能物流的未来发展将会体现出智能化、一体化、层次化、柔性化与社会化的特点。

## 7.8.2　智能物流关键技术

### 1.智能单元化物流技术

　　单元化物流指物流系统中从发货地将物品整合为规格化、标准化的货物基本单元,并通过基本单元的组合与拆分来完成在供应链各个环节物流作业,保持货物基本单元的状态一直送达最终收货点的物流形态。

　　单元化物流以集装单元化技术为基础,其区别于集装单元化技术的本质是:单元化物流更强调单元化技术在物流全系统的集成应用,而不是局部环节的应用;更强调集装单元化对物流系统的全面影响和系统改进,而不是仅仅局限在单元化集装器具本身。单元化物流可以将分立的各个物流环节联合为一个整体,使整个物流系统更高效的运转。

智能物流单元化技术是连接供应、制造和客户的重要环节,也是构建智能工厂的基石。智能托盘/周转箱将成为智能物流系统中的基本智能单元,向物流系统发出行动指令,利用智能物流单元化技术拉动整个供应链。

**2. 智能物流装备**

智能物流装备是智能物流的基础。智能物流装备的基础是自动化,在此基础上再集成感知传感、信息化、人工智能等技术实现智能化。自动化物流装备包括自动化仓库系统、自动化搬运与输送系统、自动化分拣与拣选系统、自动信息处理与控制系统等。代表性的产品有自动导引车(automated guided vehicle,AGV)、穿梭车(rail guided vehicle,RGV)、堆垛机、输送机、分拣机等。

智能物流装备产业链分为上、中、下游三个部分。上游为智能物流装备行业和物流软件行业,分别提供物流硬件装备(输送机、分拣机、AGV、堆垛机、穿梭车、叉车等)和相应的物流信息软件系统(WMS、WCS 系统等);中游是智能物流系统集成商,根据行业的应用特点使用多种物流装备和物流软件,设计建造物流系统;下游是应用智能物流系统的各个行业,智能物流系统在烟草、医药、汽车、电商、快递、冷链、工程机械等诸多行业都有应用。

**3. 物联网技术**

物联网,顾名思义,就是"物物相连的互联网"。物联网的实现,是通过射频识别(RFID)技术、红外感应器、全球定位系统、激光扫描器等信息传感设备,按约定的协议,把任何物品与互联网连接起来,进行信息交换和通信,以实现智能化识别、定位、跟踪、监控和管理的一种网络。

设备和设备之间以物联网作为载体进行信息交换,接受来自监管系统的指令,并且反馈当前设备的执行情况和设备故障等信息,是实现全程数字化的关键技术。

**4. 智能物流信息系统**

智能物流信息系统是运用智能信息处理技术,基于物联网环境、利用先进的信息采集、信息处理、信息流通和信息管理技术实现的物流信息系统;智能物流信息系统是将所有数据信息储存在云端,通过指定的协议和规则进行数据处理和共享,为管理者执行计划、实施、控制等职能提供信息的交互系统。

其主要技术特征有:信息化、数字化、可视化、敏捷化、智能化。

## 7.8.3 智能仓储

智能仓储系统是由仓储管理系统(WMS)、仓储控制系统(WCS)、车辆调度控制系统(LCTS)、立体货架、穿梭车、堆垛机、货物提升机以及其他辅助设备组成的智能化系统。系统采用一流的集成化物流理念设计,通过先进的通信、调度、控制、分析和信息技术应用,协调各类设备动作实现自动出入库作业。

智能仓储具有节约场地、减轻劳动强度、避免货物损坏或遗失、消除差错、提供仓储自动化水平及管理水平、降低储运损耗、有效地减少流动资金的积压、提高物流效率等诸多优点。智能仓储和智能物流装备的引入,可以帮助传统制造企业更加精准,高效地管理仓库以及原材料、半成品和成品的流通,有效降低物流成本,缩短生产周期。

# 习　　题

1. 试述国家大力发展智能制造装备产业的意义。

2. 简要分析智能制造装备的基本特征。

3. 智能机床的技术特征有哪些?

4. 简要阐述工业机器人的核心关键技术。

5. 列举几类典型的 3D 打印工艺方法,分析其工艺原理与特点。

6. 简述智能生产线相较传统生产线的特点。

7. 智能工厂中制造系统的集成体现在哪几个方面?

8. 简要分析智能装配的概念及其关键技术。

9. 结合具体实例阐述智能物流的概念及其发展趋势。

# 参 考 文 献

[1] 周济. 智能制造——"中国制造 2025"的主攻方向[J]. 中国机械工程，2015，26（17）：2273-2284.

[2] 路甬祥. 走向绿色和智能制造——中国制造发展之路[J]. 中国机械工程，2010，21（4）：379-386＋399.

[3] 国家制造强国建设战略咨询委员会，中国工程院战略咨询中心. 智能制造[M]. 北京：电子工业出版社，2016.

[4] 制造强国战略研究项目组. 制造强国战略研究·智能制造专题卷[M]. 北京：电子工业出版社，2015.

[5] 中国机械工程学会. 中国机械工程技术路线图[M]. 2 版. 北京：中国科学技术出版社，2016.

[6] ZHOU J，ZHOU Y，WANG B，et al. Human - Cyber - Physical Systems（HCPSs）in the context of new-generation intelligent manufacturing [J]. Engineering，2019，5（4）：624-636.

[7] ZHOU J，LI P，ZHOU Y，et al. Toward new-generation intelligent manufacturing [J]. Engineering，2018，4（1）：11-20.

[8] 谭建荣，刘振宇. 智能制造:关键技术与企业应用[M]. 北京：机械工业出版社，2017.

[9] 刘强. 智能制造理论体系架构研究[J]. 中国机械工程，2020，31（1）：24-36.

[10] 刘强，丁德宇，符刚，等. 智能制造之路:专家智慧 实践路线[M]. 北京：机械工业出版社，2018.

[11] CHEN J，HU P，ZHOU H，et al. Toward intelligent machine tool [J]. Engineering，2019，5（4）:679-690.

[12] 陶飞，张贺，戚庆林，等. 数字孪生十问:分析与思考[J]. 计算机集成制造系统，2020，26（1）：1-17.

[13] 陶飞，刘蔚然，刘检华，等. 数字孪生及其应用探索[J]. 计算机集成制造系统，2018，24（1）：1-18.

[14] 李培根. 浅说数字孪生[EB/OL]. [2020-08-11]. https://mp. weixin. qq. com/s?src＝11＆timestamp＝1598068112＆ver＝2537＆signature＝eMw1hLzzKPWNejG6pXT34NTjRIY3yxfgTHvwrTp＊NldaamKIWnk3pNe29Lhq-dRtfUmjTAD4Gyo-wxQvMuVH4Fs-Q3Ot＊d70gP3hw8o-7Rm7OmTE06ROSDMxI RJXIwwx ＆new＝1.

[15] 吴晓波. 读懂中国制造 2025[M]. 北京：中信出版社，2015.

[16] 葛英飞. 智能制造技术基础[M]. 北京：机械工业出版社，2019.

[17] 陈雪峰，訾艳阳. 智能运维与健康管理[M]. 北京：机械工业出版社，2018.

[18] 张策. 机械工程史[M]. 北京：清华大学出版社，2015.

[19] 刘涛，邓朝晖，葛智光，等. 面向凸轮轴磨削加工的智能决策云服务实现[J]. 中国机械工程，2020，31(7)：773-780.

[20] 盛晓敏，邓朝晖. 先进制造技术[M]. 北京：机械工业出版社，2011.

[21] 王细洋. 现代制造技术[M]. 北京：国防工业出版社，2013.

[22] 王万良. 人工智能及其应用[M]. 北京：高等教育出版社，2016.

[23] 刘白林. 人工智能与专家系统[M]. 西安：西安交通大学出版社，2012.

[24] 丁世飞. 人工智能[M]. 北京：清华大学出版社，2011.

[25] 曹承志，杨利. 人工智能技术[M]. 北京：清华大学出版社，2010.

[26] 尹朝庆. 人工智能与专家系统[M]. 2版. 北京：中国水利水电出版社，2009.

[27] 冯定. 神经网络专家系统[M]. 北京：科学出版社，2006.

[28] 高济，朱淼良，何钦铭. 人工智能基础[M]. 北京：高等教育出版社，2004.

[29] 王永庆. 人工智能原理与方法[M]. 西安：西安交通大学出版社，1998.

[30] 张全寿，周建峰. 专家系统建造原理及方法[M]. 北京：中国铁道出版社，1992.

[31] 肖人彬，周济，查建中. 智能设计：概念、发展与实践[J]. 中国机械工程，1997，8(2)：74-76＋124.

[32] 周济，查建中，肖人斌. 智能设计[M]. 北京：高等教育出版社，1998.

[33] 郝博，胡玉兰，赵岐刚. 智能设计[M]. 沈阳：辽宁科学技术出版社，2013.

[34] 陈定方，卢全国. 现代设计理论与方法[M]. 武汉：华中科技大学出版社，2012.

[35] 藏勇. 现代机械设计方法[M]. 北京：冶金工业出版社，2011.

[36] 杨现卿，任济生，任中全. 现代设计理论与方法[M]. 徐州：中国矿业大学出版社，2010.

[37] 王凤岐. 现代设计方法及其应用[M]. 天津：天津大学出版社，2008.

[38] 中国智能城市建设与推进战略研究项目组. 中国智能制造与设计发展战略研究[M]. 杭州：浙江大学出版社，2016.

[39] 蔡良朋，席平，毛雨辉. 智能CAD系统的分析与设计[J]. 工程图学学报，2008，29(3)：1-5.

[40] 范瑜. CAD系统智能设计技术综述[J]. 计算机与现代化，2007，(8)：11-13.

[41] 杜绍研. 汽车机械系统的智能设计[J]. 机械设计与制造工程，2015，44(9)：44-47.

[42] 刘金山. 复杂夹具智能设计系统关键技术及应用研究[D]. 南京航空航天大学，2007.

[43] 张田会，张发平，阎艳，钱翰博. 基于本体和知识组件的夹具结构智能设计[J]. 计算机集成制造系统，2016，22(5)：1165-1178.

[44] 高博. 基于知识重用的夹具智能设计关键技术研究[D]. 北京理工大学，2014.

[45] 陶飞，刘蔚然，张萌，等. 数字孪生五维模型及十大领域应用[J]. 计算机集成制造系统，2019，25(1)：1-18.

[46] 张傲，范彩霞，张磊，等. 面向智能制造的数控切削工艺数据库的构建[J]. 制造业自动化，2018，40(10)：70-71＋89.

[47] 赵彦钊. 轴类零件车削工艺数据库系统设计与开发[D]. 北京林业大学，2018.

[48] 谭方浩. 基于特征的智能型车削数据库系统研究与开发[D]. 北京理工大学，2015.

[49] 夏爱宏，何卿功. 面向 CAM 的智能切削数据库的研究与应用[J]. 航空制造技术，2014 (S1)：1-4.

[50] 刘学斌. 面向源工艺定制的切削参数优化技术研究[D]. 北京理工大学，2015.

[51] 郭宏. 面向制造的刀具资源数据服务研究[D]. 北京理工大学，2015.

[52] 张华. 绿色高效切削加工工艺优化及其智能专家系统研究[D]. 湖南科技大学，2018.

[53] 相克俊. 混合推理高速切削数据库系统的研究与开发[D]. 山东大学，2007.

[54] 张晓辉. 基于切削过程物理模型的参数优化及其数据库实现[D]. 上海交通大学，2009.

[55] 王明哲. 切削参数智能化管理研究[J]. 新技术新工艺，2014(05)：82-86.

[56] 刘丽娟，吕明，武文革. 基于神经网络的高速切削智能系统的设计[J]. 制造业自动化，2012，34(22)：12-15.

[57] 刘翀，高连生，盛柏林. 智能化切削数据库的实现方法综述[J]. 机械工程师，2011 (03)：92-94.

[58] 毛新华，黄婷婷. 智能化的切削参数优化系统设计[J]. 制造技术与机床，2010(04)：48-50.

[59] 周炜，陶华，高晓兵. 切削参数智能优选数据库应用研究[J]. 航空制造技术，2008，(18)：78-81.

[60] 张立涛，董长双. 车削参数智能选择的神经网络建模及仿真[J]. 机械工程与自动化，2008，(03)：16-18.

[61] 刘伟，李希晨，邓朝晖，等. 凸轮轴磨削数据库系统的设计与开发[J]. 湖南科技大学学报(自然科学版)，2019，34(04)：67-73.

[62] 张露，彭克立，黄贵刚，等. 基于西门子840D sl 的凸轮轴磨削工艺数据库开发[J]. 制造技术与机床，2018(01)：154-156.

[63] 刘伟，商圆圆，邓朝晖. 磨削工艺智能决策与数据库研究进展[J]. 机械研究与应用，2017，30(02)：171-174.

[64] 尹晖，邓朝晖，张华，等. 典型机床关键零部件切削/磨削比能数据库系统研究[J]. 金刚石与磨料磨具工程，2017，37(04)：73-78＋85.

[65] 岳宇宾，韩秋实，李启光，等. 基于 Visual C＋＋6.0 的数控凸轮轴磨床工艺数据库开发[J]. 组合机床与自动化加工技术，2014(07)：117-119.

[66] 林燕芬. 基于Apriori算法磨削数据库优化的探讨[J]. 福建电脑，2013，29(07)：94-96.

[67] 叶军红，熊良山，王利军. 复杂刀具磨削工艺数据库系统的研究与开发[J]. 工具技术，2011，45(11)：38-40.

[68] 曹德芳. 凸轮轴数控磨削工艺智能应用系统的研究与开发[D]. 湖南大学，2012.

[69] 谢智明. 凸轮轴数控磨削云平台的研究及其软件开发[D]. 湖南大学，2018.

[70] 张晓红. 凸轮轴数控磨削工艺智能专家系统的研究及软件开发[D]. 湖南大学，2010.

[71] 梁毅峰. 机械加工自动编程软件与数控仿真软件的综合应用[J]. 电子技术与软件工程，2019(19)：61-62.

[72] 陈李东. 自动编程的数控加工精度控制现状及改进策略[J]. 南方农机，2019，50(11)：192.

[73] 张细先. 自动编程的数控加工精度的影响因素分析[J]. 山东工业技术, 2019(10): 159.

[74] 宋守斌. 自动编程的数控加工精度的影响因素研究[J]. 河南科技, 2018(20): 59-60.

[75] 刘一波, 陈国奇. 基于 CAXA 数控车自动编程的端槽零件加工[J]. 机械工程与自动化, 2018(05): 204-205+207.

[76] 喻岩, 张凌峰. 数控加工之自动编程的发展[J]. 南方农机, 2018, 49(10): 147.

[77] 王锐, 王刚. UG 数控自动编程与加工操作方法研究[J]. 科技创新与应用, 2018(14): 110-112.

[78] 温水房. 数控滚齿加工自动编程技术研究及系统开发[J]. 科技与创新, 2017(06): 24-25.

[79] 张建新. 数控加工自动编程软件 TEBIS 刀具库的建立[J]. 机械工程师, 2017(03): 44-45.

[80] 谢青云. 基于 UG 自动编程的模具零件数控铣削加工[J]. 机电工程技术, 2016, 45(04): 15-17+119.

[81] 左薇. 数控加工自动编程及仿真实验系统构建[J]. 中国高新技术企业, 2015(21): 23-24.

[82] 田芳勇. 非圆齿轮数控滚切加工理论与自动编程系统研究[D]. 兰州理工大学, 2012.

[83] 王芳, 赵中宁. 智能制造基础与应用[M]. 北京: 机械工业出版社, 2020.

[84] 曾芬芳, 景旭文. 智能制造概论[M]. 北京: 清华大学出版社, 2001.

[85] 黄志坚, 高立新, 廖一凡. 机械设备振动故障监测与诊断[M]. 北京: 化学工业出版社, 2010.

[86] 于海斌, 曾鹏, 梁炜. 智能传感器网络系统[M]. 北京: 科学出版社, 2006.

[87] 孙宝元. 切削状态智能监测技术[M]. 大连: 大连理工大学出版社, 1999.

[88] 李圣怡, 吴学忠, 范大鹏. 多传感器融合理论及其在智能制造系统中的应用[M]. 长沙: 国防科技大学出版社, 1998.

[89] 李小俚, 董申. 先进制造中的智能监控技术[M]. 北京: 科学出版社, 1998.

[90] LIU Y, ZHAO Y, WANG W, et al. A high-performance multi-beam microaccelerometer for vibration monitoring in intelligent manufacturing equipment[J]. Sensors and Actuators A-Physical, 2013, 189: 8-16.

[91] GUZEL B U, LAZOGLU I. Increasing productivity in sculpture surface machining via off-line piecewise variable feedrate scheduling based on the force system model[J]. International Journal of Machine Tools & Manufacture, 2004, 44(1): 21-28.

[92] 申志刚. 高速切削刀具磨损状态的智能监测技术研究[D]. 南京航空航天大学, 2009.

[93] 高宏力. 切削加工过程中刀具磨损的智能监测技术研究[D]. 西南交通大学, 2005.

[94] 钟秉林, 黄仁. 机械故障诊断学[M]. 北京: 机械工业出版社, 2007.

[95] 鄂加强. 智能故障诊断及其应用[M]. 长沙: 湖南大学出版社, 2006.

[96] 夏庆观. 数控机床故障诊断[M]. 北京: 机械工业出版社, 2007.

[97] 夏庆观. 智能故障诊断及其应用[M]. 北京: 机械工业出版社, 2007.

[98] 吴今培. 智能故障诊断技术的发展和展望[J]. 振动.测试与诊断, 1999, 19(2): 79-86+

147.

[99] 刘玉敏,周昊飞. 基于 MSVM 的多品种小批量动态过程在线质量智能诊断[J]. 中国机械工程,2015,26(17):2356-2363.

[100] 苏宪利,郑一麟. 基于物联网的机床故障智能诊断与预警系统研究[J]. 组合机床与自动化加工技术,2015(6):61-64.

[101] 李强,王太勇,王正英,等. 基于 EMD 和支持向量数据描述的故障智能诊断[J]. 中国机械工程,2008,19(22):2718-2721.

[102] 曹伟青,傅攀,李晓晖. 刀具磨损早期故障智能诊断研究[J]. 中国机械工程,2014,25(18):2473-2477.

[103] 秦大力. 基于知识管理的设备故障智能诊断模型研究[D]. 湖南大学,2014.

[104] 杨文安. 制造过程质量智能控制与诊断中若干问题的研究[D]. 南京航空航天大学,2012.

[105] 杨昌昊. 基于不确定性理论的机械故障智能诊断方法研究[D]. 中国科学技术大学,2009.

[106] 徐增丙. 基于自适应共振理论的混合智能诊断方法及其应用[D]. 华中科技大学,2009.

[107] FERREIRA V H,ZANGHI R,FORTES M Z,et al. Gomes S. A survey on intelligent system application to fault diagnosis in electric power system transmission lines [J]. Electric Power Systems Research,2016,136:135-153.

[108] JIA F,LEI Y,LIN J,et al. Deep neural networks:A promising tool for fault characteristic mining and intelligent diagnosis of rotating machinery with massive data[J]. Mechanical Systems and Signal Processing,2016,72-73:303-315.

[109] 李华,胡奇英. 预测与决策教程[M]. 2 版. 北京:机械工业出版社,2019.

[110] 杨杰. 多工序制造质量智能预测建模机理研究及应用[D]. 华南理工大学,2011.

[111] 李人厚. 智能控制理论和方法[M]. 西安:西安电子科技大学出版社,1999.

[112] LIU Q,ZENG Z,WANG J. Advances in Neural Networks,Intelligent Control and Information Processing[J]. Neurocomputing,2016,198(SI):1-3.

[113] RUANO A E,FLEMING P J. Special section on intelligent control systems and signal processing - Preface[J]. Control Engineering Practice,2006,14(5):525-526.

[114] 史旭光. 智能控制系统理论应用于数控设备的若干关键问题研究[D]. 华南理工大学,2009.

[115] 毕俊喜. 基于知识的数控轧辊磨床智能控制系统研究[D]. 上海大学,2008.

[116] 智能制造能力成熟度模型白皮书(1.0)[R]. 北京:中国电子技术标准化研究院,2016-9-20.

[117] 工业和信息化部,国家标准化管理委员会. 国家智能制造标准体系建设指南(2018 年版)[S]. 北京:中国标准出版社,2018.

[118] 工业和信息化部,国家标准化管理委员会. 国家智能制造标准体系建设指南(2015 年版)[S]. 北京:中国标准出版社,2015.

［119］蒋国瑞.多 Agent 制造业供应链管理［M］.北京：科学出版社，2013.

［120］周凯，刘成颖.现代制造系统［M］.北京：清华大学出版社，2005.

［121］中国智能城市建设与推进战略研究项目组.中国智能制造与设计发展战略研究［M］.杭州：浙江大学出版社，2016.

［122］胡成飞，姜勇，张旋.智能制造体系构建：面向中国制造 2025 的实施路线［M］.北京：机械工业出版社，2017.

［123］蒋明炜.机械制造业智能工厂规划设计［M］.北京：机械工业出版社，2017.

［124］HESS A，CALVELLO G，FRITH P．Challenges，issues，and lessons learned chasing the Big P．Real predictive prognostics．Part 1［C］// Aerospace Conference，2005 IEEE．IEEE，2005：3610-3619.

［125］DISCENZO F M，NICKERSON W，MITCHELL C E，et al．Open systems architecture enables health management for next generation system monitoring and maintenance［R］．OSA-CBM Development Group：Development program white paper，2001.

［126］LEE J，ARDAKANI D，KAO H A，et al．Deployment of Prognostics Technologies and Tools for Asset Management：Platforms and Applications［M］．London：Springer，2015.

［127］虎嗅.ZARA 亚马逊沃尔玛，三巨头的大数据瓜［EB/OL］.（2013-04-23）［2020-09-01］.https://www.huxiu.com/article/13334.html.

［128］陈颖，谭娟.富士施乐办公文件管理服务提升企业竞争力［EB/OL］.［2009-09-15］.http://www.cjcnet.com/rwzt.aspx? id＝4995.

［129］陈君.基于云计算的供应链信息协同研究［J］.商业经济研究，2011(031)：28-29.

［130］杜洪礼，吴隽，俞虹.物联网技术在企业供应链管理系统中的应用研究［J］.物流科技，2011，(3)：6-8.

［131］顾新建，方小卫，纪杨建，等.制造服务创新方法和案例［M］.北京：科学出版社，2014.

［132］刘珊.电商大数据：淘宝数据王国的构建［J］.广告大观(媒介版)，2012(9)：12-13.

［133］吕红伟.面向供应链管理的数据挖掘应用研究［D］.北京交通大学，2007.

［134］马丽.物联网在供应链管理中的应用及发展趋势研究［J］.现代营销(学苑版)，2013(06)：38-40.

［135］宋刚，张楠.创新 2.0：知识社会环境下的创新民主化［J］.中国软科学，2009(10)：60-66.

［136］维克托·迈尔-舍尔维恩，肯尼斯·库克耶.大数据时代［M］.杭州：浙江人民出版社，2013.

［137］徐剑晖.基于复杂适应系统的供应链库存控制及仿真模型［D］.华中科技大学，2009.

［138］MITCHELL M．Transforming your supply chain to on demand［EB/OL］.（2014-11-15）.［2014-11-15］.http://www.ibm.com.

［139］卢秉恒.智能制造与增材制造［J］.科协论坛，2016(10)：11-12.

［140］王德生.世界智能制造装备产业发展动态［J］.竞争情报，2015，11(4)：51-57.

[141] 赵升吨,贾先. 智能制造及其核心信息设备的研究进展及趋势[J]. 机械科学与技术, 2017, 36(1): 1-16.

[142] 赵万华,张星,吕盾,张俊. 国产数控机床的技术现状与对策[J]. 航空制造技术, 2016 (9): 16-22.

[143] 鄢萍,阎春平,刘飞,等. 智能机床发展现状与技术体系框架[J]. 机械工程学报, 2013, 49(21): 1-10.

[144] 孙树栋. 工业机器人技术基础[M]. 西安: 西北工业大学出版社, 2006.

[145] 王田苗,陶永. 我国工业机器人技术现状与产业化发展战略[J]. 机械工程学报, 2014, 50(9): 1-13.

[146] 计时鸣,黄希欢. 工业机器人技术的发展与应用综述[J]. 机电工程, 2015, 32(1): 1-13.

[147] 李涤尘,贺健康,田小永,等. 增材制造:实现宏微结构一体化制造[J]. 机械工程学报, 2013, 49(6): 129-135.

[148] 张学军,唐思熠,肇恒跃,等. 3D打印技术研究现状和关键技术[J]. 材料工程, 2016, 44(2): 122-128.

[149] 卢秉恒,李涤尘. 增材制造(3D打印)技术发展[J]. 机械制造与自动化, 2013, 42(4): 1-4.

[150] 赵剑峰,马智勇,谢德巧,等. 金属增材制造技术[J]. 南京航空航天大学学报, 2014, 46(5): 675-683.

[151] 王忠宏,李扬帆. 3D打印产业的实际态势、困境摆脱与可能走向[J]. 改革, 2013 (8): 29-36.

[152] 侯志霞,邹方,王湘念,等. 关于建设航空智能生产线的思考[J]. 航空制造技术, 2015 (8): 50-52.

[153] 杨春立. 我国智能工厂发展趋势分析[J]. 中国工业评论, 2016 (1): 56-63.

[154] 杜宝瑞,王勃,赵璐,等. 航空智能工厂的基本特征与框架体系[J]. 航空制造技术, 2015 (8): 26-31.

[155] 姚艳彬,邹方,刘华东. 飞机智能装配技术[J]. 航空制造技术, 2014 (23/24): 57-59

[156] 房殿军. 单元化物流技术的智能化发展[J]. 现代制造, 2016 (20): 6-7.

[157] 卢秉恒,林忠钦. 智能制造装备产业培育与发展研究报告[M]. 北京: 科学出版社, 2015.